计算机科学丛书

计算机科学中的离散数学基础

[美] 哈瑞·刘易斯（Harry Lewis） 著
[美] 雷切尔·扎克斯（Rachel Zax）
王燕 译

Essential Discrete Mathematics
for Computer Science

机械工业出版社
CHINA MACHINE PRESS

Harry Lewis and Rachel Zax: Essential Discrete Mathematics for Computer Science (ISBN 978-0-691-17929-2).

Copyright © 2019 by Harry Lewis and Rachel Zax.

Simplified Chinese Translation Copyright © 2025 by China Machine Press.

Simplified Chinese translation rights arranged with Princeton University Press through Bardon-Chinese Media Agency.

No part of this book may be reproduced or transmitted in any form or by any means, electronic or mechanical, including photocopying, recording or any information storage and retrieval system, without permission, in writing, from the publisher.

All rights reserved.

本书中文简体字版由 Princeton University Press 通过 Bardon-Chinese Media Agency 授权机械工业出版社在中国大陆地区（不包括香港、澳门特别行政区及台湾地区）独家出版发行。未经出版者书面许可，不得以任何方式抄袭、复制或节录本书中的任何部分。

北京市版权局著作权合同登记　图字：01-2020-2987 号。

图书在版编目（CIP）数据

计算机科学中的离散数学基础／（美）哈瑞·刘易斯（Harry Lewis），（美）雷切尔·扎克斯（Rachel Zax）著；王燕译. -- 北京：机械工业出版社，2024.11.
（计算机科学丛书）. -- ISBN 978-7-111-77613-0

Ⅰ. O158

中国国家版本馆 CIP 数据核字第 2025LC7894 号

机械工业出版社（北京市百万庄大街 22 号　邮政编码 100037）
策划编辑：姚　蕾　　　　　　　　　责任编辑：姚　蕾
责任校对：甘慧彤　李可意　景　飞　责任印制：任维东
河北鹏盛贤印刷有限公司印刷
2025 年 5 月第 1 版第 1 次印刷
185mm×260mm · 18 印张 · 456 千字
标准书号：ISBN 978-7-111-77613-0
定价：99.00 元

电话服务　　　　　　　　　　　网络服务
客服电话：010-88361066　　　　机 工 官 网：www.cmpbook.com
　　　　　010-88379833　　　　机 工 官 博：weibo.com/cmp1952
　　　　　010-68326294　　　　金 书 网：www.golden-book.com
封底无防伪标均为盗版　　　　　机工教育服务网：www.cmpedu.com

译者序

本书是一本难得的好书，内容全面，涵盖了归纳证明技术、数理逻辑、集合论、图论、自动机理论、计算复杂性理论、组合数学、离散概率论、数论等诸多数学分支，全面覆盖了计算机科学专业从本科至博士阶段的基础数学课程内容。但是，这本书又不同于讲授离散数学基本概念的教材，更多的是介绍相关理论在解决实际问题时的应用技巧以及需要注意的问题。可作为研究生相关课程的教材或辅助资料，有助于研究生培养独立解决问题的能力。

全书共31章，逻辑结构严谨，所涉及的公式、定理多数给出了完整的证明过程。对于数学原理的阐述，本书不只是简单的概念介绍，而是通过问题讨论的方式，多角度、多层面地分析，从具体到一般，详细、具体地讲解解题的思路与方法，内容风格不同于一般数学教材的严肃刻板，更生动、更具趣味性且易于接受。读者常常在不知不觉中被带入，跟着作者的思路走。

作者对于一个问题的讨论往往是全方位、多角度的。在第1章鸽笼原理中，作者以"8个人一周内有重复生日"的有趣问题为切入点，通过细致分析，将问题一般化，进而引出并阐述了鸽笼原理和扩展鸽笼原理。随后，还讨论了鸽笼原理的应用——整数质分解问题。第26章从概率角度针对重复生日的可能性进行了分析，第27章讨论了重复生日的条件概率，并在第29章哈希表冲突问题的讨论中，从冲突的角度再次分析重复生日的可能性。

书中类似"重复生日"的简单示例不胜枚举，如条件概率中的"检察官谬论"、时间复杂性分析中的"折半查找算法"、子集计数以及贝叶斯定理中的"罐中取珠"、随机变量中的"掷骰子"等。这些看似简单的问题，却让读者记住了作者高屋建瓴的分析，以及对解题过程与方法深入浅出的讲解。这些看似信手拈来的示例，实则是作者在数学与教育学领域多年的实践积累，如此深厚的专业修养，令人对作者的崇敬之情油然而生。

本书的语言风格不像常规书面语那样规范，特别是句子中频繁出现的插入语，让人感觉思维很跳跃。它更像是一位智者在侃侃而谈自己在离散数学领域的成果，言辞自然流畅、言简意赅，好似忽然瞥到了听众有些迷惑的眼神，便随即插入解释（插入语），一语击中要点，尽显教育大家的风范。

几易译稿，每一次都有新的收获。尽管我对译稿竭力做到精益求精，但是难免仍有纰漏，恳请读者指正。希望这本译作能成为一块引玉的"砖"，激发读者进行更多的思考和获得更多的收益。

感谢机械工业出版社编辑向我推荐这本书，让我成为译者，并在翻译过程中给予我很多宝贵的建议。

感谢家人的理解和支持，让我全身心地投入翻译工作中。特别是女儿在工作之余，抽出时间帮忙校稿，并给出了许多有益的建议。

衷心希望本书能为喜欢计算机专业的朋友提供有益的帮助和启示。

前 言
Essential Discrete Mathematics for Computer Science

> 至于数量,它可以是离散的,也可以是连续的。
>
> ——亚里士多德,《范畴论》(约公元前 350 年)

本书介绍了计算机科学家们应该通晓但通常不会在微积分和线性代数课程中学到的离散数学。本书旨在追求广度而非深度,并教授推理方法、概念和技能。

我们强调证明的技巧,希望计算机科学家们能够学会规范而准确地思考。几乎所有公式和定理都给出了充分的证明。这本书讲授数学的累积性,尽管所涵盖的主题非常广泛,但后面章节中看似不相关的结果都基于前期得出的概念。

本书内容需要读者具备一定的微积分基础,因为偶尔也会涉及微积分的知识。第 21 章用到了极限的概念,但也简单总结了所需基础内容,运用了导数和积分的基本知识(如 L'Hôpital 法则)的证明和练习可以跳过,而不会影响连续性。

哈佛大学快速的一学期课程涵盖了本书的大部分内容。该课程通常供大一和大二学生学习,作为计算理论(自动机、可计算性和算法分析)课程的预备课程。本书也适用于高中生,以及数学或计算机科学方向对数学学有余力且不满足于标准课程的学生。

本书以一系列简短的章构成,每一章都可以作为一或两节课的主题。每一章结尾都会有小结和习题,这些习题既可以作为课后作业,也可以作为小组合作的课堂练习。

选择不讲授所有主题的教师可以通过多种方式对本书进行删减。本书的核心内容包括介绍基本概念的第 1~8 章、介绍有向图和无向图的第 13~18 章,以及介绍阶的表示法和计数问题的第 21~25 章。有四部分彼此独立的内容是可选的,教师可自行决定是否讲授:

- 第 9~12 章关于逻辑;
- 第 19、20 章关于自动机和正则语言;
- 第 26~29 章关于离散概率;
- 第 30、31 章关于模运算和公钥密码学。

即使需要,这四部分的内容也无须全部讲授,因为只有同一模块中的后面章节依赖于该模块中前面章节的内容。

我们的目标是提供一本通俗易懂且适合广泛使用的教材,而非百科全书式的教科书。我们始终顾念学生的学习热情,以及他们有限的时间、精力和预算。

感谢 CS20 团队:Deborah Abel、Ben Adlam、Paul Bamberg、Hannah Blumberg、Crystal Chang、Corinne Curcie、Michelle Danoff、Jack Dent、Ruth Fong、Michael Gelbart、Kirk Goff、Gabriel Goldberg、Paul Handorff、Roger Huang、Steve Komarov、Abiola Laniyonu、Nicholas Longenbaugh、Erin Masatsugu、Keenan Monks、Anupa Murali、Eela Nagaraj、Rebecca Nesson、Jenny Nitishinskaya、Sparsh Sah、Maria Stoica、Tom Silver、Francisco Trujillo、Nathaniel Ver Steeg、Helen Wu、Yifan Wu、Charles Zhang,以及 Ben Zheng。

感谢 Albert Meyer 在 CS20 开始时的慷慨帮助。

感谢 Michael Sobin、Scott Joseph、Alex Silverstein 和 Noam Wolf 在写作过程中提出的批评和支持。

目录

译者序
前言

第1章　鸽笼原理 ·················· 1
本章小结 ······················ 6
习题 ·························· 6

第2章　基本证明技术 ············ 8
本章小结 ····················· 16
习题 ························· 16

第3章　数学归纳法 ············· 18
本章小结 ····················· 27
习题 ························· 27

第4章　强归纳法 ··············· 29
本章小结 ····················· 35
习题 ························· 35

第5章　集合 ··················· 37
本章小结 ····················· 41
习题 ························· 42

第6章　关系与函数 ············· 44
本章小结 ····················· 50
习题 ························· 51

第7章　可数集与不可数集 ······· 52
本章小结 ····················· 57
习题 ························· 58

第8章　结构归纳法 ············· 60
本章小结 ····················· 65
习题 ························· 65

第9章　命题逻辑 ··············· 68
本章小结 ····················· 74

习题 ························· 75

第10章　范式 ·················· 77
本章小结 ····················· 81
习题 ························· 81

第11章　逻辑与计算机 ·········· 84
本章小结 ····················· 87
习题 ························· 88

第12章　谓词逻辑 ·············· 91
本章小结 ····················· 98
习题 ························· 99

第13章　有向图 ··············· 101
本章小结 ···················· 105
习题 ························ 105

第14章　有向图与关系 ········· 108
本章小结 ···················· 113
习题 ························ 113

第15章　状态与不变量 ········· 115
本章小结 ···················· 119
习题 ························ 119

第16章　无向图 ··············· 122
本章小结 ···················· 130
习题 ························ 131

第17章　连通性 ··············· 133
本章小结 ···················· 136
习题 ························ 136

第18章　着色 ················· 138
本章小结 ···················· 141
习题 ························ 141

第 19 章 有穷自动机 ·········· 143
本章小结 ·········· 150
习题 ·········· 151

第 20 章 正则语言 ·········· 153
本章小结 ·········· 157
习题 ·········· 158

第 21 章 阶的表示法 ·········· 160
本章小结 ·········· 173
习题 ·········· 173

第 22 章 计数 ·········· 175
本章小结 ·········· 180
习题 ·········· 180

第 23 章 子集计数 ·········· 182
本章小结 ·········· 191
习题 ·········· 192

第 24 章 级数 ·········· 195
本章小结 ·········· 204
习题 ·········· 205

第 25 章 递归关系 ·········· 207
本章小结 ·········· 220
习题 ·········· 220

第 26 章 概率 ·········· 222
本章小结 ·········· 229
习题 ·········· 230

第 27 章 条件概率 ·········· 232
本章小结 ·········· 240
习题 ·········· 240

第 28 章 贝叶斯定理 ·········· 242
本章小结 ·········· 248
习题 ·········· 248

第 29 章 随机变量与期望 ·········· 251
本章小结 ·········· 264
习题 ·········· 264

第 30 章 模运算 ·········· 267
本章小结 ·········· 272
习题 ·········· 273

第 31 章 公钥密码学 ·········· 275
本章小结 ·········· 279
习题 ·········· 280

第 1 章
Essential Discrete Mathematics for Computer Science

鸽笼原理

我们如何知道一段计算机程序能产生正确的结果？我们又如何知道一段程序能完整运行？如果我们知道它必然会停下来，那么能预测停止时间是一秒之后、一小时之后还是一天之后吗？直觉地想道：测试。但即使"每一次测试都正常"也不能成为上述问题的严格证明。证明一个论断需要规范的推证过程：从已知为真的一些命题出发，并通过严谨的逻辑推理将这些为真的命题连接到一起。本书的目的就是阐述能够用来推证有关上述计算机程序行为的数学。

计算机科学数学并非什么特殊的领域，而是计算机科学家们所用到的各个数学分支中的相关内容的汇集，甚至有些内容是在计算机科学发展过程中首次发现了其应用价值。因此，这本书包括的内容涉及数理逻辑、图论、计数、数论和离散概率论等。从传统数学课程的角度来看，这些内容相互之间有些风马牛不相及，但它们拥有一个共同的特征：在计算机科学中都有重要的作用，并且都属于离散数学（discrete mathematics），也就是说，所涉及的量相互之间是有距离而不是连续的，量可以用符号或者结构（而非数字）来表示。当然，微积分学在计算机科学中也很重要，因为它有助于连续量的推证。但在本书中，我们很少使用积分和求导数。

数学思维最重要的技能之一就是泛化（generalization）。例如，下述命题：

不存在边长分别为 1、2 和 6 的三角形

为真，且这个命题非常具体（见图 1.1）。长度为 1 和 2 的两条边必须分别与长度为 6 的边的两端相连，但这两条短边的总长度不足以使它们相连构成第三个角。

更为泛化的陈述可以是（见图 1.2）：

不存在边长为 a、b、c 的三角形，其中 a、b、c 是任意的，且满足 $a+b \leqslant c$。

图 1.1 存在一个边长为 1、2 和 6 的三角形吗

图 1.2 不存在边长为 a、b、c 的三角形，如果 $a+b \leqslant c$

第二种形式更为泛化，因为可以通过代入 $a=1$，$b=2$，$c=6$ 来推导出第一种形式。它也涵盖了图中没有展示的情况，即当 $a+b=c$ 时，三个角落在一条直线上的情况。总之，泛化规则具有优势，它不仅陈述了不可能的情况，而且给出了相应的解释，例如，不存在边长为 1、2 和 6 的三角形，因为 $1+2 \leqslant 6$。

因此，我们以泛化的形式表述命题有两个理由。首先，一个命题越泛化则越易于应用，并且应用范围更广泛。其次，对一个泛化的命题更易于捕捉其要点，因为它剔除了不相关且赘述的细节。

※

例 1.1 再来看另一个简单的例子：

Annie、Batul、Charlie、Deja、Evelyn、Fawwaz、Gregoire 和 Hoon 在互相交谈时，发现 Deja 和 Gregoire 都是星期二出生的。

什么意思呢？当把两个人放在一起时，他们要么在一周内的同一天出生，要么不在。这里能进行泛化。只要至少有八个人，其中就一定有某两个人是在一周的同一天出生的，因为一周只有七天。像例 1.1 这样的命题一定是真的，只是可能涉及不同的一对名字和不同的一天。所以更泛化的命题如下：

任意八个人中，某两个人一定是在一周的同一天出生的。

但是，上面的命题泛化得还不够。因为，生日重叠在同一天与什么人和星期几无关，只与有多少人和一周中有多少天相关。同样的情况：当我们把八个茶杯放在七个茶托上时，某个茶托上会放有两个茶杯。事实上，"八"和"七"并没有什么神奇之处，只是其中一个比另一个大。如果一家酒店有 1000 个房间和 1001 位客人，某个房间必然至少有两位客人。如何去陈述上述所有示例的基本原理，而又不提及其中任何不相关的细节呢？

首先，我们需要一个新的概念：集合（set）是一些事物或元素（element）的汇集。属于集合的元素称为集合的成员（member）。一个集合的成员是可区分的（distinct），换句话说，它们彼此是不相同的。于是，例 1.1 中提到的人构成一个集合，一周中的星期几构成另一个集合。有时我们显式地列出集合的所有成员，用花括号 {} 将它们括起来：

$P=$ {Annie，Batul，Charlie，Deja，Evelyn，Fawwaz，Gregoire，Hoon}

$D=$ {星期一，星期二，星期三，星期四，星期五，星期六，星期日}

当列出一个集合的所有元素时，元素的顺序无关紧要——任何顺序都表示同样的集合。我们用 $x \in X$ 来表示 x 是集合 X 的成员。例如，Charlie$\in P$，星期四$\in D$。

为了讨论集合，需要有关数的一些基本术语。整数（integer）是指数字 0、1、2、…，或 -1、-2…。实数是数轴上的所有数，包括整数以及整数之间的所有数，如 $\frac{1}{2}$、$-\sqrt{2}$、π 等。大于 0 的数为正数，小于 0 的数为负数，大于或等于 0 的数为非负整数。

接下来，我们将讨论有穷集，也称有限集。有穷集是可以（至少原则上）列出其全部元素的集合，具有为非负整数的大小（size）或基数（cardinality）。集合 X 的基数表示为 $|X|$。例如，在上述例子中，有 $|P|=8$ 和 $|D|=7$。因为列出了八个人，并且一周中有七天。一个集合若不是有穷的（例如，整数集合）就是无穷的（infinite）。无穷集也有大小——这是个有趣的主题，我们将在第 7 章再继续讨论。

从一个集合到另一个集合的函数（function）是一项规则，该规则将第一个集合的每个成员与第二个集合的唯一一个成员相关联。若 f 是从 X 到 Y 的函数且 $x \in X$，则 $f(x)$ 是 Y 的成员并且由函数 f 将其与 x 相关联，我们称 x 是 f 的自变量（argument），$f(x)$ 是自变量为 x 的函数 f 的值（value）。用 $f:X \rightarrow Y$ 表示 f 是一个从集合 X 到集合 Y 的函数。例如，我们可以用 $b:P \rightarrow D$ 来表示将八个朋友中的每一个与他或她出生的星期几相关联的函数，比如，若 Charlie 出生在星期四，则有 b(Charlie) $=$ 星期四。

函数 $f:X \rightarrow Y$ 有时也被称为"从 X 到 Y 的映射（mapping）"，或"f 将元素 $x \in X$ 映射到元素 $f(x) \in Y$"。（同样，现实中的地图就是将地球表面上的一个点与纸上的一个点相映射。）

最后，我们将例 1.1 背后的基本原理表述如下。

定理 1.2 若有 $f: X \to Y$ 并且 $|X| > |Y|$，则存在元素 $x_1, x_2 \in X$，使得 $x_1 \neq x_2$ 且 $f(x_1) = f(x_2)$。

定理 1.2 就是著名的鸽笼原理（Pigeonhole principle），因为它以数学的形式表述了这个具有普遍意义的思想：当鸽子数大于鸽笼数且每只鸽子都进入了鸽笼时，某个鸽笼中必有不止一只鸽子。鸽子是集合 X 的成员，鸽笼是集合 Y 的成员（见图 1.3）。

我们将在第 3 章给出鸽笼原理的规范证明，其中我们会详细研究证明的基础技术。现在，我们来深入探讨鸽笼原理的数学语言表述。下面是我们可能会问到的一些问题。

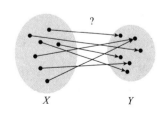

图 1.3 鸽笼原理。若 $|X| > |Y|$ 并且 f 是从 X 到 Y 的任意函数，那么必然对于 X 中某两个不同成员，它们的 f 值相同

1. X 和 Y 是什么？

它们都是有穷集。为了清晰起见，我们可以用短语"对于任意有穷集 X 和 Y"作为命题的开始，而只有当 X 和 Y 是集合时，f 是从 X 到 Y 的函数的断言才有意义。此外，根据上下文可知，所讨论的集合是有穷集，因此我们知道如何比较它们的大小。

2. 为什么选择 x_1 和 x_2 作为集合 X 中元素的名称？

原则上，我们可以选择任意变量名称，如 x 和 y，但是使用与 X 相关的变量名来命名集合 X 的元素可以表明 x_1 和 x_2 是集合 X 的成员，而不是集合 Y 的成员。因此使用 x_1 和 x_2 会使命题更容易理解。

3. 短语"使得 $x_1 \neq x_2$"真的有必要吗？没有它，语句会更简单，并且有无它似乎说法是同样的。

是的，短语是必要的，如果没有它，说法是不一样的。如果我们不指出 $x_1 \neq x_2$，那么 x_1 和 x_2 可以取同一元素。如果不规定 x_1 和 x_2 必须是不相同的，这个命题虽然不为假，但是没有任何意义。显然，当 $x_1 = x_2$ 时，有 $f(x_1) = f(x_2)$。这就如同地球的质量等于距离太阳第三远的行星的质量一样。另一种鸽笼原理的表述是：存在不同的元素 $x_1, x_2 \in X$，使得 $f(x_1) = f(x_2)$。

这里还有一点需要强调。像"存在不同的元素 $x_1, x_2 \in X$，具有……性质"的命题并不意味着恰好只有两个元素具有该性质，而是说至少有两个这样的元素使命题为真，元素可能会更多，但肯定不会更少。

✻

数学家们对任何原理总是希望寻找其最泛化的形式，因为这样可以解释更多的事情。例如，同样明显的命题是，我们不能将 15 只鸽子放在 7 个鸽笼里，除非某个鸽笼中至少放有 3 只鸽子——这种情况是无法从鸽笼原理推得的。下面是鸽笼原理更泛化的版本。

定理 1.3 扩展鸽笼原理。对于任意有穷集 X 和 Y 以及任意正整数 k，且 $|X| > k|Y|$，若有 $f: X \to Y$，则至少有 $k+1$ 个不同的成员 $x_1, \cdots, x_{k+1} \in X$，使得 $f(x_1) = \cdots = f(x_{k+1})$。

鸽笼原理是扩展鸽笼原理中 $k=1$ 时的情况。

这里首次使用了序列（sequence）表示法：同一变量名带有一定范围的数字下标。在此情况下，$x_i(1 \leqslant i \leqslant k+1)$ 就构成了一个长度为 $k+1$ 的序列。这种表示法非常方便，因为它可以在下标中使用像 $k+1$ 这样的代数表达式。类似地，我们可以推断出序列 y_1，$y_2, \cdots$ 的第 $2i$ 个成员是 y_{2i}。

当应用于特定集合 X 和 Y 时，已知 X 和 Y 的大小，便可推出扩展鸽笼原理中参数 k 的最小值。这有助于使计算更精确。

如果 $\frac{q}{p}$ 的商是一个整数（即 q 除以 p 没有余数），则称整数 p 整除（divide）整数 q，记为 $p \mid q$。用 $p \nmid q$ 表示 p 不能整除 q，例如，$3 \nmid 7$。对于任意实数 x，我们用 $\lfloor x \rfloor$ 表示小于或等于 x 的最大整数，称为 x 的下取整（floor）。例如，$\lfloor \frac{17}{3} \rfloor = 5$，$\lfloor \frac{6}{2} \rfloor = 3$。同样还需要上取整（ceiling）的表示方法：$\lceil x \rceil$ 表示大于或等于 x 的最小整数，例如 $\lceil 3.7 \rceil = 4$。

借助于这些符号，我们从"在已知鸽子和鸽笼数的情况下，确定占用同一个鸽笼的最多鸽子数的最小值"的角度重申扩展鸽笼原理。

定理 1.4 扩展鸽笼原理（另一个版本）。设 X 和 Y 是任意有穷集，且有 $f:X \rightarrow Y$。则存在 $y \in Y$，使得 $f(x)=y$，其中 x 的取值至少为 $\left\lceil \frac{|X|}{|Y|} \right\rceil$。

证明：设 $m=|X|$ 和 $n=|Y|$。如果 $n \mid m$，那么这是扩展鸽笼原理中 $k = \frac{m}{n} - 1 = \left\lceil \frac{m}{n} \right\rceil - 1$ 的情况。如果 $n \nmid m$，那么这是扩展鸽笼原理中 $k = \left\lceil \frac{m}{n} \right\rceil - 1$ 的情况，因为 $\left\lceil \frac{m}{n} \right\rceil - 1$ 是小于 $\left\lceil \frac{|X|}{|Y|} \right\rceil$ 的最大整数。∎

※

泛化的鸽笼原理似乎均以奇妙的方式表述了一些显然的事情。此外，一旦分析出哪些是鸽子哪些是鸽笼，我们就能使用它们去解释大量不同的现象。让我们以数论（number theory）（对整数性质的研究）中的应用来结束本章。首先是一些基础知识。

如果 $p \mid q$，那么称 p 为 q 的因子（factor）或除数（divisor）。

质数（prime，也称素数）是一个大于 1 的整数，它只能被自身和 1 整除。例如，7 是质数，因为它只能被 7 和 1 整除，但 6 不是质数，因为 $6 = 2 \times 3$。注意 1 本身不是质数。

定理 1.5 算术基本定理。一个大于 1 的整数有且仅有一种形式表示为不同质数（按递增顺序且具有正整数次幂）的乘积。

例 1.6 我们将在第 4 章证明这个定理，此处仅给出它的应用。将一个数 n 质分解（prime decomposition）就是将其表示为唯一的质数乘积形式：

$$n = p_1^{e_1} \cdot \cdots \cdot p_k^{e_k}$$

其中 p_i 是递增的质数，e_i 是正整数。例如，$180 = 2^2 \times 3^2 \times 5^1$，并且不存在其他的质数乘积 $p_1^{e_1} \cdot \cdots \cdot p_k^{e_k}$ 等于 180，其中 $p_1 < p_2 < \cdots < p_k$，所有的 p_i 都是质数，e_i 都是整数幂。

两个整数 m 和 n 的乘积的质分解是由 m 的质分解与 n 的质分解结合起来的，即 $m \cdot n$ 的每个质因子一定是 m 或者 n 的质因子。

定理 1.7 如果 m、n 和 p 都是大于 1 的整数，p 是质数，且 $p\,|\,m\cdot n$，则有 $p\,|\,m$ 或者 $p\,|\,n$。

证明：根据算术基本定理（定理 1.5），有且仅有唯一的质分解如下：
$$m\cdot n = p_1^{e_1} \cdot \cdots \cdot p_k^{e_k}$$
其中 p_i 是质数。那么 p 必为 p_i 之一，并且每个 p_i 必然出现在 m 或者 n 的唯一质分解式中。∎

在 $m\cdot n$ 的质分解中，质数 p 的幂是其在 m 和 n 的质分解中的幂之和（如果质分解中没有出现 p，则其幂计算为 0）。例如，从乘积 $18\times 10=180$，可以得到

$$18 = 2^1 \times 3^2 \qquad (2、3、5 \text{ 的幂分别为 } 1、2、0)$$
$$10 = 2^1 \times 5^1 \qquad (2、3、5 \text{ 的幂分别为 } 1、0、1)$$
$$180 = 2^2 \times 3^2 \times 5^1$$
$$= 2^{1+1} \times 3^{2+0} \times 5^{0+1}$$

可以看出，乘积 180 中 2、3 和 5 的幂是它们在两个因子 18 和 10 的分解中的幂之和。

有关质数的另一个重要事实是有无穷多个质数。

定理 1.8 不存在最大质数（即有任意大的质数）。

"任意大"意味着对于每一个 $n>0$，都存在一个大于 n 的质数。

证明：设 k 取某个值，则我们可以得到至少 k 个质数，设 $p_1,\cdots,p_k$ 为递增的前 k 个质数。（我们可以取 $k=3$，则有 $p_1=1$、$p_2=2$、$p_3=5$。）我们将展示如何找到一个大于 p_k 的质数。由于这个过程可能会无限地重复下去，因此必定会得到无穷多个质数。

例 1.9 来看一下比前 k 个质数乘积大 1 的数 N：
$$N = (p_1 \cdot p_2 \cdot \cdots \cdot p_k) + 1$$

N 除以 $p_1,\cdots,p_k$ 中的任何一个数，余数都为 1。所以 N 不存在小于或等于 p_k 的质因子。因此，要么 N 不是质数且有一个大于 p_k 的质因子，要么 N 本身就是质数。∎

例如，在 $k=3$ 的情况下，$N=2\times 3\times 5+1=31$。N 本身是质数，习题 1.11 中要求找到一个 N 不是质数的例子。

两个数的公约数（common divisor）是能够整除这两个数的数。例如，21 和 36 具有公约数 1 和 3，而 16 和 21 没有大于 1 的公约数。

在上述定理的基础上，我们来举一个鸽笼原理在数论中应用的例子。

例 1.10 在 2 和 40 之间（包括 2 和 40）选出 m 个不同的数，其中 $m\geqslant 13$。那么至少存在两个数有大于 1 的公约数。

"在 a 和 b 之间（包括 a 和 b）"代表所有 $\geqslant a$ 且 $\leqslant b$ 的数，因此该例中包括 2 和 40。

解：首先观察到，有 12 个质数小于或等于 40：2、3、5、7、11、13、17、19、23、29、31、37。其中任意两个数不存在大于 1 的相同因子（公约数）。定义 P 为这 12 个质数的集合。（我们需要指定 $m\geqslant 13$，因为 $m=12$ 时该论断为假，集合 P 将是一个反例。）现在考虑具有 m 个数（取值范围为 2~40，包括 2 和 40）的集合 X。将 X 的成员看作鸽子，P 的成员看作鸽笼。将鸽子放到鸽笼中，定义函数 $f\colon X\to P$，其中 $f(x)$ 是整除 x 的最小质数。例如，$f(16)=2$、$f(17)=17$、$f(21)=3$。根据鸽笼原理，由于 $m>12$，则对于 X 的两个不同成员，必有其 f 的值相等，因此 X 中至少有两个成员有公约数。∎

本章小结

- 数学思维侧重于从具体示例的细节中抽象出一般性原理。
- 集合是不同事物或元素的无序汇集。集合的元素称为成员。
- 一个集合是有穷集，当且仅当其所有成员可以逐一列出来。有穷集 X 的成员数称为基数或大小，记为"$|X|$"。一个集合的大小一定是非负整数。
- 两个集合之间的函数或映射是将第一个集合的每个成员与第二个集合中唯一成员相关联的规则。
- 鸽笼原理指出：若 X 是鸽子的集合，Y 是鸽笼的集合，并且有 $|X|>|Y|$，则任意由鸽子集合到鸽笼集合的函数都会给某个鸽笼分配多于 1 只鸽子。
- 扩展鸽笼原理指出：若 X 是鸽子的集合，Y 是鸽笼的集合，并且有 $|X|>k|Y|$，则任意由鸽子集合到鸽笼集合的函数都会给某个鸽笼分配多于 k 只鸽子。
- 一个项的序列可以用具有不同数字下标的同一变量表示，如 $x_1,\cdots,x_n$，下标也可以是一个代数表达式。
- 算术基本定理指出：任意正整数都存在唯一一个质分解。

习题

1.1 求解下列问题。

(a) $|\{0,1,2,3,4,5,6\}|$。

(b) $\left\lceil \dfrac{111}{5} \right\rceil$。

(c) $\left\lfloor \dfrac{111}{5} \right\rfloor$。

(d) 100 的因子集合。

(e) 100 的质因子集合。

1.2 设 $f(n)$ 是 n 的最大质因子。当 $x<y$ 时，会有 $f(x)>f(y)$ 吗？举例或说明为什么不可能。

1.3 什么情况下有 $\lfloor x \rfloor = \lceil x \rceil - 1$？

1.4 想象一下：有一个 9×9 的鸽笼方阵，每个鸽笼里有一只鸽子。（因此，81 只鸽子在 81 个鸽笼中，见图 1.4。）假设所有鸽子同时向上、向下、向左或向右移动一个鸽笼。（边缘的鸽子不允许移出方阵。）证明某个鸽笼里会飞进两只鸽子。提示：数字 9 有点复杂。尝试小一点的数儿，看看会发生什么。

1.5 证明在任意一群人中，有两个人在群中拥有同样多的朋友。（这里有个重要的假设：没有人是他或她自己的朋友，并且朋友关系是对称的（symmetrical），即如果 A 是 B 的朋友，那么 B 也是 A 的朋友。）

1.6 已知球体上的任意 5 个点，证明其中 4 个点必

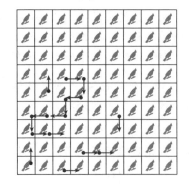

图 1.4 9×9 方阵中的每个鸽笼都有一只鸽子。所有鸽子同时向上、向下、向左或向右移动一个鸽笼。某些鸽笼中一定会飞进两只鸽子吗

位于一个闭合的半球体中，其中"闭合"表示半球中包括一个"圈"，该圈将其与球体的另一半分开。提示：已知球体上的任意两点，总可以在它们之间画一个"大圈"，该圈与球体的赤道有相等的周长。

1.7 证明在任意 25 个人的人群中，必有 3 个人的生日在同一个月。

1.8 一堆硬币中包含 6 种不同的面值：1 分、5 分、10 分、15 分、50 分和 1 元。至少要收集多少枚硬币才能保证至少有 100 枚硬币的面值相同？

1.9 有 25 个人每天在同一家健身房上瑜伽课，该健身房每天提供 8 节课。每位参加者可以穿蓝色、红色或绿色衬衫去上课。证明在某一天，至少有一节课上有两个人穿着同一颜色的衬衫。

1.10 在 1 和 60 之间（包括 1 和 60）选择 4 个不同的整数，证明其中两个数的差最多是 19。

1.11 找到一个 k，使得前 k 个质数的乘积加 1 不是质数，并且具有比前 k 个质数都大的质因子。（解决这个问题没有诀窍，必须尝试各种可能。）

1.12 证明任意 9 个正整数构成的集合中，存在两个数具有相同的小于或等于 5 的质因子。

1.13 从字符串集到数字集的哈希函数（hash function）作用是为文本字符串 s 计算出一个哈希数值 $h(s)$。例如，将 s 中所有字符的数字编码相加，再除以质数 p，保留余数。哈希函数的关键点是能产生可再现的结果（即对同一字符串 s 计算两次 $h(s)$ 会产生相同的数值），并且使不同字符串的哈希值在 0 到 $p-1$ 之间均匀分布。当哈希函数对不同的两个字符串产生相同的哈希值时，称这两个字符串是哈希值冲突（collide）的。哈希值的冲突数是指具有相同的哈希值的字符串的数量减 1，因此，如果有 2 个字符串具有相同的哈希值，则该哈希值的冲突数是 1。如果有 m 个字符串和 p 个可能的哈希值，那么对于发生最多冲突的哈希值，发生的最小冲突数是多少？某哈希值发生的最大冲突数是多少？

第 2 章
Essential Discrete Mathematics for Computer Science

基本证明技术

下面是用自然语言复述的鸽笼原理（见定理 1.2）：

如果鸽子比鸽笼多，并且每只鸽子都进入一个鸽笼中，那么某个鸽笼中必装有不止一只鸽子。

假设你的朋友不相信这个命题，你怎么能令人信服地论证这是真的呢？

你可能通过相反的结论不可能为真来试图说服你的朋友。你可能说，让我们想象一下，每个鸽笼中的鸽子不多于一只，然后计算一下鸽笼数，因为每个鸽笼中有零只或一只鸽子，那么鸽子的数目最多等于鸽笼数。而开始时我们假设鸽子比鸽笼多，所以这是不可能的。由于每个鸽笼中最多有一只鸽子是不可能的，所以某个鸽笼中必装有不止一只鸽子。这就是我们要试图去证明的。

在这一章中，我们将讨论如何将非规范、具体的论证，转化为规范、泛化的数学证明。证明（proof）是一个论证过程：从一个或多个前提（例如，鸽子比鸽笼多）开始，使用逻辑规则推导出结论的过程（如有些鸽笼装有不止一只鸽子）。尽管看上去用简单的自然语言描述一个论证似乎更容易，但是自然语言不够精确，也过于具体，用更规范的术语来描述数学问题会更为清晰，也更为泛化。

例 2.1 下列命题的含义是什么？

每个人爱某个人

它的意思可以是：对于世界上的每一个人来说，都有一个他爱的人，即不同的人有不同的所爱。使用半数学语言，我们可以将这个语句表述为如下命题。

命题 2.2 对于每个人 A，都存在一个人 B，使得 A 爱 B。

对于例 2.1 还有另外一种解释，即存在某个特别的人，每个人都爱他。

命题 2.3 存在一个人 B，对于每个人 A，有 A 爱 B。

这两种解释有很大的差别。数学语言的目的之一，就是解决自然语言的这种模糊性。

"对于所有的""对于任意的""对于每一个""对于某些"以及"存在"，这些短语都被称为量词（quantifier），谨慎使用这些量词是数学论述的重要组成部分。符号 $\forall$ 代表"对于所有的""对于任意的""对于每一个"，符号 $\exists$ 代表"存在"和"对于某些"。使用这些符号可以节省时间，但在数学短文中，它们也会使某些陈述变得更加难懂。因此，在第 12 章讨论谓词逻辑（quantificational logic）的公式之前，我们避免使用量词。

量词是修饰谓词（predicate）的，如 A 爱 B。一个谓词是一个命题模板，带有一个或多个参数，本例中是 A 和 B。一个谓词本身没有真值，因为不知道 A 和 B 的值，所以"A 爱 B"既不能说是真的也不能说是假的，只有被量化后（如命题 2.2 和命题 2.3 所示）或者应用了特定的参数（例如，罗密欧爱朱丽叶）后才有真值，并且可能对某些参数为真，而对另一些参数为假。

接下来给出数学命题及其证明的简单示例。

定理 2.4 奇数。任意奇数可表示为两个整数的平方差。

首先，要确定我们真正理解了上述命题。一个奇（odd）数是可以写成 $2k+1$ 形式的任意整数，其中 k 也是一个整数。整数 n 的平方（square）是 $n^2 = n \cdot n$。对于每一个 k 值，定理 2.4 的意思是存在两个整数（称为 m 和 n），使得它们分别求平方后相减的结果等于 $2k+1$。（注意其中的量词：对于每个 k，存在 m 和 n，使得……）

如果一个整数 m 是某个整数的平方，则称 m 为完全平方数（perfect square）。我们可以更简洁地表述上述定理：任意奇数都可以表示为两个完全平方数的差。数学中这种情况很典型，即定义一个恰当的概念，可以使对普遍性事实的表述变得非常简单。

下一步就是确认为什么这个命题为真。如果理由不显然，则用更多的例子会有所帮助。让我们先列出前几个平方数：

$$0^2 = 0$$
$$1^2 = 1$$
$$2^2 = 4$$
$$3^2 = 9$$
$$4^2 = 16$$

我们可以确认，对于某些特定的奇数，例如 1、3、5 和 7，命题为真：

$$1 = 1 - 0 = 1^2 - 0^2$$
$$3 = 4 - 1 = 2^2 - 1^2$$
$$5 = 9 - 4 = 3^2 - 2^2$$
$$7 = 16 - 9 = 4^2 - 3^2$$

从上面这些例子，我们注意到一个规律，即所有列出的奇数都是两个连续整数的平方差，这些整数是 0 和 1、1 和 2、2 和 3，以及 3 和 4。另外观察到这些连续整数相加分别得到了与上面相同的奇数：$0+1=1$、$1+2=3$、$2+3=5$、$3+4=7$。因此，我们可以推测：奇数 $2k+1$ 应该是 $k+1$ 与 k 的平方差。我们来试一下：

$$(k+1)^2 - k^2 = k^2 + 2k + 1 - k^2$$

化简后得到 $2k+1$。

我们猜对了！我们定义奇数为 $2k+1$，从而没有用特定的奇数，就确认了定理 2.4 适用于所有奇数。它甚至也适用于负奇数（$2k+1$ 中的 k 为负值），尽管这个思想是通过正奇数示例得到的。

上面一系列的思考虽然展示了定理的思想是怎样得到的，但是作为一个规范的证明依然过于烦琐，实质性证明应该仅包括相关的细节。例如，所列出的例子不能加在论据中，即我们需要证明任何情况下命题都为真，而不仅仅是对列出的例子为真。下面是定理 2.4 的一个规范证明。

证明：对于任意奇数 $2k+1$（其中 k 为整数）都有

$$2k+1 = (k^2 + 2k + 1) - k^2 \quad \text{（同时加上和减去 } k^2\text{）}$$
$$= (k+1)^2 - k^2 \quad \text{（将第一项化为平方数）}$$

令 $m=k+1$、$n=k$，那么有 $2k+1=m^2-n^2$，我们找到了具有前面所述性质的整数 m 和 n。 ∎

在验证这个证明的本质之前，先就其风格做进一步说明。第一，它用完整的语句写成，数学表达式使表述更精确和清晰，而论断过程是用短文形式表达的。第二，它的结构是清晰的：从已知假设开始（某整数是奇数），通过指明 m 和 n 是我们所寻求的两个整数，清晰地给出了证明的结尾。第三，它是严格的：给出了相关术语（奇数）的数学定义，该定义使我们的推证更细致和清晰，此外证明过程中的每一步都是由前面若干步逻辑清晰地推得的。

它还是令人信服的。该证明提供了充分的细节，让读者容易理解为什么每一步都是正确的，但又免于烦琐。例如，我们跳过了某些算术运算步骤，只表明了
$$2k+1 = (k+1)^2 - k^2$$
这个等式并不直观，细心的读者可能会带着质疑去验证它。当我们给出了中间步骤，运算结果显然是正确的。有些假设不需要证明，例如，下面的步骤就是有效的
$$2k+1 = (k^2+2k+1) - k^2$$
事实上，不管我们怎样移项、合并同类项，它们的和是不变的。在这段内容中，这些规则看似相当基本，但是可以用作假设。证明这些规则会分散读者对主要论断的注意力。但在有关规范的算术运算的教材中，这些性质本身就是一个证明的主题。要包含多少细节取决于内容和目标读者。

现在回到上述证明的本质。首先，它是构造性的（constructive）。要证明的命题仅断言了某些事物的存在：对于任何奇数，存在两个整数，它们的平方差等于该奇数。一个构造性的证明不仅可以证明这个事物是存在的，还可以展示如何找到它。已知某个特定的奇数 $2k+1$，定理 2.4 的证明向我们展示了如何找到两个整数具有命题中所断言的性质：一个是 $k+1$，另一个是 k。例如，如果我们想要表达的奇数是 341，按照上述证明的方法，我们可以从 341 中减去 1 再除以 2，该整数和下一个更大的整数就是所寻找的整数对，即 170 和 171。验证很容易：
$$171^2 - 170^2 = 29\,241 - 28\,900 = 341$$
其实没必要去验证这种特定的情况，之所以这样做，只是让我们更确信代数运算没有错误。

一般来说，回答问题或解决问题的过程被称为算法（algorithm）。算法的描述足够详细和精确，原则上说，它是可机械执行的，既可以在机器上运行，也可以由人按照指令进行运算并不加以思考。一个构造性的证明本质上就是一个寻找证明中存在的事物的算法。在定理 2.4 中，证明描述的算法是：已知一个奇数 $2k+1$，寻找整数 m 和 n，使得 $m^2 - n^2 = 2k+1$。

并非每一个证明都是构造性的，有的仅证明了存在性而没有给出如何寻找的方法。这样的证明被称为非构造性的（nonconstructive）。我们将看到一些有趣的非构造性证明的例子。事实上，鸽笼原理的证明就是非构造性的，因为它无法识别哪个鸽笼中有一只以上的鸽子。然而计算机科学家们喜欢构造性论证，因为一个构造性的证明会生成一个可寻找所存在事物的算法，此算法能够编程实现并在计算机上运行⊖。

有关定理 2.4 的最后一个说明是它的证明不仅具有构造性，而且包含超出了原有结论

⊖ 术语"构造性"很重要的意义是用于构造性数学（constructive mathematics）领域，该领域不接受任何只有存在性而无构造性的论点。在构造性数学中，不允许从一个假命题推断出其否定为真，否定命题的真值必须直接证明。例如，构造性数学不接受反证法（后面章节会解释）和像习题 2.14 中的论点。计算机科学家们更喜欢能够生成算法的论点，普遍不坚持构造性数学中严格意义的"构造性证明"。对我们来说，证明了某事为真就足以证明它的否定为假。

的其他结论。定理 2.4 不仅证明了每个奇数是两个整数的平方差，而且证明了是两个连续整数（constructive integers）的平方差（参见该定理证明）。完成一个证明后，值得回顾一下，看看是否会产生命题之外的有趣结论。

✲

数学证明的基本目标是确定两个命题之间的等价性，即命题一在命题二为真的所有情况下都为真，反之亦然。例如，下面的命题：

一个整数的平方是奇数，当且仅当该整数本身是奇数。

或者，用常规的数学风格可以表示为如下定理。

定理 2.5　对于任意的整数 n，n^2 是奇数当且仅当 n 是奇数。

这是一个非常典型的数学命题，有以下几点值得注意。

- 它使用了变量 n 来指代所讨论的事物，因此可以用该名称在命题的其他部分来指代同一事物。
- 按照惯例，使用名称 n 表示整数。其他的名称，比如 x，表示一个任意的实数；p 表示一个质数。尽管变量名称的选择与数学意义不相关，但是使用惯例命名变量名称有助于读者对命题的理解。
- 虽然变量名称是遵循惯例的，但是命题并不完全依赖变量名称的惯例含义。特别指出：n 代表一个整数，所以根据上下文，n 也可以是正整数、非负整数或其他类型的数等。
- 命题使用了一个量词（对于任意的），这是为了明确所描述的性质适用于所有整数。
- 命题"n^2 是奇数当且仅当 n 是奇数"实际上是将两个命题合二为一：
  1. "n^2 是奇数当 n 是奇数"，或为"如果 n 是奇数，那么 n^2 是奇数"；
  2. "n^2 是奇数仅当 n 是奇数"，或为"如果 n^2 是奇数，那么 n 是奇数"。

  让我们来定义"当且仅当"命题的两个原子命题：p 表示 n^2 是奇数，q 表示 n 是奇数。思考一下"仅当"的含义："p 仅当 q"与"如果 p，那么 q"具有相同的含义：如果我们知道 p 为真，那么 q 的唯一可能也为真。

  一个"当且仅当"命题为真，只有在两个原子命题"p 当 q"和"p 仅当 q"都为真的情况下成立，或者说，只有在两个原子命题 p 和 q 等价的情况下成立。

  短语"当且仅当"通常缩写为 iff。

证明两个命题的等价性通常由两个证明步骤组成：证明每个命题都蕴含另一个命题。例如，在定理 2.5 中，我们证明了如果一个整数是奇数，那么它的平方也是奇数，然后我们证明了如果一个整数的平方是奇数，那么这个整数本身就是奇数。一般来说，两个方向的证明看上去非常不同。无论有多困难，在两个方向都得到证明之前，等价性证明都是不完整的。

定理 2.5 的第一个方向（如果 n 是奇数，那么 n^2 是奇数）可以采用直接证明法（direct proof）来证明。这类证明方法是直截了当的：假设前提是真的，然后从前提证明结论是真的。对于第二个方向（如果 n^2 是奇数，那么 n 是奇数），从稍微不同的角度来思考，会更容易些。直接的证明是假设 n^2 是奇数，由此去证明 n 是奇数，但似乎没有简单的方法可以做到这一点。代之以等价的证明：若 n 不是奇数，即 n 是偶数，那么 n^2 也不是奇数。

> **证明等价性**
>
> 要证明"p 当且仅当 q":证明"p 当 q",即"如果 q,那么 p";证明"p 仅当 q",即"如果 p,那么 q"。

证明: 首先,我们证明如果 n 是奇数,那么 n^2 是奇数。如果 n 是奇数,那么可以表示为:$n=2k+1$,其中 k 是整数。则有

$$\begin{aligned} n^2 &= (2k+1)^2 & (\text{因为 } n=2k+1) \\ &= 4k^2+4k+1 & (\text{二项式展开}) \\ &= 2(2k^2+2k)+1 & (\text{前两项提取公因子 2}) \end{aligned}$$

设 j 为整数 $2k^2+2k$,则 $n^2=2j+1$,所以 n^2 是奇数。

接下来,我们证明如果 n^2 是奇数,那么 n 是奇数。假设这不是对所有的 n 都成立,那么存在某个整数 n,使得 n^2 是奇数,而 n 不是奇数。因为任何整数若不是奇数,必定为偶数,所以 n 为偶数。为了证明这样的 n 不存在,我们需要证明"如果 n 是任意偶数,那么 n^2 是偶数"。此时,n 是偶数,则设 $n=2k$,其中 k 是整数。则有

$$\begin{aligned} n^2 &= (2k)^2 & (\text{因为 } n=2k) \\ &= 4k^2 \\ &= 2(2k^2) \end{aligned}$$

设 j 为整数 $2k^2$,则 $n^2=2j$,所以 n^2 是偶数,也就是假设(n 是一个整数,使得 n^2 是奇数,但 n 不是奇数)是假的。所以它的否定命题是真的,即如果 n^2 是奇数,那么 n 是奇数。 ∎

这个证明比定理 2.4 的证明步骤更多一些,也更结构化一些。在一个比较长的证明中,要将多个步骤有条理地结合在一起,从而使读者不仅明白单独一个步骤的作用,还能理解论点的整体思想。例如,为了引导读者理解这个证明,我们在对论点的每个部分深入证明之前,都表明了证明的方向。

更复杂的证明可能有多个中间步骤。当一个中间步骤特别长或者很难的时候,可以先将这个中间步骤独立出来,从而使整个证明不会太长。中间步骤本身也可以是一个定理,如果它与要证明的定理在内容上不是特别相关,我们称之为引理(lemma)。另外,定理得到证明之后,会带来一些更容易证明的相关结论,我们称其为定理的推论(corollary),而不是"定理的定理"。例如,下面是定理 2.5 的推论:

推论 2.6 如果 n 是奇数,那么 n^4 是奇数。

证明: 注意 $n^4=(n^2)^2$,由于 n 是奇数,根据定理 2.5,n^2 是奇数。又由于 n^2 是奇数,再次根据定理 2.5,有 n^4 是奇数。 ∎

在定理 2.5 证明的第二部分,我们采用了蕴含(implication)推理,即把形如"如果 p,那么 q"的命题,转化为等价的"如果非 q,那么非 p"。在证明的这一部分中,p 表示 n^2 是奇数,q 表示 n 是奇数。蕴含命题有多种变体,对这些变体的命名和辨别很重要⊖。

对蕴含命题"如果 p,那么 q"有三种不同的翻转方式。将其中的两个部分做否定就得到了反换式(inverse)命题"如果非 p,那么非 q";仅改变其中两部分的顺序,可得到

⊖ 这里首次使用了变量 p 和 q 来表示命题(proposition),即可以为真或为假的陈述句。第 9 章将讨论这些命题变量的运算,称之为命题演算(propositional calculus)系统。我们在这里只是使用命题变量来表示如何组合命题。

逆换式（converse）命题"如果 q，那么 p"；既改变两部分的顺序又做否定可得到逆反式（contrapositive）命题"如果非 q，那么非 p"。

因为命题的逆反式与该命题逻辑等价，所以可以通过其中一个命题的证明来证明另一个，如同反证法的逻辑一样。这就是为什么我们可以用"如果 n 是奇数，那么 n^2 是奇数"的证明，来代替"如果 n^2 是奇数，那么 n 是奇数"的证明，它们互为逆反式。

注意：反换式和逆换式与原命题不等价。例如，在上述证明中，必须包含"如果 n 是奇数，那么 n^2 是奇数"和"如果 n^2 是奇数，那么 n 是奇数"这两个命题的证明，因为这两个命题互为逆换式，逻辑不等价。

我们使用了命题的另一种变体。命题 p 的否定（negation）也是命题：p 为假。换句话说，是命题"非 p"。因此，"n 是奇数"的否定命题是"n 是偶数"。"如果 p，那么 q"的逆反式是"如果非 q，那么非 p"。

命题的变体

$s =$ 如果 p，那么 q
q 当 p（等价于 s）
p 仅当 q（等价于 s）
逆反式：
如果非 q，那么非 p（等价于 s）。
反换式：
如果非 p，那么非 q（不等价于 s）。
逆换式：
如果 q，那么 p（不等价于 s，它是反换式的逆反式，因此等价于反换式）。

※

数学语言表达思想更广泛、更精确，但是高度的抽象也会造成混乱。当使用这种方式表达思想时，必须格外小心，确保我们所得到的命题是有意义的。我们在一个证明中要保持质疑，使得每一步都必须由前面某一步或若干步的结果推导而得。例如，下面对 $1 = 2$ 的伪证明：

令 $a = b$，那么有

$$a^2 = ab \quad \text{（两端乘以 } a\text{）}$$
$$a^2 - b^2 = ab - b^2 \quad \text{（两端减去 } b^2\text{）}$$
$$(a+b)(a-b) = b(a-b) \quad \text{（两端提取因子）}$$
$$(a+b) = b \quad \text{（两端除以 } a-b\text{）}$$
$$2b = b \quad \text{（左端用 } b \text{ 代替 } a\text{，因为 } a = b\text{）}$$
$$\text{因此} \quad 2 = 1 \quad \text{（两端除以 } b\text{）}$$

哪里出错了呢？显然我们得到的结论是不成立的，开始的假设（$a = b$）是成立的，所以必定在证明的某一步上，我们犯了逻辑错误。

错误发生在第三步到第四步的时候。我们开始时假设 $a = b$，所以除以 $a - b$ 实际上是除以零，这不是有效的算术运算。因此，在这一步上出现了逻辑错误，后面都是无意义的了。在做证明时，务必牢记符号的意义，以避免类似的错误。

※

对 2=1 的伪证明看上去像证明但实际上不是证明。因为出现了不成立的结论,所以我们意识到一定在某个步骤上出现了错误,这迫使我们回溯论证,去找出出错的地方。这种推理方式(推导出矛盾,意味着论点有错误)实际上是一种非常有用的证明技术。事实上,在定理 2.5 第二部分的证明中,我们已经看到了反证法的例子。

反证法从假设命题的否定成立开始,如果我们能够推导出一个矛盾(整个过程没有任何逻辑错误),那么唯一的可能就是论证开始的假设出了问题。由于假设命题的否定成立而导致了矛盾,因此确定命题为真。

> **反证法**
>
> 通过产生矛盾来证明 p,即假设 p 是假的,推导出矛盾的结果,得到结论:p 必为真。

我们再看另一个例子,使用反证法来证明 $\sqrt{2}$ 是无理数。按照惯例,首先要正确理解命题的含义。一个有理数(rational number)可以表示为两个整数之比。例如,1.25 是有理数,因为它可以表示为 $\frac{5}{4}$(或者 $\frac{125}{100}$,还有更多的方式)。如果一个数不是有理数,那么它就是**无理数**(irrational number),即不能表示为两个整数之比的数。

我们试图直接证明 $\sqrt{2}$ 是无理数,但是完全不清楚应该如何进行(甚至不知道从哪里开始)。因此,我们想到如果这个命题不是真的,会发生什么,假设的结果是否会产生逻辑上的矛盾。

定理 2.7 $\sqrt{2}$ 是无理数。

证明: 为了推导矛盾,假设命题是假的,即 $\sqrt{2}$ 不是无理数。这意味着 $\sqrt{2}$ 是有理数,换句话说,可表示为两个整数的比。因此,假设 $\sqrt{2} = \frac{a}{b}$,a 和 b 为整数,其中 a 和 b 最多有一个是偶数(这个附加的假设是可行的,因为如果两者都是偶数,我们可以通过分别除以 2 得到等值的分数,从而有更小的分子和分母):

$$\frac{a}{b} = \frac{a/2}{b/2}$$

重复以上操作,直到得到分子或分母(或全部)为奇数的分数。因此,可以不失一般性⊖(without loss of generality)地假设 $\sqrt{2} = \frac{a}{b}$,并且 a、b 中至少有一个奇数。由于 $\sqrt{2} = \frac{a}{b}$,将两端乘以 b,可得 $b \cdot \sqrt{2} = a$。将等式两端取平方,可得

$$2b^2 = a^2 \tag{2-8}$$

所以 a^2 可以被 2 整除。也就是说,a^2 不是奇数,根据定理 2.5,a 也不是奇数,换句话说,a 可以被 2 整除。因此,设 $a = 2k$,其中 k 是整数,于是式 (2-8) 变成

$$2b^2 = (2k)^2 = 4k^2$$

两端除以 2,得到 $b^2 = 2k^2$。因此,b^2 是偶数,从而 b 必定是偶数。我们证明了 a 和 b 都是偶数,这与假设"a 和 b 中最多有一个偶数"相矛盾。所以,$\sqrt{2}$ 必定是无理数,得证。∎

⊖ 不失一般性是指某个简单论点或相仿的论点对于特例的情况等同于普遍的情况。

✻

有时要证明的命题可以被划分为若干块，每一块可以被单独证明，这些块组合起来就能构成完整的论点，这时证明就变得更容易了。在定理 2.5 的证明中就采用了这种简单的方法，我们将"当且仅当"命题划分为两个蕴含命题，然后分别做了证明。采用这种思想的另一种证明方法叫作情况分析（case analysis），它是将有关一个类的总命题划分为若干子类相关的命题。如果对于每一种可能的情况，命题都会得到证明，那么总的原始命题必定为真。在定理 1.8 中我们看到了一个简单的情况分析，其中，我们试图找到一个大于前 k 个质数 $p_1,\cdots,p_k$ 的质数，并且推断 $(p_1 \cdot p_2 \cdots \cdot p_k)+1$ 要么是质数，要么具有一个比任何 p_i 都大的质因子，每一种可能都证明了相应的结论。下面的例题应用了更复杂的情况分析。

例 2.9 证明在任意六人群中，有 3 人相互认识，或者有 3 人相互陌生。（"认识"是对称的，即如果 A 认识 B，那么 B 也认识 A。）⊖

解： 首先从 6 个人中任意选出一个人 X。在剩下的 5 个人中，至少有 3 个人是 X 认识的，或者至少有 3 个人是 X 不认识的（见习题 2.15）。依据每种情况为真，论证分为两种主要情况，每种主要情况又分为两种子情况。

情况 1. X 至少认识 3 个人。那么再来看一下这 3 个人之间的关系。如果他们中的任意 2 个人彼此都不认识，那么这 3 个人相互都是陌生的。如果其中有某 2 个人相互认识，那么这两个人再加上 X 就构成了一组互相认识的 3 个人。

情况 2. 至少有 3 个人 X 不认识。考虑一下 X 不认识的这 3 个人。如果这 3 个人互相认识，他们就组成了一组互相认识的 3 个人。否则，他们中至少有 2 个人彼此不认识，这 2 个人加上 X，就构成了一组相互不认识的 3 个人。∎

在这个证明中，情况 2 中的论证似乎很像情况 1 中的论证，只是互换了"认识"和"不认识"的角色。事实上，除了角色互换之外，这两个论证是完全相同的。这个例子展示了另一种常用的证明技术：对称性（symmetry）。

论证中的对称性如图 2.1 所示，我们将在第 16～18 章中深入讨论这种图。$A,B,\cdots,F$ 代表 6 个人，黑色线连接的两个人彼此认识，灰色线连接的两人相互不认识。因此，情况 1 是指当选定某个人 X（如图中的 E）时，他认识（通过黑色线连接的）其他 3 个人。情况 2 是指当选定某个人 X（如图中的 A）时，他不认识（通过灰色线连接的）其他 3 个人。除了互换黑、灰两种颜色之外，论证完全是对称的。我们可以说，在有 6 个节点的图中，每对节点之间都有边相连，如果边是两种颜色中的一种，则图中包含一个同色（单色）的三角形。（图 2.1 中 E、B 和 D 构成一个这样的三角形）。

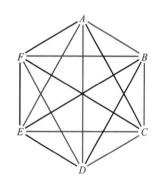

图 2.1 一张图展示了 6 个人之间的关系，黑色线连接着彼此认识的人，灰色线连接着相互不认识的人

一旦确定了对称性，就不需要给出两次相同的论证。在情况 2 中，我们只需要表述"如果至少有 3 个人与 X 不认识，那么这个论证是对称的，即互换了'认识'与

⊖ 这是数学子领域——Ramsey 理论［以数学家和哲学家 Frank P. Ramsey（1903—1930）的名字命名］中首个最简单的成果，也是 Ramsey 在研究谓词逻辑问题时首次证明的定理。

'不认识'的角色"。一个存在对称性的论证比没有发现对称性的论证更短且更能揭示本质。在确定了对称性的情况下，结果的陈述变得更简单，因为同色三角形可以表示 3 个人彼此认识也可以表示 3 个人相互不认识。

本章小结

- 证明是一种规范、通用、精确的数学论证，从一个或多个前提开始，并使用逻辑规则推导出结论来。
- 量词，如"对于所有的""对于任意的""对于每一个""对于某些"和"存在"，规定了谓词的范围。
- 谓词是一个命题模板，带有一个或多个参数。谓词本身既不为真也不为假，只有代入了特定的参数时才有值"真"或者"假"。
- 一个构造性证明展示了如何去寻找存在的事物。一个非构造性证明展示了事物的存在性，但没有展示如何去寻找存在的事物。
- 算法是一个详细而精确的过程，可以由机器（如计算机）执行。
- 为了证明两个命题是等价的，从两个方向分别证明通常是最容易的：要证明"p 当且仅当 q"需要证明"如果 p，那么 q"和"如果 q，那么 p"。
- 直接证明法从假设前提为真开始，并基于该假设推导出结论。
- 反证法从假设命题为假开始，并基于该假设推导出矛盾。
- 命题"如果 p，那么 q"的逆反式是"如果非 q，那么非 p"、反换式是"如果非 p，那么非 q"、逆换式是"如果 q，那么 p"。
- 命题和它的逆反式是等价的（而反换式、逆换式都与原命题不等价）。因此，要证明一个命题，证明它的逆反式就足够了。
- 情况分析证明命题的方法是将命题划分为限定的多个子命题（这些命题穷举所有的可能性），然后分别证明每个子命题。
- 具有对称性的论证可以避免重复几乎相同的论证。

习题

2.1 根据定义，−1 是奇数吗？为什么是？为什么不是？

2.2 给出下列命题的反换式、逆换式以及逆反式：

$$\text{如果下雨，那么我带雨伞。}$$

2.3 证明两个奇数的乘积是一个奇数。

2.4 证明 $\sqrt{3}$ 是无理数。

2.5 证明 $\sqrt[3]{2}$ 是无理数。

2.6 证明对于任意正整数 n，$\sqrt{n}$ 是整数或是无理数。

2.7 证明存在一个正七面体模具，即七个面都相同的多面体。提示：论证过程不是严格的数学证明，而是基于某些直觉，即物理对象的几何形状在某个维度上拉伸的性质。

2.8 证明所有偶数的平方都可以被 4 整除。

2.9 (a) 证明或者给出反例：如果 c 和 d 是完全平方数，那么 cd 也是一个完全平方数。

(b) 证明或者给出反例：如果 cd 是一个完全平方数并且 $c \neq d$，那么 c 和 d 都是完全平方数。

(c) 证明或者给出反例：如果 c 和 d 都是完全平方数，使得 $c > d$，并且有 $x^2 = c$ 和

$y^2 = d$，则有 $x > y$（假设 x、y 都是整数）。

2.10 反证法证明：如果 $17n + 2$ 是奇数，则 n 是奇数。

2.11 评判下述证明是否正确。
$$x > y$$
$$x^2 > y^2$$
$$x^2 - y^2 > 0$$
$$(x+y)(x-y) > 0$$
$$x + y > 0$$
$$x > -y$$

2.12 命题"如果 p，那么 q"的逆反式的逆换式是什么？更简单的等价命题是什么？

2.13 用量词和蕴含式表达下列命题。可以假设"正数""实数"和"质数"都是已知的，而"偶数"和"不同的"需要用命题来表达。

(a) 每个正实数都有两个不同的平方根。

(b) 每个正偶数都可以表示为两个质数的和⊖。

2.14 用非构造性证明方法论证存在无理数 x 和 y，使得 x^y 是有理数。提示：考虑 $\sqrt{2}^{\sqrt{2}}$，分别分析两种情况，一种是有理数，另一种是无理数。后一种情况是将其再提升 $\sqrt{2}$ 次幂。

2.15 应用第 1 章给出的概念，解释例 2.9 的证明步骤，说明当 X 被挑选出来时，剩下的 5 个人中，至少有 3 个人与 X 认识，或至少有 3 个人与 X 不认识。

⊖ 这就是著名的哥德巴赫猜想。目前该猜想仍未被证明，既不知道是真，也不知道是假。

第 3 章
Essential Discrete Mathematics for Computer Science

数学归纳法

前 n 项 2 的幂的和是多少？

像以往一样，解决问题的第一步是确信你理解了问题的含义。什么是 2 的幂？形如 2^3（就是 8），是 2 的指数为某个整数的结果。好了，那么 n 是什么？不用说，n 是任意的使问题有意义的东西。问题是要把某些对象加起来，n 是加在一起的对象的数量。所以 n 必须是一个表示全部量的变量，例如 10。最后，我们需要确定前 n 项 2 的幂是哪些。第一项 2 的幂是 2^0，还是 2^1，或者其他什么？在计算机科学中，我们通常从 0 开始计数。

知道了 n 的值，我们就可以计算出答案。例如，在 $n=10$ 的情况下，问题是要求出下式的值：
$$2^0 + 2^1 + 2^2 + 2^3 + 2^4 + 2^5 + 2^6 + 2^7 + 2^8 + 2^9$$
$$= 1 + 2 + 4 + 8 + 16 + 32 + 64 + 128 + 256 + 512$$

答案是 1023。

我们并不只是要对 $n=10$ 的情况求和。问题是以变量 n 陈述的，所以我们希望答案的形式与该变量相关。换句话说，我们的答案应该是泛化的公式，对于任意 n 都适用。特别地，适用于下式：
$$2^0 + 2^1 + 2^2 + \cdots + 2^{n-1}$$

求和的每个元素都称为项（term），因此在上式中，$2^0, 2^1, \cdots, 2^{n-1}$ 都是项。注意：最后一项是 2^{n-1}，而不是 2^n。我们是从 0 开始计数的，因此前 n 项 2 的幂是指 2 的 $0, 1, 2, \cdots, n-1$ 次幂，n 项中的最后一项是 2^{n-1}。

三个点…称为省略号（ellipsis）。省略号给出了一种模式，表示对读者是显而易见的。但是"显而易见"是心理感受，读者未必会与作者有同样的感受。如果我们只有如下公式：
$$1 + 2 + 4 + \cdots + 512 \tag{3-1}$$

省略的项显而易见吗？又省略了多少项呢？"显而易见"不是事实。我们在之前确定了要讨论对 2 的幂求和，如果只给你带省略号的式 (3-1)，那么对缺失项的推断就不止一种结果。可以有这样的推断：第二项比第一项大 1，第三项比第二项大 2，以此类推。在这种情况下，第四项应该比第三项大 3，即 7。那么结果可以是
$$1 + 2 + 4 + 7 + 11 + 16 + \cdots + 512??? \tag{3-2}$$

而不是
$$1 + 2 + 4 + 8 + 16 + 32 + \cdots + 512$$

需要弄清楚 512 是否真的是式 (3-2) 中的序列中的最后一个数（见习题 3.10）。

避免上述情况中模糊含义的解决方法就是找到典型项的表达式，并且使用求和表示法来表示要相加的是哪些项。典型的 2 的幂看起来形如 2^i——我们需要一个不同于 n 的变量名作为指数，因为 n 已经被用来表示相加的项数。则上式中的前 n 项和可以无歧义地表示为

$$\sum_{i=0}^{n-1} 2^i \tag{3-3}$$

"$\sum$"是大写希腊字母 sigma,表示求和。

与省略号表示法不同,求和表示法没有留下任何其他想象的空间。即使在 $n=1$ 或 $n=0$ 的情况下,它也是有意义的。当 $n=1$ 时,式(3-3)变为

$$\sum_{i=0}^{1-1} 2^i = \sum_{i=0}^{0} 2^i = 2^0 = 1$$

即对第一项求和。当 $n=0$ 时,求和的上限小于下限,此时式(3-3)变成对第 0 项求和,按照约定结果为 0:

$$\sum_{i=0}^{0-1} 2^i = \sum_{i=0}^{-1} 2^i = 空项的和 = 0$$

再举一个例子,前 n 个奇数的和如何表示?奇数表示为 $2i+1$,第一个奇数是 1,即当 $i=0$ 时 $2i+1$ 的值。所以前 n 个奇数的和可以记为[⊖]

$$\sum_{i=0}^{n-1} (2i+1)$$

现在回到本章开始的问题。我们能找到一个与式 3-3 等价的简单公式(不带省略号与求和符号)吗?

面对这样的问题(当你确定理解了问题之后),首先要做的是尝试几个例子,这有助于清楚你的理解为什么正确。在证明定理 2.4 时,使用了同样的策略。先代入 $n=1,2,3$,得到

$$\sum_{i=0}^{1-1} 2^i = 2^0 = 1$$

$$\sum_{i=0}^{2-1} 2^i = 2^0 + 2^1 = 1+2 = 3$$

$$\sum_{i=0}^{3-1} 2^i = 2^0 + 2^1 + 2^2 = 1+2+4 = 7 \tag{3-4}$$

1、3、7 分别比 2、4、8 小 1,它们的后继数都是 2 的幂。在构造假设之前,最好再试一次:

$$\sum_{i=0}^{4-1} 2^i = 2^0 + 2^1 + 2^2 + 2^3 = 1+2+4+8 = 15 \tag{3-5}$$

15 比 16 小 1,是下一项 2 的幂。至此我们还没有做什么证明,但是这种模式似乎太有规律而不像是巧合。我们来推测一下:

$$\sum_{i=0}^{n-1} 2^i = 2^n - 1 \tag{3-6}$$

我们的推测对吗?右侧或许是 $2^{n-1}-1$,也或许是 $2^{n+1}-1$ 呢?再代入 $n=4$ 来确认。在 $n=4$ 的情况下,式(3-6)的左端与式(3-5)相同,即为 15,而式(3-6)的右端为 $2^4-1=15$。所以,看起来式(3-6)是一个正确的推测。即使在 $n=0$ 的情况下,它也是可行的:

$$\sum_{i=0}^{0-1} 2^i = 0 = 2^0 - 1 \tag{3-7}$$

⊖ 我们在公式中使用 $(2i+1)$ 来表示项,括号的作用是避免歧义,即我们是对整个表达式求和,不是仅对其中的 $2i$ 求和(见下式),此值与原式不相同。

$$\left(\sum_{i=0}^{n-1} 2i \right) + 1$$

左端 i 的结尾值小于 i 的开始值，是一个零项求和，即 0。

这些还不足以成为一个证明。还需要进一步观察从式（3-4）到式（3-5）是怎样过渡的。也就是说，如果 2^3 加到 2^3-1 上，则右端是 $2^3+2^3-1=2 \cdot 2^3-1=2^4-1$。

一般来说"2 的幂再加上其自身会得到其后继 2 的幂"是成立的。所以假设我们已知式（3-6）对于一个给定的 n 是成立的。在归纳法中，这个假设被称为归纳假设（induction hypothesis）。归纳法的关键步骤——归纳步骤（induction step）是证明如果归纳假设是真的，那么下一个值（用 $n+1$ 替换了 n）也是真的。下面是归纳步骤：

$$\sum_{i=0}^{(n+1)-1} 2^i$$
$$=\sum_{i=0}^{n} 2^i$$
$$=\left(\sum_{i=0}^{n-1} 2^i\right)+2^n \quad \text{（分离出最后一项）}$$
$$=2^n-1+2^n \quad \text{（根据归纳假设）}$$
$$=2^{n+1}-1 \quad \text{（因为 } 2^n+2^n=2^{n+1}\text{）}$$

这正是用 $n+1$ 替换 n 后，式（3-6）的结果。

这是数学归纳法证明（proof by mathematical induction）的一个经典示例。术语"归纳"的含义是指命题关于某一个值（例如 n）为真，蕴含着该命题对 $n+1$ 也为真，从而有命题对于任意值都为真，那么对于任意更大的值，也为真。与此相类似，如果我们有了一个万无一失的方法可以从梯子的一级台阶登上更高一级台阶，那么我们就能够到达第一级台阶之上的任何一级台阶（见图 3.1）。

这里给出数学归纳法证明的一般形式（见图 3.2）。

图 3.1 用阶梯比喻数学归纳法。如果你能（归纳基础）登上梯子的最底部台阶，并且根据假设（归纳假设）你已经到达了任意的某个台阶，那么你能够（归纳步骤）登上下一个台阶。因此（结论）你可以到达任意一级台阶

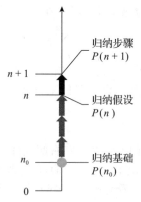

图 3.2 数学归纳法原理。首先证明归纳基础 $P(n_0)$（浅灰色），然后证明如果 $P(n)$ 为真（灰色最后的值），那么 $P(n+1)$ 也必为真（黑色的值）

下面证明谓词 $P(n)$ 对于大于或等于某个特定数 n_0 的任意数 n 都成立：

归纳基础。证明 $P(n_0)$ 成立。

归纳假设。设任意 n 是大于或等于 n_0 的某个数，假设 $P(n)$ 成立。

归纳步骤。假设归纳假设为真，证明 $P(n+1)$ 成立。

应用上述模式证明式 3-6 的推测，隐去所有我们为找到通用谓词而分析的特殊情况和猜想。

例 3.8 对于任意的 $n \geqslant 0$，

$$\sum_{i=0}^{n-1} 2^i = 2^n - 1$$

解：按照归纳模式，谓词 $P(n)$ 为

$$\sum_{i=0}^{n-1} 2^i = 2^n - 1$$

并且 $n_0 = 0$。

归纳基础。$P(0)$ 表示命题

$$\sum_{i=0}^{0-1} 2^i = 2^0 - 1$$

成立，因为方程的左右两端都等于 0（参见式 3-7）。

归纳假设。假设 $P(n)$ 成立，即

$$\sum_{i=0}^{n-1} 2^i = 2^n - 1$$

对于任意选定的 n 值（$n \geqslant 0$）成立。

归纳步骤。我们需要证明 $P(n+1)$ 成立，即

$$\sum_{i=0}^{n} 2^i = 2^{n+1} - 1 \tag{3-9}$$

分离出最后一项为相加项，式（3-9）的左侧为

$$\sum_{i=0}^{n} 2^i = \Big(\sum_{i=0}^{n-1} 2^i\Big) + 2^n$$

其中项 $\sum_{i=0}^{n-1} 2^i$ 正好是归纳假设 $P(n)$，等于 $2^n - 1$。因此，要完成式（3-9）的证明，我们只需要再证明

$$(2^n - 1) + 2^n = 2^{n+1} - 1$$

因为 $2^n + 2^n = 2^{n+1}$，所以上式成立。 ∎

※

数学归纳法是强有力的证明技术且应用广泛，如下例所示。

例 3.10 对于任意 $n \geqslant 0$，有

$$\sum_{i=1}^{n} i = \frac{n(n+1)}{2} \tag{3-11}$$

解：设谓词 $P(n)$ 为

$$\sum_{i=1}^{n} i = \frac{n(n+1)}{2} \tag{3-12}$$

归纳基础。令 $n_0 = 0$，等式左端的和是空项，其值为 0；右端表达式是 $\frac{0 \cdot (0+1)}{2}$，值也为 0。即 $P(0)$ 成立。

归纳假设。假设 $P(n)$ 为

$$\sum_{i=1}^{n} i = \frac{n(n+1)}{2}$$

对于任意选定的 n 值（$n \geq 0$）成立。

归纳步骤。我们需要证明 $P(n+1)$ 成立，即

$$\sum_{i=1}^{n+1} i = \frac{(n+1)(n+2)}{2}$$

再次将左端的最后一项分离为相加项，可以应用归纳假设如下：

$$\sum_{i=1}^{n+1} i = \left(\sum_{i=1}^{n} i\right) + (n+1)$$

$$= \frac{n(n+1)}{2} + (n+1) \quad \text{（根据归纳假设）}$$

$$= (n+1)\left(\frac{n}{2} + 1\right)$$

$$= \frac{(n+1)(n+2)}{2}$$

有时，一个规范的证明不足以表达直觉的感受，因为我们不清楚做符号变换的原因。给出一个具体的解释或许会更令人满意。对于式（3-12）（以及许多其他求和问题）的几何解释是一个由黑灰色块覆盖的网格。

图 3.3 就是当 $n=5$ 时，式（3-12）的几何表示。第一行有 n 个黑块，下一行有 $n-1$ 个黑块，…，最后一行有 1 个黑块。因此，黑块的数量为 $\sum_{i=1}^{n} i$。我们用另一种方法来计算它的值。网格的长为 $n+1$，高为 n，其中一半是黑块（比较黑灰两色的形状，可以发现旋转一下完全相同），所以黑块的数量是矩形面积的一半，即 $\frac{n(n+1)}{2}$。

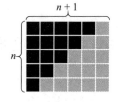

图 3.3 有多少黑块？我们有两种计算方式：对数字 $1, \cdots, n$ 求和或计算网格面积的一半。因此这两个值必然相等

对于归纳步骤，我们也可以给出相应的几何解释。归纳假设是 $\sum_{i=1}^{n} i = \frac{n(n+1)}{2}$。在归纳步骤中，我们增加了 $n+1$ 个方块，最后的总和是 $\frac{(n+1)(n+2)}{2}$。图 3.4 展示了一个 $(n+1) \times (n+2)$ 的网格，左上半部分为黑色和浅灰色，右下半部分为灰色。图 3.4 中的黑色部分与图 3.3 中的黑色部分完全匹配，黑色部分与增加的对角线上 $n+1$ 个浅灰块一起覆盖了新的 $(n+1) \times (n+2)$ 网格的一半。

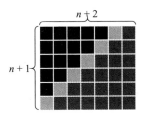

图 3.4　从覆盖一半的长为 $n+1$、宽为 n 的网格开始,增加 $n+1$ 个浅灰色块,从而达到覆盖长为 $n+2$、宽为 $n+1$ 新网格的一半区域

※

有时我们想表示一个序列值的乘积,而不是求和。乘积的表示法是用大写希腊字母 pi,即 $\prod$,它的作用类似于求和 $\sum$。例如,例 1.6 中的公式可以记为

$$p_1^{e_1} \cdot \cdots \cdot p_k^{e_k} = \prod_{i=1}^{k} p_i^{e_i}$$

如同求和中的元素被称作项一样,乘积中相乘的元素被称为因子(factor)。上面乘积中的因子有 $p_1^{e_1}, \cdots, p_k^{e_k}$。

尝试一下有关乘积命题的归纳模式。

例 3.13　对于任意 $n \geq 1$,有

$$\prod_{i=1}^{n}\left(1+\frac{1}{i}\right) = n+1 \tag{3-14}$$

举例来说,在 $n=3$ 的情况下,式(3-14)变换为

$$\left(1+\frac{1}{1}\right)\left(1+\frac{1}{2}\right)\left(1+\frac{1}{3}\right) = 4$$

再变换一下形式更易于理解:

$$\frac{1+1}{1} \cdot \frac{2+1}{2} \cdot \frac{3+1}{3} = 4$$

每个分数的分子与下一个分数的分母相等,所以除了最后一个分子,其他分子都被约掉了。应用归纳法可以证明这个论点。

解:设谓词 $P(n)$ 表示为

$$\prod_{i=1}^{n}\left(1+\frac{1}{i}\right) = n+1 \tag{3-15}$$

归纳基础。$n_0 = 1$,式(3-15)为

$$\prod_{i=1}^{1}\left(1+\frac{1}{i}\right) = 1+1$$

成立,因为两边都等于 2。

归纳假设。假设对于某个 $n \geq 1$,$P(n)$ 成立,即

$$\prod_{i=1}^{n}\left(1+\frac{1}{i}\right) = n+1$$

归纳步骤。进一步计算 $P(n+1)$,式(3-15)的左端变为

$$\prod_{i=1}^{n+1}\left(1+\frac{1}{i}\right) = \left(\prod_{i=1}^{n}\left(1+\frac{1}{i}\right)\right)\left(1+\frac{1}{n+1}\right) \quad (\text{分离出最后一个因子})$$

$$= (n+1)\left(1 + \frac{1}{n+1}\right) \qquad \text{(根据归纳假设)}$$
$$= (n+1) \cdot \frac{1+n+1}{n+1} = n+2$$

所证为真。　　　　　　　　　　　　　　　　　　　　　　　　　　　　　■

若约定零个因子的乘积为 1，那么等式（3-14）在 $n=0$ 的情况下，也是有意义的，即
$$\prod_{i=1}^{0}\left(1+\frac{1}{i}\right) = 空积 = 1 = 0+1$$

为什么这样的约定是有意义的呢？在零项求和时我们有类似的约定，即它的和为 0。凭直觉可知，如果在一些项求和的基础上再加上零项，那么就等于加上了 0。类似地，如果在一些因子乘积的基础上再乘以零个因子，那么等同于乘以 1。

✻

归纳法也可用于证明数字之外的事物。在计算机科学中，我们经常会遇到由 0 和 1 构成的序列，称 0 和 1 为两个位（bit）⊖，若干位的序列是一个二进制字符串（binary string），也称为位串（bit string 或 bit of string）。例如，10001001 是一个长度（length）为 8 的字符串。一个位串的补（complement）是将 1 和 0 互换的结果。例如，10001001 的补是 01110110。两个位串的串联（concatenation）是指将一个位串接到另一个位串上，例如，10001001 和 111 的串联是 10001001111。两个位串串联的长度是它们的长度之和，即 8+3=11。

存在一个有趣的位串序列被称作 Thue 序列（Thue sequence⊖），定义如下：

$T_0 = 0$，对于任意的 $n \geq 0$，

$T_{n+1} = T_n$ 与 T_n 补的串联

这是一个归纳定义（inductive definition）[也称为递归定义（recursive definition）] 的示例。T_0 定义为基础实例（base case），而用 T_n 来定义的 T_{n+1} 是构造实例（constructor case）。我们来看看 Thue 序列前几个字符串的定义。

0. $T_0 = 0$，这是基础实例。
1. T_1 是将 T_0（即 0）与 T_0 的补（即 1）串联，所以 $T_1 = 01$。
2. T_2 是将 T_1（即 01）与 T_1 的补（即 10）串联，所以 $T_2 = 0110$。
3. T_3 是将 T_2（即 0110）与 T_2 的补（即 1001）串联，所以 $T_3 = 01101001$。
4. T_4 是将 T_3（即 01101001）与 T_3 的补（即 10010110）串联，所以 $T_4 = 0110100110010110$。

对于任意的 $n \geq 0$，T_n 是 T_{n+1} 的前半部分，因此我们可以定义一个无穷位串 $t_0 t_1 t_2 \cdots$，其中 t_i 是 T_n 的第 i 位，且所有的 n 都足够大，使得 T_n 至少有 i 位。例如，当 $i=4$ 时，T_0、T_1 和 T_2 的长度少于 5 位。但是对于所有的 $n \geq 3$ 都有 T_n 的长度至少为 5，并且它们具有相同的第 5 位，即 t_4 都是 1。

Thue 序列具有某些非常有趣的性质。它看上去像是重复的，但并不重复；它看上去像是随机的，但并不是随机的。我们用数学归纳法来证明几个简单的性质。

⊖ 二进制数字，它们是小的信息块。
⊖ 以挪威数学家 Axel Thue（1863—1922）的名字命名，名字的发音为 "Too-eh"。有时也称之为 Thue-Morse 序列或 Thue-Morse-Prohet 序列，得名于美国数学家 Marston Morse（1892—1977）以及法国数学家 Eugène Prouhet（1819—1967）。早在 1851 年，Eugène Prouhet 就使用了这个序列。

> Thue 序列的前几个字符串：
> $T_0 = 0$
> $T_1 = 01$
> $T_2 = 0110$
> $T_3 = 01101001$
> $T_4 = 0110100110010110$

例 3.16 对于任意的 $n \geqslant 0$，T_n 的长度是 2^n。

解：我们应用归纳法来证明这一点。

归纳基础。$n_0 = 0$，$T_{n_0} = T_0 = 0$，其长度为 $1 = 2^0 = 2^{n_0}$。

归纳假设。假设 T_n 的长度是 2^n。

归纳步骤。T_{n+1} 是由 T_n 与其补串联而成，而这两个字符串的长度都是 2^n，所以 T_{n+1} 的长度是 $2^n + 2^n = 2^{n+1}$。

例 3.17 对于任意的 $n \geqslant 1$，T_n 以 01 开头，如果 n 是奇数，则以 01 结尾；如果 n 为偶数，则以 10 结尾。

解：$T_1 = 01$，所以对于每个 $n \geqslant 1$，都有 T_n 的前两位是 01。下面应用归纳法证明怎样得到 T_n 的结尾。

归纳基础。$n_0 = 1$。1 是奇数，并且有 $T_{n_0} = T_1 = 01$，即以 01 结尾。

归纳假设。对于某个 $n \geqslant 1$，假设当 n 为奇数时，T_n 以 01 结尾；当 n 为偶数时，则以 10 结尾。

归纳步骤。T_{n+1} 是以 T_n 最后两位的补结束，如果 n 为奇数，则 $n+1$ 为偶数；如果 n 是偶数，则 $n+1$ 为奇数。因此，如果 $n+1$ 是奇数，则 T_{n+1} 以 01 结尾；如果 $n+1$ 为偶数，则 T_{n+1} 以 10 结尾。

例 3.18 对于任意的 $n \geqslant 0$，T_n 中连续的 0 或连续的 1 永远不会多于两个。

解：T_0 只有一位，所以命题对于 T_0 是成立的。我们从 $n_0 = 1$ 开始使用归纳法。

归纳基础。$n_0 = 1$。那么 $T_{n_0} = T_1 = 01$，由于没有连续的相同位，因此肯定没有连续的相同位超过两个。

归纳假设。对于某个 $n \geqslant 1$，假设 T_n 中不存在超过两个连续的相同位。

归纳步骤。T_{n+1} 的前半部分来自 T_n，后半部分来自 T_n 的补。根据归纳假设，两者中都没有 000 或 111。因此，如果其中之一的任何情况发生，必然出现在连接处，即一个位串包含两位，另一个位串包含一位。而根据例 3.17 可知，在连接处的四位只能是 0110 或 1010，这两种情况都不包含连续三个相同位（见图 3.5）。

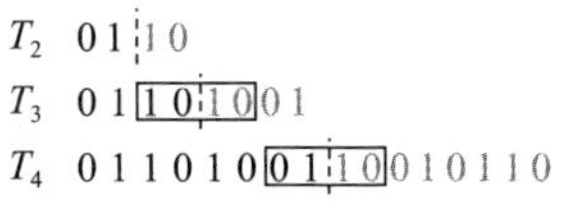

T_2 01 10
T_3 01 1010 01
T_4 011010 0110 010110

图 3.5   由 T_1 与 T_1 的补构造 T_2，由 T_2 与 T_2 的补构造 T_3，再由 T_3 与 T_3 的补构造 T_4。灰色位是黑色位的补。如果黑色位和灰色位都不包含 000 或 111 的位串，那么这种位串就是由连接而产生的，一定在连接处的四位窗口中。而这四位总是 0110 或 1010

我们将在习题 3.11 和习题 11.11 中再讨论 Thue 序列的其他性质。

✻

我们可以用数学归纳法来证明鸽笼原理（第 1 章）。这需要变通一下，因为鸽笼原理中没有提到可以进行归纳的特定数字 n，通常，我们称之为归纳变量（induction variable），在前面的归纳示例中用 n 来表示。

例 3.19　如果有 $f:X\to Y$ 并且 $|X|>|Y|$，那么存在元素 $x_1,x_2\in X$，使得 $x_1\ne x_2$ 且 $f(x_1)=f(x_2)$。

解：为了能够用归纳法证明，我们必须要确定归纳变量。这里有两种比较明显的可能：集合 X 的大小和集合 Y 的大小。两者都可以用，但证明会有所不同。让我们对 $|X|$ 进行归纳，并重申：对于任意的 $n\geqslant 2$，$P(n)$ 都为真，其中 $P(n)$ 表示

对于任意有穷集 X 和 Y，其中 $|X|>|Y|$，并且 $|X|=n$，如果有 $f:X\to Y$，则存在不同的元素 $x_1,x_2\in X$，使得 $f(x_1)=f(x_2)$。

习题 3.2 使用了 Y 的大小（而不是 X 的大小）作为归纳变量。

归纳基础。$n_0=2$。如果 $|X|>|Y|$ 且 $|X|=2$，并且存在一个从 X 到 Y 的函数 f，那么 $|Y|$ 必须等于 1。首先，Y 必须包含至少一个元素，因为对于每个 $x\in X$，有 $f(x)\in Y$；其次，Y 不能包含多于 1 个元素，原因是 $|Y|<|X|$。从而，X 的两个元素必须都映射到 Y 的唯一元素，得证。

归纳假设。假设对于任意的某个 $n\geqslant 2$，X 和 Y 为任意有穷集，使得 $|X|>|Y|$ 和 $|X|=n$，如果有 $f:X\to Y$，则存在不同的元素 $x_1,x_2\in X$，使得 $f(x_1)=f(x_2)$。

归纳步骤。我们要证明的是：如果 $|X|>|Y|$ 和 $|X|=n+1$，并且 $f:X\to Y$，则存在不同的元素 $x_1,x_2\in X$，使得 $f(x_1)=f(x_2)$。

任选元素 $x\in X$，有两种可能（接下来是情况分析）。要么存在另一个元素 $x'\in X$，使得 $x'\ne x$，但是 $f(x')=f(x)$；要么不存在这样的 x'。第一种情况见图 3.6，归纳步骤成立，我们找到了 X 的两个不同元素都映射到 Y 的同一元素。在第二种情况中，x 是集合 X 中 f 的值为 $f(x)$ 的唯一一个元素（见图 3.7）。设 X' 是从 X 中去除 x 后得到的集合，Y' 是从 Y 中去除 $f(x)$ 后得到的集合。现在有 $|X'|=n$ 且 $|Y'|=|Y|-1<n$，应用归纳假设。$f':X'\to Y'$ 是一个从大小为 n 的集合到更小集合上的函数，对于 X' 中的元素，f' 与 f 的函数值相同。由归纳假设可得存在不同的元素 $x_1,x_2\in X$，使得 $f'(x_1)=f'(x_2)\in Y'$。那么 x_1 和 x_2 也是 X 的不同成员，且具有相同的 f 值。∎

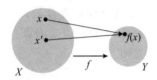

图 3.6　归纳法证明鸽笼原理。情况 1：x 与 x' 是 X 中的不同元素，f 将它们都映射为 $f(x)$

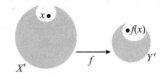

图 3.7　归纳法证明鸽笼原理。情况 2：x 是 X 中唯一一个将其映射为 $f(x)$ 的元素。然后从 X 中移除 x，从 Y 中移除 $f(x)$，再对函数 $f':X'\to Y'$ 应用归纳假设，此时 $|X'|=|X|-1$

本章小结

- 求和表示法用于表达一系列项的和。例如，表达式 $\sum_{i=0}^{n-1} 2^i$ 表示对项 2^i 求和，其中 i 值的范围从 0 到 $n-1$。
- 约定零项之和为 0。
- 归纳法由三部分组成：

  归纳基础。证明谓词对特定值 n_0 为真。

  归纳假设。假设谓词对确定的 $n \geq n_0$ 为真。

  归纳步骤。证明如果归纳假设为真，则对于 $n+1$ 谓词也为真。

  从而确定对于所有大于或等于 n_0 的值，谓词都为真。

- 乘积表示法用于表达一系列因子的乘积。例如，表达式 $\prod_{i=1}^{k} p_i^{e_i}$ 表示因子 $p_i^{e_i}$ 的乘积，i 值的范围从 1 到 k。
- 约定零个因子的乘积是 1。
- 归纳定义，也被称为递归定义，是用基础实例和构造实例来定义一个元素序列。Thue 序列就是一个例子。

习题

3.1 求下列表达式的闭式表达式，见式 (3-3)。
$$\sum_{i=0}^{n-1}(2i+1)$$

3.2 用归纳法证明鸽笼原理（例 3.19），用 $|Y|$ 代替 $|X|$ 进行归纳。

3.3 用归纳法证明扩展鸽笼原理（定理 1.3 和定理 1.4）。

3.4 (a) 使用 $\sum$ 表示对 2 的前 n 个奇数幂求和（即项为 2^1、2^3 等），并用归纳法证明其和是 $\frac{2}{3} \cdot (4^n - 1)$。

(b) 使用 $\prod$ 表示 2 的前 n 个负整数的幂的乘积（即因子为 2^{-1}、2^{-2} 等），求乘积的值。

3.5 对于任意的 $n \geq 0$，用归纳法证明
$$\sum_{i=0}^{n} i^2 = \frac{n(n+1)(2n+1)}{6}$$

3.6 对于任意的 $n \geq 0$，设
$$S(n) = \sum_{i=0}^{n} 2^{-i}$$

我们要证明 $S(n)$ 总是小于 2 的，且当 n 足够大时，它趋近于 2。

(a) $S(0)$、$S(1)$、$S(2)$、$S(3)$ 都等于什么？

(b) 推测 $S(n)$ 的通用公式，形式如下：
$$S(n) = 2 - \cdots$$

(c) 用归纳法证明，该公式对于所有的 $n \geq 0$ 都是正确的。

(d) 设 ε 是一个非常小的正实数。n 为多大时，$S(n)$ 可以达到 2 的 ε 邻域内？

3.7 对于任意的 $n \geqslant 0$，用归纳法证明

$$\sum_{i=0}^{n} i^3 = \left(\sum_{i=0}^{n} i\right)^2$$

3.8 对于任意的 $n \geqslant 1$，用归纳法证明

(a) $\sum_{i=1}^{n} 2^{i-1} \cdot i = 2^n(n-1) + 1$

(b) $\sum_{i=1}^{n} 2^{i-1} \cdot i^2 = 2^n(n^2 - 2n + 3) - 3$

3.9 指出下面证明中的漏洞。

所有的马都是相同的颜色。

归纳基础。 考虑只有一匹马的集合。只有一匹马意味着这匹马和它自己是同样颜色的，所以命题成立。

归纳假设。 假设对于所有 $n \geqslant 1$ 的马的集合，所有的马都是相同的颜色。

归纳步骤。 证明"对于所有 $n+1$ 匹马的集合，在同一个集合中的所有马都是相同的颜色"，设一个有 $n+1$ 匹马的集合如下：

$$H = \{h_1, h_2, \cdots, h_n, h_{n+1}\}$$

设 H 有两个不同的子集：

$$A = \{h_1, h_2, \cdots, h_n\}$$
$$B = \{h_2, \cdots, h_n, h_{n+1}\}$$

由于 A 和 B 都是 n 个元素的集合，所以在每个集合中，所有马都是相同颜色的。由于 h_{n+1} 与 h_2 的颜色相同（因为两者都在 B 集合中），h_2（也在 A 集合中）与 A 集合中的其他马是相同的颜色。因此，h_{n+1} 和 A 集合中的所有马是相同的颜色，所以 H 集合中的所有马肯定都是相同的颜色。

因此，对于任意大小的马的集合，同一集合中的所有马都是相同的颜色。

3.10 如果相继两个元素之间的差每向后一步就会增加 1，那么 512 真的会出现在求和公式（3-2）中最后一个数的位置上吗？

3.11 证明下面有关 Thue 序列的结论。

(a) 对于任意的 $n \geqslant 1$，T_{2n} 是一个回文字符串（palindrome），即一个字符串正读和反读都是相同的。

(b) 对于任意的 n，如果同步将 T_n 中的 0 换为 01、1 换为 10，可得到 T_{n+1}。这意味着在无穷的 Thue 位串 $t_0 t_1 \cdots$ 中，也会同步发生上述替换，那么还会得到一个无穷的 Thue 位串。

3.12 证明：数学归纳法原理比实际需要更通用。也就是说，数学归纳法能证明的命题，弱数学归纳法原理也可以证明：

如果 $P(0)$ 为真，并且对于任意的 n，当 $P(n)$ 为真时，$P(n+1)$ 为真，那么对于所有的 n，有 $P(n)$ 为真。

在数学归纳法中，当固定 n_0 的值为 0 时，我们称之为弱归纳法。

第 4 章

强归纳法

数学归纳法是一种功能强大且应用广泛的证明方法，但在某些情况下它似乎还不够强大。这里有一个简单的例子，它融合了上一章的归纳范例，但又不完全相同。为了解答这个问题，我们需要一个更强版本的归纳法。

例 4.1 有一款简单的游戏，需要两名玩家和一堆硬币。我们将两个玩家分别称作 Ali 和 Brad。从 Ali 开始，然后两名玩家轮流拿硬币。游戏规则有两条：
1. 玩家在每轮需要拿起一至两枚硬币。
2. 拿到最后一枚硬币的玩家失败。

如果每名玩家都足够聪明，那么谁会赢呢？

答案取决于开始时有多少枚硬币。设硬币数量为 n，通过尝试较小的 n 值，看看我们能否找到解决问题的模型。

- 当 $n=1$ 时，Ali 失败，因为她必须拿起至少一枚硬币，但只有一枚硬币。所以她必须拿起这"最后一枚"硬币。对于 Ali 来说，$n=1$ 是使其必输的情况（见图 4.1）。
- 如果 $n=2$，情况又会如何呢？Ali 也可能失败，在她愚蠢地拾起两枚硬币时发生。但在分析问题之前，我们已经假定 Ali 和 Brad 都是足够聪明的。如果 Ali 拾起 1 枚硬币，就会留下 1 枚硬币给 Brad，从而迫使他陷入必输的境地。（注意这里有一个重要的概念：如果 n 是使 Ali 输掉游戏的情况，那么它也可能是使 Brad 输掉游戏的情况，即只剩一枚硬币留给 Brad。）因此，以 2 枚硬币开始的游戏，对 Ali 来说是获胜的情况，因为她可以迫使 Brad 陷入必输的境地（见图 4.2）。
- 如果开始时有 3 枚硬币，那么 Ali 可以拾起 2 枚硬币，这再次使 Brad 陷入必输的境地。因此，以 3 枚硬币开始的游戏，会得到 Ali 获胜的情况（见图 4.3）。

图 4.1 当 $n=1$ 时，Ali 失败　　图 4.2 当 $n=2$ 时，Ali 获胜　　图 4.3 当 $n=3$ 时，Ali 获胜

- 如果开始时有 4 枚硬币，那么 Ali 有两种选择，但是无论哪种选择，她都无法获胜。她可以拿起一枚硬币，留下 3 枚；也可以拿起两枚硬币，剩下两枚。但是接下来，比赛就交给了 Brad，此时这堆硬币有 3 枚或者两枚，都是 Brad 获胜的情况（见图 4.4 和图 4.5）。

图 4.4 当 $n=4$ 时，如果 Ali 拾起 1 枚硬币，则失败　　图 4.5 当 $n=4$ 时，如果 Ali 拾起 2 枚硬币，则失败

- 再试一种情况，即在游戏开始时 $n=5$。Ali 可以拿起一枚硬币，留给 Brad 4 枚硬币。对 Brad 来说，这是一个必输的局面，就像 Ali 面对 4 枚硬币的情况一样。因此，5 枚硬币是 Ali 获胜的情况（图 4.6）。

对于一个玩家来说，面对 n 枚硬币是赢还是输似乎取决于 n 被 3 除时的余数是 0、1 还是 2：

1. 如果 n 除以 3 的余数为 0 或 2，那么面对 n 枚硬币就是赢的局面。
2. 如果 n 除以 3 的余数为 1，那么面对 n 枚硬币就是必输的境地。

图 4.6　当 $n=5$ 时，Ali 获胜

情况 1 和情况 2 是相互依存的。如果余数为 1，那么拿起 1 或 2 枚硬币将分别创建余数为 0 或 2 的硬币堆，这是使另一方获胜的选择。也就是说，如果存在某个整数 n，使得 $n=3k+1$，那么 $n-1$ 可以被 3 整除，并且有

$$n-2 = 3(k-1)+2$$

即除以 3 余数为 2。如果余数是 0 或 2，那么拿起 2 枚或 1 枚硬币，将创建一个余数为 1 的硬币堆，这是使另一方输掉游戏的情况。

因此，我们做出以下猜想。

猜想：对于任意的 $n \geqslant 1$，开始时有 n 枚硬币，对于 Ali 是输掉游戏的情况，当且仅当存在某个整数 k，使得 $n=3k+1$。

由于情况 1 和情况 2 的相互关联性，这一猜想看上去很适合用数学归纳法来描述，除了一个小小的"瑕疵"外，即 n 枚硬币的论证不仅取决于 $n-1$ 枚硬币，还取决于 $n-2$ 枚硬币的归纳假设。下面先给出猜想的证明，然后给出公式化的强归纳法。

解：我们将用归纳法对 n 进行归纳来证明前面的猜想。

归纳基础。对于 $n_0=1$ 和 $n_1=2$ 的情况，猜想为真，因为对于 Ali 来说，前者（$n_0=3 \cdot 0+1$）是输掉游戏的情况，而后者（$n_1=3 \cdot 0+2$）是获胜的情况。正如前面所论述的那样。

归纳假设。假设对于任意的 $n \geqslant 2$ 和任意的 m，使得 $1 \leqslant m \leqslant n$，$m$ 枚硬币是使 Ali 输掉游戏的情况，当且仅当 m 除以 3 的余数为 1。

归纳步骤。假设 Ali 面对的是 $n+1$ 枚硬币（$n \geqslant 2$），Ali 可以拿起一枚或者两枚硬币，留下 n 枚或者 $n-1$ 枚硬币给 Brad。由于 $n \geqslant 2$，那么 n 和 $n-1$ 是大于或等于 1 并且小于或等于 n 的数。

如果 $n+1$ 除以 3 的余数为 1，则 n 和 $n-1$ 的余数分别为 0 和 2。又由于 n 和 $n-1$ 都是小于或等于 n 的数，根据归纳假设，这两个数都是使 Brad 获胜的情况。因此，$n+1$ 对 Ali 来说是输掉游戏的情况。

如果 $n+1$ 除以 3 的余数为 0 即 $n+1=3k$，那么 Ali 可以拿起两枚硬币，留下 $n-1=3 \cdot (k-1)+1$ 枚硬币给 Brad；又由于 $n-1<n$，根据归纳假设，$n-1$ 是使 Brad 输掉游戏的情况。

类似地，如果 $n+1$ 除以 3 的余数为 2，Ali 可以拿起一枚硬币，留下 3 的倍数加 1 枚硬币给 Brad，使 Brad 陷入必输的境地。∎

设谓词 $P(n)$ 表示：

以 n 枚硬币开始且使 Ali 处于输掉游戏的情况，当且仅当 n 是 3 的倍数加 1。

这个论断涉及前一章中与归纳法无关的两个特别的特征。首先是已经提及的一点：为了证明 $P(n+1)$，对于 $m \leqslant n$ 的多个值，归纳假设不仅要包括 $P(n)$ 为真，还要包括 $P(m)$ 为真。（在前面的具体论证中，包括了 $m=n$ 和 $m=n-1$ 的情况。）这里有一个有意思的比喻：爬梯子。要爬某一级台阶，不仅要爬过紧挨着这级台阶下面的一级台阶，而且要爬过这级台阶以下的所有台阶（图 4.7）。当我们爬过下面的所有台阶到达某个高度时，使用爬过的任意一级台阶作为到更高台阶的基础是合理的。

另外一个重要的细节是，我们需要多个归纳基础，即在这个论断中，归纳基础包括 $n=1$ 和 $n=2$ 两种情况。这一点很关键，但容易被忽视。在归纳步骤中，我们选取了数字 $n+1$ 并从中减去 1 或 2，然后论证"对 $P(n)$ 和 $P(n-1)$ 的真值进行归纳"的假设是安全的。为了做到这一点，我们注明 n 和 $n-1$ 都是小于或等于 n 的（显而易见），并且都大于或等于 1。为了使 $(n+1-2) \geqslant 1$，我们需要在归纳开始时假设 $n \geqslant 2$，即在归纳基础论证时，要分别考虑 $n=1$ 和 $n=2$ 的情况。

图 4.7 强归纳法：为了登上梯子的更高一级台阶，需要爬过其下所有的台阶

将上述所有考虑放在一起，我们提出强数学归纳法（strong principle of mathematical induction）：

证明谓词 $P(n)$ 对于大于或等于某个特定数 n_0 的任意 n 都成立。

归纳基础。证明 $P(m)$ 成立，对于任意的 m，满足 $n_0 \leqslant m \leqslant n_1$，其中 $n_1 \geqslant n_0$。也就是说，n_0 是最底层台阶，我们要分别论证对于 n_0 和 n_1 之间（包括 n_0 和 n_1）的每个 m 有 $P(m)$ 成立。在硬币游戏中，有 $n_0=1$ 和 $n_1=2$。

归纳假设。设对于任意的 $n \geqslant n_1$，$P(m)$ 成立，其中 $n_0 \leqslant m \leqslant n$。

归纳步骤。设归纳假设成立，证明 $P(n+1)$ 成立。

强归纳法如图 4.8 所示，展示了 n 为 $0, 1, \cdots$ 的情况。对于 $m < n_0$ 的情况，$P(m)$ 可以不为真。因为归纳基础是 $n_0, \cdots, n_1$，所以对于该范围内的每个 m，必须给出相对应的"$P(m)$ 为真"的论证。进入归纳步骤阶段之前，要完成"对于 n_0 到 n 之间（包

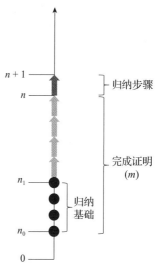

图 4.8 强归纳法框架。归纳基础为黑色部分，归纳假设（浅灰色或黑色部分）是"对所有的 m，$P(m)$ 均为真"。归纳步骤（灰色部分）证明 $P(n+1)$ 为真。如果论证中忽略了 $n \geqslant n_1$，那么我们的结论就是 $P(n)$ 对所有的 $n \geqslant n_0$ 都成立

括 n_0 和 n）的所有 m，有 $P(m)$ 成立"的证明，$m=n_1$ 是浅灰色值部分的归纳第一步，浅灰色范围内的所有值也都是归纳基础。归纳步骤（灰色部分）在已知 $P(m)$ 对于 n_0 和 n 之间的所有浅灰色值均为真的基础上证明 $P(n+1)$ 成立。

❇

下面的例子将展示如何使用强归纳法来证明数列的性质。

例 4.2 考虑数列 $a_1=3$ 和 $a_2=5$，对于所有的 $n>2$，有 $a_n=3a_{n-1}-2a_{n-2}$。应用强归纳法证明：对于所有的整数 $n\geqslant 1$，有 $a_n=2^n+1$。

解： 设谓词 $P(n)$ 定义为 $a_n=2^n+1$。我们的目标是证明对于任意的 $n\geqslant 1$，$P(n)$ 成立。

归纳基础。

$$P(1): a_1 = 2^1+1 = 3$$
$$P(2): a_2 = 2^2+1 = 4+1 = 5$$

归纳假设。对于某个 $n\geqslant 2$，假设对于所有的 m，$1\leqslant m\leqslant n$，有 $P(m)$ 成立，即 $a_m=2^m+1$。

归纳步骤。证明 $P(n+1)$，即 $a_{n+1}=2^{n+1}+1$ 成立。

$$\begin{aligned} a_{n+1} &= 3a_{(n+1)-1}-2a_{(n+1)-2} \\ &= 3a_n-2a_{n-1} \\ &= 3(2^n+1)-2(2^{n-1}+1) \quad \text{（根据归纳假设）} \\ &= 3\cdot 2^n+3-2^n-2 \\ &= 2\cdot 2^n+1 \\ &= 2^{n+1}+1 \end{aligned}$$

❇

下面举一个有关游戏策略的例子。在这个例子中，归纳不仅关系到归纳变量的前一个或两个值，还关系到所有更小的值。我们再次称玩家为 Ali 和 Brad。

游戏中有一个巧克力棒，它是由 $n\times p$ 个"块"构成的网格状矩形（见图 4.9）。我们使用术语"块"来表示单个 1×1 的网格方块。我们可以沿着巧克力棒长或宽的任何方向的接缝折断，将其分成两个较小的矩形。

从 Ali 开始。她可以水平或垂直地折断巧克力棒，从而得到两个分离的矩形。（玩家可以将巧克力棒旋转 $90°$，所以"水平"和"垂直"只有在我们的插图中有意义。）Ali 折断巧克力棒后，吃掉其中一个矩形，将另一个矩形递给 Brad。Brad 同样照做，把其中一个矩形递给 Ali。Ali 和 Brad 就这样一直做下去，直到某个人递给对方的矩形只有一块，接受的一方不能再做折断了，这个收到 1×1 矩形的玩家就失败了。

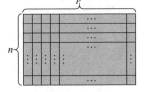

图 4.9　一个 $n\times p$ 大的巧克力棒

玩家获胜的最佳策略是什么呢？

让我们从玩家 Ali 的角度来看这个游戏，并用游戏结果来回溯过程。

Ali 的目的是递给 Brad 一个 1×1 的矩形。如果开始的情况就是一个 1×1 的矩形（$n=p=1$），那么她将失败。如果开始的情况是一个 $1\times p$ 的矩形（任意的 $p>1$），那么她可以折断 $p-1$ 块，把剩下的一块递给 Brad，Ali 获胜。因此，1×1 矩形对于任何持有它的人来说都是一个输掉游戏的情况，但是 $1\times p$（或者 $p\times 1$）的矩形却是一个获胜的情况，

其中 $p>1$（见图 4.10）。

如果开始的情况是一个 2×2 矩形，那么，Ali 可以用两种方式折断它。但无论选择哪种方式，她都会递给 Brad 一个 2×1 的矩形（或 1×2 的矩形，它们是等同的）。此时，Brad 具有一个获胜的对策，即 Brad 可以采用与 Ali 面对一个 $1\times p$ 的矩形时同样的对策。因此，如果开始的情况是一个 2×2 的矩形，Ali 就无法获胜（见图 4.11），那么 2×2 矩形对任何人来说都是一个输掉游戏的情况。

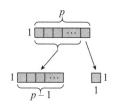

图 4.10　只要 $p>1$，那么 $1\times p$ 或 $p\times 1$ 的矩形就是使玩家获胜的情况，因为持有者可以折断一个块递给对方

图 4.11　如果 Ali 面对的是一个 2×2 的矩形，那么她会失败

如果开始的情况是一个 3×3 矩形会怎样呢？Ali 有多个选择：要么给 Brad 一个 2×3 或 3×2 的矩形（这两个效果是一样的），要么给 Brad 一个 1×3 或 3×1 的矩形（这两个效果也是一样的）。无论 Ali 以哪种方式折断 3×3 的巧克力棒，Brad 都可以找到一种方法返给 Ali 一个更小的矩形（见图 4.12），并且我们知道，如果 Ali 收到的是 1×1 或 2×2 的矩形，那么她都必输无疑。

因此，我们推测：如果先手玩家开始的情况不是正方形，那么他就有获胜的对策；而后手玩家只有在先手玩家开始的情况是正方形时，才有获胜的对策。

例 4.3　从一个长宽不相等的 $n\times p$ 矩形（在不失一般性的情况下，设 $p>n$）开始的玩家具有获胜的对策：折断 $n\times (p-n)$ 块，然后递给对手一个 $n\times n$ 矩形。从一个 $n\times n$ 矩形开始的玩家（对手使用了上述对策）将无法获胜。

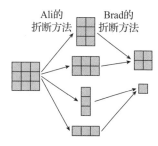

图 4.12　如果 Ali 面对的是一个 3×3 的矩形，那么她也会失败

解： 设矩形的尺寸为 $n\times p$，其中 $p\geqslant n$。对较小维度的 n（p 等于 n 除外）进行归纳证明。像往常一样，从 Ali 开始。

归纳基础。$n_0=1$。如果 $p=1$，那么 Ali 拿到的是一个 1×1 矩形，Ali 失败。如果 $p>1$，那么 Ali 可以折断 $p-1$ 块 $[1\times (p-1)$ 矩形$]$，并将单独一块递给 Brad。则 Brad 失败，Ali 获胜。

归纳假设。对于某个 $n\geqslant 1$，假设对于所有的 $m\leqslant n$，当 $p>m$ 时，如果玩家的开始情况是一个 $m\times p$ 矩形，则具有获胜的对策，即折断一个 $m\times (p-m)$ 矩形，并将 $m\times m$ 矩形递给对手。如果玩家的开始情况是一个 $m\times m$ 矩形（对手使用了上述策略），则无法获胜。

归纳步骤。假设 Ali 的开始情况是一个 $(n+1)\times p$ 矩形，其中 $p\geqslant n+1\geqslant 2$。如果 $p=n+$

1，则 Ali 失败：无论她如何折断巧克力棒，都只能递给 Brad 一个 $(n+1)\times m$ 矩形，其中 $m<n+1$。也就是说，$m\leq n$，但根据归纳假设，Brad 开始的情况是两个维度不相同且较小的维度小于或等于 n 的矩形，他有一个获胜的对策。此外，如果 $p>n+1$，那么 Ali 可以折掉一个 $(n+1)\times(p-(n+1))$ 矩形，并交给 Brad 一个 $(n+1)\times(n+1)$ 矩形，这对 Brad 来说是无法获胜的情况，与 Ali 所遇到的情况（$p=n+1$）完全相同。■

注意在这个证明中使用强归纳法最重要的部分是：当玩家有一个 $n\times p$ 的矩形，其中 $p\geq n$，那么该玩家可以向对手返回一个 m 维度的矩形（任意的 m 小于或等于 n）。

※

在前面的示例中，证明 $P(n)$ 为真，我们的归纳基础是从 $n_0=0$ 或者 $n_0=1$ 开始的。有时，有些谓词对于有限数量的某些 n 值不为真，那么我们就证明它对于"足够大"的值是真的。也就是说，存在某些 n_0，使得当 $n<n_0$ 时，$P(n)$ 可能为假，但对于任意的 $n\geq n_0$ 都为真。在这些情况下，我们把 n_0 作为归纳基础的开始值（要特别当心：我们的归纳步骤不依赖于任何使 $P(n)$ 为假的较小的 n 值）。

例 4.4 一套量杯包括量度为 4 杯、9 杯、11 杯和 14 杯的量杯各一个。证明这套量杯可用于测量大于或等于 11 杯的任何杯数。

解：要证明的命题泛化形式为 $P(n)$ 对于任意的 $n\geq n_0=11$ 都成立。

归纳基础。从 11 杯开始列举前几杯的情况。（重要的是，我们需要忽略任何小于 11 杯的情况，因为无法用给定的杯子测量 10 杯）。因为有一个 11 杯的量杯，所以我们使用一次就可以测量出 11 杯。我们可以三次使用 4 杯测量出 12 杯。对于 13，我们可以使用 4 杯和 9 杯的组合。对于 14 杯，我们可以使用 14 杯。因此，如果我们假设谓词 $P(n)$ 表示"可以使用套杯的任意组合测量出 n 杯来"，那么我们已经确定了 $P(11)$、$P(12)$、$P(13)$ 和 $P(14)$ 都为真的四个归纳基础。

归纳假设。对于任意的 $n\geq n_1=14$，有 $P(m)$ 成立，其中 $n_0\leq m\leq n$。

归纳步骤。在假设 $P(m)$ 对 n_0 等于 11 到 n 之间（包括 n）的所有 m 均为真的前提下证明 $P(n+1)$：由于 $n+1\geq 15$，我们可以应用归纳假设测量 $(n+1)-4$ 杯，因为 $(n+1)-4$ 大于或等于 11，这是已经证明的情况。我们可以用测量 $(n+1)-4$ 杯再加上一个 4 杯来测量 $(n+1)$ 杯。■

※

尽管我们给出的强归纳法好像是全新的、比基本数学归纳法更具通用性的方法，但实际上并非如此。事实上，能用强归纳法证明的任何命题，也都可以用基本归纳法来证明，或许不够巧妙（见习题 4.6）。

由于强归纳法不是新的数学原理，只是更便利了，所以当我们说到归纳法时，不会严格地区分使用的是基本归纳法还是强归纳法。

数学归纳法还有另外一种看起来根本不像归纳法的版本。

良序原理：任何非负整数的非空集合都有一个最小的元素。

这个论断看起来很明显。如果 S 是一个大于或等于 0 的整数集合，并且 S 至少包含一个元素，那么其中之一必须是最小的。从数学基础的角度来看，这个原理也需要证明。实际上它与数学归纳法是等价的。证明两者之中的任何一个都需要深入探讨"假设"这一元数学问题,如果不按照这些原则,不难证明上述两个原理(数学归纳法与良序原理)之间的相互蕴含关系(习题 4.8)。

借助于良序原理,我们可以证明定理 1.5——算术基本定理,即每个大于 1 的整数 n 有唯一的质分解式。

证明:对 n 做数学归纳。

归纳基础。$n_0 = 2$。显然 $2 = 2^1$,并且没有其他指数为正的质数的乘积可以等于 2。

归纳假设。对于某个 $n \geq 2$,假设对于每个 $m(2 \leq m \leq n)$ 有一个唯一的质分解式。

归纳步骤。现在考虑 $n+1$ 的情况。如果 $n+1$ 是质数,那么 $n+1 = (n+1)^1$ 是 $n+1$ 的唯一质分解式。如果 $n+1$ 不是质数,那么设 S 是其所有大于 1 的因子的集合。根据良序原理,S 有一个最小的元素 p,它必为质数,否则 p 的任何因子都是 $n+1$ 的比 p 更小的因子。设 $q = (n+1)/p$,那么 $q \leq n$(实际上,$q < n$),因此根据归纳假设,q 具有唯一的质分解式:

$$q = p_1^{e_1} \cdots p_k^{e_k}$$

p 要么是 p_1,要么是小于 p_1 的质数,我们可以称之为 p_0。在第一种情况下,有

$$n + 1 = p_1^{e_1+1} p_2^{e_2} \cdots p_k^{e_k}$$

在第二种情况下,有

$$n + 1 = p_0^1 p_1^{e_1} \cdots p_k^{e_k}$$

我们将其作为一个练习:证明任何数不存在一个以上的质分解式(见习题 4.7)。∎

本章小结

- 强归纳法与基本归纳法有两方面不同:
  1. 归纳基础可以是多个值,要证明谓词对从 n_0 到 n_1(在基本归纳法中只有一个值 n_0)的所有值都成立。
  2. 归纳假设断言谓词对于小于某个确定的 n 的所有值都成立,其中 $n \geq n_1$(而在基本归纳法中的归纳假设谓词仅对 $n \geq n_0$ 成立)。
- 归纳证明也适用于命题在有限多个情况下为假的情况。在这种情况下,选择的最小归纳基础 n_0 使得 $P(n)$ 为真,并且对于任意的 $n \geq n_0$,$P(n)$ 都为真。归纳步骤不依赖于任何命题为假的情况。
- 强归纳法比基本归纳法更加便利:能用强归纳法证明的任何东西也可以采用基本归纳法证明。
- 良序原理(即任何非负整数的非空集合都有一个最小的元素)等价于归纳法。

习题

4.1 设 $a_1 = 0$、$a_2 = 6$、$a_3 = 9$。对于 $n > 3$,$a_n = a_{n-1} + a_{n-3}$。证明对于所有 n,a_n 可被 3 整除。

4.2 证明对于所有的 $n \geq 8$,存在整数 a 和 b,使得 $n = 3a + 5b$,即 n 是多个 3 与多个 5 的和。

4.3 证明对于任意的 $n > 1$,可以使用由三个正方形组成的 L 形砖片(见图 4.13)平铺一个 $2^n \times 2^n$ 正方形,只留角上有一个空白的正方形(见图 4.14)。其中,L 形砖片可以以任何方向旋转和使用。

图 4.13 L 形砖片

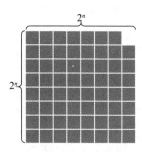

图 4.14　L 形砖片覆盖了每个小方块，除了角上的一块（$n=3$ 的情况）

4.4　假设已知实数 x，使得 $x+\dfrac{1}{x}$ 是整数。应用强归纳法证明：对于任意整数 $n \geqslant 0$，都有 $x^n+\dfrac{1}{x^n}$ 是整数。

提示：将乘积 $\left(x+\dfrac{1}{x}\right)\left(x^n+\dfrac{1}{x^n}\right)$ 展开找到一个有助于归纳的等式。

4.5　设 S 是一个数列 $a_1, a_2, a_3, \cdots$，其中 $a_1=1$、$a_2=2$、$a_3=3$，并且对于任意的 $n \geqslant 4$，有 $a_n = a_{n-1} + a_{n-2} + a_{n-3}$。应用强归纳法证明：对于任意的正整数 n，有 $a_n < 2^n$。

4.6　证明：能够用强归纳法证明的任意命题都可以用基本归纳法证明。

4.7　证明：质分解式是唯一的，即如果有

$$n = \prod_{i=1}^{k} p_i^{e_i} = \prod_{i=1}^{l} r_i^{f_i}$$

其中 p_i、r_i 都是递增的质数，且所有指数 e_i、f_i 都是正整数，那么存在 $k=l$，对于每个 i，有 $p_i = r_i$、$e_i = f_i$。

4.8　(a) 证明：数学归纳法蕴含良序原理。提示：对非负整数的非空集合的大小进行归纳，假设"如果一个集合非空，那么就能找到它的一个成员"。

(b) 证明：良序原理蕴含数学归纳法。提示：假设 $P(n_0)$ 为真，并且对于每一个 n，有"如果 $P(n)$ 为真，则 $P(n+1)$ 为真"。由于某些原因，$P(n)$ 不是对于所有的 $n \geqslant n_0$ 都为真。关于非负整数集合中 P 为假的原因。

4.9　应用算术基本定理证明中给出的方法，找到 100 的质分解式。展示每个阶段的 S、p 和 q 的值。

4.10　假设你能买到的邮票只有 2 美分和 3 美分两种面值。证明只要 $n \geqslant 2$，n 美分的邮费最多使用 $\dfrac{n}{2}$ 张邮票。

第 5 章

集　　合

集合（set）是相互可区分的对象的汇集，这些对象被称为该集合的成员（member）。在第 1 章我们已经给出了集合的定义，本章将重温集合的概念。例如，一个集合可以由三个数字 2、5 和 7 构成，用花括号来表示。集合仅含有 2、5 和 7，记为 $\{2,5,7\}$。集合的成员本身也可以是一个集合。例如，集合 $\{\{2,5,7\}\}$ 仅包含一个成员，这个成员就是集合 $\{2,5,7\}$。前面提到的两个集合是不相同的，即

$$\{2,5,7\} \neq \{\{2,5,7\}\}$$

第一个集合有三个成员，第二个集合有一个成员。它们与集合 $\{\{2\},\{5\},\{7\}\}$ 又不相同，后者有三个成员，每个成员本身又是一个集合，即只包含一个成员的集合。

当我们说集合的成员是相互可区分（distinct）时，是指集合中没有重复的对象。例如，如果五名学生参加考试，获得的分数分别为 83、90、90、100 和 100，那么这五名学生考试分数的集合就是 $\{83,90,100\}$⊖；集合中成员之间的顺序无关，即集合 $\{90,100,83\}$ 与集合 $\{83,90,100\}$ 相等，因为它们具有相同的成员。

下面介绍一些常用的集合，它们有专门的名称：

$\mathbb{Z} = \{\cdots,-3,-2,-1,0,1,2,3,\cdots\} =$ 整数的集合

$\mathbb{N} = \{0,1,2,3,\cdots\} =$ 非负整数的集合，也是自然数(natural number)的集合

$\mathbb{R} =$ 实数(real number)的集合

$\mathbb{Q} =$ 有理数(rational number)的集合

$\varnothing = \{\} =$ 空集(empty set)，即不包含任何元素的集合

一个集合的子集（subset）是由该集合中抽取出来的元素（可以不是全部元素）构成的集合。例如，$\mathbb{N}$ 是 $\mathbb{Z}$ 的子集，$\mathbb{Z}$ 是 $\mathbb{Q}$ 的子集，而空集 $\varnothing$ 是任意集合的子集。我们用 $A \subseteq B$ 表示 A 是 B 的子集（A 也可能等于 B）。如果我们要定义 A 是 B 的一个子集但不等于 B 时，记作 $A \subsetneq B$。如果 $A \subsetneq B$，则称 A 为 B 的真子集（proper subset）。（有时也用 $\subset$ 表示，因为 $\subset$ 既像 $\subseteq$ 又像 $\subsetneq$，会导致意义不清晰，所以近来的数学记法中避免使用。）

计算机科学家们将集合和数字（整数和实数）定义为基本数据类型（data type）。然而，从基础数学的观点来看，如果我们能够构造集合，就没有必要将数字视为基本数据类型，因为数字可以用集合来定义，计算机科学家们称之为编码技巧。一旦有更复杂的归纳定义和证明技术，我们便可以探讨这些编码了（见习题 8.7）。

如果 A 是 B 的子集，则 B 称为 A 的超集（superset）。如果 A 是 B 的真子集，则 B 称为 A 的真超集（proper superset）。

前面说过，集合的成员也可以是集合。一个很重要的例子就是集合 A 的幂集（power set），我们用 $\mathcal{P}(A)$ 来表示，它是 A 的所有子集的集合。例如，当 $A = \{3,17\}$ 时，有

⊖ 在第 22 章，我们将定义一个更通用的结构，它被称为多重集（multiset），它恰当地解释了重复元素的多重性。例如，在本例中，将出现两次 90 和两次 100，以及一次 83。

$$\mathcal{P}(A) = \{\emptyset, \{3\}, \{17\}, \{3,17\}\}$$

我们使用符号 $\in$ 表示集合与成员的关系。例如，$a \in S$ 表示 a 是集合 S 的成员，并且下述命题

$$2 \in \{2,5,7\} \quad \text{为真}$$

$$\text{而} \ 3 \in \{2,5,7\} \quad \text{为假}$$

类似地，有 $\mathbb{Z} \in \mathcal{P}(\mathbb{Q})$，因为所有整数的集合是有理数集合的子集。符号 $\notin$ 表示给定的元素不在给定的集合中，例如，$3 \notin \{2,5,7\}$。空集是唯一没有元素的集合，即不存在 x，使得 $x \in \emptyset$。

下列情况不能被混淆。

- 1 和 $\{1\}$：1 是一个数字，而 $\{1\}$ 是一个只包含一个对象的集合，即数字 1。
- 0 和 $\emptyset$：0 是一个数字，而 $\emptyset$ 是一个特别的集合，即空集。$\{\emptyset\}$ 是不同于前两者的第三种事物，即只包含一个元素的集合，其元素是空集 $\emptyset$。
- $\in$ 和 $\subseteq$：$1 \in \{1,2\}$，因为 1 是 $\{1,2\}$ 中的元素之一。但是，$1 \subseteq \{1,2\}$ 不为真，1 不是集合，因此就不能是子集。（计算机科学家们会说 $1 \subseteq \{1,2\}$ 是类型匹配错误，因为 $\subseteq$ 两边的实体必须是集合。）此外，有 $\{1\} \subseteq \{1,2\}$，并且 $\{1\} \subsetneq \{1,2\}$，但是 $\{1\} \notin \{1,2\}$，因为 $\{1,2\}$ 的元素不是集合而是数字 ⊖。

✳

一个集合可以是有限的或有穷的（finite）也可以是无限的或无穷的（infinite）。如果它的成员数等于某个非负整数，那么它是有限的。例如，$\emptyset$ 有 0 个成员，所以它是有限的；如果 $A = \{3,17\}$，那么 $\mathcal{P}(A) = \{\emptyset, \{3\}, \{17\}, \{3,17\}\}$ 有 4 个成员，因此它也是有限的。计算 $\mathcal{P}(A)$ 时，要记住它是一个集合的集合，而不是数字的集合，所以我们要计算它所包含的集合数，而不是这些集合中的数字数。

我们用 $|S|$ 表示集合 S 的大小，称之为 S 的基数（cardinality）。因此，有 $|\emptyset| = 0$。如果 $A = \{3,17\}$，那么 $|A| = 2$，$|\mathcal{P}(A)| = |\{\emptyset, \{3\}, \{17\}, \{3,17\}\}| = 4$。

整数集合是无限的，所有偶数的集合 $\{\cdots, -4, -2, 0, 2, 4, \cdots\}$ 也是无限的。可以充分地说明，任意集合不是有限的就是无限的。对于两个无限集合来说，可以是相同大小的，也可以是不同大小的。例如，整数集合和偶数集合，它们是不相同的无限集合，却具有相同的大小。也存在大小不同的无限集合，例如，整数集合和实数集合。我们将在第 6 章再回到无限集合大小问题的讨论。

$|\{\mathbb{Z}\}|$ 是什么？像 $\mathcal{P}(A)$ 一样，这是一个由集合构成的集合，所以我们不在意内部集合的大小，即使它们是无限的。所以 $|\{\mathbb{Z}\}| = 1$，因为 $\{\mathbb{Z}\}$ 只包含单个对象 $\mathbb{Z}$，而不考虑 $\mathbb{Z}$ 是否是一个无穷集。

✳

有时我们需要更规范的方式表示 "整数" 或 "有理数"。不像前面那样，以列出成员样例的方式来表示 "偶数" 的集合，我们使用下面的表示法 ⊖：

⊖ 特别注意，花括号不能随意添加，如同代数中的括号和编程语言中的花括号一样，多加一对 {}，意义将完全改变。

⊖ 在数学记法中，竖线 | 通常用于代替冒号 "：", 例如
$$\mathcal{P}(S) = \{T \mid T \subseteq S\}$$
我们更喜欢用冒号，因为竖线还用于表示集合的大小。

$$\{n \in \mathbb{Z}: n \text{ 是偶数}\}$$

或者等价地表示为

$$\{n \in \mathbb{Z}: n = 2m, m \in \mathbb{Z}\}$$

又或者表示为

$$\{2m: m \in \mathbb{Z}\}$$

一般来说，A 中满足谓词 P 的元素的集合表示为

$$\{x \in A: P(x)\}$$

对 $P(x)$ 的另一种解释是：x 具有性质 P。

用现有的集合构建新的集合有多种方法。当有两个集合 A 和 B 时，我们可以得到它们的并集（union），即包含在 A 或 B 中的元素构成的集合，以及它们的交集（intersection），即既在 A 中又在 B 中的元素构成的集合。这些概念通常使用文氏图（Venn diagram）来说明，如图 5.1～图 5.3 所示，图中展示了两个有重叠的集合 A 和 B，以及它们的并集和交集。

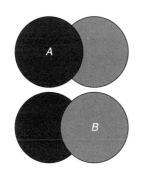

图 5.1 集合 A 和 B 重叠

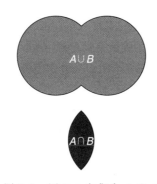

图 5.2 图 5.1 中集合 A 和 B 的并集和交集

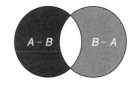

图 5.3 A 和 B 之间的差表示为 $A-B$ 和 $B-A$

A 和 B 的并集记为

$$A \cup B = \{x: x \in A \text{ 或 } x \in B\}$$

A 和 B 的交集记为

$$A \cap B = \{x: x \in A \text{ 且 } x \in B\}$$

像数字的加法和乘法一样，集合的"并"和"交"也具有可结合（associative）性，即

$$(A \cup B) \cup C = A \cup (B \cup C)$$

对于任意的集合 A、B 和 C，同样地，有

$$(A \cap B) \cap C = A \cap (B \cap C)$$

我们将在第 9 章再回到这个主题，此刻只要注意到"或"和"且"在自然语言中是可结合的就足够了。例如，"你是 17 岁以上的女性，并且还是美国人"与"你是 17 岁以上，并且是女性美国人"是完全一样的。构造"17 岁以上的人"、"女性"和"美国人"三个集合，通过"先对前两个集合取交集，然后再与第三个集合取交集"和"先对后两个集合取交集，然后再与第一个集合取交集"，两种方式都可以获得三个集合的交集。类似地，集合的并和交的运算都是可交换的（commutative），即对于任意的集合 A 和 B，有 $A \cup B = B \cup A$ 和 $A \cap B = B \cap A$ 成立。

我们还可以求集合的补集（complement），表示为 $\overline{B} = \{x: x \notin B\}$。全集 U（universe）

可以是任何可能事物 x 的集合，x 没有确切的定义，它的意义是由上下文决定的，但是意义并不模糊。如果 $B = \{x \in U : P(x)\}$，那么我们可以得到 $\overline{B} = \{x \in U : x \notin B\}$。例如，如果 $B = \{$星期六，星期天$\}$，那么假设"星期三"$\in \overline{B}$ 是没有问题的，但"一月"$\in \overline{B}$ 可以吗？这完全取决于 U 是"星期几的集合"，还是"自然语言中所有单词的集合"，或者其他的集合含义。

当我们有了补集的概念，便可以做 A 和 B 的差（difference），即在 A 中而不在 B 中的元素，表示为：
$$A - B = A \cap \overline{B} = \{x : x \in A \text{ 且 } x \notin B\}$$
图 5.3 展示了图 5.1 中的集合 A 和 B 的 $A-B$ 和 $B-A$。这两个表达式意义完全不同，在示例中，两者都不为空。一般来说，有
$$A \cup B = (A - B) \cup (B - A) \cup (A \cap B)$$
也就是说，$A \cup B$ 是两个集合之差（两边的部分）的并集，再与集合交集（中间"缺失部分"）的并。

集合差 $A - B$ 有时也表示为 $A \setminus B$。

集合的并和交运算满足分配律，类似于算术运算中加法和乘法的分配律，即 $a \cdot (b+c) = a \cdot b + a \cdot c$。这里有一个重要的区别：集合的并和交运算的分配律是对称的。

定理 5.1 分配律。
$$A \cap (B \cup C) = (A \cap B) \cup (A \cap C)$$
$$A \cup (B \cap C) = (A \cup B) \cap (A \cup C)$$

我们只证明第一个等式，第二个等式留作习题 5.2。

证明：考虑任意元素 x，首先假设 $x \in A \cap (B \cup C)$。
根据 $\cap$ 和 $\cup$ 的定义，可以得到：
(a) x 是集合 A 的成员。
(b) (b1) x 是集合 B 的成员。
　　(b2) x 是集合 C 的成员。
当 (b1) 为真时，x 是 A 和 B 的成员；当 (b2) 为真时，x 是 A 和 C 的成员，即 $x \in (A \cap B) \cup (A \cap C)$。

现在假设 $x \in (A \cap B) \cup (A \cap C)$。我们可以按照上述相同的推理过程反向推理。无论 $x \in (A \cap B)$ 还是 $x \in (A \cap C)$，x 都是 A 的成员，并且也必须是 B 或 C 的成员，即 $x \in A \cap (B \cup C)$。∎

上述论证过程在集合及其 $\cup$、$\cap$ 运算的规律与命题及其连接词"或"和"且"的推理之间交替进行。形式化"复合命题的真值取决于组成该命题的原子命题的真值"的推理过程是命题演算的主要内容，也是第 9 章的主题。事实上，集合运算具有与命题逻辑中同样的结合律、交换律和分配律（见第 9 章）。

并和交运算的符号 $\cup$ 和 $\cap$ 如同扩展和与扩展积的符号 Σ 和 Π 一样。例如，$\mathbb{N}$ 是所有具有一个元素的集合 $\{n\}$ 的并集，即对于任意的 $n \in \mathbb{N}$，$\mathbb{N}$ 可以表示为
$$\mathbb{N} = \bigcup_{n=0}^{\infty} \{n\}$$
集合 S 是全集 U（除了不在 S 中的单个元素之外的所有事物）的所有子集的交集，则 S 表示为

$$S = \bigcap_{x \notin S} (U - \{x\})$$

※

有序对（ordered pair）$\langle x,y \rangle$ 是一种数学结构，它将元素（component）x、y 组合成一个顺序结构。也就是说，$\langle x,y \rangle$ 不同于 $\langle y,x \rangle$，除非 x 与 y 相同。总之，只有在 $x=z$ 和 $y=w$ 的情况下，才有 $\langle x,y \rangle = \langle z,w \rangle$。

$\langle x,y \rangle$ 也不同于 $\{x,y\}$（$\{x,y\}$ 与 $\{y,x\}$ 是相同的）。我们将把有序对 $\langle x,y \rangle$ 视为不同于集合的另一种基本数据类型。

事实上，可以用集合来定义有序对，如同可以用集合来定义数字一样。数学的纯粹主义者和基本教义派有时会将有序对 $\langle x,y \rangle$ 定义为 $\{x,\{x,y\}\}$，他们认为，基本概念尽可能地少是很重要的。根据这种定义，有序对具有如下基本性质，即两个有序对是相等的当且仅当它们中的第一、第二个元素分别对应相等（见习题 5.11）。

有序对的概念可以扩展到有序三元组。我们用 $\langle x,y,z \rangle$ 表示由三个元素 x、y 和 z 构成的有序三元组。一般地，我们统称为有序 n 元组（ordered n-tuple），其中 n 是非负整数，表示有 n 个元素的序列。两个有序 n 元组是相等的，当且仅当对于每个 i，它们的第 i 个元素都是相等的，$1 \leq i \leq n$。

由第一元素来自集合 A 和第二元素来自集合 B 的所有有序对构成的集合称为 A 和 B 的笛卡儿积（Cartesian product）或叉积（cross product），表示为 $A \times B$。例如，如果 $A = \{1,2,3\}$，$B = \{-1,-2\}$，则

$$A \times B = \{\langle 1,-1 \rangle, \langle 1,-2 \rangle, \langle 2,-1 \rangle, \langle 2,-2 \rangle, \langle 3,-1 \rangle, \langle 3,-2 \rangle\}$$

很明显，$A \times B$ 通常不同于 $B \times A$。如果 A 和 B 都是有穷集，那么有 $|A \times B| = |A| \cdot |B|$。在上面的例子中，有 $|A|=3$，$|B|=2$，且 $|A \times B|=6$。我们也可以构造无穷集的笛卡儿积，如 $\mathbb{N} \times \mathbb{Z}$ 是所有整数的有序对集合，其中第一个元素是非负的整数，有

$$\{1,2,3\} \times \{-1,-2\} \subseteq \mathbb{N} \times \mathbb{Z}$$

本章小结

- 集合是可区分的事物或元素的无序汇集。集合的元素称为成员。
- 空集是不包含任何对象的集合，表示为 $\emptyset$ 或者 $\{\}$。
- 某些数字的集合有特定的名称，如整数 $\mathbb{Z}$、自然数 $\mathbb{N}$、实数 $\mathbb{R}$ 和有理数 $\mathbb{Q}$。
- 集合的子集是由集合的某些成员（可能一个也没有或者也可能包括全部）组成的集合。
- $A \subseteq B$ 表示 A 是 B 的子集（A 也可能等于 B）。$A \subsetneq B$ 表示 A 是 B 的真子集（绝对不等于 B）。
- 如果 A 是 B 的（真）子集，那么 B 是 A 的（真）超集。
- 符号 $\in$ 表示集合成员，它的否定用符号 $\notin$ 表示。
- 一个集合本身可以成为另一个集合中的元素。区分一个对象是元素还是集合是很重要的。成员符号用于表明元素与集合的关系，而子集符号用于表明两个集合之间的关系，即一个集合的所有元素都是另一个集合的成员。
- 集合 S 的幂集表示为 $\mathcal{P}(S)$，是 S 的所有子集的集合。
- 集合 S 的大小也称为 S 的基数，表示为 $|S|$。大小是非负整数的集合为有穷集，否则为无穷集。

- 集合 S 的补集表示为 $\overline{S}$，是有关 S 的全集中不在 S 中的所有元素的集合。
- 可以通过求集合的并（∪）、交（∩）以及差（−或者 \）得到新的集合。
- 集合的并和交的运算满足结合律、交换律和分配定律：
$$(A \cup B) \cup C = A \cup (B \cup C)$$
$$(A \cap B) \cap C = A \cap (B \cap C)$$
$$A \cup B = B \cup A$$
$$A \cap B = B \cap A$$
$$A \cap (B \cup C) = (A \cap B) \cup (A \cap C)$$
$$A \cup (B \cap C) = (A \cup B) \cap (A \cup C)$$
- 有序对由两个元素按顺序构成。以 x 为第一元素、以 y 为第二元素的有序对表示为 $\langle x, y \rangle$。有序 n 元组是该定义对于 n 个元素的扩展。
- 由第一元素来自集合 A、第二元素来自集合 B 的所有有序对构成的集合称为 A 和 B 的笛卡儿积或叉积，表示为 $A \times B$。

习题

5.1 下面是什么集合？列出它们的成员。
(a) $\{\{2,4,6\} \cup \{6,4\}\} \cap \{4,6,8\}$
(b) $\mathcal{P}(\{7,8,9\}) - \mathcal{P}(\{7,9\})$
(c) $\mathcal{P}(\varnothing)$
(d) $\{1,3,5\} \times \{\varnothing\}$
(e) $\{2,4,6\} \times \{\varnothing\}$
(f) $\mathcal{P}(\{0\}) \times \mathcal{P}(\{1\})$
(g) $\mathcal{P}(\mathcal{P}(\{2\}))$

5.2 证明分配定律的第二个等式：
$$A \cup (B \cap C) = (A \cup B) \cap (A \cup C)$$

5.3 证明：如果 A 是有穷集，并且 $|A| = n$，那么有 $|\mathcal{P}(A)| = 2^{|A|}$。

5.4 如果 $|A| = n$，那么 $|\mathcal{P}(A) - \{\{x\} : x \in A\}|$ 是什么？

5.5 (a) 假设 A 和 B 都是有穷集。比较 $|\mathcal{P}(A \times B)|$ 与 $|\mathcal{P}(A)| \cdot |\mathcal{P}(B)|$ 的数量关系。在什么情况下，其中一个会比另一个大，它们的比是多少？
(b) $(A - B) \cap (B - A) = \varnothing$ 一定为真吗？证明或者给出反例。

5.6 用形式化集合表示法表示下列集合。
(a) 无理数集合。
(b) 能被 3 或 5 整除的所有整数的集合。
(c) 集合 X 的幂集。
(d) 三位数的集合。

5.7 确定下述命题的真假，并说明原因。
(a) $\varnothing = \{\varnothing\}$
(b) $\varnothing = \{0\}$
(c) $|\varnothing| = 0$
(d) $|P(\varnothing)| = 0$
(e) $\varnothing \in \{\}$

(f) $\varnothing = \{x \in \mathbb{N}: x \leqslant 0$ 并且 $x > 0\}$

5.8 证明：如果 A、B、C、D 都是有穷集，并且有 $A \subseteq B$ 和 $C \subseteq D$，那么 $A \times C \subseteq B \times D$。

5.9 证明下列各式：

(a) $A \cap (A \cup B) = A$

(b) $A - (B \cap C) = (A - B) \cup (A - C)$

5.10 有 100 名学生和三门课程，每名学生至少需要注册一门课程。在这些学生中，有 60 人注册了化学课，有 45 人注册了物理课，有 30 人注册了生物课。有些学生注册了两门课程，有 10 名学生注册了三门课程。

(a) 有多少学生刚好注册了两门课程？

(b) 有 9 名学生同时注册了化学和物理（没有注册生物），有 4 名学生同时注册了物理和生物（没有注册化学）。有多少人同时注册了化学和生物（没有注册物理）？

5.11 假设有序对不作为基础数据类型，将 $\langle x,y \rangle$ 定义为 $\{x, \{x, y\}\}$。证明：$\langle x, y \rangle = \langle u, v \rangle$ 当且仅当 $x = u$ 和 $y = v$。

第 6 章
Essential Discrete Mathematics for Computer Science

关系与函数

关系是指事物之间的联系。例如，我们知道一个数大于另一个数意味着什么。我们可以将"大于"关系视为所有这类"数对"所共享的属性。关系存在于任何事物之间，不仅仅是数字之间。例如，关系"父母亲"是所有"父母儿女对"所共享的属性。也就是说，我们发现关系是"事物对"的集合，这些"事物对"之间具有这种关系。

现代数学的成果之一就是约束超物理抽象，代之以集合论的具体定义。其基本思想是用这些抽象的外延（extension）的集合来表达这些抽象的含义。所以关系（relation）是一个有序 n 元组的集合，即集合叉积的任意子集。我们最感兴趣的是二元（binary）关系，也就是两个事物之间的关系，用有序对来表示。

例 6.1 举一个具体的例子，看看住在小镇上不同地方的人（图 6.1）。

姓名	地址
Alan	33 Turing Terrace
David	66 Hilbert Hill
Grace	77 Hopper Hollow
Mary	22 Jackson Junction

图 6.1 一种简单的关系，由"名字与地址对"构成

这是人和地址之间的关系，也就是说，来自 $P\times A$ 有序对集合的子集，其中 P 是包含 Alan、David、Grace、Mary 四人的集合，A 是所有地址 33 Turing Terrace、66 Hilbert Hill、77 Hopper Hollow、22 Jackson Junction 的集合。具体而言，关系就是这四个有序对的集合：

{⟨Alan, 33 Turing Terrace⟩, ⟨David, 66 Hilbert Hill⟩, ⟨Grace, 77 Hopper Hollow⟩, ⟨Mary, 22 Jackson Junction⟩}

这是一种特别简单的二元关系，其中每个第一元素只与一个且仅与一个第二元素配对，反之亦然。

例 6.2 更具一般性的例子是学生和选课之间的关系。一个学生可以选多门课，每门课可以接受多个学生。例如，关系 E 可以表示学院的选课表：

$E = \{$⟨Aisha, CS20⟩, ⟨Aisha, Ec10⟩, ⟨Aisha, Lit26⟩, ⟨Ben, CS20⟩,
⟨Ben, Psych15⟩, ⟨Ben, Anthro29⟩, ⟨Carlos, CS1⟩, ⟨Carlos, Lit60⟩,
⟨Carlos, Ethics22⟩, ⟨Daria, CS50⟩, ⟨Daria, Ethics22⟩, ⟨Daria, Anthro80⟩$\}$

在这个关系中，每个学生选三门课。也就是说，对于每个人 x，有三个不同的 y，使得有序对 $\langle x,y \rangle$ 属于 E。此外，Aisha 和 Ben 选了同样的一门课，即当 $y=$ CS20 时，有两个不同的 x 值，使得 $\langle x,y \rangle \in E$。不相交集合 A 和 B（示例中分别代表学生和课程的集合）上的关系 R 可以用图来表示，见图 6.2。将 A 和 B 两个集合表示为 blob（由点构成的区域），其中的点表示它们的元素，如果 $\langle x,y \rangle \in R$，则有一条从 $x \in A$ 到 $y \in B$ 的箭

头。为了保持画面简单，我们省略了大部分箭头。一般情况下，A 和 B 不必像本例中那样不相交。

通常我们不会明确地列出关系元素。我们会采用第 5 章中表示集合的方式，通过给出有序对的规则描述来表示关系。例如，我们可以在 P（世界上所有人的集合）和 D（所有日期）上定义生日关系

$$B = \{\langle p,d \rangle : p \text{ 的出生日期是 } d\}$$

举一个数值的例子，用二维图可视化两个实变量之间关系。图 6.3 中的圆是距离原点为 1 的点的集合，即关系 $\{\langle x,y \rangle : x^2 + y^2 = 1\} \subseteq R \times R$。

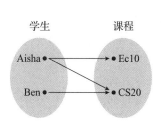

图 6.2 选课关系的一部分。Aisha 和 Ben 都选了 CS20，Aisha 还选了 Ec10。A 是学生的集合，B 是课程的集合

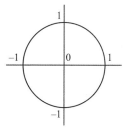

图 6.3 二维空间中的图形表示一种关系。此图中，在圆上的每个点 $\langle x,y \rangle$ 满足方程 $x^2 + y^2 = 1$

二元关系 $R \subseteq A \times B$ 的逆（inverse）是关系

$R^{-1} \subseteq B \times A$，其中 $R^{-1} = \{\langle y,x \rangle : \langle x,y \rangle \in R\}$

也就是说，R^{-1} 只是颠倒了 blob-and-arrow（区域-箭头）图中 R 的箭头方向的关系，如图 6.4 所示。

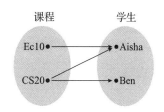

图 6.4 图 6.2 所示关系的逆

※

函数是一种特殊的二元关系。在第 1 章中，我们将函数描述为一个规则，该规则将一个集合的每个成员与第二个集合的一个成员相关联。现在我们给出函数的形式化描述。

一个从集合 A 到集合 B 的函数（function）f 是一个关系 $f \subseteq A \times B$，并且对于每个 $x \in A$，有且仅有一个 $y \in B$，使得 $\langle x,y \rangle \in f$。因为 f 是函数，那么对应于 x 的 y 值是唯一的，因此我们可以将唯一的 y 表示为 $f(x)$。我们称 $y = f(x)$ 是 f 关于自变量（argument）x 的值（value）。如果 A 和 B 不相交，函数的 blob-and-arrow 图不同于关系的 blob-and-arrow 图，即图中左侧 blob 中的每个点，有且仅有一个出发箭头（见图 6.5）。

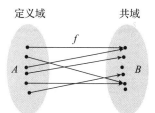

图 6.5 函数中，集合 A 中的每个元素有且只有一个出发箭头。集合 A 称为定义域，集合 B 称为共域

例 6.1 中的人和地址之间的关系是一个函数，因为其中的每个人只有一个地址。例

如，可以表示为

$$f(\text{Alan}) = 33\text{Turing Terrace}$$

另一方面，例 6.2 的选课关系不是函数，因为学生可以选多门课。（当某名学生选了两门课时，这就不是一个函数。）圆关系也不是函数，因为对于任意的 x，其中 $-1<x<1$，都有两个 y 值使得 $x^2+y^2=1$，即 $y=\pm\sqrt{1-x^2}$。生日关系是函数，因为每个人只能出生在一个时间。

如果 $f \subseteq A \times B$ 是一个从 A 到 B 的函数，那么记为 $f: A \to B$。集合 A 称为定义域（domain），集合 B 称为共域（codomain）（见图 6.5）。例如，生日函数的定义域是所有人的集合，共域是一年中所有日期的集合。如果我们考虑函数 $f(x)=x^2$ 的自变量 x 是整数，那么定义域就是 $\mathbb{Z}$。由于整数的平方总是非负整数，所以共域可以为 $\mathbb{N}$ 或 $\mathbb{Z}$。（根据函数的定义，定义域是必须具有函数值的元素所构成的集合。另一方面，共域必须包含函数的所有值，还可以包括其他的元素。）同样，生日函数的共域是一年中所有日期的集合，即使某些日期没有人出生。

定义域和共域可以是任何集合。它们不必是不相交的或者是不相同的。例如，函数 $f: \mathbb{Z} \to \mathbb{Z}$，其中对于每个 $n \in \mathbb{N}$，有 $f(n)=n+1$，就具有相同的定义域和共域。

定义域或共域也可以是集合的集合。一个简单的例子是函数的值是一个集合。再回顾一下选课关系（例 6.2），它不是一个函数，因为一个学生可以选多门课。但是对于每个学生来说，明确其所选课的集合是可能的。因此，根据例 6.2 中的信息可以得到一个从学生到选课集合的函数，如下所示。

例 6.3

学生	课程
Aisha	{CS20,Ec10,Lit26}
Ben	{CS20,Psych15,Anthro29}
Carlos	{CS1,Lit60,Ethics22}
Daria	{CS50,Ethics22,Anthro80}

如果 S 是学生的集合，C 是课程的集合，那么例 6.2 就是 $S \times C$ 上的关系，而例 6.3 是函数 $e: S \to \mathcal{P}(C)$。例如，$e(\text{Aisha})=\{\text{CS20},\text{Ec10},\text{Lit26}\}$。

如第 1 章所述，函数是将自变量映射到一个函数值，因此有时也称函数为映射（mapping）。对于给定的自变量，其函数值也称为该自变量的像（image），如果 A 是 f 定义域的子集，那么称 $f[A]$ 为集合 A 的像集合，即由集合 A 中所有元素的像构成的集合（见图 6.6）。也就是说，如果有 $f: S \to T$，并且有 $A \subseteq S$，那么

$$f[A] = \{f(x): x \in A\} \subseteq T$$

打个比方：若将定义域视为一张图片，函数可以视为投影仪，图片的像就是屏幕上与图片对应点的集合。

例如函数 $f: \mathbb{Z} \to \mathbb{Z}$，对于任意的 n，有 $f(n)=n^2$。$\mathbb{Z}$ 的像 $f[\mathbb{Z}]$ 是完全平方数 $\{0,4,9,\cdots\}$ 的集合。如果对于任意的 n，有 $g(n)=2n$，则 $g[\mathbb{Z}]$ 是所有偶数的集合。如果设 $E \subseteq \mathbb{Z}$ 是偶数的集合，那么 $f[E]=\{0,4,$

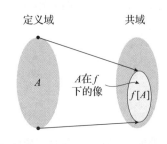

图 6.6 函数的像是共域的子集，由定义域中所有自变量的函数值构成，即 $\{f(x): x \in A\}$

16,36,⋯} 是偶平方数的集合○。

我们如何看待实值函数 $f(x)=\frac{1}{x}$ 呢？我们想说 $f:\mathbb{R}\to\mathbb{R}$，即 f 的自变量为实数，函数值也为实数。但这不完全正确，$\frac{1}{0}$ 无定义，从而 $f(0)$ 无定义。然而，对于每个 $x\in\mathbb{R}$（0 除外），$f(x)$ 都有定义。因此，准确地说，f 是定义域为 $\mathbb{R}-\{0\}$ 的函数。即 $f:\mathbb{R}-\{0\}\to\mathbb{R}$。

另一个术语区分了偏（partial）函数和全（total）函数，其中全函数是我们所说的函数，从 A 到 B 的偏函数是定义域为 A 的子集的全函数。通过这个术语，可以说 $\frac{1}{x}$ 是 $\mathbb{R}$ 到 $\mathbb{R}$ 的偏函数。

※

接下来讲述常用函数类型的相关概念。

单射（injective）函数是一个"共域中的每个元素至多是一个自变量的函数值"的函数。换言之，如果不存在两个不同的自变量映射为相同的值那么该函数是单射函数。例如，将每个整数 n 映射到其后继 $n+1$ 的函数是单射函数，因为对于任意整数 m，只有一个 n 使得 $m=n+1$，即 $n=m-1$。此外，生日函数不是单射函数，因为有时两个人的生日可以是相同的。

一个函数是否是单射函数取决于定义域。如果限制人的集合，那么生日函数也可以是单射函数。函数 $f:\mathbb{N}\to\mathbb{N}$，对于每个 $n\in\mathbb{N}$，有 $f(n)=n^2$，是单射函数，因为每个自然数至多是一个自然数的平方。但是类似的函数 $g:\mathbb{Z}\to\mathbb{N}$，对于每个 $n\in\mathbb{Z}$，有 $g(n)=n^2$，不是单射函数，因为有 $g(-1)=g(+1)=1$。

blob-and-arrow 图表示一个单射函数的情况（见图 6.7）。它表示一个函数（定义域中的每个点正好发出一个箭头），并且共域中不存在两个不同的箭头终止于同一个点。

由于函数是一种特殊的二元关系，所以每个函数都有一个逆，逆是一个二元关系。但是，逆不一定是函数。例如，函数 $f:\{0,1\}\to\{0\}$，有 $f(0)=f(1)=0$，它的逆是 $\{\langle 0,0\rangle,\langle 0,1\rangle\}$，这个关系不是函数。

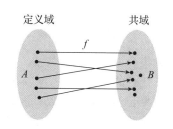

图 6.7　在单射函数中，B 的每个元素处至多止于一个箭头

然而，单射函数是可逆的（invertible）。也就是说，单射函数的逆是一个函数。如果 $f:A\to B$ 是一个单射函数，那么函数 $f^{-1}:f[A]\to A$ 称为 f 的逆，具有如下性质：

$$\text{对于任意的 } y\in f[A]，有 f(f^{-1}(y))=y$$

f 的逆定义为对于任意的 $y\in f[A]$，$f^{-1}(y)$ 是唯一的元素 $x\in A$，使得 $f(x)=y$。因为 f 是单射函数，所以不存在两个这样的 x。然而，一般来说，逆的定义域不必是整个 B，因为有些 B 的元素可能不是任何自变量 $x\in A$ 的 f 值。

例 6.1 的集合是一个单射函数，因为没有两个人住在同一个地址。如果我们用 f 表示这个函数，那么有 $f(\text{Alan})=22\text{Turing Terrace}$，从而 $f^{-1}(22\text{Turing Terrace})=\text{Alan}$。

借助于单射函数的概念，鸽笼原理（见第 1 章）可以简明地表述如下：如果 A 和 B

○　另一个传统术语是函数的值域（range）。这个术语很模糊，有时指共域，有时又指像集合。所以在本书中我们不使用它。

都是有穷集，并且 $|A|>|B|$，那么不存在从 A 到 B 的单射函数。它的逆否命题是，如果 $f:A\to B$ 是一个单射，其中 A 和 B 都是有穷集，则有 $|A|\leqslant|B|$。

❋

如果共域中的每个元素都是定义域中自变量的函数值，即像集合等于共域，那么函数被称为满射函数。换句话说，$f:A\to B$ 是满射的，则对于每个 $y\in B$，至少有一个 $x\in A$ 使得 $f(x)=y$。blob-and-arrow 图表示了一个满射函数的情况（见图 6.8），即共域中的每个元素至少有一个指向它的箭头。

生日函数在所有人集合的定义域上实际上是满射的，因为生日可以是一年中的每一天。简单的地址簿函数（例 6.1）也是满射的，因为给出的四个地址构成了整个共域。此外，我们考查一下自然数平方的函数，即 $f:\mathbb{N}\to\mathbb{N}$，其中 $f(x)=x^2$，对于每个 $x\in\mathbb{N}$。f 不是满射的，因为不存在自然数 x 使得 $x^2=2$。

双射函数既是单射又是满射的，即 $f:A\to B$ 是一个双射，当且仅当对于每个元素 $y\in B$，有且仅有一个元素 $x\in A$，使得 $f(x)=y$。或者用 blob-and-arrow 图表示，B 中每个元素都只有一个指向它的箭头（见图 6.9）。

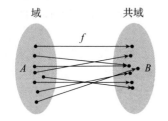
图 6.8 在满射函数中，B 的每个元素至少有一个终止的箭头

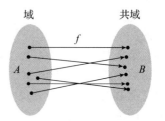
图 6.9 在双射函数中，B 的每个元素恰好有一个终止的箭头

整数集合上的后继函数 f，对于每个 $n\in\mathbb{N}$，有 $f(n)=n+1$。f^{-1} 是一个从 $\mathbb{Z}$ 到 $\mathbb{Z}$ 的函数，对于任意的 $m\in\mathbb{N}$，有 $f(m)=m-1$，我们称 f^{-1} 为前驱函数。后继函数和前驱函数都是整数集合上的双射函数，因为对于每个整数都有唯一的后继整数和唯一的前驱整数。

更有趣的双射函数的例子是函数 $f:\mathbb{Z}\to\mathbb{E}$，其中 $\mathbb{E}$ 是偶数的集合，对每个 x，有 $f(x)=2x$。对于每个 $y\in\mathbb{E}$，有一个且仅有一个整数 $x\in\mathbb{Z}$，使得 $y=2x$，即 $x=\dfrac{y}{2}$（这是一个整数，因为 y 是偶数）。所以函数（见图 6.10）是双射的。

如果 $f:A\to B$ 是一个双射，那么它有一个逆 f^{-1}，因为任意双射函数都有逆函数。在双射的情况下，逆的定义域是 f 的整个共域，换句话说，$f[A]=B$，则 f 的逆是 $f^{-1}:B\to A$，其中 $f^{-1}(y)$ 的值是 x，即对于任意的 $y\in B$ 有唯一的 $x\in A$，使得 $f(x)=y$。这个逆 f^{-1} 也是一个双射：在相应的 blob-and-arrow 图中，我们可以反转箭头的方向，从而使 A 中的每个元素都有一个指向它的箭头。

$\mathbb{Z}$	$\leftrightarrow$	$\mathbb{E}$
⋮		⋮
-2	$\leftrightarrow$	-4
-1	$\leftrightarrow$	-2
0	$\leftrightarrow$	0
1	$\leftrightarrow$	2
2	$\leftrightarrow$	4
⋮		⋮

图 6.10 $\mathbb{Z}$ 和 $\mathbb{E}$ 之间的双射

❋

如果 A 和 B 是有穷的，并且 f 是从 A 到 B 的单射函数，那么 $|A|\leqslant|B|$，因为所有

$f(x)$ 的值，相应于不同的 $x(x \in A)$ 也是不相同的。如果 f 是满射的，那么 $|A| \geqslant |B|$，因为 B 不能包含任何不是 A 中自变量像的元素。所以如果 f 是双射函数（既是单射又是满射），那么 $|A|$ 和 $|B|$ 必须相等。换句话说，如果有穷集之间存在双射，则这两个集合大小相同。

反之亦然。假设 A 和 B 都是具有 n 个成员的集合，形式如下：
$$A = \{a_1, \cdots, a_n\}$$
$$B = \{b_1, \cdots, b_n\}$$
其中，如果 $i \neq j$ ($1 \leqslant i, j \leqslant n$)，那么 $a_i \neq a_j$ 和 $b_i \neq b_j$。函数 $f: A \to B$ 使得 $f(a_i) = b_i$ 是双射，其中 $i = 1, \cdots, n$。

所以，有穷集具有相同的大小当且仅当它们之间存在双射。这似乎是显而易见的，无须用复杂的语言修饰，但其实是有理由的，我们将使用集合之间存在双射来作为两个无穷集大小相等的定义。应用这个定义，我们不仅会看到不是所有无穷集都是大小相同的，而且还会得到重要的结论。

我们需要更多双射相关集合之间的性质作为基础，即如果存在从集合 A 到集合 B 和从集合 A 到集合 C 的两个双射，那么 B 和 C 之间存在双射。因此，具有双射关系的集合之间彼此具有"同族相似性"。我们首先来证明具体的性质，然后考虑它的含义。

定理 6.4 设 A、B 和 C 为任意集合。假设存在双射 $f: A \to B$ 和 $g: A \to C$，那么存在双射 $h: B \to C$。

证明： 因为 f 是双射，所以它的逆 $f^{-1}: B \to A$ 存在，并且是从 B 到 A 的双射。定义函数 $h: B \to C$ 如下：对于任意的 $y \in B$，有 $h(y) = g(f^{-1}(y))$。也就是说，给定 $y \in B$，沿着 f 的箭头向后找到 A 的对应元素，然后沿着 g 的箭头向前找到 C 的元素（见图 6.11）。B 中不同的元素对应于 f^{-1} 作用下 A 的不同元素，再将这些元素通过 g 映射到 C 的不同元素。因此，h 既是一个单射，也是一个满射，因为对于任意元素 $z \in C$，z 是 h 关于自变量 $f(g^{-1}(z)) \in B$ 的值：
$$h(f(g^{-1}(z))) = g(f^{-1}(f(g^{-1}(z))))$$
$$= g(g^{-1}(z))$$
$$= z$$
所以 h 是从 B 到 C 的双射。 ■

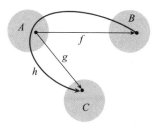

图 6.11 已知从 A 到 B 的双射 f 和从 A 到 C 的双射 g，可以构造从 B 到 C 的双射：对于 B 的任意元素，沿着 f 的箭头向后进入 A，然后沿着 g 的箭头向前进入 C

在这个证明中，我们将 f^{-1} 和 g 连在一起定义函数 h 为 $h(y) = g(f^{-1}(y))$。换言之，我们对两个函数应用了某种运算，从而产生了第三个函数。此运算称为复合（composition）运算，表示为 ∘。

$$h = g \circ f^{-1}$$

一般来说，如果有 $f{:}A \to B$，$g{:}C \to D$，并且有 $f[A] \subseteq C$，则对于任意的 $a \in A$，函数 $g \circ f{:}A \to D$ 定义为 $(g \circ f)(a) = g(f(a))$。

定理 6.4 的证明给出了一种比较任意集合大小的方法：如果它们之间存在双射，则它们的大小相同。这就产生了有穷集的自然结果，即如果它们具有相同数量的元素，那么它们的大小是相同的。然而，这种想法与我们对无穷集产生的直觉相悖。例如，由于整数集合和偶数集合之间存在双射，我们必须接受整数集和偶数集具有相同的大小，尽管偶数集合是整数集合的真子集。虽然这听起来很奇怪，但这正是我们想要的，我们将在下一章中继续讨论。

✻

一个函数可以有多个自变量。乘法可以看作一个带有两个自变量的函数 $M{:}\mathbb{Z} \times \mathbb{Z} \to \mathbb{Z}$，其中对于任意的 $m, n \in \mathbb{Z}$，$M(m,n) = m \cdot n$。例如，$M(3,5) = 15$。当然，传统的做法是在自变量之间使用类似于 · 的符号，而不是在自变量之前使用 M 之类的字母。当一个函数有两个自变量，并且函数名放在自变量之间时，称为中缀（infix）表示法；将函数名写在自变量之前时，称为前缀（prefix）表示法。

具有多个自变量的函数并不是一个新概念。两个自变量的函数 $f{:}A \times B \to C$ 实际上是一个定义域为 $A \times B$、共域为 C 的单自变量函数。

为了简化表示，我们用 $f(a,b) = c$ 来代替 $f(\langle a,b \rangle) = c$，即没有将自变量明确表示为有序对。同样，$k$ 个自变量的函数，也称为 k 元函数，定义域是 k 个集合的笛卡儿积，我们用 $f(x_1, \cdots, x_k) = y$ 来代替 $f(\langle x_1, \cdots, x_k \rangle) = y$。

本章小结

- 关系是事物之间的一种联系，可以用相互之间具有这种关系的事物的元组集合来表示，例如，对于某些性质 P，$R = \{\langle x,y \rangle : P(x,y)\}$。二元关系是两个事物之间的关系。
- 二元关系中，第一元素 x 可以与任意多个第二元素 y 相关联，并且第二元素 y 也可以与任意多个第一元素 x 相关联。元素 x 和 y 可以来自不同的集合，也可以来自相同的集合。
- 二元关系的逆是将该关系中所有有序对的元素对调顺序而得的关系，即如果原关系中包含 $\langle x,y \rangle$，则其逆关系包含 $\langle y,x \rangle$。
- 从集合 A 到集合 B 的函数（或映射）f 表示为 $f{:}A \to B$，是将每个 $x \in A$ 与唯一的 $y \in B$ 相关联的关系。唯一的 y 称为自变量 x 的函数值。
- 对于函数 $f{:}A \to B$，A 是定义域，B 是共域。
- 函数 f 关于自变量 x 的值是 x 的像。f 关于集合 X 中所有自变量的值的集合是 X 的像集合，表示为 $f[X]$。
- 单射函数 $f{:}A \to B$ 将 A 中不同的元素映射到 B 中不同的元素。
- 每个函数 $f{:}A \to B$ 都有一个逆关系 f^{-1}，只有当 f 是单射时，f^{-1} 才是一个函数。因此，单射函数称为可逆的。f^{-1} 的定义域是 B 的子集（也可能相等）。
- 满射函数 $f{:}A \to B$ 对于每个 B 中的元素都是 A 中某些自变量的 f 值。
- 双射函数 $f{:}A \to B$ 既是单射又是满射，即每个 B 中的元素都恰好是 A 中一个自变量的 f 值。

- 两个集合（有穷或无穷）大小相同，当且仅当它们之间存在双射。
- 可以用复合运算（符号为。）将两个函数组合在一起。
- 一个函数可以带有多个自变量。与单个自变量函数一样，其定义域是这多个集合的笛卡儿积。

习题

6.1 设 f 为任意函数。假设 f 的逆关系
$$f^{-1} = \{\langle y,x \rangle : y = f(x)\}$$
是一个函数，那么 f^{-1} 是双射吗？请给出理由。

6.2 对于以下每个函数，确定它是单射、满射和/或双射。如果函数是双射，它的逆是什么？如果它是单射而不是满射，那么它的逆（关于定义域的像）又是什么？

(a) $f:\mathbb{Z} \to \mathbb{Z}$，其中 $f(n) = 2n$。

(b) $f:\mathbb{R} \to \{x \in \mathbb{R}: 0 \leqslant x < 1\}$，其中 $f(x) = x - \lfloor x \rfloor$。

(c) $f:\mathbb{N} \to \mathbb{N}$，其中 $f(n,m)$ 表示 m 和 n 的较大者。

(d) $f:\mathbb{Z} \to \mathbb{R}$，其中 $f(n) = \dfrac{n}{3}$。

(e) $f:\mathbb{R} \to \mathbb{R}$，其中 $f(x) = \dfrac{x}{3}$。

(f) $f:\mathbb{N} \to \mathbb{Z}$，如果 n 是偶数，则 $f(n) = \dfrac{-n}{2}$；如果 n 是奇数，则 $f(n) = \dfrac{n+1}{2}$。

6.3 (a) 证明：如果两个有穷集 A 和 B 的大小相同，并且 r 是从 A 到 B 的单射函数，那么 r 也是满射的，即 r 是一个双射函数。

(b) 给出一个反例，表明如果 A 和 B 是两个有双射关系的无穷集，则上一问的结论不一定成立。

6.4 在图 6.3 中，圆关系的逆是什么？

6.5 假设 $f:A \to B$ 和 $g:C \to D$，并且 $A \subseteq D$。说明：在什么情况下，$(f \circ g)^{-1}$ 是一个从 B 的子集到 C 的函数，并用 f^{-1} 和 g^{-1} 表示。

6.6 15 个人在不同的时间段使用同一台计算机，不存在两个人同时使用的情况。每人每天只有一个小时的机会，从整点开始到整点结束。例如，某人的使用时间可能是每天凌晨 3 点到 4 点，而另一个人的使用时间可能是晚上 11 点到午夜。证明：存在 5 个不同的人在连续 7 小时内使用了计算机。提示：定义一个函数 s，带有两个自变量，分别代表人和 0 到 6 之间的整数（包括 0 和 6），因此 $s(p,i)$ 表示在一个 7 小时的时间段里，p 从第 i 小时开始使用计算机。应用扩展鸽笼原理。

6.7 函数 $f(n) = 2n$ 是从 $\mathbb{Z}$ 到偶数集合的双射，函数 $g(n) = 2n+1$ 是从 $\mathbb{Z}$ 到奇数集合的双射。那么 f^{-1} 和 g^{-1} 分别是什么？定理 6.4 中的函数 h 是什么？

第 7 章
Essential Discrete Mathematics for Computer Science

可数集与不可数集

谈论无穷集合的大小有意义吗？回答是肯定的。但是，我们必须要为一些违反直觉的结果做好准备，诸如上一章中提到的偶数集与所有整数集是大小相同的。

让我们做一个模拟。假设你经营一家拥有 67 间客房的旅馆⊖。有一天，旅馆都是空房并且有 67 位客人想要入住。如果你给每位客人发一把房间钥匙，那么当你给最后一位客人钥匙时刚好发完所有的钥匙。如果钥匙是从 0 到 66 的顺序编号的，那么你可以告诉客人去钥匙上数字标示的房间。

现在旅馆已经住满了。第 68 个来找房间的客人会很不走运。

接下来想象一下，你现在经营的是一家拥有无穷多房间的旅馆，编号为 $0,1,2,3,\cdots$。如果一开始旅馆是空的，同时出现了无穷多的客人 $p_0, p_1, \cdots$，你可以再次给每位客人一把带编号的钥匙，并指示他们去钥匙上数字标识的房间。

现在旅馆住满了，每个房间都有客人入住。假设又新来了一个旅行者，并请求一个房间。如果你说"你可以住 n 号房间"，那么对于任何特定的 n 号房间，新客人都会发现这个房间已经被占用了。然而，在无穷多房间的旅馆里，总是可以多挤一个人的。

告诉入住的每一位客人向大号方向移动一个房间，那么 0 号房间的客人移动到 1 号房间，同时被取代的 1 号房间的客人移动到 2 号房间，以此类推（见图 7.1）。这样新来的旅行者就可以入住 0 号房间，大家都开心了。如果再新来五个客人，或者十个客人，或者 k（任意有穷数）个客人，可以用同样的办法，即让每个客人向大号方向移动 k 个房间，这样可以将前 k 个房间空出来给新来的客人。

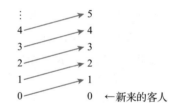

图 7.1　在无穷大的旅馆里，总是能腾出一间房，即告诉每个人都向大号方向移动一个房间，把新来的客人安顿在 0 号房间

再多做一些。想象一下你有两个无限大的旅馆 G 和 J，房间编号为非负整数，并且都住满了。现在假设你必须把每个客人都搬到另一家旅馆 H 中，那里的房间编号也是 $0,1,2,\cdots$。你如何在 H 旅馆为来自旅馆 G 和 J 的所有客人安排房间？

告诉 G 旅馆的入住者将他们的房间号加倍（乘以 2），然后入住到 H 旅馆的该号房间，这样 $G0$ 房间的客人（指 G 旅馆的 0 号房间）将入住 $H0$，$G1$ 房间的客人将入住 $H2$，$G2$ 房间的客人将入住 $H4$，以此类推（见图 7.2）。现在 H 旅馆所有偶数房间已经住满了，所有奇数房间是空的，于是你可以用 J 旅馆的所有客人来填充奇数房间。J 旅馆的客人将房间号加倍后再加 1，然后搬到 H 旅馆相应的房间：$J0$ 房间的客人将搬到 $H1$，$J1$ 房间的客人将搬到 $H3$，$J2$ 房间的客人将搬到 $H5$，以此类推。可以用类似的方法合并三个或者 k（任意有穷数）个旅馆的客人到一个旅馆。

⊖　旅馆隐喻（The hotel metaphor，也称为无穷旅馆悖论）是由德国数学家 David Hilbert（1862—1943）在 1924 年提出的。

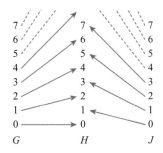

图 7.2 如果房间编号为 $0,1,2,\cdots$，则两个无限大的旅馆 G 和 J 可以合并为一个 H。左边的箭头表示函数 f_G，右边的箭头表示函数 f_J

这些技巧都基于这样的事实，即自然数集合的真子集与所有自然数的集合之间存在双射，就像图 6.10 中的 $\mathbb{Z}$ 和 $\mathbb{E}$ 之间的双射一样。例如，在刚刚的场景中，我们将 $\mathbb{N}$ 划分为两个不相交的真子集（偶数和奇数），并在 $\mathbb{N}$ 和这些子集中的每一个之间构造双射，第一个是 $f_G(n)=2n$，第二个是 $f_J(n)=2n+1$。然后，我们将 G 旅馆 n 号房间的客人移入 H 旅馆的 $f_G(n)$ 号房间，将 J 旅馆 n 号房间的客人移至 H 旅馆的 $f_J(n)$ 号房间。$f_G[\mathbb{N}]$ 的像是偶数集合，$f_J[\mathbb{N}]$ 的像是奇数集合，因此有 $f_G[\mathbb{N}] \cap f_J[\mathbb{N}] = \emptyset$、$f_G[\mathbb{N}] \cup f_J[\mathbb{N}] = \mathbb{N}$。每个人都没有重复预订，并且 H 的每个房间都被占用了。

如果一个集合与自然数集之间存在一个双射，我们说这个集合是可数无穷的（countably infinite）。这寓意着双射 $f:\mathbb{N}\to S$ 用一个无穷序列 $f(0),f(1),\cdots$ "逐个数遍"某个集合 S 的所有成员，从集合 $\{0,\cdots,n-1\}$ 到有穷集合 S 的双射用相同的方式证明了 S 中正好有 n 个元素。在这两种情况下，"计数"必须"数遍" S 的所有元素，也就是说，对于每个 $x \in S$，存在某个 n，使得 $f(n)=x$。

根据定理 6.4，任意两个可数无穷集合之间都存在双射，因为每个集合都与 $\mathbb{N}$ 存在双射。所以说所有可数无穷集具有相同的大小，即 $\mathbb{N}$ 的大小 $[\aleph_0$，发音为"阿列夫零（aleph zero/ aleph null）"。为其他无穷数集命名并对它们进行算术运算是很有趣的事情，但超出了本书的范围]。

我们已经看到有多个自然数集的子集是可数无穷的，例如，集合 $\mathbb{N}-\{0\}$ 和非负偶数集。同样，自然数集的有些真超集也是可数无穷的，如集合 $\mathbb{Z}$。

定理 7.1 $\mathbb{Z}$ 是可数无穷集。

证明：我们需要"计数"所有的整数，即分配给每个整数一个数字标签 $0,1,\cdots$，且不遗漏任何整数。首先要尝试的可能是将 0 分配给 0，将 1 分配给 1，以此类推，那么我们在没有给负整数分配标签之前，会用尽所有的自然数。因此，我们将从零开始，然后是一个正整数接着一个负整数交替计数，以此类推，顺序是 $0,+1,-1,+2,-2,\cdots$。其双射如图 7.3 所示。

即 $f:\mathbb{N}\to\mathbb{Z}$ 是一个双射，对于任意的 $n\in\mathbb{N}$，有

$$f(n) = \begin{cases} -n/2, & n \text{ 是偶数} \\ (n+1)/2, & n \text{ 是奇数} \end{cases}$$

即使是 $\mathbb{N}\times\mathbb{N}$（自然数有序对的集合），其大小也不大于 $\mathbb{N}$。

定理 7.2 $\mathbb{N}\times\mathbb{N}$ 是可数无穷的。

证明：我们需要找到一种方法，对于 $x,y\in\mathbb{N}$，以某种顺序列出

$n\in\mathbb{N}$	$\leftrightarrow$	$f(n)\in\mathbb{Z}$
0	$\leftrightarrow$	0
1	$\leftrightarrow$	1
2	$\leftrightarrow$	-1
3	$\leftrightarrow$	2
4	$\leftrightarrow$	-2
5	$\leftrightarrow$	3
6	$\leftrightarrow$	-3
$\vdots$		$\vdots$

图 7.3 $\mathbb{N}$ 和 $\mathbb{Z}$ 间的双射

所有有序对 $\langle x,y \rangle$，而不遗漏任何一个。我们不能使用最显然的顺序，即列出所有的 $x=0$ 的序偶对，然后列出 $x=1$ 的序偶对等，因为对于无穷多 $x=0$ 的序偶对，我们会用尽所有的自然数，而永远无法到达 $x=1$ 的序偶对，或者更高的 x 值的序偶对。

取而代之的是，我们将按照 $x+y$ 的值递增顺序列出所有的序偶对，当 $x+y$ 的值相同时，具有较小 x 的序偶对将优先。对于任意给定的 z，只有有穷多个序偶对 $\langle x,y \rangle$ 使得 $x+y=z$。因此，这种排序最终会以有穷步到达每个 z，即每一个序偶对 $\langle x,y \rangle$。与最初假设的顺序不同，如果我们将 N×N 视为非负整数坐标平面上的点，沿着双射的前几个值，每次行进在一条对角线上，如图 7.4 所示。我们把求函数的代数式留作练习（见习题 7.8）。∎

定理 7.2 非常著名，该问题始于旅馆经理试图将一个客人塞入一个已经住满了客人的无穷旅馆。这意味着可数无穷多个可数无穷旅馆可以合并为一个可数无穷旅馆，用数学语言（见习题 7.11）可以做如下描述。

定理 7.3 可数多个可数无穷集合的并集是可数的。

一个集合是可数的，如果它是有穷的或者是可数无穷的。如果一个集合是不可数的，那么它不是可数的。

$n \in \mathbb{N}$	↔	$f(n) \in \mathbb{N} \times \mathbb{N}$
0	↔	$\langle 0,0 \rangle$
1	↔	$\langle 0,1 \rangle$
2	↔	$\langle 1,0 \rangle$
3	↔	$\langle 0,2 \rangle$
4	↔	$\langle 1,1 \rangle$
5	↔	$\langle 2,0 \rangle$
6	↔	$\langle 0,3 \rangle$
⋮		⋮

图 7.4 "数遍" N×N：按照与左上角 $\langle 0,0 \rangle$ 距离增加的顺序，每次遍历一个对角线，最终会到达每一个序偶对

不可数性不是一个很清晰的概念。我们已经看到，有些集合看上去比自然数集合"更大"，但实际上并非如此。什么样的集合可能是无穷不可数的呢？我们没有任何例子，也没有任何明显的理由认为不可数集合的存在。

然而，它确实存在。一个经典的例子是 $\mathcal{P}(\mathbb{N})$——所有自然数集合的集合——是不可数集合。可以肯定的是，$\mathcal{P}(\mathbb{N})$ 是无穷的，即一个元素的集合 $\{0\}, \{1\}, \{2\}, \cdots$ 都是 $\mathcal{P}(\mathbb{N})$ 的成员。因此，可数无穷集 $\{\{n\} : n \in \mathbb{N}\}$ 是 $\mathcal{P}(\mathbb{N})$ 的子集。

但是，$\mathcal{P}(\mathbb{N})$ 的这些成员都是有穷集，是基数为 1 的集合。幂集 $\mathcal{P}(\mathbb{N})$ 还包含无穷集合，如正偶数集合 $\{2,4,6,8,10,\cdots\}$ 以及 N 本身。很明显，没有一种聪明的方法能"数遍"所有的自然数的集合，就像我们对 N×N 所做的那样，按顺序列出每一个集合。

没有方法的原因如下：

对于 N 的任意子集 S，由于集合是由其成员决定的，所以可以通过 N 的每个元素是否属于 S 来定义 S。对于每个自然数来说，这是一个二选一的问题，因此，我们用第 1 位表示"是"，用第 0 位表示"否"。那么，任意子集 S 都可以表示为一个无穷长的位串——可数无穷位串，其中第 n 位表示"自然数 n 是否属于 S"。例如，集合 $\{1,2,3\}$ 可以表示为：

$$01110000000\cdots$$

前四位数字之后都是 0（第一位是 0，是因为 $0 \notin \{1,2,3\}$）。所有偶数的集合 $\{0,2,4,6,8,10,\cdots\}$ 可以表示为：

$$10101010101\cdots$$

1 和 0 将永远交替下去。我们将"S 表示为无限位字符串"称为一个从自然数到 $\{0,1\}$ 上

的函数 χ_S，其中 $\chi_S(n)$ 是位置 n 的位值，位值为 1 当且仅当 $n \in S$：

$$\chi_S(n) = \begin{cases} 0, & \text{当 } n \notin S \\ 1, & \text{当 } n \in S \end{cases}$$

函数 χ_S 称为 S 的特征函数（characteristic function）（χ 是希腊字母 chi，发音为 kiye）。

我们将采用对角线（diagonalization）法证明集合 $\mathcal{P}(N)$ 是不可数的。对角线法是一种特殊的反证法。它证明某类对象——N 和 $\mathcal{P}(N)$ 之间的双射是不存在的。证明过程为假设存在这样的双射，并证明它不是双射，因为它"漏掉"了一个集合，即我们用假设的双射 $b: N \to \mathcal{P}(N)$ 构造一个集合 $S \subseteq N$ 不是 b 的任何自变量的值。因为假设存在一个双射 b，会导致结论：b 根本不是双射，从而没有这样的 b 存在。

定理 7.4 $\mathcal{P}(N)$ 是不可数的。

证明：为了推出一个矛盾，我们假设 $\mathcal{P}(N)$ 是可数的。然后我们可以通过双射 $b: N \to \mathcal{P}(N)$ 对 $\mathcal{P}(N)$ 中的集合进行编号，即每个集合编号为 $b(n)$，其中 n 为某个自然数。为了便于命名，对于每个 n，令 $S_n = b(n)$，因此 $\mathcal{P}(N) = \{S_0, S_1, S_2, \cdots\}$。

为了便于说明，我们用它们的特征函数来表示这些集合。因此，我们可以画一张方法图，给出 N 的子集，设 $S_0 = 0101010101\cdots$、$S_1 = 1110000000\cdots$，下一个是所有偶数的集合，即 $S_2 = 0101010101\cdots$。每个可能的集合 $S \subseteq N$ 都会在这个顺序中的某个位置。因此，如果我们将特征函数作为无穷矩阵的行，将得到下图。

```
S₀  0  1  0  1  0  1  0  1  0  1  . . .
S₁  1  1  1  0  0  0  0  0  0  0  . . .
S₂  1  0  1  0  1  0  1  0  1  0  . . .
S₃  .
S₄  .
S₅  .
```

现在，我们构造一个新的集合 D，它的特征函数是这个矩阵对角线的补（complement）。为了区别起见，用灰色标识对角线上的数字。D 的第 0 位是 S_0 位 0 的补。因为 S_0 以 0 开始，D 的第 0 位将是 1；S_1 的第 1 位为 1，因此 D 的第 1 位将为 0；S_2 的第 2 位为 1，因此 D 的第 2 位将为 0。以这种方式继续下去，D 的第 i 位数字是对集合 S_i 的第 i 位取相反数。因此，在示例中的 D 是以 $100\cdots$（$011\cdots$的补）开始的。

以这样的方式构造的 D 不可能与 S_0 相同，因为 D 的位 0 与 S_0 相应位是互补的。同样，对于任意的自然数 i，D 不等于 S_i，因为 D 与 S_i 在第 i 个位置上有不同的数字，即 D 在对角线与行相交的位置上不同于每一行。因此，D 不同于任何 S_i，它不会出现在 $\mathcal{P}(N)$ 所有成员（假设）的列表中。

这是一个矛盾。概括一下（不参照上图）：已知我们有一个 N 的所有子集 $S_0, S_1, S_2, \cdots$ 的枚举，集合 D 是一个完美的自然数集合，命名 $D = \{i : i \notin S_i\}$。那么对于每个 $d \in N$，$D = S_d$ 是不可能的。因为假设 d 是一个自然数，使得 $D = S_d$，那么

$$d \in D \text{ 当且仅当 } d \in S_d \text{（因为 } D = S_d\text{）}$$
$$\text{当且仅当 } d \notin D\text{（因为 } D = \{i : i \notin S_i\}\text{）}$$

从而有 $d \in D$ 当且仅当 $d \notin D$，这是一个矛盾。所以 D 不是任何 S_i，这与假设"每一个整数集合都是 S_i 之一"相矛盾。故不存在双射 $N \to \mathcal{P}(N)$，即 $\mathcal{P}(N)$ 是不可数的[⊖]。 ∎

⊖ 这便是 Cantor 的对角线证明法，以数学家 Georg Cantor（1845—1918）命名。他在研究无穷数中首次使用了这一技术。

我们说过，如果两个集合之间存在双射，那么它们的大小是相同的。现在可以给出集合之间"小于"的定义了：如果从第一个集合到第二个集合存在单射，但不存在满射（因此它们之间没有双射），那么就说第一个集合小于第二个集合（或者说第二个集合大于第一个集合）。对于有穷集合，这些定义是适合的，即如果 $|A|<|B|$，则有集合 A 小于集合 B。由定理 7.4 可得，从 N 到 $\mathcal{P}(\mathrm{N})$ 不存在满射，但肯定存在单射。例如，函数 $f:\mathrm{N}\to\mathcal{P}(\mathrm{N})$，其中对于每一个 $n\in\mathrm{N}$, $f(n)=\{n\}$，我们就可以说 $\mathcal{P}(\mathrm{N})$ 大于 N。

※

因此，存在不可数个自然数的集合。类似地，任意可数无穷集有不可数个子集，例如有不可数个偶数子集。只要 N 和集合 S 之间存在双射，那么 S 就有不可数个子集。

然而，有穷自然数集合是可数的。

定理 7.5 N 的所有有穷子集的集合是可数的。

证明：注意，有穷集合特征函数的位串只有有限多个 1，从某一点开始，所有的位都是 0。因此，我们可以在最后一个 1 之后将位串截断，并按照长度递增的顺序列出这些有穷位串，对于相同长度的位串使用标准字典序。空集是有穷的，并且由于它的特征函数表示为 000⋯，在这种情况下，没有最后一个 1。我们称为"空位串"，用 λ（希腊字母 lambda）表示。这样，我们可以列举所有的有穷集合，如图 7.5 所示。 ∎

这种通过长度递增，并对相同长度的位串按字母顺序排列的位串排序方式称为字典序（lexicographic order）。

i	χ_{S_i}	S_i
0	λ	∅
1	1	{0}
2	01	{1}
3	11	{0, 1}
4	001	{2}
5	011	{1, 2}
6	101	{0, 2}
7	111	{0, 1, 2}
8	0001	{3}
⋮	⋮	⋮

图 7.5 N 和 N 的有穷子集的集合之间的一个双射。第二列显示了 $n=0,1,\cdots$ 直到 $n=S_i$ 的最大成员的 $\chi_{S_i}(n)$ 值

如果有可数个自然数的有穷集和不可数个自然数集，那么有多少个自然数集合的集合？正如我们将看到的那样，自然数集合的集合要比自然数集合多。众所周知，超穷基数（transfinite cardinal）的基本理论远远超出了本书的内容。我们只对定理 7.4 进行泛化。

我们可能已经注意到，$\mathcal{P}(S)$ 大于 S，不仅适用于 S 是可数无穷集，也适用于 S 是有穷集。两个元素的集合有四个子集，三个元素的集合有八个子集，以此类推。这种模式也适用于最小的集合：一个元素的集合有两个子集，零元素的集合则有一个子集（空集没有元素，但是有一个子集，即空集）。

因此我们得到一个泛化的模式，即每个集合拥有比元素数更多的子集数。对角线证明法很好地表明对于任意的集合 A，无论 A 是有穷的、可数无穷的还是无穷不可数的，都有 $\mathcal{P}(A)$ 大于 A。

定理 7.6 A 和 $\mathcal{P}(A)$ 之间存在单射，但不存在双射，因此对于任意的集合 A，有 $\mathcal{P}(A)$ 大于 A。

证明：映射 $g:A\to\mathcal{P}(A)$，使得对于任意的 $x\in A$，有 $g(x)=\{x\}$，是一个从 A 到 $\mathcal{P}(A)$ 的单射。为了证明不存在双射，再次使用反证法。假设存在一个双射 $f:A\to\mathcal{P}(A)$，定义集合 $D=\{a\in A:a\notin f(a)\}$，即 D 是 $\mathcal{P}(A)$ 的元素，由 A 中所有 a 不在集合 $f(a)$ 中的

元素构成。当 A 是自然数集合 $\mathbb{N}$ 时, D 正好是定理 7.4 的证明中定义的集合。

由于 f 是一个双射, D 是 $\mathcal{P}(A)$ 的一个成员, 所以存在 A 的某个成员被这个双射映射到 D。我们称这个元素为 d, 所以 $f(d)=D$。

因为 $f(d)=D=\{a\in A: a\notin f(a)\}$, 我们已知对于任意的 $a\in A$, $a\in f(d)$ 当且仅当 $a\notin f(a)$。

对特殊情况 $a=d$ 应用该命题, 有 $d\in f(d)$ 当且仅当 $d\notin f(d)$。这是不可能的, 从而产生了矛盾。因此, 不存在双射。 ∎

所以, $\mathcal{P}(A)$ 是大于 A 的, 并且任意集合拥有比元素数更多的子集数。

✻

可数和不可数无穷集的概念对计算机科学家来说非常重要, 因为计算机能够计算的集合是可数的。任何算法都只能使用有穷字符集中提取的有限数量的字符, 因此所有算法的集合都可以按字典序排列, 是可数的。

然而, 所有函数的集合是不可数的 (习题 7.12 给出了一个特定的不可数函数集合的示例)。因此, 有些函数 (事实上, 有不可数个函数) 与任何算法都不对应。任何算法都无法计算的函数称为**不可计算函数** (uncomputable function)。

计算机科学中有许多有趣的问题, 人们希望可以通过算法来解决, 但事实证明是不可计算的。例如, **停机问题** (halting problem): 给定算法对于已知输入是否会在有限步骤后停机, 或者会永远运行下去而不停机。停机问题被判定为计算不可解是 Alan Turing 的学术贡献, 从而带来了计算机科学领域的诞生⊖。

一旦认识到所有计算机程序的集合 (从而所有算法的集合) 是可数的, 而所有函数的集合是不可数的, 便可证明有些问题一定是不可计算的。

本章小结

- 无穷集可以与其真子集具有相同的大小。
- 当集合与自然数集具有相同的大小, 则称集合是可数无穷的, 即集合与 $\mathbb{N}$ 之间存在双射。
- 所有可数无穷集具有相同的大小。
- 一个集合是可数的, 当它是有穷的或者可数无穷的; 如果不是, 则称为不可数的。
- 集合 $\mathbb{N}\times\mathbb{N}$ 是可数无穷的, 等价于可数个可数无穷集的并集是可数无穷的。
- 自然数的幂集 $\mathcal{P}(\mathbb{N})$ 是不可数的。可以用反证法来证明: 将对角线法应用于集合的特征函数。
- 任意可数无穷集的幂集都是不可数的。
- 如果存在从 A 到 B 的单射但没有从 A 到 B 的满射 (因此没有双射), 则集合 A 小于集合 B, 并且 B 大于 A。
- 先按长度排序, 对于相同长度的字符串, 按字母顺序排序, 这样的字符串顺序称为字典序。在字典序中的前几个位串是 $\lambda, 0, 1, 00, 01, 10, 11, 000\cdots$。
- 对于每个集合 S, 无论是有穷、可数还是不可数的, 都有 $\mathcal{P}(S)$ 大于 S, 即每个集合具有的子集比元素多。

⊖ Alan Mathison Turing (1912-1954), "On Computable Numbers, with an Application to the Entscheidungsproblem," *Proceedings of the London Mathematical Society* 2-42, no. 1 (1936, published 1937): 230-65.

习题

7.1 如果两个集合之间存在双射，则它们具有相同的大小。证明存在无穷多个不同大小的无穷集，即至少有可数无穷多个无穷集，其中不存在具有相同大小的两个集合。

7.2 由罗马字母表 $\{a,\cdots,z\}$ 中的字母构成的有限长度字符串的集合是可数的还是不可数的？为什么？

7.3 Johnny 对定理 7.4 的证明持怀疑态度。他认为对角线法确实产生了一个自然数集合 D，它不在原始列表 $S_0, S_1, \cdots$ 中。然而，他声称，新的集合可以通过将所有索引上移 1，并在开始时滑动新的集合到列表开头来将新集合纳入列表中。也就是说，Johnny 希望为每个 $i \in \mathbb{N}$ 设置 $T_i = S_i$，并设 $T_0 = D$ 作为新构建的集合。现在，他声称，在 $T_0, T_1, \cdots$ 列表中，所有的自然数集合都被列举出来了。请问他的论点有什么问题？

7.4 给出无穷集合 A 和 B 的例子，其中 $|A-B|$ 等于：
(a) 0。
(b) n，其中，n 为大于 0 的整数。
(c) $|A|$，其中 $|A|=|B|$。
(d) $|A|$，其中 $|A| \neq |B|$。

7.5 以下哪些项是可能的？举例说明或解释不可能的原因。
(a) 两个不可数集合的差是可数的。
(b) 两个可数无穷集合的差是可数无穷的。
(c) 可数集的幂集是可数的。
(d) 有穷集合的并集是可数无穷的。
(e) 有穷集合的并集是不可数的。
(f) 两个不可数集合的交集是空集。

7.6 使用对角线法证明 $[0,1]$ 区间的实数集合是不可数的。提示：任意实数都可以用 $0 = 0.000\cdots \sim 1 = 0.999$ 之间的无穷小数表示。但是要注意，某些实数有多个小数表示方式。我们使用定理 7.4 的证明方法，而不是简单地依赖于该结果。

7.7 (a) 证明 0 和 1 之间的实数有序对与该区间的实数一样多，即存在双射 $f:[0,1] \times [0,1] \leftrightarrow [0,1]$。提示：将实数表示为小数，如习题 7.6 所示。
(b) 扩展上一问的结果，给出非负实数有序对和非负实数之间的双射。

7.8 图 7.4 展示了一个双射函数 $f: \mathbb{N} \to \mathbb{N} \times \mathbb{N}$。给出逆函数 $f^{-1}: \mathbb{N} \times \mathbb{N} \to \mathbb{N}$（这也是一个双射）的代数式表示。（我们要求的是 $f^{-1}: \mathbb{N} \times \mathbb{N} \to \mathbb{N}$ 而不是 $f: \mathbb{N} \to \mathbb{N} \times \mathbb{N}$，因为它是两者中比较简单的一个。）

7.9 在下列每种情况下，说明集合是否为有穷、可数无穷还是不可数的，并解释原因。
(a) 所有书籍的集合，其中"书"是由大写或小写罗马字母、阿拉伯数字、空格符号和下面的 11 个标点符号组成的有穷序列：

$$;\quad ,\quad .\quad '\quad :\quad -\quad (\quad)\quad !\quad ?\quad "$$

(b) 少于 50 万个符号的书籍的集合。
(c) 书的有穷集合的集合。
(d) 大于 0 且小于 1 的所有无理数的集合。
(e) 可以被 17 整除的数的所有集合的集合。

(f) 偶质数所有集合的集合。

(g) 所有"2 的幂集"的集合。

(h) 从 $\mathbb{Q}$ 到 $\{0,1\}$ 上所有函数的集合。

7.10 下述问题涉及定理 7.5 及其证明。

(a) 为什么不能通过按大小顺序枚举 $\mathbb{N}$ 的有限子集来进行证明?

(b) 给出一个不同的证明:通过"元素和"的顺序枚举 $\mathbb{N}$ 的有穷子集,并对和相同的集合指定顺序。

(c) 为什么这个新的证明不能推广到证明 $\mathbb{N}$ 的所有子集的集合是可数的情况?

7.11 证明定理 7.3。

7.12 (a) 证明所有函数 $f:\{0,1\} \to \mathbb{N}$ 的集合是可数的。

(b) 证明所有函数 $f:\mathbb{N} \to \{0,1\}$ 的集合是不可数的。

第 8 章

结构归纳法

归纳法是计算机科学的基本工具。应用归纳法，我们可以在一个有穷的论证中确立无穷多个为真的不同命题。例如在第 3 章中，我们应用归纳法证明了：对于任意的 $n \geqslant 0$，有

$$\sum_{i=0}^{n-1} 2^i = 2^n - 1 \tag{8-1}$$

这一证明用了两页，但是它包含了无穷多的事实：

$$\sum_{i=0}^{0-1} 2^i = 2^0 - 1, (n = 0)$$

$$\sum_{i=0}^{1-1} 2^i = 2^1 - 1, (n = 1)$$

$$\sum_{i=0}^{2-1} 2^i = 2^2 - 1, (n = 2)$$

对于每个 n 的值都有类似的命题。

归纳法在计算机科学领域很重要，因为它们使单个计算机程序以互不交叉的方式重复运行同一段代码来执行不同但相似的计算。例如，一个简单的循环语句将 2^i 加到运行的总和中，循环过程中 i 的值从 0 增加到 n，从而对于任意的 n 可以计算式（8-1）左端的和。这个等式的归纳证明确保了"这样一个循环计算的值确实是 $2^n - 1$"。

计算机可以操作数字以外的对象——我们已经在二进制字符串的性质推证方面花费了一些时间，例如第 3 章中的 Thue 序列。本章将概括归纳证明的概念，以便对非数字数学对象进行推证。

首先，我们需要建立一个总体框架。对象是由更小的对象（或称不可再分的原子）构成。这种思想对于使用高级语言的程序员来说很熟悉。这些语言支持整数、实数和字符等基本数据类型（data type），并提供数组和字符串等结构性功能，更复杂的对象被视为单个实体。数学中也是如此。

例如，我们可以想象一个字符串，由空字符串通过一次串联一个字符构造而成。到目前为止，归纳论证总是对整数型归纳变量加 1。现在，归纳基础将是原子对象，归纳步骤是基于给定为真的谓词的"由较小对象构造较大的对象"。

因此，定义一个对象需要指定一个或多个基础实例（base case），和一个或多个构造实例（constructor case），即由其他对象构造新对象的规则。这种定义通常是自引用的，因此我们必须小心，避免无穷递归或循环解释。特定种类的较大事物是用相同种类的较小事物来定义的，而最小事物的定义没有任何这种自引用。

自然数也符合这个模式，因为我们可以说一个数字要么是 0（基础实例），要么比另一个自然数多 1（构造实例）。例如，Thue 序列是通过指定序列基础 $T_0 = 0$，然后根据 T_n 定义 T_{n+1}（对于每个 $n \geqslant 0$，构造实例为：$T_{n+1} = T_n \overline{T_n}$）来定义的。

✵

任何结构归纳证明都始于这样的归纳定义。为说清楚归纳定义和结构归纳证明的方式，我们来看一个关于位串的例子。

我们简单地将位串描述为 0 串和 1 串的串联，即使用串联位串的直观概念。为了更正式地解释位串，我们需要形式化定义位串以及可能对它们执行的操作。由任意种类的单独字符组成的位串或字符串可以归纳地定义为一种特殊的有序对。使这些有序对"特殊"的不是它们的格式，而是串联运算的效果。它将两个字符串组合在一起，并且使它们的连接位置在结果中"不可见"。例如，如果我们使用·作为连接运算符，而不只是将两个字符串前后写在一起，那么我们可以记为

$$00 \cdot 11 = 001 \cdot 1 = 0011 \tag{8-2}$$

要使得式（8-2）成立，连接两个字符串就不能像将它们组合成有序对那样简单，因为根据有序对的定义（第 5 章），有

$$\langle 00, 11 \rangle \neq \langle 001, 1 \rangle$$

因为只有当两个有序对的第一个元素与第二个元素相等时，它们才相等。

让我们从字符串的定义开始。字母表（alphabet）是任意有穷集合。我们将字母表中的成员称为字符（symbol），字符实际上没有什么特别之处，只是可以将它们区分开来。我们已经使用了二进制字母表 $\{0,1\}$。英语单词使用了罗马字母表 $\{a,b,\cdots,z\}$（可能外加 26 个大写字母）。

如果 Σ 是一个字母表，那么 Σ^* 是 Σ 上的字符串集合，通常称作 Σ 的克林闭包。集合 Σ^* 定义如下。

基础实例（S1）。空字符串 λ 是 Σ^* 中的字符串。
构造实例（S2）。如果 s 是 Σ^* 中的字符串，a 是 Σ 中的字符，则 $\langle a,s \rangle$ 是 Σ^* 的成员。
极限约定（S3）。Σ^* 仅包括基础实例和构造实例所产生的字符串。

通常我们不特别指出极限约定，因为在已知基本情况和构造实例的情况下，便能够理解由它们产生的事物是唯一定义的事物。

根据这个定义，一位的字符串 0 实际上是 $\langle 0,\lambda \rangle$，三位的字符串 110 实际上是⊖

$$110 = \langle 1, \langle 1, \langle 0, \lambda \rangle \rangle \rangle$$

设空字符串的长度（length）为 0，如果 s 是任意字符串，a 是任意字符，那么 $\langle a,s \rangle$ 的长度比 s 的长度多 1，或者用符号表示为：

基础实例。$|\lambda| = 0$。
构造实例。对于任意的 $a \in \Sigma$ 和 $s \in \Sigma^*$，$|\langle a,s \rangle| = |s| + 1$。

这种归纳定义字符串的方式的额外收获是给出了串联的定义（见图 8.1）。我们通过对 s 的结构归纳来定义两个字符串的串联 $s \cdot t$，是将第二个字符串连到第一个字符串的后面。

$$\langle a, \underbrace{ssssss}_{n+1} \rangle \cdot ttttt$$

$$= \langle a, \underbrace{ssssss}_{n} \cdot ttttt \rangle$$

图 8.1　通过对第一个字符串长度的归纳，定义字符串。一个长度为 $n+1$ 的字符串是由一个字符 a 和长度为 n 的字符串（此处显示为 $ssssss$）组成的有序对。假设我们已经知道如何将长度为 n 的字符串与另一个字符串（此处显示为 $ttttt$）串联，我们可以将 $assssss$ 与 $ttttt$ 的串联定义为有序对，其中第一个元素是 a，第二个元素是 $ssssss$ 与 $ttttt$ 的串联

⊖ 本质上说，这就是列表在编程语言中的存储方式，例如在 LISP 中的"点对"，其中第二个元素是列表的尾部，或用 NIL 指示列表的结束。

基础实例（SC1）。 如果 t 是 Σ^* 中的任意字符串，那么 $\lambda \cdot t = t$。

构造实例（SC2）。 对于任意的字符串 s，$t \in \Sigma^*$，并且对于任意的字符 $a \in \Sigma$，有

$$\langle a, s \rangle \cdot t = \langle a, s \cdot t \rangle \tag{8-3}$$

我们来查看一下式（8-3）的意义，即对于给定长度字符串的串联，只能用长度更小的字符串的串联来定义。假设字符串 s 的长度为 n，那么左侧是 $n+1$ 长度的字符串（$\langle a, s \rangle$）与字符串 t 的串联。右侧是一个有序对，其中第二个元素是一个长度为 n 的字符串与字符串 t 的串联，即：我们通过引用"长度为 n 的字符串与另一个字符串的串联"来定义"长度为 $n+1$ 的字符串与另一个字符串的串联"。

串联的归纳定义让我们能够进行归纳证明。在第 3 章中，数学归纳法是基于一个整数归纳变量，即串联的两个字符串中的第一个字符串的长度。在我们的新框架中，我们将简单地说结构归纳取决于字符串定义中的基础实例和构造实例（S1）和（S2）。

下面我们举一个例子。验证 $11 \cdot 00$ 应为 1100，对吗？

$$\begin{aligned}
11 \cdot 00 &= \langle 1, \langle 1, \lambda \rangle \rangle \cdot 00 && \text{（根据 11 的定义）}\\
&= \langle 1, \langle 1, \lambda \rangle \cdot 00 \rangle && [\text{根据（SC2），其中 } a = 1, s = \langle 1, \lambda \rangle]\\
&= \langle 1, \langle 1, \lambda \cdot 00 \rangle \rangle && [\text{根据（SC2），其中 } a = 1, s = \lambda]\\
&= \langle 1, \langle 1, 00 \rangle \rangle && [\text{根据（SC1）}]\\
&= 1100 && \text{（根据 1100 的定义）}
\end{aligned}$$

所以，这个例子看上去如预期的那样是对的。现在我们要证明一个普遍的事实，即当串联具有相同顺序和相同字符的字符串时，结果总是相同的。也就是说，字符串串联是可结合的（associative），即对于任意的字符串 s、t、u，有

$$s \cdot (t \cdot u) = (s \cdot t) \cdot u$$

与对于任意的三个整数 x、y、z，有

$$x + (y + z) = (x + y) + z$$

具有相同的形式。字符串连接的结合律证明了书写字符串时忽略分组说明是有道理的。例如，对于 1100，无论解释为 $1 \cdot 100$、$11 \cdot 00$ 还是 1100 都不重要，因为所有这些字符串都是相同的。事实上，我们还可以解释为 $1 \cdot 1 \cdot 0 \cdot 0$，因为结果并不取决于分组。

定理 8.4 字符串串联是可结合的，即对于任意的字符串 s、t、u，有

$$(s \cdot t) \cdot u = s \cdot (t \cdot u)$$

证明： 我们通过对 s 的构造过程进行归纳来做证明。我们可以像第 3 章中那样，对 s 的长度进行一般的归纳，但是用（SC1）和（SC2）来论证更为直接：要串联的第一个字符串要么是空字符串，要么是字符和字符串的有序对。

归纳基础。 $s = \lambda$。那么

$$\begin{aligned}
(\lambda \cdot t) \cdot u &= t \cdot u && [\text{根据（SC1）}]\\
&= \lambda \cdot (t \cdot u) && [\text{根据（SC1）}]
\end{aligned}$$

归纳步骤。 我们需要证明 $(s' \cdot t) \cdot u = s' \cdot (t \cdot u)$，基于归纳假设，当构造 s 使用的步骤比 s' 更少（（SC2）的应用更少）时，有 $(s \cdot t) \cdot u = s \cdot (t \cdot u)$ 成立。因为 s' 的构造至少使用（SC2）一次，所以对于某个字符 a 和某个字符串 s，有 $s' = \langle a, s \rangle$ 满足归纳假设。则

$$\begin{aligned}
(\langle a, s \rangle \cdot t) \cdot u &= \langle a, s \cdot t \rangle \cdot u && [\text{根据（SC2）}]\\
&= \langle a, (s \cdot t) \rangle \cdot u && [\text{根据（SC2）}]
\end{aligned}$$

$$= \langle a, s \cdot (t \cdot u) \rangle \quad \text{(根据归纳假设)}$$
$$= \langle a, s \rangle \cdot (t \cdot u) \quad [\text{根据(SC2)}]$$

※

一般来说，我们不会如此详细地描述结构归纳证明，其基本模式如下。

假设集合 S 归纳定义如下。

基础实例。 基本元素 b 是 S 的成员。

构造实例。 构造运算 c 用 S 中已存在的元素生成更多的 S 中的元素。也就是说，c 是一个 k 元运算，具有性质：如果 $x_1, \cdots, x_k$ 是 S 的成员，那么 $c(x_1, \cdots, x_k) \in S$。

极限约定。 仅由（1）和（2）生成的元素是 S 的成员。

在定理 8.4 中，唯一的基本元素是 λ，构造运算是用字符 a（字母表中每个字符）和字符串 s 构成有序对 $\langle a, s \rangle$。

为了证明某个谓词 P 对所有 $x \in S$ 都成立，只需证明以下内容即可：

归纳基础。 对于每个基本元素 $b \in S$，$P(b)$ 成立。

归纳步骤。 对于每个 k 元构造运算 c，如果 $x_1, \cdots, x_k$ 是 S 的成员，并且 $P(x_1), \cdots, P(x_k)$ 都成立，则 $P(c(x_1, \cdots, x_k))$ 也成立。

为了证明这些条件足以证明 $P(x)$ 对所有 $x \in S$ 都成立，我们可以对在 x 的构造中构造运算次数进行归纳证明。如果次数为零，那么 x 必定是基本元素，因此有 $P(x)$ 成立。现在已知 $n \geq 0$，并且假设 $P(x)$ 对所有 $x \in S$ 都成立，其中 x 的构造最多应用 n 次构造运算。设应用 $n+1$ 次构造运算构造的元素 $y \in S$。那么 $y = c(x_1, \cdots, x_k)$，其中 c 为构造运算，$x_1, \cdots, x_k \in S$，且对每一个 $x_1, \cdots, x_k$ 的构造最多应用 n 次构造运算。根据归纳假设，有 $P(x_1), \cdots, P(x_k)$ 成立，再根据归纳步骤，有 $P(c(x_1, \cdots, x_k)) \equiv P(y)$ 也成立。

请注意，这个简化模式不包括归纳假设的陈述，因为归纳假设通常在归纳步骤中是明确的（事实上，我们在定理 8.4 的证明中跳过了假设的步骤）。从现在起，当提到归纳证明时，我们通常不会明确表达归纳假设，而是直接从归纳基础的证明过渡到归纳步骤的证明。

※

我们尝试用这个简化模式来归纳定义另一种对象集合。许多数学及编程语言中允许使用嵌套括号进行分组，例如，在表达式

$$(((3+4) \times (5-6)) / (7+8) \times (9+10))$$

中，这些括号是平衡的吗？"平衡"到底是什么意思？对于初学者来说，这意味着公式中应该有相同数量的左括号和右括号，但是还有更多的含义。每个左括号必须与特定的后续右括号匹配（这又意味着什么呢）。

让我们重新开始，为了简化问题，我们只讨论括号平衡串（Balance String of Parenthese，BSP），而不考虑其他字符。让我们来描述产生这样字符串的规则，而非试图解释为什么括号字符串是平衡的。

字母表只包含左括号字符和右括号字符，这样我们就可以定义基础实例和构造实例了：

基础实例。 空字符串 λ 是一个 BSP。

构造实例。

(C1) 如果 x 是任意的 BSP，那么 (x) 也是 BSP，即可以在 x 之前加左括号以及在 x 之后加右括号。

(C2) 如果 x 和 y 是 BSP，那么 xy 也是 BSP，即以此顺序串联 x 和 y。

例如，让我们证明为什么 (()()) 是 BSP。首先，根据基础实例 λ 是 BSP。对 $x=\lambda$ 应用 (C1)，得到 () 是 BSP。对 $x=y=()$ 应用 (C2)，得到 ()() 是 BSP。然后对 $x=$ ()() 应用 (C1)，得到 (()()) 是 BSP，得证。

现在让我们来证明一些关于 BSP 的性质。

例 8.5 每个 BSP 都有相等数量的左括号和右括号。

解：我们通过结构归纳法来证明。

归纳基础。空字符串 λ 有零个左括号和零个右括号，因此左右括号的数目相等。

归纳步骤。假设一个 BSP 的 z 是使用构造实例 (C1) 或 (C2) 构造的。

如果构造 z 的最后一步是 (C1)，那么 $z=(x)$，x 是使用较少步骤构造的 BSP。根据归纳假设，x 有相等数量的左括号和右括号，假设数量为 n 个，那么 z 有 $n+1$ 个左括号和 $n+1$ 个右括号，因此左右括号数量相等。

如果构造 z 的最后一步是 (C2)，那么 $z=xy$，x 和 y 是使用较少步骤构造的 BSP。因此，根据归纳假设，x 和 y 都有相等数量的左括号和右括号。如果 x 有 n 个左括号和 n 个右括号，y 有 m 个左括号和 m 个右括号，则 z 有 $n+m$ 个左括号和 $n+m$ 个右括号。∎

例 8.5 给出了使括号串平衡的必要条件，但这不是充分的。有些字符串含有相等数量的左括号和右括号，但不是平衡的，例如 ")(" 。再比如，将结构归纳和普通归纳组合起来，来检验确定括号字符串是否平衡的编程技巧[○]。从 0 开始计数，通读字符串，每个左括号加 1，每个右括号减 1。如果计数在末尾为 0，并且从未为负值，字符串是平衡的。我们来证明这个规则是正确的，并且是充分必要的。

首先，将此规则定义为括号字符串的性质：

如果在左端从 0 开始，每个左括号加 1，每个右括号减 1，在字符串末尾得到 0，而过程中不会变成负数，那么称括号字符串满足计数规则。

例 8.6 括号字符串是平衡的，当且仅当它满足计数规则。

解：首先证明，如果 x 是任意的括号平衡串，那么 x 满足计数规则。下面是结构归纳。

归纳基础。$x=\lambda$。那么计数从 0 开始并立即结束，因此该字符串满足计数规则。

归纳步骤。情况 1。$x=(y)$，其中 y 是平衡的，因此满足计数规则。那么 x 的计数在第一个字符之后为 +1，在 y 的末尾之后仍为 +1，x 和 y 两者之间保持正值，并在最后一个右括号之后以 0 结束。

情况 2。$x=yz$，其中 y 和 z 是平衡的，因此满足计数规则。然后计数从 0 开始，y 后仍为 0，z 后再为 0。在 y 和 z 之间从未变为负值。

○ 这是一个老把戏。1954 年版的 FORTRAN 编程语言原始手册中最早使用了复合代数表达式。从左到右（或者从右到左）标记每个括号，如下所示。记第一个括号为 "1"，对每个左括号用比其左边括号大一的整数标记。对每个右括号用比其左边的括号小一的整数标记，标记完成后，标记为 n 的左括号将与其右侧第一个标记为 $n-1$ 的右括号配对。

现在换个方向证明。如果 x 满足计数规则，那么 x 是平衡的。这部分的证明是对于 x 的长度应用普通强归纳来进行的。

归纳基础。$|x|=0$。那么 $x=\lambda$，x 是平衡的。

归纳假设。对于某个 $n\geqslant 0$，假设对于任意的 $m\leqslant n$ 和任意的字符串 y，长度为 m，如果 y 满足计数规则，则 y 是平衡的。

设 x 是满足计数规则的长度为 $n+1$ 的字符串。有两种可能性（见图 8.2）。

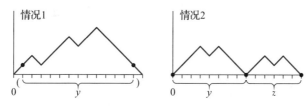

图 8.2 证明中的两种情况：任何满足计数规则的字符串都是平衡的。在 x 的开头和结尾计数为 0，并且永远不为负值。它要么介于两者之间永远不是 0（情况 1），要么在两者之间的某个点上是 0（情况 2）

归纳步骤。情况 1。除了 x 的开头和结尾，计数永远不会为 0。那么对于 $x=(y)$，其中 y 是长度为 $|x|-2$ 的字符串，因为计数在第一个字符之后从 0 变为 $+1$，在最后一个字符之后，从 $+1$ 变为 0。所以 y 满足计数规则，并且根据归纳假设它是平衡的。根据（C1），$x=(y)$ 也是平衡的。

情况 2。计数在 x 的开始和结束之间的某个点达到 0。那么我们可以记 $x=yz$，其中 y 和 z 是非空的，计数在 y 之后变为 0（如果有多个点达到 0，可以选择其中任意一个）。那么 y 和 z 都比 x 短，且满足计数规则。根据归纳假设，它们都是平衡的。那么根据（C2），$x=yz$ 是平衡的。 ■

本章小结

- 结构归纳法将归纳法推广到非数值对象，其中较大的对象可以用较小的对象来表示。
- 一类对象的归纳定义由基础实例对象和构造实例组成，基础实例对象是不可约的，并且在没有任何自引用的情况下被定义，构造实例是根据同类较小的对象来定义的对象。
- 例如，可以归纳地定义以下集合：
  - Σ^*，由字母表 Σ 中字符组成的字符串的集合。
  - 字符串的串联，是连接两个字符串的运算。
  - 括号平衡串。
- 结构归纳法应用于归纳定义的集合。如果 S 是这样的集合，并且 $P(x)$ 是对于每个元素 $x\in S$ 要证明的谓词，那么结构归纳证明包括：

  归纳基础。对于每个基础实例元素 $b\in S$，证明 $P(b)$。

  归纳步骤。对于每个构造实例 $x=c(x_1,\cdots,x_n)$，归纳假设是对于 $1\leqslant i\leqslant n$，有 $P(x_i)$ 成立，证明归纳假设蕴含 $P(x)$。

习题

8.1 如果 a 是字符，s 是字符串，则将 $\#_a(s)$ 定义为 s 中 a 的出现次数。例如，$\#_1$

(101100101)＝5。归纳定义 $\#_a(s)$，然后应用结构归纳法证明，对于任意字符串 s 和 t，有

$$\#_a(s,t) = \#_a(s) + \#_a(t)$$

8.2 (a) 给出字符串 x 的逆 x^R 的归纳定义（例如，$11100^R = 00111$）。
(b) 归纳证明，对于任意位串 u 和 v，有 $(u \cdot v)^R = u^R \cdot v^R$。
(c) 证明对于任意字符串 x，有 $(x^R)^R = x$。

8.3 我们把由 0 和 1 构成的字符串称为刺猬，如果它可以通过以下规则产生。
  1. λ 是刺猬。
  2. 如果 x 是刺猬，那么 $0x1$ 也是刺猬。
  3. 如果 x 是刺猬，那么 $1x0$ 也是刺猬。
  4. 如果 x 和 y 是刺猬，那么 xy 也是刺猬。
  证明一个二进制字符串是刺猬，当且仅当它有相同数量的 0 和 1。

8.4 证明对于任意字符串 u 和 v，有 $|u \cdot v| = |u| + |v|$。

8.5 证明任意括号平衡串都可以转换成为一个左括号串后面跟着相等数量的右括号的字符串，方法是重复应用（）替换出现的）（。

8.6 考虑如下定义的集合 T：
  - $0 \in T$。
  - 如果 $t, u \in T$，那么 $\langle t, u \rangle \in T$。

  设元素 $t \in T$ 的权重（weight）是使用规则 2 构造它的次数。
  (a) 列出权重最多是 3 的 T 中所有元素。
  (b) 应用规则 $h(0) = 0$ 和 $h(\langle t, u \rangle) = 1 + \max(h(t), h(u))$ 来定义元素 $t \in T$ 的高度（height）。证明如果 t 的权重是 n，那么

$$\lceil \lg(n+1) \rceil \leqslant h(t) \leqslant n$$

  其中 $\lg x = \log_2 x$。证明 $h(t)$ 的下界和上界是紧密的，即对于每个 n，证明有 T 中权重为 n 的元素可以达到下界和上界。⊖

8.7 在这个问题中，仅用结构归纳和集合论基础来定义算术，而不依赖于任何自然数的概念。本质上说，一个自然数 n 将被定义为集合 $U = \{\varnothing, \{\varnothing\}, \{\{\varnothing\}\}, \cdots\}$ 的所有 n 元子集的集合。

单元素集合（singleton）是 $\{\varnothing\}$ 或者是仅包含一个元素的集合，该元素本身就是单元素集合，并且设 S 是所有单元素集合的集合。定义 $\mathcal{N}$ 是包括 $\{\varnothing\}$ 的集合，并且还包括：对于任意的 $n \in \mathcal{N}$，

$$\sigma(n) = \{A \cup B : A \in n, B \in S, \text{并且 } A \cap B = \varnothing\}$$

对于任意的 $m, n \in \mathcal{N}$，定义

$$m + n = \{A \cup B : A \in m, B \in n, \text{并且 } A \cap B = \varnothing\}$$

(a) 设 $0 = \{\varnothing\}$，证明 $\sigma(0) = S$，并且对于任意的 $n \geqslant 0$，有

$$\underbrace{\sigma(\sigma(\cdots \sigma(0)\cdots))}_{n \text{次}}$$

是 U 的所有 n 元子集的集合。

这个问题的其余部分将在不依赖 (a) 部分的情况下完成，也就是说，它们只需

⊖ 对数函数是指数函数的逆函数，其中下标中的数字是指数的基数，即 $\log_2 x = y$ 表示 $2^y = x$。

要知道 $\mathcal{N}$ 的成员+的定义，而不需要知道数字的概念。

(b) 证明如果 $m,n \in \mathcal{N}$，则 $m+n \in \mathcal{N}$。

(c) 证明对于任意的 $m,n \in \mathcal{N}$，有 $m+n=n+m$。

(d) 证明对于任意的 $m,n,p \in \mathcal{N}$，有 $(m+n)+p=m+(n+p)$。

(e) 如何定义 $\mathcal{N}$ 的成员的减法？

8.8 字符串 s 的子序列是 s 中的字符序列，其顺序是它们在 s 中出现的顺序，但不一定是连续的。如果我们用 $SS(s)$ 表示 S 的所有子序列的集合，如：

$$SS(101) = \{\lambda, 0, 1, 10, 01, 11, 101\}$$

给出 $SS(s)$ 的归纳定义。

第 9 章

Essential Discrete Mathematics for Computer Science

命 题 逻 辑

在与计算机进行通信时,准确度很重要,但是自然语言中充斥着歧义。母语人士可能没有意识到相同的单词在不同的情况下可能意味着不同的东西,因为他们知道从上下文中如何消除歧义。但是当这些词被翻译成供计算机使用的数据和规则时,歧义可能会产生无法改变的后果。

以简单的词"或(or)"为例,如果税法中有一条规则规定:

如果您年满 18 岁或(or)居住在亚利桑那州,您可以得到这项减免。

没有必要解释 20 岁的亚利桑那人获得了减免。"或"是包含的意思,也没有必要加上"或两者都"。另一方面,如果你的金融机构告诉你

你可以接受一次性付款或(or)年金。

毫无疑问,这里没有"一次性付款和年金都接受"的选择。这是"或"的排斥用法。"或"甚至可以暗示一种威胁。例如

要么(either)你停止这样做,要么(or)你将会陷入困境。

这听起来很吓人。与其说是一个"或",不如说它是一种暗示——做某件事会有其他逻辑结果的说法:

如果你不停止这样做,那么你就会陷入困境。

从技术上讲,这样的暗示等同于包含"或"(我们将在定理 9.1 中看到)。与你可能预期的相反,暗示实际上并不意味着你不会陷入困境,即使在你停止做你正在做的事情之后。

我们将给出像"或"和"如果"等词的确切含义,以便更好地理解和操作命题的逻辑规则。你可能在第 2 章我们所做的证明中认识到一些逻辑规则,在第 11 章研究逻辑与计算机时,我们将再次回到这个主题。

命题(proposition)是一个可以为真、也可以为假的陈述句。并非每一个陈述性句都有明确的真或假。例如,"二月有 28 天"就不够具体:它是真的还是假的取决于是哪一年的二月。以下陈述句:

母鸡是黑色的。

也是含义不明确的表述,也许它意味着"所有母鸡都是黑色的"(当然为假),也许它的意思是"有些母鸡是黑色的"(当然为真),也许你必须在现场才能知道正在讨论的是哪些母鸡。我们将在第 12 章中再次讨论这种"量化"的陈述句的真值(truth and falsity)(陈述句陈述了话题全集的全部或部分成员)。在本章和下一章中讨论的命题逻辑(propositional logic)的显著特征是命题具有明确的真值。

最后考虑以下陈述句:

无色的绿色想法疯狂地沉睡。

既不能为真也不能为假,因为它毫无意义(尽管它符合语法,可能会引起共鸣)⊖。

✳

我们将使用 p、q 和 r 等符号作为命题变量(propositional variable),即表示命题的变量,就像在普通代数中使用 x 和 y 等变量表示数字一样。命题变量也可以称为原子命题(atomic proposition)。与复合命题(compound proposition)不同,复合命题是由其他命题加上"和""或"等类似的词组成。例如,我们可以说

$$p = \text{"2000 年是闰年"}(\text{真命题})$$
$$q = \text{"16 是一个质数"}(\text{假命题})$$

我们可以否定任意的陈述句。符号上,我们用 $\neg p$ 表示"非 p"。这个复合命题被称为 p 的否定(negation),正如我们在引入逻辑符号之前所预期的那样(见第 2 章)。在我们的例子中,$p =$ "2000 是一个闰年",$\neg p$ 是 "2000 不是闰年"。这个陈述句为假,因为 p 为真。有时我们用 $\bar{p}$,即在要否定的东西上加一条杠来代替 $\neg p$。因此,一个陈述句的否定与原始陈述句一样意义明确。例如,我们可以说"母鸡不是黑色的"来否定"母鸡是黑色的",这是否意味着没有母鸡是黑色的,或者在某个地方有些母鸡不是黑色的呢?一般来说,一个命题的否定就是使命题为假的结论。换句话说,对于每个命题 p,要么 p 为真,要么 $\neg p$ 为真,但是两者不能同时为真⊖。如果 r 是陈述句"所有母鸡都是黑色的",那么 $\neg r$ 就是陈述句"有一只母鸡不是黑色的"。

我们还可以使用像"或"($\vee$)、"与/并且"($\wedge$)以及"如果…那么…"($\Rightarrow$)等关系组合任意两个命题来生成更复杂的命题。我们定义"或" $\vee$ 为"两者或两者之一",即可兼或(inclusive or)。当我们想说"一个或者另一个,但不能同时为两个"时,我们使用异或/排斥或(exclusive or),用符号 $\oplus$ 表示。例如,$p \vee q$ 表示"2000 是闰年或者 16 是质数",$p \Rightarrow q$ 表示"如果 2000 是闰年,则 16 是质数"。我们还可以用"p 蕴含 q"来表达"如果 p 那么 q",这种形式的命题称为蕴含式。我们将 p 称为前提(premise),q 称为结论(conclusion)。最后,我们用符号 $\Leftrightarrow$ 表示"当且仅当"。公式 $p \Leftrightarrow q$ 是 $(p \Rightarrow q) \wedge (q \Rightarrow p)$ 的简记方式,即"p 蕴含 q"并且"q 蕴含 p"。以上内容总结如下。

示例	名称	意义
$\neg p$, $\bar{p}$	否定	非 p/不是 p
$p \vee q$	可兼或	p 或者 q,或者二者
$p \wedge q$	与/并且	p 并且 q
$p \oplus q$	异或/排斥或	p 或者 q 二者之一
$p \Rightarrow q$	蕴含	如果 p,那么 q
$p \Leftrightarrow q$	等价	p 当且仅当 q

如示例所示,其中 p 表示"2000 是闰年",q 表示"16 是质数"。用逻辑运算符组合

⊖ 这是 Noam Chomsky 的例子,来源于 1957 年的一个语法正确但语义无意义的句子。由于我们的主题是逻辑学,而不是语言学,所以我们非常关心语法,而对语义的理解仅限于确定复合命题的真假是如何由其组成部分的真假决定的。

⊖ p 和 $\neg p$ 中有且只有一个为真,这就是排中律(law of excluded middle)。构造数学领域不存在排中律(见第 2 章)。

的公式，它们彼此之间不需要有意义的联系⊖，只需要明确每一个为真或为假即可。分析复合命题公式的真值依赖于其组成部分原子命题的真值。

当多个命题组合在一起时，语法需要准确地表达出它们的组合方式。例如，命题 $p \wedge q \Rightarrow r$ 是指 $p \wedge (q \Rightarrow r)$（对 p 和 $q \Rightarrow r$ 做 $\wedge$ 运算），还是指 $(p \wedge q) \Rightarrow r$（对 $p \wedge q$ 和 r 做 $\Rightarrow$ 运算）？这两个意思是完全不同的。

我们用加括号的方法来明确含义。按照惯例，运算符是具有优先级（precedence）顺序的，就像普通代数中的运算符一样。¬ 连接最紧密，然后是 $\wedge$，接着是 $\vee$、$\oplus$、$\Rightarrow$（它们是同一级别的），最后是 $\Leftrightarrow$。例如，在普通代数中

$$a \times b + c^2 \text{ 表示 } (a \times b) + (c^2)$$

是 a 和 b 的乘积结果再加上 c 的平方。类似地，

$$p \wedge q \vee \neg r \text{ 表示 } (p \wedge q) \vee (\neg r)$$

p 和 q 的"与"运算结果和 r 的否定进行"或"运算。"与"运算（$\wedge$）类似于乘法运算，"或"运算（$\vee$）类似于加法运算，否定运算（¬）类似于平方运算。

另一方面，即使是逻辑学家也可能会被 $p \vee q \Rightarrow r$ 弄糊涂，最好不要指望一种解释或另一种解释是"标准"的。如果想表达 p 或 $q \Rightarrow r$ 为真，那么写作 $p \vee (q \Rightarrow r)$；如果想表达"如果 p 或 q 中的任何一个为真，那么 r 也必须为真"，那么写作 $(p \vee q) \Rightarrow r$。

真值表（truth table）用原子命题的真值表示复合命题的真值。我们展示了一些简单命题的真值表（图 9.1～图 9.6）。命题逻辑也称为命题演算（propositional calculus），因为它是一个根据原子命题 p 和 q 的真值计算复合命题（如 $p \oplus q$）真值的系统。

p	$\neg p$
T	F
F	T

图 9.1 求否定运算的真值表

p	q	$p \wedge q$
T	T	T
T	F	F
F	T	F
F	F	F

图 9.2 "与"运算的真值表

p	q	$p \vee q$
T	T	T
T	F	T
F	T	T
F	F	F

图 9.3 "或"运算的真值表

p	q	$p \oplus q$
T	T	F
T	F	T
F	T	T
F	F	F

图 9.4 "异或"运算的真值表

p	q	$p \Leftrightarrow q$
T	T	T
T	F	F
F	T	F
F	F	T

图 9.5 "当且仅当"运算的真值表

p	q	$p \Rightarrow q$
T	T	T
T	F	F
F	T	T
F	F	T

图 9.6 "蕴含"运算的真值表。除了"p 为真，q 为假"的情况，其他情况都为真

真值表的每一行对应单个真值赋值（truth assignment），即每个命题变量各自关联的

⊖ 路德维希·维特根斯坦（Ludwig Wittgenstein）的《逻辑哲学论》（*Tractatus Logico-Philosophicus*，1922），是一篇哲学论著，其中的极端形式逻辑原子论基于现实可以被分解为原子事实（component fact）的概念，构成了该书的基础。在书的开篇，他指出："世界可分解为事实。任何一个事实可以是一种情况（case），也可以不是一种情况，其他一切都是同样的"。维特根斯坦后来否定了这种分析世界的方式，但它仍然是一种非常有用的计算机信息处理方式。事实上，真值表的方法就是在《逻辑哲学原论》中引入的。

T 和 F 值。使公式为真的真值赋值被称为是满足公式的，至少有一个满足公式的真值赋值的公式被称为可满足式（satisfiable）。一个不可满足（unsatisfiable）式，例如 $p \land \neg p$，不存在一个满足公式的真值赋值。在这种情况下，无论 p 赋何值，p 和 $\neg p$ 中总有一个为假，因此它们的逻辑"与"为假。重言式（tautology）是每个真值赋值都满足的公式，如 $p \lor \neg p$。如果一个命题公式是不可满足的，那么它的否定就是重言式，反之亦然，因为所有的真值赋值会使一个命题公式为假，即所有的真值赋值都会使其否定为真。

$p \Rightarrow q$ 的真值表可能令人费解（见图 9.6）。为什么"一个假命题蕴含一个真命题"为真呢？同样，为什么"一个假命题蕴含一个假命题"也为真呢？

一种方法是想象一个以"如果 p，那么……"开头的论证，我们已经知道 p 是假的。一个"如果 p 那么 q"的论证要求我们想象 p 为真，并确定结果 q 是否也如此。但如果我们已经知道 p 为假，那么这个论证要求我们考虑 p 同时为真又为假（both true and false simultaneously）的情况，这违背了整个逻辑系统的基础：每一个命题要么为真，要么为假，但决不能两者都是。当出现矛盾时，如允许"p 和 $\neg p$ 都为真"，那么整个逻辑系统就会崩溃：任何事物及其否定都可以被推断出来。因此，一个假命题蕴含着任何命题——真或假。

同样，任何命题无论是真是假，都蕴含着一个真命题，因为不需要任何前提来推断已知为真事物的真值。任何额外的前提都是不相关的，不能使真命题为假。

一个更复杂命题的真值表可以一步一步地被建立起来，我们可以从真值表看到命题何时为真何时为假。让我们来考察一下命题 $p \land q \Rightarrow r$[$(p \land q) \Rightarrow r$，见图 9.7]。首先，我们为每个原始命题 p、q 和 r 分别创建一列，并创建足够的行来分析这些变量的所有可能值的组合。在本例中，我们有三个命题，每个命题都有两个可能的值（真或假），因此我们创建了一个包含 8 行（2×2×2）的表，并填入了每个可能的值。

p	q	r	$p \land q$	$p \land q \Rightarrow r$
T	T	T	T	T
T	T	F	T	F
T	F	T	F	T
T	F	F	F	T
F	T	T	F	T
F	T	F	F	T
F	F	T	F	T
F	F	F	F	T

图 9.7 $p \land q \Rightarrow r$ 的真值表。表的每一行表示的是 p、q 和 r 的 T 和 F 值每一种可能的组合，最后两列显示的是根据其组成部分的真值计算出的命题真值。最右边的列表示命题本身，只有一组真值赋值为假，即当 p 和 q 都为真且 r 为假时

根据惯例，我们按照一种规范模式在列中填入命题变量，很容易看出我们已经涵盖了所有的可能性：第一个变量列的一半填入 T，剩下的另一半填入 F；下一个变量是交替填入两个 T 与两个 F，最后一个变量是交替填入 T,F,…T,F。在接下来的一列中，我们填入命题 $p \land q$，并根据 p 和 q 的值，填入每一行 $p \land q$ 的值。最后，在最后一列填入 $p \land q \Rightarrow r$，并根据 $p \land q$ 和 r 的值，填入每一行相应的值，建立一个可能很难分析的复杂命题的真值表并不难。

从图 9.7 中，可以看到 $p \land q \Rightarrow r$ 为真，除了"p 和 q 都为真，而 r 为假"的情况。

✳

正如我们在前面看到的，"当且仅当"运算符 $\Leftrightarrow$ 是冗余的，即我们可以将两个"如

果…那么…"命题用"与"连接起来代替"当且仅当"的命题。我们用符号 $\alpha \equiv \beta$ 来表示命题 α 和 β 是等价的（equivalent），也就是说，对于命题变量的任何可能赋值，它们都具有相同的真值。例如，

$$p \Leftrightarrow q \equiv (p \Rightarrow q) \wedge (q \Rightarrow p)$$

即 $\equiv$ 是自然语言中对两个命题关系表述的简记符号。$\Leftrightarrow$ 是一个运算符，可以用于构造新的命题。区别它们的标准术语是 $\Leftrightarrow$ 属于对象语言（object language），即我们所研究的符号和字符系统；而 $\equiv$ 属于元语言（metalanguage），它包括自然语言，是我们用来在对象语言中谈论命题的语言。

判断两个公式是否等价的一个简单方法就是为每一个公式列出真值表，然后比较以每一个公式为标题的列：如果这些列中的 T 和 F 的序列模式相同，则这两个公式是等价的。例如，$\neg\neg p$ 等价于 p（或者换句话说，$p \equiv \neg\neg p$）：每个否定都会翻转真值，从真到假，再从假到真（见图 9.8）。这种等价性被称为双重否定（double negation）律。

p	$\neg p$	$\neg\neg p$
T	F	T
F	T	F

图 9.8 双重否定律的真值表。第一列和第三列是相同的，因此这两列的表头命题是等价的

不难看出（习题 9.7），$\alpha \equiv \beta$ 当且仅当命题 $\alpha \Leftrightarrow \beta$ 是重言式。一旦我们建立了包含命题变量的简单公式之间的等价关系，那么用更复杂的公式系统地替换命题变量时，也会具有同样的等价关系。例如，从双重否定律可以得到，对于任何公式 α，都有 $\alpha \equiv \neg\neg\alpha$。例如，取 α 为公式 $p \Rightarrow q$，则双重否定律为

$$(p \Rightarrow q) \equiv \neg\neg(p \Rightarrow q)$$

原则上，用真值表来确定可满足性、等价性等，都是可行的，但可能非常麻烦，尤其是对于具有多个命题变量的公式。每增加一个原子命题就会使表中的行数加倍。因此，对于包含 n 个命题变量的公式，我们需要具有 2^n 行的真值表，即使对于很小的 n 值，这也是不切实际的。

例如，当 n 为 10 时，2^n 为 1024，因此为一个包含 10 个命题变量的公式写出一个完整的真值表太难了。当 $n = 20$ 时，2^n 大于 100 万；当 $n = 300$ 时，2^n 大于宇宙中粒子的数量。因此，即使使用整个星系中每个恒星和行星的能量和物质，以及其间的所有暗物质，也无法写出完整的真值表。

我们将探讨一些变换公式的规则来替代真值表，以便将表达式转换为另一个等值的表达式。我们现在回过头来，再考察一下某些基本运算。

定理 9.1 $p \Rightarrow q \equiv \neg p \vee q$。

证明：对于这样的简单表达式，我们可以用真值表来证明它们的等价性。比较 $p \Rightarrow q$ 和 $\neg p \vee q$ 所在的列，我们发现它们是相同的。

p	q	$p \Rightarrow q$	$\neg p$	$\neg p \vee q$
T	T	T	F	T
T	F	F	F	F
F	T	T	T	T
F	F	T	T	T

定理 9.2　$p \oplus q \equiv (p \wedge \neg q) \vee (\neg p \wedge q)$。

证明：同样，我们用一个真值表来证明。

p	q	$p \oplus q$	$\neg p$	$\neg q$	$p \wedge \neg q$	$\neg p \wedge q$	$(p \wedge \neg q) \vee (\neg p \wedge q)$
T	T	F	F	F	F	F	F
T	F	T	F	T	T	F	T
F	T	T	T	F	F	T	T
F	F	F	T	T	F	F	F

真值表是公式在相同情况下为真的规范证明，更直觉的非正式表述可能更易于理解：$\oplus$ 意味着两个命题中的只能有一个为真。因此，p 为真，必须 q 为假；或者 p 为假，必须 q 为真。

这样一来，$\Rightarrow$ 和 $\oplus$ 都是冗余的，即我们可以只使用 $\vee$、$\wedge$ 和 $\neg$ 来表示使用 $\Rightarrow$ 和 $\oplus$ 的任何公式。同样的方式，$\Leftrightarrow$ 也是冗余的，我们自然地想到，公式是仅由命题变量和三个运算符 $\vee$、$\wedge$ 和 $\neg$，以及括号组成的。习题 9.1、习题 9.2 和习题 11.5 将探讨使用更少运算符表达命题逻辑公式的其他方法。

※

因此，用下列归纳定义可以得到命题公式的完全形式化描述：

(PF1) 任何命题变量是公式。

(PF2) 如果 α 和 β 是公式，那么下列都是公式。

(a) $(\alpha \vee \beta)$

(b) $(\alpha \wedge \beta)$

(c) $\neg \alpha$

例如，$\neg(p \vee q)$ 是一个公式，因为 p 和 q 每个都是由 (PF1) 得到的公式，$(p \vee q)$ 是由 (PF2) 中的 (a) 得到的公式。$\neg(p \vee q)$ 是由 (PF2) 中的 (c) 得到的公式。

严格遵循这些规则的公式可能需要比明确意义更多的括号。我们已经给出了一种使用更少括号的方法，即利用运算符的优先级。例如，严格来说，$p \wedge q \vee r$ 应该写作 $((p \wedge q) \vee r)$，但是它在不写括号的情况下也可以被正确理解，因为 $\wedge$ 的优先级高于 $\vee$。删除括号的另一种方法是应用结合律，像集合并集和交集（见第 5 章）以及字符串串联（见第 8 章）一样。对于任意的公式 α、β 和 γ，有

(AL1) $(\alpha \vee \beta) \vee \gamma \equiv \alpha \vee (\beta \vee \gamma)$

(AL2) $(\alpha \wedge \beta) \wedge \gamma \equiv \alpha \wedge (\beta \wedge \gamma)$

我们将证明留作后面的练习（习题 9.3）。结合律使得在公式中完全删除括号成为可能，如 $p \vee q \vee r$，它的子公式的分组方式并不重要，因为这两种方式都具有相同的真值表。

运算符 $\vee$ 和 $\wedge$ 还满足交换律（commutative），像集合并集和交集的交换律一样：子公式可以按任意顺序通过"与"运算连在一起，而不改变公式的真值，这同样适用于子公式通过"或"运算连在一起。也就是说：

(CL1) $\alpha \vee \beta \equiv \beta \vee \alpha$

(CL2) $\alpha \wedge \beta \equiv \beta \wedge \alpha$

这个证明很容易，但这些规则对于删除不必要的括号是非常有用的。他们蕴含着，当一个

公式中多次出现同一运算符时，如 $p \lor q \lor r \lor s$，可以随意重新排序而不改变公式的含义，如，$s \lor r \lor q \lor p$。

最后，命题逻辑具有与集合的并集和交集同样的分配律（distributive）。逻辑连接词 $\lor$ 和 $\land$ 中的每一个对于另一个都是可分配的，即对称地相互可分配

(DL1) $\alpha \lor (\beta \land \gamma) \equiv (\alpha \lor \beta) \land (\alpha \lor \gamma)$

(DL2) $\alpha \land (\beta \lor \gamma) \equiv (\alpha \land \beta) \lor (\alpha \land \gamma)$

作为（DL2）的普通语言示例，考察一下以下问题：

你至少是 21 岁，并且是美国公民或者是美国永久居民吗？

这个问题采用与（DL2）左侧相同的形式，等价于

你是 21 岁以上的美国公民，还是 21 岁以上的美国永久居民？

这是根据规则（DL2）对前面语句的另一种表述。在我们证明定理 5.1 时，使用的正是这种推理。

✳

命题逻辑的任意公式 α 定义了一个真值函数（truth function）ϕ_α，即以"位"为自变量并产生一个"位"值的函数。如果 α 中包括 k 个命题变量，设为 $p_1, \cdots, p_k$，那么 ϕ_α：$\{0,1\}^k \to \{0,1\}$ 是一个 k 元函数。对于每个 i，当 p_i 取真值 b_i 时，$\phi_\alpha(b_1, \cdots, b_k)$ 的值为 α 的真值（根据惯例，我们用 0 表示 F，用 1 表示 T）。例如，如果 α 是 $p_1 \Rightarrow p_2$，那么 $\phi_\alpha(0,1) = 1$（见图 9.6 的第三行）。真值函数也是布尔函数（Boolean function）⊖，命题逻辑也称为布尔逻辑（Boolean logic）。

第 11 章的主题是如何用硬件实现真值函数，用电路模块计算基本真值函数——如 $\land$、$\lor$ 和 $\neg$ 的真值函数。

本章小结

- 命题逻辑用于给陈述句赋予精确的含义，而在普通语言中，陈述句可能是模棱两可的。
- 命题是可为真或可为假的陈述句。
- 命题变量或原子命题是表示命题的变量，与普通代数中用变量表示数字的方式相同。
- 对于每个命题 p，p 或者它的否定（记为 $\neg p$ 或 $\bar{p}$）为真，但两者不能都为真。
- 使用运算符："可兼或" $\lor$、"与/并且" $\land$、"异或" $\oplus$、"蕴含" $\Rightarrow$ 和 "等价" $\Leftrightarrow$，可以将两个命题组合成一个更复杂的命题。
- 约定复合命题中的运算符具有优先顺序：$\neg$；然后 $\land$、$\lor$、$\oplus$ 和 $\Rightarrow$；最后 $\Leftrightarrow$。如果顺序不明确，那么需要使用括号标明。
- 真值表显示了复合命题公式的所有真值与它的命题变量真值的关系。
- 真值赋值是将真或假赋给公式的每个命题变量。
- 使公式为真的真值赋值称为是满足公式的。

⊖ 以英国数学家乔治·布尔（George Boole，1815—1864）命名，他是 *Laws of Thought* 的作者，该书将这些思想形式化。

- 如果至少有一个真值赋值满足公式，那么公式是可满足的；如果每个真值赋值都满足公式，那么公式是重言式；如果没有真值赋值满足公式，那么公式是不可满足的。
- 符号≡表示两个命题是等价的。它是元语言的一部分，不属于对象语言，所以不能在命题公式中使用。
- 任何命题公式都可以仅使用运算符¬、∨和∧及其命题变量来表示。
- 运算∨和∧满足结合律、交换律和分配律：

$$(\alpha \vee \beta) \vee \gamma \equiv \alpha \vee (\beta \vee \gamma)$$
$$(\alpha \wedge \beta) \wedge \gamma \equiv \alpha \wedge (\beta \wedge \gamma)$$
$$\alpha \vee \beta \equiv \beta \vee \alpha$$
$$\alpha \wedge \beta \equiv \beta \wedge \alpha$$
$$\alpha \vee (\beta \wedge \gamma) \equiv (\alpha \vee \beta) \wedge (\alpha \vee \gamma)$$
$$\alpha \wedge (\beta \vee \gamma) \equiv (\alpha \wedge \beta) \vee (\alpha \wedge \gamma)$$

习题

9.1 用运算¬和∨不仅可以定义运算⇒，正如我们在本章前面所看到的，还可以定义其他的运算。只使用¬和∨（以及括号），写出有关 p 和 q 的公式，这些公式在逻辑上等价于

(a) $p \wedge q$

(b) $p \oplus q$

(c) $p \Leftrightarrow q$

9.2 假设运算¬和∨足以定义运算⇒、∧、⊕，以及⇔（如习题 9.1 所示），证明运算¬和∧也足以定义所有这些相同的运算。

9.3 通过比较（AL1）和（AL2）的两个表达式的真值表是相同的来证明结合律。

9.4 (a) 给出一个（DL1）的普通语言示例。

(b) 证明分配律（DL1）和（DL2）。

9.5 用真值表确定下列每个复合命题是否是可满足的、重言式还是不可满足的。

(a) $p \Rightarrow (p \vee q)$

(b) $\neg (p \Rightarrow (p \vee q))$

(c) $p \Rightarrow (p \Rightarrow q)$

9.6 (a) 用命题 p＝"我学习"、q＝"我会通过课程"和 r＝"教授收受贿赂"，将以下内容译为命题逻辑的命题：

- 如果我不学习，那么只有在教授接受贿赂的情况下，我才能通过课程。
- 如果教授收受贿赂，那么我就不学习了。
- 教授不接受贿赂，但我会学习并通过课程。
- 如果我学习，那么教授会接受贿赂并且我会通过这门课程。
- 我不会通过这门课程，但是教授会接受贿赂。

(b) 用命题 p＝"夜间狩猎成功"、q＝"月亮是满月"和 r＝"天空万里无云"，将以下内容译为命题逻辑的命题：

- 为了夜间狩猎成功，必须满足月亮是满月并且天空万里无云。
- 天空多云是夜间狩猎成功的充分必要条件。

- 如果天空多云，那么夜间狩猎将不会成功，除非月亮是满月。
- 夜间狩猎是成功的，只有在天空万里无云的情况下才能实现。

9.7 证明 $\alpha \equiv \beta$ 当且仅当命题 $\alpha \Leftrightarrow \beta$ 是重言式。

9.8 给出一个命题公式，当且仅当 p、q 和 r 中恰好有一个为真。

9.9 给出 p、q 和 r 在现实世界的解释，使得 $(p \wedge q) \Rightarrow r$ 与 $p \wedge (q \Rightarrow r)$ 的意思完全不同，一个为真，另一个为假。

9.10 （a）用真值函数的语言解释 $\alpha \equiv \beta$。

（b）如果 $\alpha \equiv \neg \beta$，那么 ϕ_α 与 ϕ_β 是什么关系？

9.11 （a）如何应用 $\oplus$ 和常量 T 表示 $p \Leftrightarrow q$。

（b）证明 $\oplus$ 和 $\Leftrightarrow$ 是可结合的。

（c）我们已经证明了命题逻辑的任何公式都可以变换为仅使用运算 $\{\wedge, \vee, \neg\}$ 的等价公式。另一种说法是，这三个运算符足以表达各种可能的真值函数。这样的连接词集合称为完备（complete）集。证明

$$\{\oplus, \Leftrightarrow, \neg, T, F\}$$

不是完备集（可以证明存在某些真值函数不能仅使用这些运算符来表示）。

第 10 章

范 式

正如我们在第 9 章中看到的那样，形式非常不同的表达式可以是等价的。举一个简单的例子，$p \lor q$ 与 $q \lor p$ 是不同的但却是等价的公式。对于两个命题变量 p 和 q，有四种可能的真值组合，对于其中的任何一种赋值，这两个公式都具有相同的真值。对于一个更复杂的例子，请看以下两个公式：

$$(p \lor q) \land (\neg p \lor q) \land (p \lor \neg q) \land (\neg p \lor \neg q) \tag{10-1}$$

$$p \land \neg p \tag{10-2}$$

它们是等价的公式，因为在所有可能的命题变量赋值下，这两个公式都为假。有时，习惯使用不带任何变量的 T 和 F 分别表示真值总为真的命题和总为假的命题。因此我们可以说式（10-1）和式（10-2）都等价于 F。

由于各种原因（例如，计算机处理），用标准的方式表示公式是必要的。我们将研究两种这样的范式[一]（normal form），称为合取范式（conjunctive normal form，CNF）和析取范式（disjunctive normal form，DNF），在这些公式中，

- 仅使用运算符"与 $\land$"、"或 $\lor$" 和 "非 $\neg$"；
- 任何否定都是对命题变量的否定，而不是对更大的表达式；
- 析取式与合取式按规则模式构成，解释如下：

设文字（literal）是单个命题变量（如 p）或单个变量的否定（如 $\neg q$）。那么，公式的 CNF 就是多个"文字析取式"的"合取式"。式（10-1）和式（10-2）就是 CNF，并且以下公式也是 CNF：

$$(p \lor \neg q \lor r) \land (\neg s \lor t)$$

另一方面，公式的 DNF 就是多个"文字合取式"的"析取式"，例如

$$(p \land \neg q \land r) \lor (\neg s \land t)$$

有时，它们也分别被称为"析取式的合取式"和"合取式的析取式"。一个形如 $\alpha_1 \lor \alpha_2 \lor \cdots \lor \alpha_n$ 的公式是 α_i 的析取式（disjunction），α_i 称为析取项（disjunct），形如 $\alpha_1 \land \alpha_2 \land \cdots \land \alpha_n$ 的公式是 α_i 的合取式（conjunction），α_i 称为合取项（conjunct）。CNF 公式是文字的析取式的合取，DNF 公式是文字的合取式的析取。

形如 $p \lor q$ 的公式既是 CNF 也是 DNF，因为我们可以将其视为单个合取项（两个文字的析取）的合取式，也可以视为两个析取项（每一项是单个文字）的析取式。出于类似的原因，式（10-2）既是 CNF 也是 DNF。

在 CNF 公式中，组成合取式的文字的析取式称为公式的子句（clause）。类似地，在 DNF 公式中，组成析取式的文字的合取式是公式的子句。

例如，CNF 公式

$$(p \lor \neg q \lor r) \land (\neg q \lor t) \tag{10-3}$$

是由两个子句组成的：$(p \lor \neg q \lor r)$ 和 $(\neg q \lor t)$。

[一] 范式是指公式是按照某种规则或规范格式化的。非范式形式的公式并不意味着它在逻辑意义上是"异常"的。

应用这些名词，我们可以给出 CNF 公式为真的简单条件。CNF 公式在给定的真值赋值下为真，当且仅当每个子句中至少有一个文字为真，因为这些子句是由"合取"连接的。在公式（10-3）中，q 为假将使第一子句中的第二个文字的值变为真，使第二子句中的第一个文字的值成为真，从而使整个公式为真，而不需考虑 p、r 和 t 的真值。

类似地，DNF 的公式为真，当且仅当至少有一个析取项，其中所有文字都为真。例如，下列 DNF 公式：

$$(\neg p \wedge q) \vee (p \wedge r)$$

当 p 为假且 q 为真时，无论 r 的真值如何，公式都为真，因为这些真值使第一个析取项 $(\neg p \wedge q)$ 为真。

❇

在第 9 章中，我们学习了如何构造公式的真值表。事实上，也可以由真值表构造公式，如我们可以很容易地用真值表构造 DNF 公式。

对于真值表中最后一列为 T 的每一行，我们构建一个文字的合取式，否定任何值为 F 的变量。这些文字合取式的析取式恰好具有所需的真值表。例如，我们考虑 $p \Rightarrow q$ 的真值表。

p	q	$p \Rightarrow q$
T	T	T
T	F	F
F	T	T
F	F	T

只有第一行、第三行和第四行的最右列中有 T，因此要使公式为真，变量的真值必须是其中一行中表示的值。所以 $p \Rightarrow q$ 等价于 DNF 公式

$$(p \wedge q) \vee (\neg p \wedge q) \vee (\neg p \wedge \neg q) \tag{10-4}$$

从真值表构造的 DNF 公式有些烦琐，因为一个有 n 个变量的真值表会有 2^n 行，DNF 公式中将含有与最右列中 T 的个数一样多的析取项。结果可能不是最简单的，在上述情况中，我们知道公式 $\neg p \vee q$ 等价于 $p \Rightarrow q$，因此等价于式（10-4），$\neg p \vee q$ 也是 DNF 公式。

❇

因此，任何公式总是可以构造其等价的 DNF 公式：首先列出其真值表，然后将真值表转换为 DNF 公式，即对真值表最右列有 T 的每行构造一个析取项。还有一种基于结构归纳的更直接方法，它也同样适用于将公式转化为 CNF。

首先，假设公式已经等价地变换为只含有连接词 $\vee$、$\wedge$、$\neg$ 的公式（见第 9 章），并且一行中没有两个 $\neg$ 符号相连（因为可以用双重否定律消去）。下面的表格列出了连接词的变换规则。

公式	变换
$\alpha \Rightarrow \beta$	$(\neg \alpha \vee \beta)$
$\alpha \oplus \beta$	$(\alpha \vee \beta) \wedge (\neg \alpha \vee \neg \beta)$
$\alpha \Leftrightarrow \beta$	$(\neg \alpha \vee \beta) \wedge (\alpha \vee \neg \beta)$
$\neg \neg \alpha$	α

给定一个仅包含 ∨、∧ 和 ¬ 运算符的公式，现在我们应用结构归纳法将公式构造为 CNF。在这个过程中，我们将使用几个已经陈述过的定律：分配律、结合律和交换律（见第 9 章）。特别是，交换律和结合律可以将子公式的合取式和析取式视为这些子公式的集合，即当多个子公式用合取或析取运算符连接时，它们可以按任何顺序重新排列，并且可以删除重复项得到等价的公式。

我们的工具包中还需要一条逻辑定律。德·摩根定律（De morgan's law[⊖]）可以使否定连接词只应用到命题变量上。

定理 10.5 德·摩根定律。

$$\neg(p \wedge q) \equiv \neg p \vee \neg q \tag{10-6}$$

$$\neg(p \vee q) \equiv \neg p \wedge \neg q \tag{10-7}$$

证明： 我们为每个子公式列出真值表。

p	q	$p \wedge q$	$\neg(p \wedge q)$	$\neg p$	$\neg q$	$\neg p \vee \neg q$
T	T	T	F	F	F	F
T	F	F	T	F	T	T
F	T	F	T	T	F	T
F	F	F	T	T	T	T
T	T	T	F	F	F	F
T	F	F	T	F	T	T
F	T	F	T	T	F	T
F	F	F	T	T	T	T

∎

当然，德·摩根定律只是将常识形式化。如果"p 和 q 都为真"不成立，那么有 p 为假或者 q 为假。如果"p 和 q 中有一个是真的"不成立，那么 p 和 q 都必须为假。有了这些工具，我们可以展示如何将公式变换为合取范式或析取范式。

定理 10.8 每个公式都有等价的合取范式和等价的析取范式。

证明： 我们只展示 CNF 的构造，因为 DNF 的过程是对称的，只是互换了 ∨ 和 ∧ 符号。

构造过程分为两个阶段。在第一阶段，应用德·摩根定律使否定连接词只作用于命题变量。第二阶段，我们将公式转换为 CNF。

阶段 1。为任意公式 α 构造其等价的 $T(\alpha)$，其中所有否定连接词只作用于命题变量。对 α 应用结构归纳法，将 α 是另一个公式的否定情况分为几个子情况。

归纳基础。如果 α 是 p 或 $\neg p$，其中 p 是命题变量，则 $T(\alpha) = \alpha$。

归纳步骤。情况 1。如果 $\alpha = \beta \vee \gamma$ 或 $\alpha = \beta \wedge \gamma$，则分别有 $T(\alpha) = T(\beta) \vee T(\gamma)$ 或 $T(\alpha) = T(\beta) \wedge T(\gamma)$。

情况 2。如果 $\alpha = \neg \beta$，对于某些公式 β，则根据 β 的结构，有以下几个子情况。

子情况 a。如果 $\alpha = \neg \neg \gamma$，则 $T(\alpha) = T(\gamma)$。

子情况 b。如果 $\alpha = \neg(\gamma \vee \delta)$，则 $T(\alpha) = T(\neg \gamma) \wedge T(\neg \delta)$。

子情况 c。如果 $\alpha = \neg(\gamma \wedge \delta)$，那么 $T(\alpha) = T(\neg \gamma) \vee T(\neg \delta)$。

通过归纳，$T(\alpha)$ 等价于 α。归纳基础中，α 是一个命题变量或命题变量的否定，并在

[⊖] 以英国数学家奥古斯塔斯·德·摩根 Augustus De Morgan（1806—1871）的名字命名。德·摩根和他同时代的乔治·布尔为现代逻辑领域奠定了基础。

归纳步骤中使用德·摩根定律。在归纳步骤的每种情况下，$T(\alpha)$ 都用有比 α 更少的连接词的公式中的 T 值来定义，因此不存在无穷递归。最后，由于 $T(\alpha)$ 的公式中仅在归纳基础下包含否定连接词，因此，对于任意 α，$T(\alpha)$ 中的所有否定连接词都只作用于命题变量。

阶段 2。现在我们可以假设 α 中的所有否定连接词都只作用于命题变量。$\mathrm{CNF}(\alpha)$ 将是 α 的合取范式。我们从 α 子公式的 CNF 构建 $\mathrm{CNF}(\alpha)$。

归纳基础。若 α 是文字或文字的析取式，则 $\mathrm{CNF}(\alpha)=\alpha$。

归纳步骤。情况 1。若 $\alpha=\beta\wedge\gamma$，则 $\mathrm{CNF}(\alpha)=\mathrm{CNF}(\beta)\wedge\mathrm{CNF}(\gamma)$。

情况 2。否则，α 是析取式 $\beta\vee\gamma$，其中 β 和 γ 中至少有一个是合取式（否则适用归纳基础）。由于合取式满足交换律，所以不失一般性地假设 γ 是一个合取式，例如 $\gamma=\gamma_1\wedge\gamma_2$，那么

$$\mathrm{CNF}(\alpha) = \mathrm{CNF}(\beta\vee\gamma_1)\wedge\mathrm{CNF}(\beta\vee\gamma_2)$$

根据归纳法和分配律，它等价于 α。

任意的公式 β、γ_1、γ_2 本身也可以是合取式，而归纳步骤的情况 2 用具有更少连接词的公式 CNF 定义了 $\mathrm{CNF}(\alpha)$，因此也不可能存在无穷递归。∎

例 10.9 求下式的合取范式

$$p \vee (q \wedge (r \vee (s \wedge t)))$$

解：应用两次分配律。我们用圈中的 $\vee$ 来表示每一次应用分配律的情况。

$$p\ⓥ(q \wedge (r \vee (s \wedge t)))$$
$$\equiv (p\ⓥ q) \wedge (p\ⓥ(r \vee (s \wedge t)))$$
$$\equiv (p \vee q) \wedge (p \vee r\ⓥ(s \wedge t))$$
$$\equiv (p \vee q) \wedge (p \vee r\ⓥ s) \wedge (p \vee r\ⓥ t)$$

例 10.10 求公式 $(\neg p\wedge q)\Rightarrow\neg p$ 的析取范式。

解：首先，根据定理 9.1 消去 $\Rightarrow$：

$$\neg(\neg p \wedge q) \vee \neg p$$

对于表达式的第一部分应用德·摩根定律（定理 10.5），得到：

$$(\neg\neg p \vee \neg q) \vee \neg p$$

现在，只剩下由 $\vee$ 连接的一些文字了，因此我们不再需要括号，并应用双重否定，得到：

$$p \vee \neg q \vee \neg p$$

这是一个有效的 DNF 表达式，因为我们有三个析取项，每个析取项仅由一个文字构成。然而请注意，我们可以进一步简化这个公式。只需要满足这三个文字之一，这个表达式就为真。p 可以为真或为假，所以无论 p 的值是什么，这个表达式都为真，实际上，我们不需要知道 $\neg q$ 的值是什么，因此表达式为：

$$p \vee \neg p$$

如果我们允许将 T 和 F 作为没有变量的命题，那么我们可以将公式简化为 T。∎

正如我们在第 9 章所提到的，表达式 $p\vee\neg p$ 是一个重言式，即无论 p 为真还是假，它都为真。任何可以简化为重言式的表达式（如例 10.10）本身一定是重言式。另一种判断公式是否为重言式的方法是为表达式列出真值表，并且显示最后一列都是 T。如前所述，在公式包含大量的命题变量的情况下，此方法是不切实际的。

有时直觉告诉我们一个表达式是重言式。在例 10.10 中，很明显，$\neg p\wedge q$ 蕴含着 $\neg p$。

换言之，如果我们知道¬p为真，加上额外的信息q也为真，那么我们肯定知道¬p为真。

因为有很多现象可以被描述为逻辑公式，所以确定公式是否是重言式是计算机科学领域中的一个基础性问题。回想一下，重言式的否定是不可满足式，所以从实际的角度来看，任何重言式的测试算法都可以作为不可满足式的测试算法，反之亦然，只需在公式前面加一个否定连接词。事实证明，确定哪些公式是重言式或不可满足式的问题比看起来更棘手。理论上，我们总能找到答案，因为我们可以列出公式的真值表并考察最后一列。但是真值表很大而且不切实际：一个包含 30 个变量的公式的真值表将有超过十亿个行。是否有更快、更易行的方法来得到答案呢？

尽管计算机科学界的学者已经付出了几十年的努力，但是这个问题的答案仍然未知。可满足性，简称 SAT（SATisfiability），属于 NP 完全问题。已知 NP 完全问题在算法上是可解的，但是我们不知道在不进行指数级穷举搜索的情况下，是否有可能解决这些问题。许多表面上看起来不像可满足性的问题实际上也是 NP 完全问题。一个著名的例子是已知每对城市之间的距离，找到一组城市中最短的旅行路径问题，我们通常称之为旅行商问题（Traveling Salesperson Problem）或 TSP。

然而，我们确实知道，如果这些 NP 完全问题中的一个可以以更快的方式解决，那么其他问题也可以。[这就是完全的（complete）含义，即每个问题都包含了所有其他问题的全部复杂性。]因此，如果我们找到了一种在多项式时间内回答可满足性问题的方法，比如说，如果所需的运算次数是 n^3 或 n^{100}，而不是 2^n，我们就会证明所有的 NP 完全问题都可以在多项式时间内解决。这个问题是否可能，通常被称为"P 是否等于 NP"，是计算机科学以及数学领域中尚未解决的重大难题之一。

本章小结

- 对于每个真值赋值，若不同的公式具有相同的真值，则它们是等价的。
- 文字是单个命题变量或者其否定。
- 若干个公式的析取式是将它们用 ∨ 连接起来而得到的公式。
- 若干个公式的合取式是将它们用 ∧ 连接起来而得到的公式。
- 两种书写公式的标准方式分别是合取范式（CNF），也称为或的与（析取的合取），或析取式的合取式；析取范式（DNF），也称为与的或（合取的析取），或合取式的析取式。
- CNF 公式中的析取式或 DNF 公式中的合取式都称为子句。
- 如果每个子句中至少有一个文字为真，则 CNF 公式为真。只有在至少有一个子句中每个文字都为真的情况下，DNF 公式才为真。
- 德·摩根定律是将否定连接词从公式的外部变换到其子公式中的规则：
$$\neg(p \wedge q) \equiv \neg p \vee \neg q$$
$$\neg(p \vee q) \equiv \neg p \wedge \neg q$$
- 任何公式都可以通过将所有连接词转换为只含有 ∨、∧ 和 ¬ 的形式，并应用双重否定律、德·摩根定律和分配律变换为等价的 DNF 或 CNF。
- 确定公式是否是重言式是计算机科学领域的一个基础性问题。这个问题属于 NP 完全问题，它是否存在有效的解决方案还未可知。

习题

10.1 下列命题中有五个命题与另外五个命题的否定等价。配对每个命题与其否定。

(a) $p \oplus q$

(b) $\neg p \wedge q$

(c) $p \Rightarrow (q \Rightarrow p)$

(d) $p \Rightarrow q$

(e) $p \wedge \neg q$

(f) $q \wedge (p \wedge \neg p)$

(g) $p \vee \neg q$

(h) $p \Leftrightarrow q$

(i) $p \wedge (q \vee \neg q)$

(j) $(p \Rightarrow q) \Rightarrow p$

10.2 证明公式 10.1 是不可满足式。

10.3 确定下列公式为重言式、可满足式还是不可满足式，并验证你的答案。

(a) $(p \vee q) \vee (q \Rightarrow p)$

(b) $(p \Rightarrow q) \Rightarrow p$

(c) $p \Rightarrow (q \Rightarrow p)$

(d) $(\neg p \wedge q) \wedge (q \Rightarrow p)$

(e) $(p \Rightarrow q) \Rightarrow (\neg p \Rightarrow \neg q)$

(f) $(\neg p \Rightarrow \neg q) \Leftrightarrow (q \Rightarrow p)$

10.4 求下列公式

$$(p \Rightarrow q) \wedge (\neg(q \vee \neg r) \vee (p \wedge \neg s))$$

的

(a) 合取范式。

(b) 析取范式。

10.5 (a) 证明对于任意公式 α、β 和 γ，有

$$(\alpha \wedge \beta) \vee \alpha \vee \gamma \equiv \alpha \vee \gamma$$

(b) 化简下列公式，并给出相应的化简规则

$$(\alpha \vee \beta) \wedge \alpha \wedge \gamma$$

(c) 求公式 $(p \wedge q) \Rightarrow (p \oplus q)$ 的最简析取范式和最简合取范式。

10.6 对于下列每一个公式，证明公式是重言式或说明为什么不是重言式。

(a) $((p \wedge q) \Leftrightarrow p) \Rightarrow q$

(b) $(p \vee (p \wedge q)) \Rightarrow (p \wedge (p \vee q))$

(c) $(\neg p \Rightarrow \neg q) \Rightarrow (q \Rightarrow p)$

10.7 在这个问题中，你会发现将一个公式变换为合取范式可能会使其长度呈指数级增长。考察下列公式

$$p_1 \wedge q_1 \vee \cdots \vee p_n \wedge q_n$$

其中 $n \geq 1$ 并且 p_i 和 q_i 是命题变量。如果我们将命题变量或运算符的每次出现计数为长度加 1 并忽略隐式括号，则此公式的长度为 $4n-1$。

(a) 在 $n=3$ 的情况下给出该公式的合取范式。

(b) 使用与上述相同的约定，此公式的合取范式有多长？对于一般的 n 来说，合取范式有多长（表示为 n 的函数）？

(c) 同样，证明将公式变换为析取范式可能会使其长度呈指数级增加。

(d) 考虑以下用于确定公式是否为可满足式的算法：应用本章的方法将公式变换为析取范式，然后验证是否所有的析取项都是矛盾的（含有变量及其否定）。如果不是，则公式是可满足式。为什么这个算法是指数级的？

10.8 给出"p、q 和 r 至少有两个为真"的合取范式和析取范式。

10.9 这个问题引入了归结定理证明（resolution theorem-proving）。

(a) 假设 $(e_1 \vee \cdots \vee e_m)$ 和 $(f_1 \vee \cdots \vee f_n)$ 都是公式 α 的子句，α 为合取范式，其中 $m, n \geq 1$，并且每个 e_i 和 f_j 都是文字。假设所有 e_i 彼此不相同，所有 f_j 也彼此不相同，那么这些子句本质上是文字的集合。假设 e_m 是命题变量 p，并且 $f_1 = \neg p$。证明 α 等价于向 α 添加一个新的合取项的结果，该合取项由两个子句构成：第一个子句中除去 p 和第二个子句中除去 $\neg p$ 的所有文字组成。即
$$\alpha \equiv \alpha \wedge (e_1 \vee \cdots \vee e_{m-1} \vee f_2 \vee \cdots \vee f_n)$$
或者更准确地说，是从该子句中删除任何重复文字的结果。新的子句是由另外两个子句通过归结（resolution）得到的，也可以说是它们的归结式（resolvent）。为了在 $m=n=1$ 的情况下使这个表达式仍有意义，我们构造了不包含任何文字等价于永假的空子句（empty clause），因为它是由两个子句 $(p) \wedge (\neg p)$ 推导出来的，所以是有意义的。换句话说，空子句是等同于假命题 F 的另一个名称。

因此，如果通过形成归结式并重复将其添加到公式中的过程，而产生了空子句，那么公式是不可满足的。

(b) 证明（a）部分的逆命题成立，也就是说，如果形成归结式并将其添加到公式中的过程结束时不产生空子句，则原始公式（所有等价公式都是由该公式归结推导的）具有可满足的真值赋值。提示：设公式 C 是通过反复添加归结式，直到没有新的归结式产生（为什么这个过程会终止）而形成的公式。假设 C 是不可满足的，且空子句不在归结推导的子句中。如果原始公式包括 k 个命题变量 $p_1, \cdots, p_k$，则设 C_i 是仅由 C 的子句构成的公式，C 中包含的命题变量是 $p_i, \cdots, p_k$（因此，$C_1 = C$）。通过归纳法证明，对于每个 $i = 1, \cdots, k+1$，不存在对变量 $p_i, \cdots, p_k$ 的真值赋值使得 C_i 为真。在 C_{k+1} 中，唯一可能为假的子句是空子句，产生矛盾。

第 11 章
Essential Discrete Mathematics for Computer Science

逻辑与计算机

计算机是进行逻辑运算的机器。我们可以认为计算机运算的只是数字，而这些数字是以"位"表示的。算术运算是底层的逻辑运算。

事实上，计算机是由逻辑构成的。计算机中的一切都被表示为 0 和 1 的模式，0、1 也可以被视为命题逻辑的两个真值"假"和"真"的另一个名称。命题逻辑公式的真值是由其命题变量的真值计算得来的。以同样的方式，计算机通过操作 0、1（第 3 章）从而产生新的位。或者说，计算机将位作为原材料制造出新的位。因此，从位产生位的物理器件设计称为计算机的"逻辑"。

最基本的计算机逻辑概念是门（gate）。一个门通过一位或两位输入（有时更多）可产生一位输出。门对应于命题逻辑的运算，如：$\lor$、$\land$、$\oplus$ 和 $\neg$。图 11.1～图 11.4 中的图片是有方向的：电线左端的 1 和 0 是输入，右端的一个 1 或一个 0 是输出。

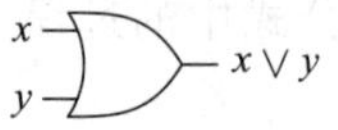

图 11.1 "或"门 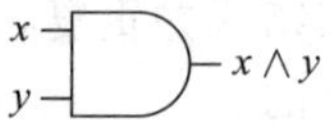　　　图 11.2 "与"门 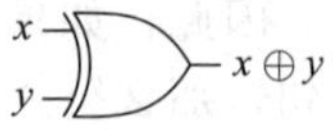　　　图 11.3 "异或"门

这些门可以以各种方式连接在一起，用最简单的组件产生很复杂的结果。这样的计算设备被称为**电路**（circuit）。但事实上，并非所有图中所示的门都可用于电路设计。例如，如第 9 章所示，我们可以仅使用"与""或""非"门来实现"异或"计算，因为

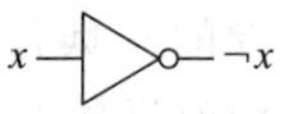

$$x \oplus y \equiv (x \land \neg y) \lor (\neg x \land y)$$

图 11.4 "反相器"或"非"门。输出通常记为 $\overline{x}$ 而不是 $\neg x$

因此，计算 $x \oplus y$ 的逻辑电路可以直接从该公式得到，如图 11.5 所示。

习惯上，每个输入只显示一个源，当在多个地方使用同一输入时，允许电线有分支。当将并不相连的电线不得不以相交叉的方式绘制时，如图 11.6 所示，交叉点呈半圆形，仿佛一根电线从另一根电线上跳跃过去。

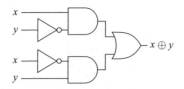
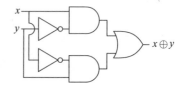

图 11.5 只使用"与""或"和"非"门构造一个电路，完成"异或"计算

图 11.6 相同的电路，显示一条电线与另一条电线交叉的情况

此外，否定输入通常显示为门上的"气泡"，而不是单独的非门。因此，图 11.7 的电路在功能上与图 11.5 和图 11.6 的电路是相同的。

这里所示的"与""或""非"和"异或"门直接对应于第 9 章中介绍的各种逻辑运算。一个非常有用的门对应于"与非"运算，也称为 nand 运算：

$$p \,|\, q \equiv \neg (p \land q)$$

它不仅看上去是一个很奇妙的运算，而且对于构建逻辑电路还具有一个可爱的特性，即任何常规运算都可以用它来表示。（习题 11.5 的 nor 运算具有相同的属性。）例如：

$$\neg p \equiv p \mid p$$
$$p \wedge q \equiv \neg(p \mid q) \equiv (p \mid q) \mid (p \mid q)$$

$\mid$ 被称为谢费尔竖线（sheffer stroke），有时也记作 $\uparrow$。我们将仅使用运算 $\mid$ 来表达 $p \vee q$，留作练习（习题 11.6）。相应的逻辑门如图 11.8 所示。在大规模生产方面，"与非"门是一种理想的器件，即你可以廉价地生产它们，而不需要生产其他任何东西。无论你想完成什么任务，你"只要"想办法把它们连接起来即可。

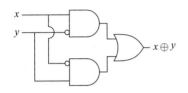
图 11.7 相同的电路，在"与"门的输入端，否定输入显示为"气泡"（小圆圈）

图 11.8 "与非"门。按照图 11.7 所示惯例，通过在输出端添加一个"气泡"来显示逻辑否定的输出

※

二进制记数法（binary notation）是计算机处理数字的一种方法，只使用 0 和 1。二进制是以 2 为基数的数字系统。我们通常使用的十进制或以 10 为基数的系统有十位数字 0、1、2、3、4、5、6、7、8 和 9。二进制系统类似，但只有两个二进制数字 0 和 1。

数字 0 以二进制形式表示为 0 或者 0 的字符串，如 00000000。计数就是根据二进制算术运算的基本规则重复地加 1。

$$\begin{aligned} 0+0 &= 0 \\ 0+1 &= 1 \\ 1+0 &= 1 \\ 1+1 &= 0(\text{进位 } 1) \end{aligned} \quad (11\text{-}1)$$

也就是说，二进制中 1 加 1 的效果与十进制中 1 加 9 的效果相同，结果是 0，但 1 被进位到左边的下一个位置。例如，对 10111 加 1 的结果是 11000，有三次进位。

$$\begin{array}{r} 1\,1\,1 \\ 1\,0\,1\,1\,1 \\ +1 \\ \hline 1\,1\,0\,0\,0 \end{array}$$

以完全相同的方式，我们可以通过操作两个任意数字的二进制表示位对它们进行相加。除了式（11-1）外，我们唯一需要的规则是如何将 1+1 再加上进位的 1。答案是总和是 1，并且有向左侧列进位 1。让我们再看一个例子。

$$\begin{array}{r} 1\,1\,1\,1 \\ 1\,0\,1\,0\,1 \\ +0\,1\,1\,1\,1 \\ \hline 1\,0\,0\,1\,0\,0 \end{array} \quad (11\text{-}2)$$

不按照求和结果来解释数字 100100，观察这样一个事实，即每一列代表一个 2 的幂次，从最右边的一列开始，它代表 2^0，然后再从右向左逐列加一。要得到该位串的数值，只须将包含 1 的位所在列对应的 2 的幂次相加。例如，100100 表示 $2^5 + 2^2$：

$$\begin{array}{cccccc} 2^5 & 2^4 & 2^3 & 2^2 & 2^1 & 2^0 \\ 1 & 0 & 0 & 1 & 0 & 0 \\ \hline 2^5 & 0 & 0 & 2^2 & 0 & 0 \end{array}$$

由于 $2^5+2^2=32+4=36$，这就是二进制数①100100 的值。式（11-2）表示 $2^4+2^2+2^0$ 与 $2^3+2^2+2^1+2^0$ 之和，即 21＋15＝36。

注意，这个解释与我们在十进制中使用的解释相同，只是在二进制中我们使用的是 2 的幂而不是 10 的幂。例如，以十进制解释数字 100100，它表示的是 10^5+10^2。

最右边的二进制位表示 2^0，称为低阶（low-order）位。类似地，最左边的位是高阶（high-order）位。高阶位比低阶位具有更大的数值，正如在十进制数 379 中，3 对应的数值为 300，而 9 对应的数值只是 9。

有了对逻辑门和二进制算术运算的理解，我们将如何设计硬件来实现计算机的算术运算呢？最简单的操作是将两个位相加，如式（11-1）所示。实际上，它是从两个输入位产生两个输出位，因为两个位相加产生"和"位和进位位。在前三种情况下，进位位没有被提及，是因为进位位只有在两个输入位都为 1 时才为 1。另一方面，只有当其中一个输入为 1 而另一个输入为 0 时，总和才为 1。换言之，是两个输入位不相同的情况。因此，"和"位的输出是输入位的逻辑"异或"，进位位是输入位的逻辑"与"。因此，图 11.9 中的设备，被称为半加器（half adder），将输入位 x 和 y 转换为和 s 和进位位 c。

对于同样的输入，还有其他的连接方法可以产生相同的输出，哪种方式效果最好取决于实践中特定的实施技术细节。因此，当我们从按位加法转向更长的二进制数加法时，将半加器表示为具有输入 x 和 y 以及输出 s 和 c 的盒子是有意义的，它隐藏了内部细节（见图 11.10）。这种只知道输入和输出而隐藏了内部细节的结构，通常被称为黑盒子（black box）。如果我们用这些盒子构造更复杂的电路，然后再决定更改盒子的内部，只要盒子的功能保持不变，我们的电路仍然可以正常工作。

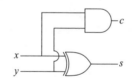

图 11.9　半加器由两个输入位产生"和"与"进位位"

图 11.10　表示为"黑盒子"的半加器

假设我们想设计一个可以计算二进制和的电路，如式（11-2）。我们可以通过使用几个标准子电路的实例来实现。正如它的名字所暗示的那样，半加器并不能完全胜任这项工作，因为它只加两个位，当多个数字相加时，我们可能需要三个输入：原始的两位再加上进位位。全加器（full adder）接收三个输入 x、y 和进位位 c_{IN}，并输出两个位，即和 s 和进位位 c_{OUT}。图 11.11 展示了由三个输入计算两个输出的真值表。

构造全加器的一种方法是使用两个半加器，如

x	y	c_{IN}	s	c_{OUT}
0	0	0	0	0
0	0	1	1	0
0	1	0	1	0
0	1	1	0	1
1	0	0	1	0
1	0	1	0	1
1	1	0	0	1
1	1	1	1	1

图 11.11　用于全加器设计的真值表

---

① 数（numeral）是数字的名称。这里我们用二进制数 100100 来强调我们所指的是一个六位的字符串，它代表数字 36。

图 11.12 所示。该电路将 x 和 y 相加,然后再加上 c_{IN} 产生和 s。如果第一个加法或第二个加法有进位的话,则 c_{OUT} 位为 1。

如果我们将全加器示意性地表示为另一个黑盒子,如图 11.13 所示,我们可以将它们中的两个连接在一起,从而产生一个真正的两位加法器(见图 11.14),该加法器将两个两位二进制数 $x_1 x_0$ 和 $y_1 y_0$ 相加,从而产生两位和 $z_1 z_0$,以及一个进位位,如果和值不能用两位表示,如 11+01,进位位为 1。

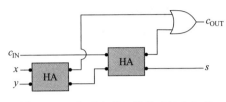 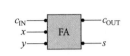

图 11.12　由两个半加器构成的全加器　　图 11.13　全加器的抽象表示

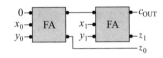

图 11.14　两位加法器。加数为 $x_1 x_0$ 和 $y_1 y_0$,x_0 和 y_0 是低阶位。第一个全加器的进位设置为零,第一个加法器的进位输出变为第二个全加器的进位输入,第二个加法器的进位输出显示溢出

以完全相同的方式,任意 n 个数量的全加器可以连接在一起,从而产生两个 n 位数的加法器。这种加法器称为**行波进位加法器**(ripple-carry adder),它在硬件上实现了式(11-2)中的加法算法。

到目前为止,我们遇到了许多有趣的问题。图 11.12 是否是图 11.11 中真值表的最有效实现呢?如果图 11.9 中使用的"异或"门不可用,我们只能使用其他的基本器件,或许只有"与非门",那么最简单的全加器是什么样的呢?在实际硬件设计为集成电路的过程中,门的数量不是最重要的考量,电线的实际成本更高。对这个问题的探讨远离了现在的主题,但我们需要考虑电路计算所需要的时间成本。

我们用延迟(delay)来衡量时间。电路的延迟是输入和输出之间的最大门数。例如,图 11.6 的电路具有延迟 3。

行波进位加法器一次产生一个输出位,从低阶到高阶(就像小学算术一样)。这意味着 64 位的加法器将比 8 位加法器慢 8 倍,每次输入位数增加一倍,延迟就增加一倍。这是不可接受的,也是不必要的。通过使用额外的硬件,可以极大地加快这种"费时"加法的运算速度;我们将在习题 11.10 中探讨这个问题。有时,我们还是可以权衡硬件规模与电路速度的关系。

本章小结

- 在计算机中,所有逻辑都表示为 0 和 1 的模式。
- 门是计算机逻辑中最简单的器件,通过对一个或多个输入位执行运算(如"或""与""异或"或"非")产生一个输出位。
- 电路是由门构成的逻辑部件。
- "与非"(nand)运算(用 | 或 ↑ 表示)对于构建电路很方便,因为所有的常规运

算都可以仅使用"与非"运算来表示。"或非"(nor) 运算(用↓表示)具有相同的属性。
- 二进制记数法是计算机使用的以 2 为基数的数字系统的名称,仅由 0 和 1 组成(我们熟悉的是以 10 为基数的十进制记数法)。
- 在二进制中,每列表示 2 的幂次。最右边的位表示 2^0,称为低阶位,而最左边的位表示最大值 2^n,称为高阶位。
- 位串的值是含有数字 1 的位所对应列的 2 的幂次的和。
- 半加器是一种电路,它接收两个输入位——待求和的位,并返回两个输出位,即"和"位和进位位。
- 全加器是一种电路,它接受三个输入位——待求和的位和进位位,并返回两个输出位,即"和"位和进位位。它可以通过组合两个半加器来构建。
- 行波进位加法器是一种将两个 n 位数字相加的电路,它可以通过组合 n 个全加器来构建。
- 衡量电路效率的一种方法是延迟,即输入和输出之间的最大门数。

习题

11.1 (a) 将二进制数 111001 转换为十进制数,并给出转换过程。
(b) 将十进制数 87 转换为二进制数,并给出转换过程。

11.2 十六进制表示法(hexadecimal notation)是一种特殊的以十六为基数的表示法,使用十六个十六进制⊖数字:0 到 9(和它们在十进制中具有相同的含义),A 到 F(表示十进制的 10 到 15),见图 11.15。简单地用一个十六进制数字代替一个四位的块,反之亦可,就可以很容易地在十六进制和二进制之间来回转换。例如,由于在十六进制中的 8 是二进制的 1000,十六进制中的 A 是二进制的 1010,因此四位十六进制数 081A 表示为如下二进制数:

0000 1000 0001 1010

为了可读性,我们在四位块之间引入了小空格。

(a) 将二进制数 1110000110101111 转换成十六进制数和十进制数。
(b) 将十进制数 1303 转换成二进制数和十六进制数。
(c) 将十六进制数 ABCD 转换成二进制数和十进制数。

十六进制	二进制	十进制
0	0000	0
1	0001	1
2	0010	2
3	0011	3
4	0100	4
5	0101	5
6	0110	6
7	0111	7
8	1000	8
9	1001	9
A	1010	10
B	1011	11
C	1100	12
D	1101	13
E	1110	14
F	1111	15

图 11.15 十六个十六进制数字对应的二进制和十进制表示

11.3 我们已经给出了 n 位序列的使用方法,例如 $b_{n-1}\cdots b_0$,表示从 0 到 2^n-1(含)范围内的非负整数,按照约定,这个序列表示数字

$$\sum_{i=0}^{n-1} b_i 2^i$$

⊖ Hexadecimal 来自希腊语,意为 16。

另外，n 位 2^n 序列也可以用于表示 2^{n-1} 个负数、零和 $2^{n-1}-1$ 个正整数，范围从 -2^{n-1} 到 $2^{n-1}-1$（含），用序列 $b_{n-1}\cdots b_0$ 表示如下：

$$-b_{n-1}2^{n-1} + \sum_{i=0}^{n-2} b_i 2^i$$

这就是补码（two's complement）表示法。设 $n=4$，求解下列问题：
(a) 可以表示的最大和最小的整数是什么？
(b) -1 的补码是什么？
(c) 1010 代表什么数字？
(d) 证明补码表示负数，当且仅当最左边位是 1。
(e) 将以下数字转换为补码表示，使用本章中制定的加法规则计算它们的和，证明 $-5+4=-1$。

11.4 一个 n 位字符串可用于表示 0 和 1 之间的分数，包括 0 但不包括 1，假设"二进制点"（类似小数点）在最左边位的左边。按照这种约定，位串 $b_1\cdots b_n$ 可以表示数字

$$\sum_{i=1}^{n} b_i 2^{-i}$$

例如，如果 $n=4$，则字符串 1000 将表示 $\frac{1}{2}$。

(a) 正如 0.9999 表示十进制表示法中接近但小于 1 的数字一样，1111 则表示二进制表示法中接近 1 的数字。那么 1111 表示的确切值是多少？通常，n 个 1 的字符串表示的值是多少？
(b) 用这种表示法，表示 $\frac{1}{2}+\frac{3}{8}=\frac{7}{8}$。

11.5 设 $p \downarrow q$ 表示"或非"(nor) 运算，$p \downarrow q$ 为真当且仅当 p 不为真 q 也不为真。运算符 $\downarrow$ 被称为皮尔斯箭头（peirce's arrow）⊖。
(a) 列出 $p \downarrow q$ 的真值表。
(b) 仅用 $\downarrow$ 运算，给出 $\neg p$ 的等价公式。
(c) 证明 $\vee$ 和 $\wedge$ 运算也可以仅用 $\downarrow$ 运算表示。

11.6 给出与 $p \vee q$ 等价且只包含运算 $|$ 的公式。

11.7 给出图 11.14 中两位加法器的逻辑公式，其中输入为 x_0、y_0 和 x_1、y_1，和为 z_0、z_1，进位为 c_{OUT}。

11.8 布尔变量 a、b、c，每个变量代表一个位。给出两个命题公式：一个用于做布尔减法 $a-b$，另一个用于做"借位" c，表示是否必须从 a 的左边虚位借位（当 $a=0$ 并且 $b=1$ 的情况），确保减法结果始终为正。首先为 $a-b$ 和借位 c 创建真值表。借位 c 的初值是 1，只有在需要借位时才设置为 0。

11.9 数字显示的一种常见方式是使用最多七条直线段的模式（见图 11.16）。通过"打开"和"关闭"不同的线段，可以形成数字 0 到 9 的表示。在图中，七个线段标有字母 A 到 G。显示数字 8 时，所有七个线段都"打开"；显示 1 时"打开" C 和 F，其他关闭；显示 2 时，"打开" A、C、D、E 和 G，其他关闭。
(a) 给出剩下的每个数字应该"打开"的线段情况。

⊖ 以美国数学家、哲学家、科学家 Charles Standers Peirce（1839—1914）命名。

(b) 给出一个包含五列的真值表，显示在给定 0 到 9 范围内的数字的二进制表示时，A 线段应何时"打开"。前四列用于显示数字的位，最后一列是 1 当且仅当该数字的表示中 A 线段需要"打开"。例如，如果前四列中的值为 0010（二进制表示为 2），则最后一列应为 1，因为显示 2 时 A 线段处于打开状态，如图所示。

(c) 根据上一问中的真值表，给出 DNF 公式。

(d) 绘制一个逻辑电路，实现上一问中的公式。（这种显示器的完整设计需要另外六个电路，每个电路对应一个线段。）

图 11.16 数码数，由可以"打开"和"关闭"的线段 A 到 G 组成

11.10 设计一个四位加法器，即计算两个四位输入 $x_3x_2x_1x_0$ 与 $y_3y_2y_1y_0$ 的四位和 $z_3z_2z_1z_0$ 的电路。该电路还产生一个进位位 c。

(a) 将图 11.14 中的两位加法器绘制为具有五个输入位和三个输出位的盒子（在图中，进位位设置为 0）。假设半加器和全加器的实现如图 11.9 和图 11.12 所示，并且每个门具有延迟 1，那么总延迟是多少？展示如何将其中两个盒子连接在一起构建四位加法器。四位加法器的延迟是多少？

(b) 上一问的解决方案具有如下缺点：即每当输入位数加倍时延迟也加倍。另一种解决方案使用更多的硬件来减少延迟。使用三个两位加法器（而不是两个）同步计算。

(A) 求低阶位（x_1x_0 与 y_1y_0）的和；

(B) 假设进位为 0，求高阶位（x_3x_2 与 y_3y_2）的和；

(C) 假设进位为 1，求高阶位的和。

然后，根据 (A) 的值，增加"门"数，产生 (B) 的输出和 (C) 的输出。绘制出这个解决方案，并计算它的延迟。

(c) 如果将前两问中的方法推广到构造 2^k 位加法器，电路的延迟是多少？

11.11 进一步探讨 Thue 序列（见第 3 章）。

(a) 证明：Thue 序列中的第 n 位 t_n 是 n 的二进制表示法中位的异或（单个位的异或是位本身）。

(b) 证明：对于每 $n \geqslant 0$，$t_{2n} = t_n$，并且 t_{2n+1} 是 t_n 的补码。

11.12 真值函数 $f:\{0,1\}^k \to \{0,1\}$ 被称为单调的（monotone），如果有
$$f(x_1,\cdots,x_k) \leqslant f(y_1,\cdots,y_k)，当 i = 1,\cdots,k 时且 x_i \leqslant y_i$$
也就是说，任何参数从 0 变为 1 时，函数值都不可能从 1 变为 0。证明一个真值函数是单调的，当且仅当它可以表示为仅使用 ∨ 和 ∧（不使用 ¬）的命题公式。等价地，它可以由只含有"与"和"或"门的电路来计算。

第 12 章

谓 词 逻 辑

谓词逻辑是带有"任意的"(for any)、"所有的"(for all)、"存在"(there is some)和"只有一个"(there justly one)等词的表达式的逻辑,与我们一直在使用的自然语言表达方式一样。借助于集合和函数的概念,我们可以更形式化地讨论这些表达式,并准确地理解多次使用这些术语的更复杂的命题的含义。更重要的是,通过将这种逻辑形式化,我们使其适合于计算机操作,即自动推理。

谓词逻辑(quantificational logic)扩展了第 9 章的"命题逻辑",之所以被称为谓词逻辑,是因为它被设计用于量化可能存在的这种或那种事物的数量。它还有另外名称——一阶逻辑(first-order logic),这表明命题逻辑是零阶逻辑,也可能有二阶逻辑。(如"对于任意集合 S,…"这样的命题。)谓词逻辑也被称为谓词逻辑(predicate logic)或谓词演算(predicate calculus)。

在第 9 章,我们讨论了以下命题。

命题 12.1 母鸡是黑色的。

我们观察到,命题 12.1 的真假取决于它的含义。如果这意味着所有母鸡都是黑色的,那么否定的意思就是至少有一只母鸡不是黑色的,一个反例就能证明它们都是黑色这一说法的错误性。另一方面,如果命题 12.1 表示大多数母鸡都是黑色的,但也有例外,那么否定必须是"没有母鸡是黑色的",或者是类似的说法。谓词逻辑提供了精确地做出这样的陈述以及对其进行逻辑推断的工具。

回想一下在第 2 章,我们使用术语"谓词"来描述命题的模板,其中每个变量为一个占位符,可以选择不同的值,命题的真假取决于变量的值。我们将这些概念泛化和形式化。在谓词逻辑中,我们使用谓词符号作为事物的性质或事物之间关系的名称,以便可以使用相同的模板生成多个命题,在相似的上下文中插入不同的事物。

例如,若我们设 $H(x)$ 是谓词"x 是母鸡"。那么"Ginger 是母鸡"就可以表示为 H(Ginger)。这里 H 是一个谓词符号,Ginger 用作常量(constant),是某个确定事物的名称,正如 1 和 2 是命题"1+1=2"中的常量一样。

谓词本质上是一个布尔值函数,即将其参数映射为真和假值的函数。当参数被赋予特定值时,谓词具有真值,就像命题逻辑中的原子命题一样。H(Ginger)在 Ginger 是一只母鸡的情况下为真,否则 H(Ginger)为假。当然,在知道 x 的值之前,我们无法确定 $H(x)$ 是真还是假。

谓词和函数一样,可以带有多个参数。当它们带有多个参数时,不同的参数位置要与引用的事物一致。例如,我们可以用三元谓词 $S(x,y,z)$ 表示 $x+y=z$。然后,将数字代入变量,$S(1,2,3)$ 是真命题(因为 1+2=3 为真),而 $S(3,2,1)$ 是假命题(因为 3+2=1 为假)。

符号 $\forall$ 和 $\exists$ 分别代表"所有的"和"存在"。因此,"所有都是母鸡"可以表示为 $\forall x H(x)$,"至少存在一只母鸡"可以表示为 $\exists x H(x)$。我们可以使用常用的逻辑连接词来组合这些命题。例如,如果我们用 $B(x)$ 表示"x 是黑色的",那么 B 表示一元关系。

则"所有母鸡都是黑色的"可以翻译如下。

$$\forall x(H(x) \Rightarrow B(x)) \tag{12-2}$$

形式上的意思是：对于任何一个 x，如果 x 是一只母鸡，那么 x 是黑色的。另一方面，"至少存在一只黑色的母鸡"可以由下述公式表示：

$$\exists x(H(x) \wedge B(x)) \tag{12-3}$$

即至少存在一个 x，x 是母鸡，并且 x 是黑色的。

✳

让我们再回到三元谓词 $S(x,y,z) \equiv x+y=z$。（注意我们使用了元语言中的符号 $\equiv$，正如我们对命题逻辑所做的那样。在这种情况下，$\alpha \equiv \beta$ 只是简单地表达 α 和 β 是等价的，因为我们已经定义了 $S(x,y,z)$ 表示 $x+y=z$）。

我们可以量化某些变量，并将其他参数设为常数。例如，$\exists x S(x,3,5)$ 表示"存在一个数 x，使得 $x+3=5$"。这是一个真命题，取 $x=2$ 即可。类似的公式 $\exists x S(x,5,3)$ 又如何呢？它的真值取决于我们还没有规定的全域，即变量的允许值的集合，如同函数的定义域一样。如果全域包括负数，那么这个命题为真，因为取 $x=-2$ 即可；但是如果全域中只有正数，那么这个命题为假。为了便于论证，假设 x 的取值必须是整数，即正整数、负整数或零。

我们可以在一个命题中使用多个量词。例如，$\forall x \exists y S(x,y,0)$ 为真，因为无论 x 是什么，将 $-x$ 作为 y 的值都会使命题为真：$S(x,-x,0)$ 表示 $x+(-x)=0$。然而，我们要注意的是量词的顺序显然会改变命题的含义。如果全域是整数的集合，那么 $\forall x \exists y S(x,y,0)$ 为真，正如前面所提到的。但是 $\exists x \forall y S(x,y,0)$ 为假，因为这个命题表达的是，存在一个特殊的数字 x，它具有这样的性质：无论 y 选择什么值，x 与 y 相加的和都会是 0。另一方面，$\exists y \forall x S(x,y,x)$ 为真，因为 y 取值 0，使得 $S(x,y,x)$ 对于任意数字 x 都为真。

再举一个例子，$\exists x S(x,y,z)$ 既不为真也不为假，因为它有两个自由变量（free variable）y 和 z，即未量化的变量。在变量取值或被量化之前，命题的真值无法确定。一个量化的变量，如本公式中的 x，被称为约束的（bound），而一个未量化的变量，如本公式中的 y 或 z，被称为自由的（free）。

再次强调，要注意观察量化语句中量词和括号的精确位置的重要性。例如，式（12-3）不同于下列表示。

$$\exists x H(x) \wedge \exists x B(x) \tag{12-4}$$

这个公式表示"存在一只母鸡，并且存在一件黑色的东西"，没有任何暗示表明"任意的母鸡是黑色的"。事实上，公式的两部分都使用 x 是一种偶然，式（12-4）与下列公式含义相同。

$$\exists x H(x) \wedge \exists y B(y) \tag{12-5}$$

实际上，这是更好的公式表达方式，因为它避免了式（12-4）中两处都使用 x 而带来的"是指向同一件事"的误解。⊖

⊖ $(\exists x H(x)) \wedge B(x)$ 的表达方式尽管不够明智，但却是合法的。这个命题表达"存在一只母鸡，并且有 x 是黑色的"。$\exists x H(x)$ 中出现的 x 与公式其余部分中作为自由变量出现的 x 无关。所以严格地说，变量是自由的或约束的依据它们出现的方式而定。避免此类技术问题的方法就是避免在公式中重复使用相同的变量，除非在含义上有需要。

越复杂的公式表达的思想越复杂。例如，设 $L(x,y)$ 表示 "x 爱 y"，然后我们可以用下列公式表达 "每个人都爱 Oprah"。

$$\forall x L(x, \text{Oprah})$$

其中 Oprah 是常量。但是我们如何表达 "每个人都爱某个人" 呢？要将其表达为一个逻辑公式，迫使我们要明确它的含义。它是否意味着有一个特别的人（比如 Oprah）受到每个人的喜爱？或者这是否意味着每个人都有他或她所爱的某个特别的人？几乎可以肯定我们想要表达的含义是后者。可以表达为 $\forall x \exists y L(x,y)$。而如果前者是我们想要的，将表达为 $\exists y \forall x L(x,y)$，它们的含义是完全不同的。

※

现在我们来明确和具体化构建谓词逻辑公式的规则。首先，谓词逻辑的字母表包括：

1. 谓词符号，如 P，每一个都有一个确定的元数（arity），它是大于或等于 0 的整数，如一元（unary）、二元（binary）、三元（ternary）等；
2. 变量，如 x、y、z；
3. 常量，如 0 和 Sue，用于命名全域中的成员；
4. 函数符号，如 + 或通用函数名称，如 f，用于命名从全域到全域的函数（每个函数具有确定数量的参数）；
5. 项，可以由变量、常量和函数符号构成，如 $x+0$ 和 $f(y,z)$，是指全域中的成员，可以代替常量或变量作为谓词的参数；
6. 谓词 =；
7. 括号、量词和逻辑运算符，包括（、）、$\forall$、$\exists$、$\wedge$、$\vee$ 和 $\neg$。

该字母表允许使用具有特定含义的特殊常量和函数符号。例如，常量 0 和函数符号 + 用于形式化有关普通算术运算的命题中。[通常，我们使用 $f(x,y)$ 等符号来表示关于变量 x 和变量 y 的函数 f，但在算术运算的特殊情况下，我们使用标准的中缀表示法，如 $x+y$，而非 $+(x,y)$。] 如此扩展的谓词逻辑语言可用于表达熟悉的命题，如

$$\forall x(x+0=x) \tag{12-6}$$

现在我们可以给出公式（formula）及其自由变量（free variable）的归纳定义。

基础实例。如果 P 是 k 元谓词符号（$k \geqslant 0$），并且 $t_1,\cdots,t_k$ 是项，则 $P(t_1,\cdots,t_k)$ 是公式。公式的自由变量出现在 $t_1,\cdots,t_k$ 中。[例如，$P(x,f(y,x))$ 是具有自由变量 x 和 y 的公式，其中 P 是二元谓词符号，f 是二元函数符号。]

构造实例。情况 1：如果 F 和 G 是公式，那么 $(F \vee G)$、$(F \wedge G)$ 和 $\neg F$ 也是公式。$(F \vee G)$ 和 $(F \wedge G)$ 的自由变量是 F 的自由变量和 G 的自由变量，$\neg F$ 的自由变量是 F 的自由变量。

情况 2：如果 F 是公式，x 是变量，那么 $\forall x F$ 和 $\exists x F$ 是公式。它们的自由变量是 F 中除去 x 的所有自由变量，x 是约束的（bound）。

我们将 F 和 G 称为构造实例情况 1 中 $(F \vee G)$ 的子公式（subformula），类似地，F 是构造实例情况 2 中的子公式。

不含有自由变量的公式，如式（12-3），称为封闭的（closed）。直观地说，这样的公式没有不确定的引用。例如，要确定式（12-3）是否为真，我们需要知道母鸡的颜色，才能解决问题。但是我们不需要任何关于 x 所指内容的进一步信息。x 是一个量化的（quantified）变量，可以系统地用任何其他变量代替。所以式（12-3）与下式具有同样的含义。

$$\exists y(H(y) \wedge B(y)) \tag{12-7}$$

另一方面,一个带有自由变量的公式,例如($H(y) \wedge B(y)$),会引发一个问题,即 y 是什么。

与命题逻辑的情况一样,括号在某些地方是形式上的需要——确定分组。例如,式 (12-7) 中 ($H(y) \wedge B(y)$) 的外层括号表明,当这个公式被量化时,量词是作用于整个公式的。

事实上,谓词逻辑是扩展的命题逻辑。一个 0 元谓词符号不带任何参数,正是我们所说的命题变量。如果所有的谓词符号都是 0 元的,那么就不需要使用变量或量词了,所有的公式都是命题逻辑的公式。

我们可以将命题变量与带有参数的谓词一起使用。例如,命题"如果下雨,那么外面的任何东西都会被淋湿"可以表示为

$$r \Rightarrow \forall x(\text{Outside}(x) \Rightarrow \text{Wet}(x)) \tag{12-8}$$

其中,r 是命题变量,表示"下雨",$\text{Outside}(x)$ 和 $\text{Wet}(x)$ 都是一元谓词,x 是公式的约束变量。注意,r 和 x 都称为变量,但是它们的角色不同:r 代表一个命题,可以为真或假;而 x 表示的是全域中的一个对象,是谓词的参数。

作为例子,我们用谓词逻辑语言来陈述第 6 章中定义的函数的某些性质。回想一下,如果共域的每个元素都是定义域中某个自变量的函数值,则称函数 f 是满射的。用逻辑语言描述为 $f:A \rightarrow B$ 是满射的当且仅当

$$\forall b(b \in B \Rightarrow \exists a(a \in A \wedge f(a) = b))$$

因为我们通常将变量限制为特定集合的成员,所以命题简记为以下公式:

$$(\forall b \in B)(\exists a \in A) f(a) = b$$

当我们需要规定两个命题不同时,等号就派上了用场。例如,如果要表述 f 是入射的,那么我们需要说明 f 的所有值都是不同的。我们可以用两种方式来表达:

$$(\forall a_1 \in A)(\forall a_2 \in A)(f(a_1) = f(a_2) \Rightarrow a_1 = a_2)$$

即如果对于两个参数 f 取相同的值,那么这两个参数实际上是相同的。或许用逆反式表达可能更直观,即不同的参数产生不同的值:

$$(\forall a_1 \in A)(\forall a_2 \in A)(a_1 \neq a_2 \Rightarrow f(a_1) \neq f(a_2))$$

当然,我们用 $a_1 \neq a_2$ 作为 $\neg(a_1 = a_2)$ 的缩写。进一步化简,得到最终的公式为

$$(\forall a_1, a_2 \in A)(a_1 \neq a_2 \Rightarrow f(a_1) \neq f(a_2))$$

它仅使用一个全称量词约束了两个不同的变量。

另一个例子是再次使用 $L(x,y)$ 来表示"x 爱 y"。要表示"每个人都爱自己以外的某个人",可以表达如下:

$$\forall x \exists y(x \neq y \wedge L(x,y))$$

化简后为

$$\forall x \exists y L(x,y)$$

这个公式表示"人们爱自己而不爱别人"是有可能的。类似地,如果有人爱两个不同的人(两个人都不是问题中的人),可以表达如下:

$$\exists x,y,z(x \neq y \wedge x \neq z \wedge y \neq z \wedge L(x,y) \wedge L(x,z))$$

最后,可以用如下公式表示"每个人最多爱一个人"。

$$\forall x,y,z(L(x,y) \wedge L(x,z) \Rightarrow y = z) \tag{12-9}$$

还有一种可能,即某人(某些 x)可能不爱任何人。那么不管 y 和 z 的值是什么,前提

$L(x,y) \wedge L(x,z)$ 都将为假，因此蕴含式将为真（因为一个假命题蕴含任何命题）。"每个人都有一个独一无二的爱人"这一命题可以表示为：

$$\forall x \exists y(L(x,y) \wedge \forall z L(x,z) \Rightarrow y = z) \tag{12-10}$$

因为全域中没有任何事物满足这个前提，所以这个蕴含式为真，这样的蕴含式称为虚（vacuously）真。例如，在式（12-9）中，如果 X 是一个常量，代表某些不爱任何人的人，那么不存在 y 和 z 的值满足前提 $L(X,y) \wedge L(X,z)$，因此结论 $y=z$ 是虚真的。在自然语言中，一个虚真命题的例子是"所有会飞（flying）的猪（pig）都是绿色的（green）"，可以表示为

$$\forall x(\text{Pig}(x) \wedge \text{Flying}(x) \Rightarrow \text{Green}(x))$$

这是虚真的，因为没有会飞的猪，所以得出的结论无关紧要。

✻

到目前为止，我们解释了这些命题并确定它们是否为真，说明了两个公式等价或者"讲述同样的事情"到底意味着什么，但这些还没有相关的规则。为此，我们需要比第 9 章中的真值表更复杂的解决办法。

本质上说，对量词公式的解释（interpretation）必须定义以下要素。

1. 全域（universe）U，非空集合所有变量值的来源；
2. 对于每个 k 元谓词符号 P，哪些 U 中成员的 k 元组使谓词为真；
3. 全域中哪些元素对应于常量符号，全域上的哪些函数对应于公式中提到的函数符号。

我们再举一个简单的例子：

$$\forall x \exists y P(x,y) \tag{12-11}$$

在某些解释中，式（12-11）为真；而在另一些解释中，它为假。例如

- 如果全域是 $\{0, 1\}$ 并且 P 是小于关系：
  - $P(0,0)$ 为假
  - $P(0,1)$ 为真
  - $P(1,0)$ 为假
  - $P(1,1)$ 为假

  那么式（12-11）在这个解释中为假，因为不存在当 x 为 1 时，$P(x,y)$ 为真；
- 另一方面，如果全域是相同的，而 P 是不相等关系：
  - $P(0,0)$ 为假
  - $P(0,1)$ 为真
  - $P(1,0)$ 为真
  - $P(1,1)$ 为假

  则式（12-11）在该解释下为真。

一般来说，解释的全域是一个无穷集合，不可能列出对于每一个元素组合的谓词的值来。但是我们可以使用关系（relation）的数学表示法。若用关系概念重新定义，对于封闭逻辑公式的解释包括：

1. 一个称为全域的非空集合；
2. 对于每个 k 元谓词符号，全域上有一个 k 元关系；
3. 对于每个 k 元函数符号，全域上有一个 k 元函数。

注意，我们将此定义限制为封闭公式，以避免自由变量的不确定引用问题。

例如，我们可以在自然数上解释式（12-11），设 P 为小于关系，在这个解释下式（12-11）

为真。然而，如果全域是自然数，而 P 为大于关系，则式（12-11）为假：因为当 $x=0$ 时，不存在 $y\in N$，使得 $x>y$。

有关函数的一个例子是关于式（12-6）的解释，其中 U 是自然数集合，常量 0 解释为零，二元函数符号 + 表示加法。那么式（12-6）在这种解释下为真。公式

$$\forall x \exists y(x+y=0) \tag{12-12}$$

为假。例如，当 $x=1$ 时，不存在自然数 y 使得 $x+y=0$ 成立。但是如果 U 是所有整数的集合，则在该集合上的解释使式（12-12）为真。

如果两个公式在相同的解释下都为真，则它们是等价的。例如，$\forall x \exists y P(x,y)$ 和 $\forall y \exists x P(y,x)$ 是等价的。系统性地更改变量名称可能会让读者感到困惑，但是这样做不会改变底层逻辑。根据命题逻辑的表示法，我们用 $F\equiv G$ 来表示公式 F 和 G 等价的事实。

公式的模型（model）是使其为真的一种解释。量化公式的模型类似于命题公式的可满足真值赋值，因此谓词逻辑的可满足公式是具有模型的公式。一个有效（valid）公式，也称为定理（theorem），是在任何解释下都为真的公式（除了那些不能给所有谓词和函数符号赋值的公式）。有效公式类似于命题逻辑中的重言式。

一个有效公式的例子是 $\forall x(P(x)\wedge Q(x))\Rightarrow \forall y P(y)$ ⊖。一个不可满足公式的例子是 $\forall x P(x)\wedge \exists y \neg P(y)$。

※

我们在第 9 章中所学习的逻辑连接词都可以运用于谓词逻辑中。逻辑连接词以相同的方式与子公式相结合，例如，$\forall x(P(x)\Rightarrow \neg Q(x)\wedge R(x))$ 意思是 $\forall x(P(x)\Rightarrow(\neg Q(x)\wedge R(x)))$。但是量词本身不是子公式，不能以这种方式连接。

$$\exists x(H(x)\wedge B(x)) \tag{12-13}$$

以上命题不同于公式

$$\exists x H(x)\wedge \exists x B(x)$$

而量词与公式的连接方式类似于 ¬。所以式（12-13）不同于下式：

$$\exists x H(x)\wedge B(x)$$

该式等同于

$$(\exists x H(x))\wedge B(x)$$

其中，$B(x)$ 中的 x 是自由的。

这里分配律是成立的。例如，以下两个命题是等价的。

$$\forall x(P(x)\wedge(Q(x)\vee R(x))) \tag{12-14}$$

等价于

$$\forall x((P(x)\wedge Q(x))\vee(P(x)\wedge R(x))) \tag{12-15}$$

通常，我们可以将整个子公式视为命题变量，这样就可以完全按照命题逻辑的等价性做公式变换，从而得到等价的谓词公式。

谓词等价规则 1. 命题代换（propositional substitution）。假设 F 和 G 是谓词公式，通过对 F 和 G 中每个子公式的每次出现用相应的命题变量去代换，可得到 F 和 G 的命题公式 F' 和 G'。假设命题逻辑公式 $F'\equiv G'$，那么在任意公式中用 G 代换 F，都会得到一个等

⊖ 因为全域不能为空，所以公式 $\forall x P(x)\Rightarrow \exists y P(y)$ 也是有效的。如果我们允许全域为空，公式仅仅是可满足的。排除全域为空的可能性，不仅使这种直觉上显而易见的公式在所有解释下都为真，而且避免了在一个没有逻辑学家，也没有逻辑学家可以推理的世界中需要逻辑的哲学问题。

价的公式。

例如，$\forall x \neg\neg P(x) \equiv \forall x P(x)$，因为 $p \equiv \neg\neg p$，因此 $\neg\neg P(x)$ 可以被 $P(x)$ 代换。类似地，式（12-14）等价于式（12-15），因为用 p 代换 $P(x)$、用 q 代换 $Q(x)$、用 r 代换 $R(x)$，可以将 $P(x) \wedge (Q(x) \vee R(x))$ 变成 $(p \wedge (q \vee r))$，则 $(P(x) \wedge Q(x)) \vee (P(x) \wedge R(x))$ 就变成了等价的公式 $(p \wedge q) \vee (p \wedge r)$。

还有一些重要的逻辑等价式与量词的使用直接相关。我们在前面已经给出了一个，即变量可以系统地重命名。下面是一般性表述。

谓词等价规则 2. 变量换名（change of variable）。设 F 是含有子公式 $\Box xG$ 的公式，其中 $\Box$ 是量词 $\forall$ 或 $\exists$ 之一。假设 G 中没有 x 的约束出现，也没有 y 的出现，并且设 G' 是用 y 处处替换 G 中的 x 的结果。那么，在公式中用 $\Box y G'$ 替换 $\Box xG$ 会得到一个等价的公式。

根据这一原理，可得式（12-3）等价于式（12-7）。如果从式（12-3）中删除量词 $\forall x$，用 y 替换 x，并恢复量词为 $\forall y$，那么得到的公式等价于原始公式。

接下来是有关否定连接词与量词的规则。"所有母鸡都是黑色的"的否定命题是"有些母鸡不是黑色的"。一般来说，存在量词 $\exists$ 命题的否定是该命题否定的全称量词 $\forall$，而全称量词命题的否定是该命题否定的存在量词。这虽然听上去很拗口，但原理很自然。我们可以把全称量词想象成一个非常大的"与"：$\forall x P(x)$ 意味着 P 对这个、那个、其他，以及全域中的所有成员都为真。类似地，存在量词类似于一个非常大的"或"：$\exists x P(x)$ 意味着 P 对这个或那个，以及全域中的某些成员为真。当然，全域一般是无穷的，所以不能用合取式和析取式按照字面的意思来替换量词。但是，如果我们把它们看作大的合取项和析取项，这个原理就是德·摩根定律的一个版本。

谓词等价规则 3. 量词的否定（quantifier negation）。

$$\neg \forall x F \equiv \exists x \neg F$$
$$\neg \exists x F \equiv \forall x \neg F$$

当我们希望在否定连接词前后"滑动"量词时，就会使用这个原理。

最后一条规则描述了何时可以在逻辑连接词前后移动量词。基本说来，就是可以扩大量词的辖域（scope），只要"滑动"过程中不会"遇到"改变公式含义的其他变量的出现。

谓词等价规则 4. 改变辖域（scope change）。假设变量 x 不在 G 中出现。设 $\Box$ 代表存在量词 $\exists$ 或全称量词 $\forall$，并且设 $\Diamond$ 代表 $\wedge$ 或 $\vee$。那么有

$$(\Box x F \Diamond G) \equiv \Box x (F \Diamond G) \tag{12-18}$$
$$(G \Diamond \Box x F) \equiv \Box x (G \Diamond F) \tag{12-19}$$

我们可以将上式应用于前面的例子——"如果下雨，那么外面的任何东西都会变湿"。公式 r 中不出现变量 x，因此我们可以"拉出" x 的量词：

$$r \Rightarrow \forall x (\text{Outside}(x) \Rightarrow \text{Wet}(x))$$
$$\equiv \forall x (r \Rightarrow (\text{Outside}(x) \Rightarrow \text{Wet}(x)))$$

（回想定理 9.1 中的 $F \Rightarrow G \equiv \neg F \vee G$，把量词拉过 $\Rightarrow$ 时，就像把它拉过 $\vee$ 一样。）用简单的自然语言来说，这个转换后的命题不像原来那么自然，但是它表达了"任何东西，在下雨的情况下，如果在外面，都会变湿"。

辖域变化的另一个后果不是很明显，即

$$(\forall x P(x) \vee \exists y Q(y)) \equiv \forall x \exists y (P(x) \vee Q(y)) \tag{12-20}$$

$$\equiv \exists y \forall x (P(x) \lor Q(y)) \tag{12-21}$$

因为量词可以按任一顺序"拉出"。然而请注意，如果我们开始时使用的公式是

$$(\forall x P(x) \lor \exists x Q(x)) \tag{12-22}$$

两个量词都不能移动，因为两个子公式中都出现了量化的变量 x。但是，可以首先应用变量重命名规则，将式（12-22）转换为式（12-20）中的形式。

通过多次使用谓词等价规则，所有量词可以"拉到"公式的前面。这种形式的公式称为前束范式（pernex normal form）。例如，式（12-10）的前束范式为

$$\forall x \exists y \forall z (L(x,y) \land (L(x,z) \Rightarrow y = z))$$

例 12.23 用谓词逻辑表示命题，并将其转换成前束范式：如果有蚂蚁群，那么其中一只是蚁后。

解：设 $A(x)$ 表示"x 是蚂蚁"，$Q(x)$ 表示"x 为蚁后"。在谓词逻辑表达中可以考虑自然语言语句中隐含着的两个事实。第一，只有一个蚁后；第二，蚁后也是一只蚂蚁。所以语句可以形式化为

$$\exists x A(x) \Rightarrow \exists x (A(x) \land Q(x) \land \forall z (Q(z) \Rightarrow z = x))$$
$$\exists x A(x) \Rightarrow \exists y (A(y) \land Q(y) \land \forall z (Q(z) \Rightarrow z = y))$$

其中我们重命名了一个变量，从而没有两个量词使用相同的变量。这个命题在更正式的表达中，可以理解为：如果存在一个 x 使得 x 是一只蚂蚁，那么存在一个 y 使得 y 是蚁后，并且任何蚁后 z 都等于 y。

现在，将第一个 $\Rightarrow$ 替换为 $\neg$ 和 $\lor$ 的形式，然后，每一次"拉出"一个量词，得到

$$\exists x A(x) \Rightarrow \exists y (A(y) \land Q(y) \land \forall z (Q(z) \Rightarrow z = y))$$
$$\equiv \neg \exists x A(x) \lor \exists y (A(y) \land Q(y) \land \forall z (Q(z) \Rightarrow z = y))$$
$$\equiv \forall x \neg A(x) \lor \exists y (A(y) \land Q(y) \land \forall z (Q(z) \Rightarrow z = y))$$
$$\equiv \forall x \exists y \forall z (\neg A(x) \lor (A(y) \land Q(y) \land (Q(z) \Rightarrow z = y)))$$

如果用 A 和 Q 代之以自然语言，那么很难将最后一个公式理解为与第一个公式是等价的。由于量词已经"剥离"出来了，公式的其余部分就可以使用命题逻辑规则进行操作，因此它更便于计算机处理。∎

本章小结

- 谓词描述事物的性质或事物之间的关系，如谓词 $P(x)$ 表示 x 的属性。
- 谓词的全域是其变量可能值的集合。
- 符号 $\forall$ 表示"所有的"，如公式 $\forall x P(x)$ 表示"对于所有的 x，属性 $P(x)$ 为真"。
- 符号 $\exists$ 表示"存在"，如公式 $\exists x P(x)$ 表示"存在一个 x，其属性 $P(x)$ 为真"。
- 公式可以归纳定义。谓词是公式。我们可以通过将两个公式用 $\lor$ 或 $\land$ 组合，或通过否定公式 $\neg$，或通过为公式中的变量添加量词（$\forall$ 或 $\exists$）来创建新的公式。
- 只有当公式中所有变量都被量化或约束时，才能确定公式的真值。
- 公式中量词的顺序有重要意义。
- 谓词公式的解释包括定义全域（变量值的来源），以及每个谓词符号、常量和函数符号的含义。
- 公式的模型是一种使其为真的解释，类似于命题公式的可满足真值赋值。如果一个公式有模型，那么它是可满足的；如果公式在任何解释下都为真，那么它是有

效的。
- 谓词公式满足与命题公式同样的结合律、交换律和分配律。
- 谓词公式可以使用命题代换、变量换名、量词的否定 $[\neg(\forall xF) \equiv \exists x \neg F$ 和 $\neg \exists xF \equiv \forall x \neg F]$，以及改变辖域等规则进行等价变换。
- 任何谓词公式都可以表示为前束范式，所有的量词都被"拉到"公式的开头，这有助于自动化处理。

习题

12.1 给出以下命题的谓词公式：
(a) 有某个人爱每一个人。
(b) 有某个人不爱任何人。
(c) 没有人爱每一个人。

12.2 用谓词逻辑表示下述命题。用 $S(x)$ 表示"x 是学生"，用 $H(x)$ 表示"x 是快乐的"，全域是所有人的集合。
(a) 每个学生都很快乐。
(b) 不是每个学生都快乐。
(c) 没有学生是快乐的。
(d) 恰好有两个不开心的人，其中至少有一个是学生。

12.3 公式
$$\exists x \exists y \exists z(P(x,y) \land P(z,y) \land P(x,z) \land \neg P(z,x))$$
在下列解释下是真的吗？在每一种情况下，R 是对应于 P 的关系。
(a) $U = \mathbb{N}, R = \{\langle x,y\rangle : x < y\}$。
(b) $U = \mathbb{N}, R = \{\langle x,x+1\rangle : x \geq 0\}$。
(c) $U =$ 所有位串的集合，$R = \{\langle x,y\rangle : x$ 字典序小于 $y\}$。
(d) $U =$ 所有位串的集合，$R = \{\langle x,y\rangle : y = x0$ 或 $y = x1\}$。
(e) $U = P(\mathbb{N}), R = \{\langle A,B\rangle : A \subseteq B\}$。

12.4 根据下列陈述，给出相应的谓词公式。
(a) 一元函数 f 是全域上的双射函数。
(b) 二元函数 g 不依赖于第二个参数。

12.5 用二元谓词 $\in$ 表示集合成员关系，用二元谓词 $\subseteq$ 表示子集关系，给出表示下述集合成员基本性质的公式。
(a) 任意两个集合都有一个并集，即仅包含两个集合所有成员的集合。
(b) 每个集合都有补集。
(c) 集合子集的任何成员都是该集合的成员。
(d) 存在没有成员的集合，它是所有集合的子集。
(e) 任意集合都有幂集。

12.6 给出下列公式的模型。
(a) $\forall x \exists y \exists z P(x,y,z) \land \forall u \forall v(P(u,u,v) \Leftrightarrow \neg P(v,v,u))$
(b) $\forall x \exists y \forall z((P(x,y) \Leftrightarrow P(y,z)) \land (P(x,y) \Rightarrow \neg P(y,x)))$

12.7 证明下列公式是可满足的，但不存在有限模型。

$$\forall x \forall y(P(x,y) \Leftrightarrow \neg P(y,x))$$
$$\land \forall x \exists y P(x,y)$$
$$\land \forall x \forall y \forall z(P(x,y) \land P(y,z) \Rightarrow P(x,z))$$

12.8 (a) 在上一题的公式中，每个量化的合取项中重复使用变量比使用不同的变量更清晰。改写此公式使得每个部分使用不同的变量，然后将公式转换为前束范式。

(b) 给出下列公式的前束范式：
$$\neg \forall x(P(x) \Rightarrow \exists y Q(x,y))$$

12.9 模型的基数是其全域的大小。证明存在模型基数为 3 的公式，没有更小的模型。不允许使用等号（也就是说，不能简单地说存在 3 个元素，它们是两两不相等的）。

12.10 (a) 假设 $P(x,y)$ 为真，当且仅当 y 是 x 的父代。给出 $A(x,y)$ 的谓词公式，$A(x,y)$ 为真，当且仅当 y 是 x 的祖先。

(b) 用 $A(x,y)$，给出 $R(x,y)$ 的谓词公式，$R(x,y)$ 为真，当且仅当 x 与 y 是血亲，即一个是另一个的祖先，或者他们有共同的祖先。

第 13 章

有 向 图

有向图表示二元关系。有向图可视化为由点以及点之间的箭头组成的图。我们将点称为顶点，将箭头称为弧，从顶点 v 到顶点 w 的弧在有向图的关系中表示有序对 $\langle v,w \rangle$。我们已经在第 6 章使用了这个图，其中图 6.2 表示例 6.2 中二元关系的一部分。图 13.1 展示了一个更简单的二元关系。

$$\{\langle a,b \rangle, \langle b,c \rangle, \langle a,c \rangle, \langle c,d \rangle, \langle c,c \rangle, \langle d,b \rangle, \langle b,d \rangle\} \tag{13-1}$$

即使不在任何关系弧上的顶点也可能出现在图形中，图 13.1 中的顶点 e 既不是任何弧的头部也不是尾部。一个顶点可以有一个指向自己的弧，如图中从 c 到 c 的弧，其他顶点不存在这样的自环（self-loop）。任意一对不同的顶点之间，可以存在任意一个方向上的弧，也可以没有弧，例如，b 和 d 之间有两条不同的弧，分别有各自的分向。两个顶点之间在同一方向上不能多于一条弧，因为弧的群体是一个集合，所以一个元素不能多次出现。所有这些都包含在有向图的形式化定义中。

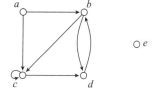

图 13.1 有五个顶点和七条弧的有向图

有向图（directed graph 或 digraph）是一个有序对 $\langle V,A \rangle$，其中 V 是一个非空集合，A 是 $V \times V$ 的子集。V 的成员称为顶点（vertex），A 的成员称为弧（arc）[⊖]。通常我们将弧记为 $v \to w$，而不是相对笨拙的 $\langle v,w \rangle$ 形式。顶点集和弧集都可以是无穷的，但在大多数情况下，我们讨论有穷有向图。

交通运输和计算机网络都是自然表示的有向图。例如，顶点可以表示城市，如果从一个城市到另一个城市之间有直飞航班，则会有一条弧线从一个城市顶点到另一城市顶点。为了讨论这种网络中的移动，我们首先定义有向图的几个基本性质。

有向图中的路就是沿着弧行进的顶点序列。例如，从 b 到 d 有多条路，一条是沿着它们之间的弧直接从 b 到 d；另一条是序列 b,c,d；第三条是序列 b,d,b,d（图 13.2）。但是从 b 到 a 没有路，实际上，任何顶点都无法到达 a。规范地说，有向图 $\langle V,A \rangle$ 中的路（walk）是顶点 $v_0, \cdots, v_n \in V$ 的一个序列，其中，$n \geq 0$，并且有 $v_i \to v_{i+1} \in A$，每个 $i < n$。路的长度（length）是 n，即弧的数量（比顶点数小 1）。

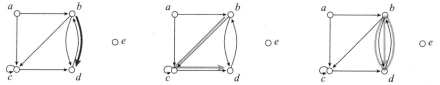

图 13.2 从 b 到 d 的三条路。第一条和第二条是路径，第三条包含圈 b、d、b，因此该路不是路径

⊖ 术语节点（node）有时用来代替顶点，边（edge）有时用来替代弧。

路径 (path) 是无重复顶点的路。第一个顶点和最后一个顶点相同的路称为回路 (circuit)，如果只有这个唯一重复的顶点，该回路称为圈 (cycle)。因此，b→c→d→b 是长度为 3 的圈，b→d→b 是长度为 2 的圈，c→c 是长度为 1 的圈。任意顶点都有一条到其自身长度为 0 的路径和长度为 0 的圈。这样的路径和圈称为平凡的 (trivial)，任何长度大于 0 的路径或圈都称为非平凡的 (nontrivial)。不存在任何非平凡圈的有向图称为无圈的 (acyclic)。

如果从一个顶点到另一个顶点有路，那么一定存在一条路径，因为沿途的任何非平凡圈都可以被忽略。假设（图 13.3）有一条从 v 到 w 的路：

$$v = v_0 \to \cdots \to v_n = w$$

其中包含一个圈，设为 $v_i \to v_{i+1} \to \cdots \to v_j$，其中 $i<j$，并且 $v_i = v_j$。那么

$$v = v_0 \to \cdots \to v_i \to v_{j+1} \to \cdots \to v_n = w$$

是从 v 到 w 更短的路。这个路可能还包含一个圈，由于删除圈可以缩短路的长度，这个过程最终将产生一个没有圈的路，即路径。例如，在前面提到的 b→d→b→d，就是从 b 到 d 的路。这条路包括一个圈 d→b→d，从路中删除它，将剩下一个弧 b→d 构成的路径。

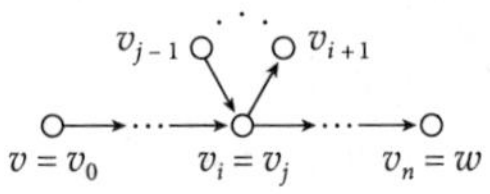

图 13.3 通过删除圈来缩短路的长度

如果存在一条从 v 到 w 的路径，或者等价地说，如果存在一条从 v 到 w 的路，则称顶点 w 是从顶点 v 可达的 (reachable)。有向图 G 中从顶点 v 到顶点 w 的距离，定义为从 v 到 w 的最短路径长度，用 $d_G(v,w)$ 表示，如果不存在这样的路径则距离为 ∞。例如，图 13.1 中从 a 到 d 的距离为 2。如果 w 可以从 v 通过长度大于 0 的路可达，那么称 w 是从 v 非平凡可达的 (nontrivially reachable)。这与从 v 到 w 可达且 $v \neq w$ 略有不同，因为从 v 到自身可能存在一个非平凡圈。在这种情况下，通过这个圈，v 到自身是非平凡可达的。

因为从 v 到 w 的任何路都包含从 v 到 w 的路径，所以我们得到以下简单的结果。

引理 13.2 图中一个顶点到另一个顶点的距离不超过从第一个顶点到第二个顶点任意一条路径的长度。

※

一个有向图，其中每个顶点都可以从其他顶点可达，称该图是强连通的 (strongly connected)。一个现实世界的例子是，表示城市之间有直达航班的有向图是强相连的，因为总有某种方式从任何一个城市出发到达任何目的地。另一方面，图 13.1 的有向图不是强连通的。例如，从任何其他顶点都无法到达顶点 e。即使我们将顶点 e 放在一边仅考虑由四个顶点 a、b、c 和 d 组成的部分有向图，这个有向图也不是强连通的，因为顶点 a 不能从 b、c 或 d 到达。

下面明确给出关于有向图一部分的概念。如果 $G = \langle V, A \rangle$ 是一个有向图，$V' \subseteq V$，$A' \subseteq A$，并且 A' 中的每个弧所关联的顶点都在 V' 中，则称 $\langle V', A' \rangle$ 是 G 的子图 (subgraph)。那么 $\langle V, \varnothing \rangle$ 是 G 的子图，$\langle \{v,w\}, \{v \to w\} \rangle$ 也是 G 的子图，其中 $v \to w$ 是 A 中的任意弧。如果 $V' \subseteq V$，即 G 的顶点集的任意子集，那么由 V' 导出的子图是包含 A 中两个端点都在 V' 中的所有弧，即

$$\langle V', \{v \to w \in A : v \text{ 和 } w \text{ 都在 } V' \text{ 中}\} \rangle$$

因此，对图 13.1 中所示有向图 $\langle V, A \rangle$ 更简洁的描述是，由顶点集 $V - \{e\}$ 导出的子图不是强连通的。相反，由 $\{b, c, d\}$ 导出的子图是强连通的。

无圈有向图通常称为有向无圈图（Directed Acyclic Graph，DAG）。当对事物的顺序有一些限制但没有完全规定的顺序时，DAG 是一种实用的表示方式。例如，第 4 章中的图 4.12 用 DAG 展示了游戏中当时所处的地位和对策的情况，尽管我们当时没有使用这个术语。思考另一个例子，如何表达大学课程之间的先修规则。假设 CS2 和 CS3 是 CS10 的先修课程，并且 CS2 和 CS3 可以按任意顺序选修，但是如果不先选修 CS1，则两者都不能选修。图 13.4 中的 DAG 以自然的方式展示了这些关系。当然，如果实际课程目录包含一个圈，这会产生一个问题。

顶点 v 的出度（out-degree）是离开该顶点的弧数，即 $|\{w : v \rightarrow w\text{ 在 } A \text{ 中}\}|$。类似地，一个顶点的入度（in-degree）是进入该点的弧数。

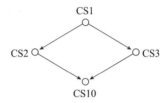

图 13.4　表示四门课程之间先修关系的 DAG。CS1 没有先修课程；CS2 和 CS3 各自需要先修 CS1；CS10 需要先修 CS2 和 CS3 之后，才能选修

定理 13.3　有限 DAG 中至少具有一个出度为 0 的顶点和一个入度为 0 的顶点。

证明：设 $G = \langle V, A \rangle$ 是一个有限 DAG。我们将利用反证法来证明 G 中有一个出度为 0 的顶点。假设 G 中不存在出度为 0 的顶点。任取顶点 V_0，由于 V_0 具有正出度，因此对于某个顶点 V_1，存在弧 $V_0 \rightarrow V_1$；同样，V_1 具有正出度，且对于某个顶点 V_2 存在弧 $V_1 \rightarrow V_2$。事实上，存在从 V_0 开始的任意长度的路，因为每个顶点都有正出度，因此弧所指向的其他顶点也是如此。由于 V 是有穷集，因此路上存在某些重复顶点，从而形成一个圈。与该有向图是无圈的相矛盾。

同理可证 G 中至少存在一个入度为 0 的顶点，因为如果 G 中不存在入度为 0 的顶点，我们可以从任意顶点 V_0 开始，沿着弧反向构造一条路，直到出现重复顶点，形成一个圈。 ∎

在 DAG 中，入度为 0 的顶点称为源点（source），出度为 0 的顶点称为汇点（sink）。图 13.4 中的 DAG 有一个源点（CS1）和一个汇点（CS10），DAG 可以有一个或两个以上的源点和汇点。例如，图 13.4 中删除 CS10 而导出的子图中有一个源点和两个汇点(图 13.5)。

图 13.5　具有一个源点和两个汇点的 DAG

✻

我们通过一种特殊的有向图把上述这些概念联系起来。竞赛图（tournament graph）是一种有向图，其中每对不同的顶点由一条单向弧连接。顾名思义，竞赛图是一场循环赛的自然表示，其中每支队伍与其他每支队伍都恰好有一场比赛（每场比赛都会有一支球队胜出，无平局）。图 13.6 显示了具有四个顶点和六条弧的竞赛图。在有 n 个顶点的竞赛图中，弧的数目为 $\dfrac{n(n-1)}{2}$，因为每对不同的顶点之间只有一条弧。

如果图 13.6 所示的比赛实际上是要确定四支球队中的冠军，结果是不确定的。每支球队都与另外三支球队进行了比赛，且没有一支球队赢得所有比赛。H、Y 和 D 彼此之间处于一种尴尬的循环关系——H 击败了 Y，Y 击败了 D，而 D 击败了 H。H、P 和 D 之间也是如此。显然没有办法仅仅根据球队的胜负来决定哪一支队伍最好。

另一方面，图 13.7 所示的比赛有一个明显的赢家：H 击败了所有其他球队。此外，本届锦标赛有明显的第二、第三和第四名。Y 只输给了 H，所以应该是第二；P 输给了 H 和 Y，所以应该是第三；D 输给了 H、Y 和 P，应该排在第四位。

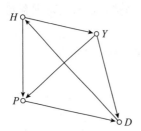 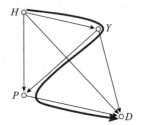

图 13.6　一次比赛，其中 H 击败 Y 和 P，Y 击败 D 和 P，P 击败 D，D 击败 H

图 13.7　一次比赛，其中 H 击败 Y、P 和 D，是赢家。事实上，有明显的第二、第三和第四名，如从 H 到 D 的黑色路径所示

我们定义线序（linear order）关系是一种有穷集合 S 上的二元关系，表示为 $\leqslant$，S 中的元素可以表示为 $S = \{s_0, \cdots, s_n\}$，其中，$s_i \leqslant s_j$ 当且仅当 $i \leqslant j$。（我们将在下一章中将此概念推广到无穷集合）。例如，令集合 S 表示英语中所有的单词，那么我们可以定义线序关系 $s_i \leqslant s_j$ 表示按字母顺序 s_i 出现在 s_j 之前，或者它们相等。（这是 S 上一种可能的线序，而且还有很多其他的线序关系）。

有穷集合上的严格线序（strict linear order）关系，表示为 $<$，定义为 $x_i < x_j$ 当且仅当 $i < j$。也就是说，严格的线序类似于线序，除了 $x < x$ 为假，而 $x \leqslant x$ 为真之外。再次将 S 作为英语中所有单词的集合，类似的，严格线序 $s_i < s_j$，表示按字母顺序 s_i 出现在 s_j 之前。

一个集合上的二元关系是严格线序的，如果存在一种且仅一种方法可以列出集合的元素，使得列表中前面的元素与后面的元素保持 $<$ 关系。如果在不同队伍之间定义 $x < y$ 表示 x 击败了 y，并且 $<$ 是严格线序的，那么，第一名、第二名、$\cdots$，以及最后一名队伍的顺序就清楚了。

定理 13.4　竞赛图是严格线序的，当且仅当它是 DAG。

证明：设 $G = \langle V, A \rangle$ 是一个竞赛图。如果 G 表示的严格线序为 $v_0 < v_1 < \cdots < v_n$，则所有弧都是从顶点 v_i 到顶点 v_j 的，其中 $i < j$。那么，该图是无圈的，因为任何圈都必须包括至少一个弧 $v_j \to v_i$ 其中 $j > i$。

此外，假设 G 是 DAG，我们可以通过对顶点数的归纳来证明它表示一个严格线序。如果 G 只有一个顶点，那么它是平凡的严格线序。如果 G 有不止一个顶点，根据定理 13.3，G 中至少存在一个入度为 0 的顶点（设为 v_0）。由于 G 是竞赛图，G 必包含所有 $v_0 \to v_i$ 的弧，其中 $i \neq 0$。由 $V - \{v_0\}$ 导出的子图也是一个 DAG，因为它的所有弧都是 G 的弧，且不包含圈。它是竞赛图，因为 G 是竞赛图。子图包括 G 的所有弧，除了以 v_0 为端点的弧。根据归纳假设，导出子图表示了严格线序，即 $v_1 < v_2 < \cdots < v_n$。我们对 G 的最初分析为：当 $i \neq 0$ 时，有 $v_0 < v_i$，因此将 v_0 放在第一位会产生 V 上的严格线序，即 $v_0 < v_1 < \cdots < v_n$。∎

应用此方法对图 13.7 中的顶点进行线性排序，第一个元素是 H，因为 H 的入度为 0。从图中删去 H 留下由 $\{Y,P,D\}$ 导出的子图，它是一个竞赛图，其中 Y 的入度为 0；删去 Y，剩余弧 $P{\to}D$，其中 P 的入度为 0；最后删去 P，只剩下孤立顶点 D。因此四个顶点的线序关系为

$$H \leqslant Y \leqslant P \leqslant D$$

❋

有向图和 DAG 都可以是无穷的，例如，将 $m{\to}n$ 解释为前驱关系，则自然数就构成了无穷 DAG：$\text{pred}(m,n)$ 当且仅当 $n=m+1$。对于 pred 的 DAG 看起来形式如下：

$$0 \to 1 \to 2 \to 3 \to \cdots \tag{13-5}$$

这个有向图是一个 DAG，因为，如果 $n=m+1$ 使得 $m{\to}n$，那么就不可能有 $p\geqslant n$ 且 $p{\to}m$ 成立。这个 DAG 有一个源点（0），但是没有汇点（因为没有最大的自然数）。类似地，如果反转此有向图中的箭头，则它将是一个具有汇点（0）、但是没有源点的 DAG。

本章小结

- 有向图由顶点和弧组成。形式上，有向图是有序对 $\langle V,A \rangle$，其中 V 是顶点的集合，$A \subseteq V \times V$ 是弧的集合。
- 有向图可以包含从顶点到其自身的自环，以及两个顶点之间两个方向上的弧。
- 有向图可以解释为二元关系，其中从 a 到 b 的弧表示 $\langle a,b \rangle$ 在关系中。
- 有向图中的路是顶点的序列，其中每个顶点通过一条弧连接到下一个顶点，路的长度是这些弧的数量。路径是没有重复顶点的路。回路是开始和结束在同一顶点的路，如果回路不包含其他重复顶点，则称回路为圈。每个顶点构成自己的平凡圈，即长度为 0 的圈。
- 如果有向图不包含非平凡圈，则它是无圈的。这种图被称为有向无圈图或 DAG。
- 如果存在从 v 到 w 的路径，则称顶点 w 是从顶点 v 可达的，并且 v 和 w 之间的距离是最短路径的长度。
- 如果每个顶点都是可以从其他顶点可达的，则有向图是强连通的。
- 顶点的入度是进入该顶点的弧数，顶点的出度是离开它的弧数。
- 一个有穷 DAG 至少有一个源点，即一个入度为 0 的顶点；至少有一个汇点，即一个出度为 0 的顶点。无穷 DAG 并非如此，例如，表示自然数前驱关系的有向图没有汇点。
- 有限集合上的线序关系是二元关系 $\leqslant$，它满足所有的元素可以排成一列，使得 $x\leqslant y$ 当且仅当 x 列在 y 之前，或等于 y。严格线序关系 $<$ 与之类似，除了 $x<x$ 总为假而 $x\leqslant x$ 总为真之外。

习题

13.1 在图 13.2 的有向图中找到另一条从 b 到 d 长度为 3 的路（$b{\to}d{\to}b{\to}d$ 除外）。

13.2 证明：对于任意有向图 G 和 G 的任意顶点 u、v、w，有
$$d_G(u,w) \leqslant d_G(u,v) + d_G(v,w)$$
[上式称为有向图的三角不等式（triangle inequality）。]

13.3 观察图 13.8 中的图 G。

(a) 每个顶点的入度和出度是多少？

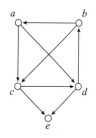

图 13.8 有向图

(b) 列出 G 的圈。有多少个经过所有顶点的圈？（如果两个圈只是开始的顶点不同而经过的弧相同，则算作同一个圈）。

(c) 找出每对顶点之间的距离（25 个值）。

(d) G 中最长路径的长度是多少？列出所有路径的长度。

13.4 设有向图 G 的顶点集 $V=\{a,b,c,d,e\}$。下列弧的集合中哪个会使 $G=\langle V,A\rangle$ 包含非平凡圈？

(a) $A = \{\langle a,b\rangle,\langle c,a\rangle,\langle c,b\rangle,\langle d,b\rangle\}$

(b) $A = \{\langle a,c\rangle,\langle b,c\rangle,\langle b,d\rangle,\langle c,d\rangle,\langle d,a\rangle\}$

(c) $A = \{\langle a,c\rangle,\langle b,d\rangle,\langle c,b\rangle,\langle d,c\rangle\}$

(d) $A = \{\langle a,b\rangle,\langle a,d\rangle,\langle b,d\rangle,\langle c,b\rangle\}$

13.5 图 13.9 展示了 CS 课程的先修课程集合。

(a) 画出表示先修课程关系的有向图，其中顶点表示课程，从 x 到 y 的弧表示 x 是 y 的先修课程。

(b) 上一问中的有向图是 DAG 吗？为什么这种先修课程关系的有向图中包含圈是没有意义的？

(c) 如果想选修一门课程，就必须先修完这门课程的所有先修课程，那么要完成所有这些课程所需的最少学期数是多少？假设所有课程每学期都开设，并且一学期内选课数无限制。

课程	先修课程
CS182	CS51, CS121
CS121	CS20
CS124	CS50, CS51, CS121, Stat110
CS51	CS50
CS61	CS50
CS20	None
CS50	None
Stat110	None

图 13.9 课程与先修课程

13.6 证明在任何有向图中，所有顶点的入度之和等于所有顶点的出度之和。

13.7 (a) 具有 n 个顶点的任意强连通图中，最少弧的数目是多少？那样的图看上去是什么样子的？证明你的答案。

(b) 上一问中的有向图中任意两个顶点之间的最大距离是多少？

(c) 证明当大于第一小问中弧的最小值 7 时，存在一个有向图，其中两个顶点之间的最大距离略大于 $\frac{n}{2}$。

(d) 证明对于任意的 n，存在一个有 n 个顶点和 $2n-2$ 条弧的有向图，使得从任意顶点到其他顶点的最大距离为 2。

13.8 在引理 13.2 中，我们论证了如果两个顶点之间存在路，则它们之间一定存在路径，因为可以重复删除圈，直到没有圈存在。这个论点实际上是源于归纳法或良序原理的证明，请给出相应的证明。

13.9 (a) 证明具有 n 个顶点、多于 $\frac{n(n-1)}{2}$ 条弧的任何有向图包含非平凡圈。

(b) 求使下述命题为真的最小 m 值：任何具有 n 个顶点和 m 条以上弧的有向图都包含长度至少为 2 的圈。

13.10 设 $\langle V,A \rangle$ 是有限 DAG。定理 13.3 的证明表明，在 G 中任意路的长度都有一个上界 b。关于 V 和 A，上界 b 是什么？当该上界满足最大值时，DAG 是什么样子的？

13.11 设有向图 $D = \langle N-\{0,1\}, A \rangle$，其中 $u \to v \in A$ 当且仅当 $u < v$ 并且 $u \mid v$。
(a) 画出由顶点集 $\{2, \cdots, 12\}$ 导出的子图。
(b) 无穷有向图 D 的哪些顶点入度为 0，哪些为 1？
(c) D 中任意顶点的最小和最大出度是多少？
(d) 证明 D 是无圈的。

13.12 设有向图 $\langle V, A \rangle$，其中 V 是所有位串的集合，$u \to v \in A$ 当且仅当 $v = u_0$ 或者 $v = u_1$。
(a) 顶点的入度和出度表示什么？
(b) 在什么情况下，顶点 v 是从顶点 u 可达的？

第 14 章

Essential Discrete Mathematics for Computer Science

有向图与关系

让我们再看一看前驱关系，第 13 章的式（13-5）：m 是 n 的前驱，符号化表示为 pred(m,n)，当且仅当 $n=m+1$。这种关系不是线序的，例如 pred$(0,2)$，即式（13-5）中没有从 0 到 2 的弧，即使 $0<2$。在小于关系的完全有向图中，每个顶点都有无穷多出度（因为对于任意的 m，都有无穷个 n 大于 m）和有穷个入度（因为 n 正好大于 n 个自然数 $0,\cdots,n-1$）（图 14.1）。

图 14.1 自然数集上小于关系的有向图表示

然而，前驱和小于这两种关系是紧密相连的。我们可以说，小于关系是扩展的前驱关系。我们需要用新的术语更准确地表达这个思想。

如果对于任意元素 $x,y,z\in S$，当 $R(x,y)$ 和 $R(y,z)$ 都成立，则有 $R(x,z)$ 成立，称这样的二元关系 $R\subseteq S\times S$ 是传递的（transitive）（图 14.2）。自然数集上的小于关系是传递的，因为如果 $x<y$ 和 $y<z$，则 $x<z$。

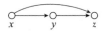

图 14.2 传递性的性质：对于任意 x、y 和 z，如果有 $x\to y$ 和 $y\to z$，那么有 $x\to z$

所有线序关系都是传递的，但许多非线序关系也是传递的。例如，人群中的 child（子女）关系和 descendant（后代）关系，其中 child(x,y) 为真，当且仅当 x 是 y 的孩子，而 descendant(x,y) 为真，当且仅当 x 是 y 的后代。因此，如果 child(x,y) 成立，那么 descendant(x,y) 成立。如果 x 是 y 的孙子，那么 descendant(x,y) 也成立，即存在 z 使得 child(x,z) 和 child(z,y) 成立。一般来说，descendant 是传递的，因为一个人的后代的后代还是这个人的后代。

在任意有向图 G 中，可达性是一种传递关系，因为如果存在从 u 到 v 的路和从 v 到 w 的路，那么就存在从 u 到 w 的路。

二元关系 $R\subseteq S\times S$ 的传递闭包（transitive closure）是用 R^+ 表示的关系，对于任意的 $x,y\in S$，$R^+(x,y)$ 当且仅当存在 $x_0,\cdots,x_n\in S$，其中 $n>0$，并且有 $x=x_0$，$y=x_n$ 和 $R(x_i,x_{i+1})$，对于 $i=0,\cdots,n-1$。

直观地说，传递闭包是使 R 成为传递关系的"最小"扩展，R^+ 包含了增加的有序对（除了 R 本身之外），是为了使 R 成为传递关系所必需的那些有序对。如果我们将 R 表示为有向图，那么 R^+ 就是 R 的非平凡可达性关系。也就是说，R^+ 中有 $x\to y$ 当且仅当 R 中存在从 x 到 y 的非平凡路径，可以符号化表示为：当且仅当 R 中存在

$$x = x_0 \to x_1 \to \cdots \to x_n = y$$

其中，$n>0$，并且 $x_0,\cdots,x_n\in S$。例如，自然数集上的小于关系是前驱关系的传递闭包

pred$^+$。descendant 关系是 child 关系的传递闭包：descendant＝child$^+$。

※

如果 $R(x,x)$ 对于每个 $x \in S$ 都成立，则称关系 $R \subseteq S \times S$ 是自反的（reflexive）。例如，相等关系是自反的，因为总有 $x=x$。自然数集上的小于等于关系≤也是自反的，因为对于每个 x，都有 $x \leq x$。

小于关系不是自反的，因为 $0 \not< 0$。请注意，只需要一个反例就可以证明一个关系不是自反的，因为只有当 S 的每个成员都与自己保持关系时，它才是自反的。小于关系具有更强的性质，即没有自然数与自身有关系。如果 $R(x,x)$ 对于任意的 $x \in S$ 都不成立，则称关系 R 为反自反（irreflexive）的。

我们可以通过向 R 中添加尚未在 R 中的任意有序对 $\langle x,x \rangle$ 来构造关系 R 的自反闭包（reflexive closure）：

$$R \text{ 的自反闭包} = R \cup \{\langle x,x \rangle : x \in S\}$$

在有向图的表示中，R 的自反闭包包含从每个顶点到自身的环。

R 的传递闭包的自反闭包称为 R 的自反传递闭包（reflexive transitive closure）用 R^* 表示。例如，小于或等于关系是自然数集上前驱关系的自反传递闭包，因为 $x \leq y$ 当且仅当存在一个序列 $x_0, \cdots, x_n$（$n \geq 0$），使得

$$x = x_0$$
$$x_1 = x_0 + 1$$
$$x_2 = x_1 + 1$$
$$\vdots$$
$$x_n = x_{n-1} + 1$$
$$= y$$

在 $n=0$ 的情况下，就化简为 $x = x_0 = x_n = y$。

就 R 和 R^* 的有向图表示而言，在 R^* 中存在弧 $x \to y$ 当且仅当 R 中存在从 x 到 y 的路径（平凡或非平凡的）。因此，有向图的自反传递闭包是其可达性关系。

二元关系的自反传递闭包在计算理论中占有特殊的地位。为了预知下一章的内容，请考虑一个巨大的有向图，其中的顶点表示计算机的状态（所有存储单元中的具体值和即将执行指令的内存地址等），如果机器在单一指令步骤中从一个状态进入另一个状态，则有一条弧从第一个状态指向第二个状态。那么，从原则上说，很容易检验两个状态是否通过一个弧连接：即检验执行指令做了什么。如果允许程序运行足够长的时间，那么一个状态是否可以从另一个状态可达可能就不那么明显了，也就是说，在单步关系的自反传递闭包中，第一个状态是否与第二个状态相关。

表示法中的符号 * 可以理解为 0 或更多，因为 R^* 是表示一个顶点可以通过 R 中的 0 个或多个弧的路径从另一个顶点可达的关系。这与我们之前在 Σ^*（表示 Σ 中的零个或更多符号的字符串）中使用的 * 是一致的。同样，+ 表示一个或多个，Σ^+ 是非零长度字符串的集合，有时称为 Σ 的克林正闭包（Kleene plus）。

※

当 $R(x,y)$ 成立时，就有 $R(y,x)$ 成立，则称二元关系 $R \subseteq S \times S$ 是对称的（symmetric）。就有向图的表示而言，对称关系只要有一条弧 $x \to y$，就会有另一条弧 $x \leftarrow y$。有时我们会用一条两端都有箭头的直线来缩略表示这样的弧对 $x \leftrightarrow y$，只是为便于符号上表达。

如果 G 是具有这样弧对的有向图 $\langle V,A \rangle$，则 A 中包含弧 $\langle x,y \rangle$ 和 $\langle y,x \rangle$。

想象一下表示你附近道路的有向图。顶点是交叉点，弧表示交通沿着道路流动的方向。如果你居住在一个小镇上，那么有向图可能是对称的，因为所有的道路都是双向的。在大都市地区，存在一些单行道，在这种情况下，有向图不是对称的。对于大多数航线来说，表示直飞航班的有向图是对称的，如果你可以从 X 飞到 Y，那么就存在返航的直飞航班从 Y 到 X。

但在某些地区航班飞行的是三角航线，即有从城市 X 到 Y、Y 到 Z 和 Z 到 X 的航班，要想从 Y 到达 X，必须经停 Z（图 14.3）。

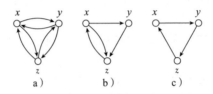

图 14.3　三个城市之间的航班计划。a）是对称的；b）不是对称的；c）是不对称和反对称的

如果对于任意的元素 x 和 y，$x\to y$ 和 $y\to x$ 不同时成立，则关系是非对称（asymmetric）的。非对称关系是反自反的，因为任何自环 $x\to x$ 都不符合非对称的条件。如果 $x\to y$ 和 $y\to x$ 同时成立的条件是 $x=y$，那么关系是反对称的（antisymmetric）。因此，自反关系可以是反对称的，但不是非对称的。整数集上的小于或等于关系就是反对称关系。

传递性、自反性和对称性这三个基本性质是彼此独立的，因为存在满足其中任意一个而不满足其他两个性质的关系，也存在满足其中任意两个而不满足第三个性质的关系。（见图 14.4 和图 14.5 中的例子。）

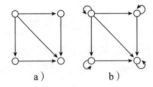

图 14.4　两个传递、反对称的关系。a）中的关系是非对称的；b）中的关系是自反的，但不是非对称的　　　　图 14.5　一种对称的、但非自反和非传递的关系

任何对称和传递的关系也必定自反的推测很诱人，但不正确，因为如果存在弧 $x\to y\to x$，那么通过传递性必然存在弧 $x\to x$。这个逻辑假设每个顶点都有正的出度（或者等价地有正的入度，因为有向图是对称的）。只有一个顶点、没有弧的平凡有向图是对称的和平凡传递的。也就是说，只要有弧 $x\to y$，就会有弧 $x\leftarrow y$。只要有弧 $x\to y$ 和 $y\to z$，就有弧 $x\to z$，因为平凡有向图根本没有弧。所以这个对称、传递的有向图不是自反的，因为没有唯一顶点到它自身的环。

※

对称、自反和传递的二元关系称为等价关系（equivalence relation）。

例 14.1　假设每个人都有且仅有一个家乡。那么，同一个家乡的人之间的二元关系就是一种等价关系；它是对称的，因为如果你的家乡和我的家乡一样，那么我的家乡和你的家乡一样；它是自反的，因为我和自己住在同一个地方；它是可传递的，因为如果 X 和 Y 有相同的家乡，而 Y 和 Z 也有相同的家乡，那么 X 和 Z 也具有相同的家乡。

等价关系隐藏着更深层次的东西。集合 S 上的任何等价关系都将 S 划分成彼此不相交的子集，这些子集又一起构成了整个 S。这样的 S 子集的集合称为集合 S 的划分（partition），划分中的集合称为块（block），即 $\mathcal{T} \subseteq \mathcal{P}(S)$ 是 S 的划分，当且仅当

- 每个块都是非空的，即如果 $X \in \mathcal{T}$，则 $X \neq \varnothing$；
- 块之间是不相交的，即如果 $X_1, X_2 \in \mathcal{T}$ 并且 $X_1 \neq X_2$，则 $X_1 \cap X_2 = \varnothing$；
- 所有的块穷尽 S，即 $S = \bigcup_{X \in \mathcal{T}} X$。

例如，各种可能的家乡的人口构成了所有人口的一个划分；每个城镇对应一个块，包括该城镇所有的人口。

"拥有同一故乡"的等价关系与具有同一故乡的所有人的划分之间存在着密切的联系，这并非偶然。让我们把这些概念联合起来。

定理 14.2 设 ↔ 是集合 S 上的任意等价关系，那么关系 ↔ 的等价类是集合 S 的划分。反过来，S 的任意划分，例如 $\mathcal{T}$，都会产生 S 上的等价关系 ↔，其中 $\mathcal{T}$ 的同一块中的所有元素在 ↔ 关系下相互等价。

证明：如果 ↔ 是 S 上的等价关系，那么
$$\mathcal{T} = \{\{y : y \leftrightarrow x\} : x \in S\}$$
是 S 的划分，因为 S 的每个元素都在一个且仅一个 $\mathcal{T}$ 的块中。反过来，如果 $\mathcal{T}$ 是 S 的一个划分，则由 $x \leftrightarrow y$ 当且仅当 x 和 y 属于 $\mathcal{T}$ 的同一块，可知关系 ↔ 是自反、对称和传递的，类似于例 14.1 的推理。因此，关系 ↔ 是等价关系。∎

❋

在第 13 章中，如果图中任意两个顶点是相互可达的，我们称有向图为强连通的。现在使用这个概念作为划分任意有向图的基础。

正如我们在第 14 章所观察到的，可达性是一种传递关系。它不一定是对称的，有时 y 从 x 可达，但 x 不能从 y 可达。在任意有向图中，两个顶点之间的相互可达性（每个顶点都可以从另一个顶点可达的关系）既是对称的也是传递的。因为每个顶点都是到自身平凡可达的，相互可达性是传递、对称和自反的，即一种等价关系。

因此，可以根据相互可达性关系来划分任意有向图的顶点集。在图 13.1 中，有向图可以根据相互可达性划分为 $\{\{a\}, \{b,c,d\}, \{e\}\}$——顶点 b、c 和 d 是相互可达的，但是 a 和 e 都不能从其他任何顶点可达。除了自身可达（见图 14.6），例如，这个图也可以表示为社区与它们之间的单行道（尽管这是一个规划不周的社区，因为不是所有的房子都可以从其他房子可达）。

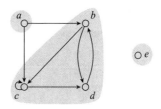

图 14.6 图 13.1 中有向图的强连通分支

由相互可达性关系的块所导出的子图称为有向图的**强连通分支**（strongly connected component），或者简称为**强分支**（strong component）。每个强连通分支都是一个强连通有向图，不同强分支中的两个顶点是相互不可达的。事实上，有向图的强分支相互连接成 DAG（见图 14.7）。

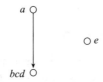

图 14.7　图 14.6 中有向图的强分支的 DAG。强分支 $\{b,c,d\}$ 已被简化为单个顶点 bcd。有一条弧 $a{\to}bcd$，因为在图 14.6 中有一条弧 $a{\to}b$（以及弧 $a{\to}c$）。不考虑完全位于强分支内的弧

定理 14.3　设 $G=\langle V,A\rangle$ 是任意有向图，并设 $\mathcal{T}$ 是将 V 划分为 G 的强分支的顶点集。构造一个新的有向图 $G'=\langle \mathcal{T},A'\rangle$，对于任意的 $X,Y\in\mathcal{T}$，$X{\to}Y\in A'$ 当且仅当 $X\neq Y$ 且 x 到 y 的弧属于 A，其中 $x\in X$ 且 $y\in Y$，则 G' 是 DAG。

证明： G' 是无圈的，因为如果 G' 中有圈，那么在 G 中就会有一个圈 $x_0\to x_1\to\cdots\to x_k\to x_0$。$x_0,\cdots,x_k$ 属于 G 的不同强分支，从而所有这些顶点在 G 中相互可达，不可能属于 G 的不同强分支。　■

偏序（partial order）关系是自反、反对称和传递的二元关系。例如，$\leqslant$ 是整数集上的偏序关系，子集关系 $\subseteq$ 是 $\mathcal{P}(\mathbb{N})$ 上的偏序关系。我们在上一章中定义的有限集上的线序关系是一种偏序关系，即对于任意两个不同的元素都是有关系的。也就是说，如果我们用 $\leqslant$ 表示偏序关系，那么对于任意元素 x 和 y，或者 $x\leqslant y$ 成立，或者 $y\leqslant x$ 成立。所以任意线序都是偏序。例如，整数集上的 $\leqslant$ 既是线序又是偏序的。并不是每个偏序都是线序的。例如，$\subseteq$ 不是 $\mathcal{P}(\mathbb{N})$ 上的线序关系，因为 $\{0\}\subseteq\{1\}$ 和 $\{1\}\subseteq\{0\}$ 都不为真。

严格偏序（strict partial order）是一种反自反、反对称和传递的二元关系，换句话说，它是从偏序中删去自环 $\langle x,x\rangle$ 的结果。所以，$<$ 是自然数集上的严格偏序，而真子集 $\subsetneq$ 是 $\mathcal{P}(\mathbb{N})$ 上的严格偏序。平行于线序和偏序之间的关系，严格线序是严格偏序关系中使得任意两个不同的元素都有关系的关系。

任何严格偏序的关系图都是 DAG，任何偏序关系都是 DAG 的自反传递闭包（习题 14.8）。图 14.8 是图 13.4 的自反传递闭包，表示计算机科学课程之间的先修课程关系。黑色箭头部分构成了 DAG，如课程目录中所述：CS2 的先修课程是 CS1，CS3 的先修课程是 CS1，CS10 的先修课程是 CS2 和 CS3。黑色和浅灰色箭头一起构成了一个严格偏序，它不仅指定了即刻先修课程，而且也包括任何先修课程的先修课程——在这种情况下，三门课程 CS1、CS2 和 CS3 都必

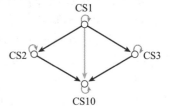

图 14.8　计算机科学课程的偏序关系

须在 CS10 之前完成。请注意，此关系不是严格线序的，因为 CS2 和 CS3 相互之间不是先修课程关系。所有的箭头（黑色、浅灰色和灰色）一起构成由黑色箭头表示的 DAG 的自反传递闭包。

在偏序中，极小（minimal）元是不大于任何其他元素的元素，因为不是所有元素都是相互可比的，所以可能存在多个这样的元素。在图 14.8 中，恰好只有一个极小元，因为 CS1 是唯一一类不需要先修课程的。例如，在课程子集 $\{CS2,CS3,CS10\}$ 中，有两个极小元 CS2 和 CS3，因为两者都不是对方的先修课程。这与 $<$ 关系（或任何其他线序关

系）中极小值（minimum）的意义有所不同，后者的一个集合中不能有多于一个极小值。例如，在数字集合 $\{2,3,10\}$ 中，按<排序，2 是极小元。

从这个意义上说，图 14.8 中的黑色箭头实际上是一个极小 DAG，对于这个极小 DAG 而言，如果我们将 DAG 视为箭头集合上的严格偏序关系 $\subsetneq$，那么图 14.8 的有向图（包括所有弧）是其自反传递闭包。也就是说，不存在黑色箭头的子集具有相同的自反传递闭包。

本章小结

- 集合 S 上的二元关系 R 是传递的，如果对于任意的 $x,y,z \in S$，使得 $R(x,y)$ 和 $R(y,z)$ 成立，那么 $R(x,z)$ 也成立。
- 关系 R 的传递闭包（表示为 R^+）是将 R 扩展为包含 R 的最小传递关系。
- 集合 S 上的二元关系 R 是自反的，如果对每个 $x \in S$，$R(x,x)$ 都成立。R 是反自反的，如果对每个 $x \in S$，$R(x,x)$ 都不成立。
- 关系 R 的自反闭包是将 R 扩展为包含 R 的最小自反关系。
- 关系 R 的传递闭包的自反闭包是 R 的自反传递闭包，表示为 R^*。R^* 表示 R 的有向图的可达性关系。
- 如果对于任意的 $x,y \in S$，当 $R(x,y)$ 成立时，就有 $R(y,x)$ 成立，那么集合 S 上的二元关系 R 是对称的。如果对于任意的 $x,y \in S$，$R(x,y)$ 和 $R(y,x)$ 不同时成立，那么 R 是非对称的。如果 $R(x,y)$ 和 $R(y,x)$ 只在 $x=y$ 的情况下同时成立，那么 R 是反对称的。整数集上，<是非对称的，而≤不是非对称的，<和≤都是反对称的。
- 传递性、自反性和对称性是相互独立的。
- 对称、自反和传递的二元关系是等价关系。
- 集合 S 上的等价关系对应于 S 的一个划分，该划分是一组非空、不相交的块的集合。所有的块一起覆盖整个集合 S。这些块也被称为等价类。
- 在有向图中，两个顶点的相互可达性是等价关系。由相应划分块导出的子图是图的强连通分支。
- 偏序关系是自反、反对称、传递的二元关系。严格偏序关系是反自反、反对称、传递的二元关系。
- （严格）线序是一个（严格）偏序，即任意两个不同的元素都有关系。
- 偏序关系的极小元是不大于其他任何元素的元素；可能存在多个极小元，因为并非所有元素都是相互可比的。

习题

14.1 下述命题是真还是假？给出解释和/或纠正。"在任意有向图中，如果存在一条从 u 到 v 的路径和一条从 v 到 w 的路径，那么将第一条路径的末端连接到第二条路径的始端，将创建一条从 u 到 w 的路径。"

14.2 二元关系的传递闭包的自反闭包是否总是与该关系的自反闭包的传递闭包相同？证明或给出反例。

14.3 设 $f:S \to T$ 是从集合 S 到集合 T 的任意满射。

(a) 证明 $\{f^{-1}(y): y \in T\}$ 是 S 的划分，其中 $f^{-1}(y) = \{x \in S: f(x) = y\}$。

(b) 如果"从集合 S 到集合 T 上的函数不是满射",上一问中的命题为什么为假?
(c) 如果 f 是双射,那么 $\{f^{-1}(y):y \in T\}$ 的块是什么?
(d) 解释例 14.1 为这种现象的一个实例。
(e) 下取整函数 $f(x) = \lfloor x \rfloor$ 是从非负实数集到$\mathbb{N}$的满射。$f^{-1}[\mathbb{N}]$ 的块是什么?

14.4 给出下列关系图,参照图 14.5:
(a) 自反的,但既不是对称的也不是传递的;
(b) 自反的和传递的,但不是对称的;
(c) 自反的和对称的,但不是传递的;
(d) 传递性和对称的,但不是自反的。

14.5 两个顶点之间有一条弧的有向图,具有自反、对称和传递中的哪个或哪些性质?

14.6 字符串 x 与字符串 y 是重叠(overlap)关系,如果存在字符串 p、q、r 使得 $x = pq$ 和 $y = qr$,其中 $q \neq \lambda$。例如,$abcde$ 与 $cdef$ 重叠,但是与 bcd 或 $cdab$ 不重叠。
(a) 在字母表 $\{a,b\}$ 上,给出长度为 2 的四个字符串的重叠关系的关系图。
(b) 重叠关系是自反的吗?为什么是?为什么不是?
(c) 重叠关系是对称的吗?为什么是?为什么不是?
(d) 重叠关系是传递的吗?为什么是?为什么不是?

14.7 对于下列每个关系,具有自反性、对称性和传递性中的哪个或哪些性质,并说明为什么。
(a) 子集关系。
(b) 真子集关系。
(c) 集合与其幂集的关系。
(d) 关系"与…同班",即两个人在本学期注册在同一个班级。
(e) $\mathbb{Z}$上的关系 R,其中 $R(a,b)$ 当且仅当 b 是 a 的倍数(即当且仅当存在 $n \in \mathbb{Z}$ 使得 $b = na$)。
(f) 有序整数对上的关系 R,其中 $R(\langle a,b \rangle, \langle c,d \rangle)$ 当且仅当 $ad = bc$。

14.8 证明一个二元关系是偏序关系当且仅当它是某个 DAG R 的 R^*。

14.9 图 14.9 展示了一组顶点,即 $\{0,1,2\}$ 的子集。复制该图并添加表示$\subseteq$关系的箭头,如下所示:使用一种颜色,添加形成极小 DAG 的箭头,使得$\subseteq$是它的自反和传递闭包。使用第二种颜色,添加形成传递闭包$\subsetneq$所需的箭头。使用第三种颜色,添加形成自反闭包$\subseteq$所需的箭头。

$$\begin{array}{cccc} & \{0\} & \{0,1\} & \\ \emptyset & \{1\} & \{0,2\} & \{0,1,2\} \\ & \{2\} & \{1,2\} & \end{array}$$

图 14.9 $\{0,1,2\}$ 的子集

14.10 图 13.8 中有向图的强分支是什么?给出这些强分支的 DAG。

14.11 证明整除关系 ($p|q$) 是$\mathbb{N}-\{0\}$ 上的偏序关系。极小 DAG 是什么,使得整除关系是它的自反传递闭包?

14.12 下列集合在关系 $\subsetneq$ 下的极小元是什么?
$$S = \{\{1\},\{2,3\},\{1,4\},\{3,4\},\{3,5\},\{1,2,4\},\{2,4,5\},\{1,2,3,4,5\}\}$$

第 15 章

Essential Discrete Mathematics for Computer Science

状态与不变量

数字计算机的状态是离散的。计算机通过直接从一个状态跳到另一个状态来运行，它们不能占据任何中间状态。例如，被存储在寄存器（register）（存储单元）中的整数值变量可能包含值 1 或 2，但不包含 1.5 或 $\sqrt{2}$。即便是浮点值，也只能是值的离散集合之一。相比之下，老式的滑尺和无线电拨号盘是模拟（analog）设备——它们代表连续量，原则上可以取在其他两个可以表达的值之间的任何值⊖。

因此，模拟设备可以处于无穷多个不同状态中的任意一个状态，如同在 0 和 1 之间有无穷多个实数一样。而由元器件组成的数字设备只能有两个状态，通常称为状态 0 和 1，没有 0.5 或 $\frac{2}{3}$ 的值⊖。

数字计算机功能之所以强大，是因为它们由大量这样的二进制元器件组成。随着元器件数量越来越多，整个数字设备的状态数量呈指数增长。如果我们将计算机连接的外部存储和输入设备以及其他计算机视为系统的一部分，那么数字系统的状态实际上是无限的，但状态仍然是离散的。

在本章中，我们将开发离散状态系统（如数字计算机）的一个实用数学模型。无论它所表示的设备的内部结构如何，或者实际上所表示的系统是有穷的还是无穷的，该模型都可以工作。任何离散状态系统的基础结构都是有向图。顶点表示状态，从一个状态到另一个状态的弧表示从第一个状态到第二个状态的转换——"一跳"。通常，转换发生在一个时间步骤内或一条指令执行中。举一个非常简单的例子，如图 15.1 所示，它表示一个可以存储单个但是任意大的自然数并将其加 1 的系统。状态对应数字 0, 1, ⋯，弧表示加 1 的状态转换：从 0 到 1，从 1 到 2，以此类推。

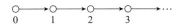

图 15.1 存储一个自然数，并且只有"加 1"一种操作的系统

为了表示具有多种状态转换的系统，我们需要标记弧。例如，图 15.2 展示了具有两个操作的同样系统，即加 1 和减 1。注意，从状态 0 减去 1 没有状态转换。该图表明，如果系统处于状态 0，则不可能减去 1。

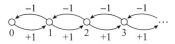

图 15.2 存储一个自然数，并且能进行加 1 和减 1 操作的系统

图 15.3 展示了一个恰好有四种可能状态的系统，状态标识为 0、1、2 和 3。状态转换表示加 1，如图 15.1 所示，但在状态 3 时加 1 转换到状态 0。如果忽略并丢弃最左位的进

⊖ 模拟设备的状态是"类似于"它所代表的物理量的值。

⊖ 至少不应该是。晶体管和其他数字元器件实际上都是模拟设备，由于制造或环境问题，它们可能占据中间状态，这是电气工程的一个事实。如何使模拟元器件以数字方式工作是计算机科学和工程的一个重要领域。

位，它类似于两位寄存器的工作方式。

类似这样的有向图非常适用于表示数字系统的预期行为（behavior），而不受其内部结构的影响。图 15.3 仅表示具有四个状态的设备，因此能够"记住" 0 到 3 之间的数字（含 0 和 3），但未描述实现过程：它可能是两位，也可能不是。图 15.4 展示了类似系统的行为，其中，加 1 到 3 将使系统仍处于状态 3，而不是转换到状态 0。

图 15.3 两位计数器的状态表示，其中 1 加 3 的结果是 0

图 15.4 一个系统，存储数字范围为 $0,\cdots,3$，在状态 3 时加 1 系统仍处于状态 3

※

现在是时候使概念更加精确了，特别是关于"标记弧"是什么。

状态空间（state space）是一个有序对 $\langle V, A \rangle$，其中 V 和 A 是集合。V 的成员称为状态（state）。A 的成员称为标记弧（labeled arc），是一个三元组 $\langle x, a, y \rangle$，其中 x 和 y 是状态，a 是某个有限集合 Σ 的成员，称为标签（label）。

如果丢弃所有的标签，那么每个被标记的弧 $\langle x, a, y \rangle$ 变为有序对 $\langle x, y \rangle$，将得到一个普通的有向图，我们称该有向图为状态空间的基（underlying）图。因为在一个状态空间中两个状态之间可以有多个带不同标签的弧，所以有向基图中的弧可能少于状态空间的标记弧。我们将标记弧 $\langle x, a, y \rangle$ 表示为 $x \xrightarrow{a} y$。因此，图 15.2 的状态空间是 $\langle V, A \rangle$，其中

$$V = \mathbb{N}$$
$$\Sigma = \{+1, -1\}$$
$$A = \{n \xrightarrow{+1} n+1 : n \in \mathbb{N}\} \cup \{n+1 \xrightarrow{-1} n : n \in \mathbb{N}\}$$

状态空间是对数字系统响应一系列外部事件，并从一个状态到另一个状态转换的准确描述。

例 15.1 假设一个计算设备有两个可能的输入 a 和 b。在每一个时间步中，设备会收到一个输入（将要打印的符号），这些输入设备一次读取一个符号，或者由操作员按下按钮，或者是二进制事件的其他来源。

图 15.5 中所示的状态空间跟踪每个输入会遇到的符号个数。因此，状态将表示两个数值，与图 15.1 中的单个数值不同，$\langle m, n \rangle$ 表示到目前为止遇到 m 个输入是 a、n 个输入是 b 的状态。形式化为

$$V = \mathbb{N} \times \mathbb{N}$$
$$\Sigma = \{a, b\}$$
$$A = \{\langle m, n \rangle \xrightarrow{a} \langle m+1, n \rangle : m, n \in \mathbb{N}\}$$
$$\cup \{\langle m, n \rangle \xrightarrow{b} \langle m, n+1 \rangle : m, n \in \mathbb{N}\}$$

图 15.5 是简单计数装置的所有可能状态以及它们之间的关联情况（至少对单步转换）的表示。对于这些状态在任意多步的转换中，如何与设备的操作相关联，我们将给出一个全局性的阐述。

图 15.5 用于两个符号计数的状态空间

例 15.2 假设机器的开始状态为 $\langle 0,0 \rangle$。那么在读入任意由 m 次 a 和 n 次 b 组成的输入之后，机器将处于状态 $\langle m,n \rangle$。

解：这似乎是显而易见的，重要的是要认识到用数学归纳法可以证明它为真。归纳变量是迄今为止读取的输入字符串长度，设为 ℓ。长度 ℓ 是非负整数。

归纳基础。$\ell=0$。到目前为止读取的输入字符串是 λ，即机器刚刚启动。我们规定此时机器的状态是 $\langle 0,0 \rangle$。空字符串 λ 中有 0 个 a 和 0 个 b，因此状态表示的有序对是迄今为止所遇到的 a 的数量和 b 的数量。

归纳假设。假设对于某些 $\ell \geqslant 0$，在输入任意长度为 ℓ 的字符串之后机器将处于状态 $\langle m, n \rangle$，其中 m 是迄今为止 a 的出现次数，n 是 b 的出现次数（$m+n=\ell$）。

归纳步骤。现在考虑长度为 $\ell+1$ 的任意字符串 w，其中 $\ell \geqslant 0$。由于 $|w|>0$，w 可以表示为 $w=u\sigma$，其中 u 是长度为 ℓ 的字符串，σ 是 a 或 b。根据归纳假设，输入字符串 u 之后，系统处于状态 $\langle m,n \rangle$，其中 m 和 n 分别是 a 和 b 在 u 中出现的次数。由例 15.1 可知，如果 $\sigma=a$，那么设备状态转换到 $\langle m+1, n \rangle$；如果 $\sigma=b$，则设备状态转换到 $\langle m, n+1 \rangle$。无论哪种情况，新状态都是由 a 和 b 在 $w=u\sigma$ 中出现的次数组成的有序对。 ∎

※

让我们用更抽象和更泛化的术语来表达例 15.2 的归纳证明过程。我们将一个属性表达为一个状态，即系统达到状态 $\langle m,n \rangle$，当且仅当到目前为止读取的输入包括 a 出现 m 次和 b 出现 n 次。然后，我们用归纳法证明每个状态的这个属性都为真。首先，我们证明了启动状态 $\langle 0,0 \rangle$ 为真。然后我们证明，如果经过 ℓ 步计算之后每个状态都为真，那么经过 $\ell+1$ 步计算之后，每个状态也都为真。应用简单的数学归纳法可以得到，按照规定的状态开始，所有计算步骤的所有状态都为真。

这是一个不变量原理（invariant principle）的例子。非形式化地表达为：在计算开始时为真，并且在所有状态转换下都保持不变的某些性质，在计算过程中的任何点上都为真⊖。形式化表达如下。

定理 15.3 不变量原理。设 $\langle V,A \rangle$ 为状态空间，$P(v)$ 为状态谓词。假设 $P(v_0)$ 为真，其中 v_0 是指定的开始状态。并且假设 P 对状态转换保持不变，即假设对于任意状态 x 和 y 以及任意的转换 $x \xrightarrow{a} y$，如果 $P(x)$ 为真，则 $P(y)$ 为真。那么在 $\langle V,A \rangle$ 的基图中由 v_0 可达的任意状态 v 都有 $P(v)$ 成立。

谓词 P 称为不变量（invariant）。我们省略了不变量原理的证明，该证明与例 15.2 的证明类似。但是需要注意可达性条件。状态空间和开始状态是指定的，开始状态的谓词为真，并且在状态转换中保持不变。然而，每个状态的谓词并不都为真，因为某些状态是从开始状态不可达的。例如，图 15.6 类似于图 15.1，但状态包含负整数。当状态 0 是指定的开始状态时，如果 $n \geqslant 0$，则谓词"状态 n 是 n 次状态转换后到达的状态"为真，在状态

⊖ 由罗伯特·弗洛伊德（Robert Floyd）和 C. A. R. 霍尔（C. A. R. Hoare）在早期论文中提出。然而，弗洛伊德本人将这一原理归因于索尔·戈恩，而戈恩则将其最早的实例化归因于赫伯特·戈尔斯汀和约翰·冯·诺伊曼 1947 年编写的编程手册。Robert Floyd, "Assigning Meanings to Programs," in *Mathematical Aspects of Computer Science*, vol. 19 of Proceedings of Symposia in Applied Mathematics (Providence, RI: American Mathematical Society, 1967), 19–32; C. A. R. Hoare, "An Axiomatic Basis for Computer Programming," *Communications of the ACM* 12, no. 10 (October 1969): 576–83.

−1 谓词不为真，该状态是从状态 0 不可达的。

$$\cdots \xrightarrow{+1} \underset{-2}{\circ} \xrightarrow{+1} \underset{-1}{\circ} \xrightarrow{+1} \underset{0}{\circ} \xrightarrow{+1} \underset{1}{\circ} \xrightarrow{+1} \underset{2}{\circ} \cdots$$

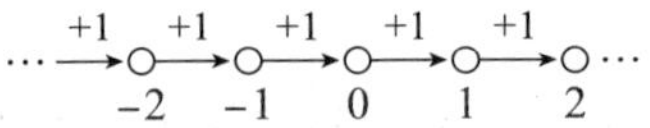

图 15.6　此状态空间对每个整数都有一个状态，但是表示负数的状态是从状态 0 不可达的

现在我们来看一个"真实"算法及其对应的状态空间。该算法称为欧几里得算法，用于计算两个正整数 m 和 n 的最大公约数（简称 GCD），即能整除两者的最大整数。很显然可以找到这个数，这个数总是存在的，至少为 1（如果没有更大的数能整除它们这个数，就是 1）：只需从其中任意一个数开始，验证它是否能整除两者，如果不能，则减 1 并进行相同的验证。这是数论里的第一个成果，欧几里得想到了更有效的一种方法来解决这个问题，如下所示⊖。计算 m 和 n 的 GCD 的欧几里得算法：

1. $\langle p,q \rangle \leftarrow \langle m,n \rangle$。（同步将 m 赋值给 p 和将 n 赋值给 q）
2. 当 $q \neq 0$ 时，$\langle p,q \rangle \leftarrow \langle q, p \bmod q \rangle$。
3. 返回 p。

我们使用了一种非正式的编程符号来解释算法。while 语句中使用了二元运算 mod，其中 $p \bmod q$ 表示 p 除以 q 的余数。例如，17 mod 3 等于 2，因为当 17 除以 3 时，商是 5 且余数是 2，即 $17 = 5 \cdot 3 + 2$。由于 $p \bmod q$ 的余数是数字 $0, 1, \cdots, q-1$，总有 $(p \bmod q) < q$ 的情况，并且

$$p = \left\lfloor \frac{p}{q} \right\rfloor q + (p \bmod q)$$

在我们的算法表示中，左箭头←表示将右端的值赋给左端的变量。在第一步中，我们将有序对 $\langle m,n \rangle$ 的值赋给有序对 $\langle p,q \rangle$，即同步有 $p \leftarrow m$ 和 $q \leftarrow n$。同样，$\langle p,q \rangle \leftarrow \langle q, p \bmod q \rangle$ 表示计算右端的两个值，同步赋给左端的变量。也就是说，语句表达了 p 的"新"值是 q 的"旧"值，而 q 的"新"值是 p 的"旧"值 mod q 的"旧"值。

看一下算法的执行情况，代入 $m=20$ 和 $n=14$。p 和 q 的值依次为

p	q	
20	14	
14	6	（因为 20 mod 14＝6）
6	2	（因为 14 mod 6＝2）
2	0	（因为 6 mod 2＝0）

所以 20 和 14 的最大公约数是 2。

注意，如果我们用 $m=14$ 和 $n=20$ 代入，那么最初 p 是 14 和 q 是 20，但在 while 语句的第一次迭代时，p 与 q 值将被互换，因为 14 mod 20＝14（14＝0·20＋14）。

定理 15.4　欧几里得算法计算了最大公约数。

证明： 研究一下状态空间，定义一个适当的不变量，并应用不变量原理。状态是自然数的有序对，即 $V = \mathbb{N} \times \mathbb{N}$，表示 $\langle p,q \rangle$ 的值。这些变量值之间的转换对应 while 语句 $\langle p,q \rangle \leftarrow \langle q, p \bmod q \rangle$ 的执行。例如，刚刚展示的示例转换是

$$\langle 20,14 \rangle \to \langle 14,6 \rangle$$

⊖　欧几里得，大约生活在公元前 3 世纪之交，可能是从毕达哥拉斯学派得到这个算法。他在第 7 卷《几何原本 2》中描述了这一点，使用了重复减法而不是除法。

$$\to \langle 6,2 \rangle$$
$$\to \langle 2,0 \rangle$$

开始状态为 $\langle m,n \rangle$。不变量是在任何可达状态（in any reachable state）$\langle p,q \rangle$ 中，p 和 q 的最大公约数等于 m 和 n 的最大公约数。

最初，当 $p=m$ 和 $q=n$ 时，不变量成立。现在假设 p 和 q 的最大公约数是 m 和 n 的最大公约数。那么 q 和（$p \bmod q$）的最大公约数是什么？

设 $r=p \bmod q$，使得 $p=kq+r$，$k \in \mathbb{N}$。我们证明 p 和 q 的因子集合与 q 和 r 的因子集合完全相同，因此这些集合的最大成员是相等的。

假设 d 是 p 和 q 的任意因子，那么 d 也是 r 的因子，因为 $r=p-kq$。同样，如果 d 是 q 和 r 的任意因子，那么 d 也是 p 的因子，因为 $p=kq+r$。所以 d 是 p 和 q 的因子当且仅当 d 是 q 和（$p \bmod q$）的因子。因此，p 和 q 的最大公约数也是 q 和（$p \bmod q$）的最大公约数，不变量在状态转换下保持不变。

如果能，且当算法到达第二个分量为 0 的状态时，即 $\langle r,0 \rangle$，r 一定是 m 和 n 的最大公约数。这是因为任何可达状态分量的 GCD 都是 m 和 n 的 GCD，而 r 和 0 的 GCD 是 r。因此，根据不变量原理，欧几里得算法得到了 m 和 n 的 GCD—如果算法终止。算法确实终止了，因为第二个分量的值在每一步都会减小：每一步（$p \bmod q$）$<q$ 不变，并且（$p \bmod q$）永远不会为负，所以最终（$p \bmod q$）$=0$。∎

本章小结

- 像计算机这样的数字设备具有有限数量的离散状态，而模拟设备具有无限数量的状态，并在它们之间连续移动。
- 数字设备的行为可以用状态空间表示，状态空间由状态的集合和连接这些状态的标记弧组成。
- 用符号 a 标记的从 x 到 y 的标记弧表示为 $x \xrightarrow{a} y$。标记弧表示状态之间可能的转换。
- 状态空间的基图是有向图，其顶点是状态空间的状态，如果状态空间中存在从 x 到 y 的任意标记弧，那么包含从 x 到 y 的弧。
- 标记弧的标签表示设备的输入，该输入驱动设备从一个状态转换到另一个状态。
- 如果谓词在开始状态为真，那么它是一个不变量，并且在所有状态转换中保持不变。
- 不变量原理指出，不变量对所有可达状态都为真。

习题

15.1 展示用欧几里得算法计算 3549 和 462 时的状态转换。

15.2 展示例 4.1 中游戏的整个状态空间，从 7 个硬币开始。展示所有的转换，并分辨第一个玩家的输赢状态。

15.3 考虑具有溢出位的两位寄存器。寄存器可以存储最大为 3 的非负整数，加 1 和减 1 都是可用的操作。将 1 加 3 得到值 0，但开启了溢出位，从 0 减去 1 得到值 3，但同样开启溢出位。一旦溢出位打开，它将保持打开状态。给出此系统的全状态转换图。

15.4 15迷宫拼图是一个4×4的网格，其中包括编号为1到15的瓦块和一个空白块。瓦块可以在网格内向上、向下、向左或向右移动。另一种思考方式是，空白块可以向上、向下、向左或向右移动。

16个网格位置也可以编号为从1到16的数字，从左上方开始，经过首行，然后是第二行从左到右，以此类推。在游戏开始时，瓦块i位于位置i，$1 \leqslant i \leqslant 15$，而位置16为空白块（如图15.7a所示）。我们的目的是证明，无论瓦块如何移动，它们不能重新定位，以使空白块位于左上角，并且所有的瓦块仍然有序（也就是说，瓦块i位于位置$i+1$，对于$1 \leqslant i \leqslant 15$，如图15.7b所示）。

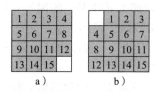

图15.7 a) 15拼图的初始分布 b) 这种分布是否可能

给定网格上瓦块的任意分布，对于$1 \leqslant i \leqslant 15$，设$d_i$为瓦块$i$后面编号小于$i$的瓦块数量。例如，在初始位置，对于每个$i$，$d_i$为0，但是当瓦块15位于左上角时，$d_{15}$为14。设$D = r + \sum_{i=1}^{15} d_i$，其中$r$是空白块的行号。（最上面是第1行，最下面是第4行。）

(a) 证明如果空白块向左或向右移动，D不会改变。

(b) 证明如果空白块向上或向下移动，D将以偶数变化。

(c) 证明15-迷宫拼图的状态空间满足D为偶数的不变量。

(d) 证明空白块位于左上角且瓦块有序的分布从初始分布是无法到达的。

15.5 习题1.4（第1章）证明，如果将一只鸽子放在9×9网格的一个方块上，所有鸽子同时向上、向下、向左或向右移动，则某些网格方块上至少会有两只鸽子。对于任意的n，考虑任意$n \times n$网格，想象这样的移动会无限期地重复下去。

(a) 寻找并证明一个不变量，从中你可以得出结论：所有n^2只鸽子都落在一个方块上是不可能的。

(b) 是否有可能所有鸽子都落在对角线方块的集合上？

15.6 (a) 证明对于任意的$a, b, c \in \mathbb{N}$，使得$c > 0$，且
$$(a+b) \bmod c = ((a \bmod c) + (b \bmod c)) \bmod c$$

(b) 去九算法。下列算法验证一个十进制数是否可被9整除。不必对任何大于16的数字进行算术运算，从左到右一次一个数字地遍历该十进制数即可。

    1. $r \leftarrow 0$

    2. While any digits remain

        (i) $d \leftarrow$ the next digit

        (ii) $r \leftarrow r + d \bmod 9$

    3. If $r = 0$ then the number was divisible by 9, else it was not.

该算法具有大小为9的状态空间，对应于r的值。有10种可能的输入数字。将转换表示为9×10的表格，显示每个可能的当前状态的下一个状态和输入符号。

(c) 给出一个不变量,它描述在自动机进入状态 r 时已读取的字符串的真值,$0 \leqslant r < 9$。

(d) 证明该算法保持上一问中的不变量,并得出该算法是正确的结论。

15.7 井字游戏是一个 3×3 的网格游戏,开始时网格是空的。X 先移动并选择一个方格,然后 O 移动并选择一个未占用的方格。玩家交替进行,直到有三个 X 或三个 O 连成一条线,在这种情况下,连成一条线的玩家获胜;或者棋盘被摆满,在这种情况下,比赛是平局(见图 15.8)。

将井字游戏形式化描述为具有转换的状态空间。陈述并证明一个不变量,由该不变量可以推断图 15.9 的状态是不可达的。

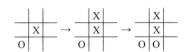

图 15.8　井字游戏中的第三步和第四步　　图 15.9　无法到达的状态

15.8 保加利亚纸牌是由一名玩家参与的游戏。游戏从 2 堆 3 枚硬币开始。然后玩家重复以下步骤:

从每个现有硬币堆中取出一枚硬币,并形成一个新的硬币堆。

堆的顺序无关紧要,因此状态可以描述为一个非递增顺序的正整数(和不大于 6)序列。例如,前两步移动是 $(3,3) \to (2,2,2)$ 和 $(2,2,2) \to (3,1,1,1)$。在下一步中,最后三堆硬币消失,产生了 4 枚硬币和 2 枚硬币的堆。

(a) 记录移动序列,直到出现重复的结果。

(b) 给出 6 枚硬币和各种初始堆的全状态空间有向图。

(c) 用 7 枚硬币重复(b)的问题。

(d) 证明:对于任意的 n,如果堆的硬币数分别为 $n, n-1, \cdots, 1$,那么下一个分布是相同的。

(e) 证明对于任意的 $n \geqslant 1$,如果 $k = \sum_{i=1}^{n} i$,则以一堆 k 个硬币开始游戏,最终会产生一个分布,其中包含 $n, n-1, \cdots, 1$ 个硬币的堆,之后这个分布会重复出现。(事实上,从 $\sum_{i=1}^{n} i$ 枚硬币的任意分布开始,最终都会导致同样的分布——$n, n-1, \cdots, 1$,但是证明这一点并不简单。)

第 16 章

Essential Discrete Mathematics for Computer Science

无 向 图

无向图由顶点以及连接顶点的边构成。图 16.1⊖ 展示了 1878 年 J. J. Sylvester 用无向图表示的孤立碳元素的结构,这是最早在科学论文中使用的无向图示例,该图有八个顶点和十二条边。当今图的描绘与本章中其他描绘一样,用小圆圈来突出顶点。

无向图不同于有向图,主要有以下两方面。首先,边没有方向,两端相同。(这就是为什么将它们称为"边"而不是"弧"。)其次,没有连接顶点与顶点自身的边,即不存在自环。在无向图中,同一对顶点之间不能有两条边,这与有向图中两个顶点之间不能存在相同方向的两条弧非常相似。图 16.2 中展示了一个具有九个顶点的无向图。注意,它们不需要全部连接在一起,接下来会给出具体的概念。

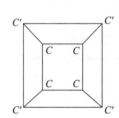
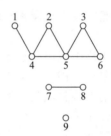

图 16.1　Sylvester 的碳原子结构图

图 16.2　具有三个连通分支的无向图,也可以看作三个连通的无向图

图 16.3 展示了无向图中不会出现的特征。图可以概括为包含重边、环,以及有向弧和无向边的混合,但对我们来说,无向图不包含这些"额外"的东西。

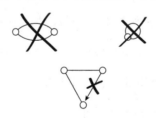

图 16.3　无向图中同一对顶点之间不能有重边,不存在从顶点到其自身的边,也不包含任何有向弧

形式上说,无向图(undirected graph)或简称为图(graph)是有序对 $\langle V, E \rangle$,其中 V 是顶点集,E 是边集。一条边是 V 中两个元素的子集,然而我们通常将边记为 $x-y$ 而不是 $\{x, y\}$。我们将 x、y 称为连接 x 和 y 的边 $x-y$ 的两个端点,也称 x 和 y 与边 $x-y$ 相关联(incident)。

⊖　J. J. Sylvester, "On an Application of the New Atomic Theory to the Graphical Representation of the Invariants and Covariants of Binary Quantics, with Three Appendices," *American Journal of Mathematics* 1, no. 1 (January 1, 1878): 64-104, doi:10.2307/2369436.

图 16.2 中的图有九个顶点和八条边：
$$V = \{1,2,3,4,5,6,7,8,9\}$$
$$E = \{1-4, 2-4, 4-5, 2-5, 5-3, 5-6, 3-6, 7-8\}$$

因为 E 是一个集合，所以只包含 $x-y$ 或 $y-x$，它们指的是同一条边 $\{x, y\}$。

无向图中的路和路径与有向图（见第 13 章）中的意义几乎相同，但是有一些微妙之处，因此最好重述无向图情况下的定义。

无向图中的路是一个或多个顶点的序列，其中连续的两个顶点之间有边连接。路的长度是其中边的数量。路径是无重复边的路。回路是一条从终点又回到起点的路径。圈是除了第一个和最后一个顶点相同，无重复顶点的回路。因此，在图 16.2 中，$1-4-2-5-4-1$ 是一条路，$1-4-5-3$ 是一条路径，$2-4-5-3-6-5-2$ 是一条回路，$4-2-5-4$ 是一个圈。$7-8-7$ 是一条路，但不是路径，并且既不是回路也不是圈，因为边 $7-8$ 与边 $8-7$ 是同一条边。9 到任何其他顶点都没有路径。与有向图的约定不同，无向图中的单个顶点不存在平凡圈（尽管我们仍然认为它有一条平凡路径）。

定理 16.1 任何回路都包含一个圈。

证明：假设 $C = v_0 - v_1 - \cdots - v_n = v_0$ 是一条长度为 n 的回路。我们通过寻找这条回路上顶点的子序列来找到这个回路中的一个圈，这些顶点组成一个长度至少为 3 的路径，除了第一个和最后一个顶点是相同的之外没有重复顶点。设 $0 \leqslant i < j \leqslant n$ 使得 $v_i = v_j$ 且 $j-i$ 最小，即不存在 k 和 l，且 $0 \leqslant k < l \leqslant n$，使得 $v_k = v_l$ 且 $l-k < j-i$。我们可以通过良序原理找到这样的 i 和 j，因为 $j-i$ 的集合具有最小元素，其中，$i < j$ 并且 $v_i = v_j$。此外，$j-i \geqslant 3$，因为 $j-i = 1$ 要求有一条从顶点到它自身的边，而 $j-i = 2$ 意味着 $v_i - v_{i+1}$ 和 $v_{i+1} - v_{i+2}$ 是同一条边。那么 $v_i - v_{i+1} - \cdots - v_j$ 是一个圈，是长度至少为 3 终止于起点的路径。如果在顶点 $v_{i+1}, \cdots, v_j$ 中有一对重复的顶点，那么它们下标的差将小于 $j-i$，这与 $j-i$ 的极小性相矛盾。 ∎

✼

如果两个顶点之间存在一条路径，则两个顶点是连通的（connected）。连通性是顶点集上的等价关系（特别注意，每个顶点都通过长度为 0 的路径与自身连通）。等价类被称为无向图的连通分支（connected component）。因此图 16.2 中有三个连通分支，分别包含 6 个、2 个和 1 个顶点。如果一个图只有一个连通分支，则该图是连通的，否则是不连通的（disconnected）。

我们将连通性的概念与有向图的强连通分支的概念进行比较。任何无向图都有一个对应的有向图，其中的边 $x-y$ 用双向边 $x \leftrightarrow y$ 来替换。如果两个顶点在对应的有向图中连通，则在无向图中也是连通的，并且无向图的连通分支与其对应的有向图中的强连通分支相同。

我们也可以将一个有向图转换成一个相应的无向图：任意有向弧 $x \to y$ 用边 $x-y$ 替换，合并重复的边，并删除自环。该图称为有向图的基图（underlying）（见图 16.4）。有向图中的强连通分支与基图中的连通分支不对应。基图的连通分支称为有向图的弱连通分支（weakly connected component）。也就是说，有向图中如果可以从一个顶点以任意方向沿着有向弧到达另一个顶点，则这两个顶点是弱连通的。在图 16.4 中，有向图有两个强分支，但只有一个弱分支（weak component），因为如果忽略弧的方向，所有三个顶点都可以彼此到达。

顶点的度数是该顶点关联的边数。图 16.2 中的无向图有一个 4 度顶点、一个 3 度顶点、三个 2 度顶点、三个 1 度顶点和一个 0 度顶点。所有顶点的度数总计为 16，是边数的

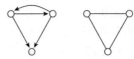

图 16.4　一个有向图及其基图。该有向图有两个强连通分支(顶部的两个顶点可以彼此到达，底部的顶点是一个单独的强分支)。它只有一个弱分支，是其基图的一个连通分支

两倍。这是有意义的，因为每条边对两个顶点各贡献 1 个度数。因此，可以更精确地描述为任意图的顶点度数之和必然是偶数，等于边数的两倍。

如果 $G=\langle V,E \rangle$ 是一个图，$v \in V$，且 e 是 V 中两个顶点的集合，那么 $G-v$ 是从 G 中删除 v 以及与 v 关联的所有边的结果，$G-e$ 是从 G 中删除 e（假设它存在于 E 中）但留下其端点的结果，$G+e$ 是将边 e 添加到 E 中的结果。也就是说，

$$G-v = \langle V-\{v\}, E-\{\{v,y\}: y \in V\} \rangle$$
$$G-e = \langle V, E-\{e\} \rangle$$
$$G+e = \langle V, E \cup \{e\} \rangle$$

仅凭这几个概念，我们就可以陈述和证明图论中最古老的定理了。

欧拉回路[⊖]（Eulerian circuit）是一条包含每条边仅一次的回路。

定理 16.2　欧拉定理。一个连通图有一条欧拉回路，当且仅当每个顶点的度数都是偶数。

证明： 假设一个连通图有一条欧拉回路。在每个顶点上，回路进入顶点的边数等于回路离开该顶点的边数，因为回路要回到起始顶点。回路包含图中每一条边，因为每条边在欧拉回路中恰好出现一次。因此，关联到每个顶点的边总数是偶数。

现在假设 G 是一个连通图，并且每个顶点的度数都为偶数。我们通过对 G 的边数做归纳，证明 G 中有一条欧拉回路。少于 3 条边的图没有欧拉回路，如果 G 有 3 条边，则它是一个三角形，显然有一条欧拉回路。因此，假设 G 有 3 条以上的边，根据归纳假设：在任何边数少于 G 的连通图中都有一条欧拉回路，并且每个顶点的度数都为偶数。

我们从证明总可以构造一条回路开始，通过选择任意一个顶点，沿着未曾走过的边在图中遍历，直到返回到原始顶点。首先，原始顶点之外的任何顶点都可以通过未使用的边离开，因为在到达该顶点之前，顶点所关联的未使用边数是偶数，当遍历到达顶点时变为奇数（特别地，它不会是 0），并且在离开顶点时再次变为偶数。其次，我们最终将再次到达原始顶点：因为在离开到达的任何其他顶点之后，如果我们被迫结束遍历，那一定是因为我们已经返回到原始顶点。因此存在回路，然而它也可能不包括所有的边。我们把这个回路称为 $C=c_0-c_1-\cdots-c_l$（图 16.5）。

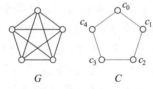

图 16.5　寻找欧拉回路。左侧 G 中，每个顶点都是 4 度的，所以这个图中应该有一条欧拉回路。在右侧，找到了一条回路，按照顶点的访问顺序：c_0, c_1, c_2, c_3, c_4。这就是证明中的回路 C

[⊖] 莱昂哈德·欧拉（Leonhard Euler）是 18 世纪一位多产的数学家，他对数学的许多领域都做出了重要贡献，包括图论。定理 16.2 以他的名字命名，灵感来自对哥尼斯堡七座桥问题的研究，哥尼斯堡是当时普鲁士的一座城市。

删除 C 中所有边会将图分解为连通子图的集合 S，每个子图中的边都少于 G 的边。每个子图中的所有顶点度数都是偶数，因为当从 G 中删除 C 时，每个顶点都将失去偶数个关联边（图 16.6）。根据归纳假设，对于每个 $H \in S$ 都有一条欧拉回路 C_H。将 C 和 C_H 组合在一起就构成了 G 的欧拉回路。

每个 $H \in S$ 与 C 都有一个公共顶点，因为 G 是连通图。设 v_H 是 H 与 C 的公共顶点（对于不同的 H，某些 v_H 可能是相同的）。构造 G 的欧拉回路：从 c_0 开始，沿着 C 中的边，直到到达 $c_l = c_0$，然后在每个顶点 c_i 处沿着 $H \in S$（满足 $c_i = v_H$）中的欧拉回路绕行。■

图 16.6 从 G 中删除 C 得到的结果 H。H 的每个顶点度数都为 2，因此（根据归纳假设）H 中有一条欧拉回路

在图 16.5 和图 16.6 的示例中，假设回路 H 访问顶点的顺序是 $c_0, c_2, c_4, c_1, c_3, c_0$。如果所选 G 和 H 的公共顶点 v_H 为 c_0，那么 G 的欧拉回路为

$$c_0 - c_2 - c_4 - c_1 - c_3 - c_0 - c_1 - c_2 - c_3 - c_4 - c_0$$

其中，H 中的回路为黑色，C 中的回路为灰色，与图中边的颜色相对应。

图 16.7 不存在欧拉回路的图

图 16.7 所示的图与图 16.5 几乎相同，只是缺少了一条边。这个图有奇数度顶点，所以不存在欧拉回路。

✼

如果两个图的顶点集之间存在双射且相应顶点之间的边也保持对应，则这两个图是同构的（isomorphic）。也就是说，两个图 $G = \langle V, E \rangle$ 和 $G' = \langle V', E' \rangle$ 之间的同构是一个双射 $f: V \to V'$，使得 $x - y \in E$ 当且仅当 $f(x) - f(y) \in E'$。非形式化地描述如下：同构图在"重新命名顶点"后是相同的。例如，图 16.8 中的两个图看上去很不同，但在下面的同构映射下，它们本质上是相同的：

$$1 \leftrightarrow A$$
$$2 \leftrightarrow D$$
$$3 \leftrightarrow C$$
$$4 \leftrightarrow B$$
$$5 \leftrightarrow E$$

在许多情况下，我们只关心图的属性，这些属性不依赖于特定顶点的名称或绘制方式。在这种情况下我们说，我们只关注图的"同构性"。例如，如果一幅图可以画在平面上（或是一张纸上）且任意两条边不相交，则称其为平面图。图 16.8 展示了一个起初看起来不是平面图的图，但平面性是图本身的一个属性，不是由绘制方式决定的。也就是说，如果一个图是平面图，那么与它同构的任何图也是平面图。

如果两个图是同构的，它们必定具有相同数量的顶点和相同数量的边。它们还必须具有相同数量的同样度数的顶点。例如，在图 16.8 中，两个图都有三个 2 度顶点和两个 3 度顶点。因此，有时可以通过计算所有顶点的度数并找出差异来快速证明两个图不是同构的，即使它们具有相同数量的顶点和边。例如，图 16.9 中的两个图具有相同数量的顶点和边，但不是同构的，因为左侧的图具有一个 4 度顶点，而右侧的图中没有。

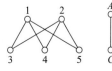

图 16.8 同构的图

不幸的是，具有相同数量的同样度数顶点不是两个图同构的充分条件（见图 16.10）。如果这种简单的度数计数测试不能证明图不是同构的，可能没有比蛮力更好的方法来验证它们是否同构：尝试所有可能的方法将一个图的顶点与另一个图中的顶点匹配，并验证两个图的边是否也匹配。判断两个图是否同构的最简单测试是图论领域的一个经典问题，尽管近年来已经取得了显著的进展，但这个问题仍未解决。

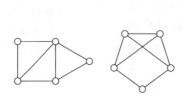

图 16.9　顶点和边数相同的非同构图

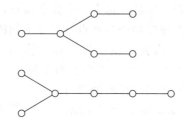

图 16.10　顶点数和边数相同，相同度数的顶点数量也相同的非同构图

✻

两个顶点之间的距离（distance）是它们之间最短路径的长度。在图 16.2 中，顶点 2 和 3 的距离是 2；顶点 1 和 6 的距离是 3；顶点 6 和 7 的距离是无限远，因为没有连接它们的路径。图的直径（diameter）是任意两个顶点之间的最大距离。图 16.9 中的两个图的直径都为 2，因为在每个图中，任何一对顶点都由长度最多为 2 的路径连接。

再看一个例子，在社交网络图中，顶点表示人，边连接一对朋友。（这种表示隐含着朋友关系是对称的，即如果 A 是 B 的朋友，那么 B 也是 A 的朋友。因此使用无向图比有向图更适合表示社交网络。）在这样的社交网络中，与你距离为 1 的人是你的朋友，距离为 2 的人是你朋友的朋友。最大度数顶点表示的人拥有最多的朋友，并且图的直径是使得经过 d 步"朋友"足以将任何人与其他人联系起来的最小 d。具有多个顶点的图可能直径很小，前提是它有很多边，即至少有些人有很多朋友的情况。

具有 n 个顶点和所有可能边的图称为 n 个顶点的完全图（complete graph），用 K_n 表示。前几个完全图如图 16.11 所示，我们看到 K_5 正是图 16.5 中的图 G。K_n 有 $\frac{n \cdot (n-1)}{2}$ 条边（$n=5$ 的情况下 10 条边），并且（当 $n>1$ 时）直径为 1，因为每个顶都与其他顶点相连。每个顶点的度数都为 $n-1$，用社交网络的示例来说，每个人都认识其他 $n-1$ 个人。

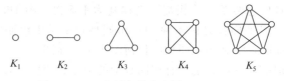

图 16.11　n 个顶点的完全图，$n=1,\cdots,5$

✻

树（tree）是一个连通无圈图。森林（forest）是一个无圈图，且每个连通分支都是树（见图 16.12）。树有很多应用，因为一个顶点集合连通的最小图就是树。我们来了解一下关于树的一些基本性质。

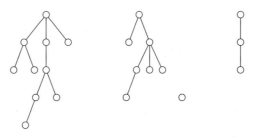

图 16.12 森林。它的四个连通分支都是一棵树

定理 16.3 具有 n 个顶点的树有 $n-1$ 条边。

证明：有 $n=1$ 个顶点的树是唯一的，有 $n-1=0$ 条边，这是一个平凡图。

现在考虑具有 $n+1 \geqslant 2$ 个顶点的树 T，假设任意具有 n 个顶点的树都有 $n-1$ 条边。

首先，我们声明 T 必定至少有一个 1 度顶点。我们采用反证法来证明。假设说法不为真。由于 T 是连通的，所以它没有 0 度顶点，否则该顶点本身就是一个连通分支。此外，至少有两个顶点的 T 也是不连通的。如果每个顶点的度数为 2 或更大，那么从任意顶点 v_0 出发，可以构造一个顶点序列 $v_0 - v_1 - v_2 - \cdots$，使得连续的边是不同的（即 $v_i \neq v_{i+2}$，对于每个 i 来说）。由于 T 是有穷的，所以有些顶点必然会重复（图 16.13），即存在 i 和 j，其中 $0 \leqslant i < j \leqslant n$，使得 $v_i = v_j$（实际上 $j - i \geqslant 2$）。从而 $v_i - v_{i+1} - \cdots - v_j$ 是一个圈，与 T 是树的假设相矛盾。

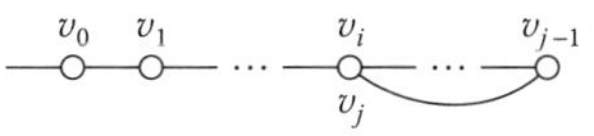

$$v_0 \quad v_1 \quad \cdots \quad v_i \quad \cdots \quad v_{j-1}$$
$$v_j$$

图 16.13 如果有限图中的每个顶点的度数至少为 2，则该图包含一个圈

因此，T 有一个 1 度的顶点。设 v 就是这个顶点，那么 $T-v$ 是一棵树。也就是说，它是连通的，因为 v 是 1 度的，所以只通过一条边与其他顶点连接。又因为 T 是无圈的，我们不可能通过删除边来产生圈，所以 $T-v$ 是无圈的。因此，$T-v$ 是一个具有 n 个顶点的树。根据归纳假设，它有 $n-1$ 条边。而 T 正好比 $T-v$ 多出一条边，即与 v 关联的边，所以 T 有 n 条边。 ■

定理 16.4 从树中删除一条边而不删除任何顶点会使产生的图不连通。向树中添加一条边而不添加任何顶点会产生一个圈。

证明：如果 T 是一个具有 n 个顶点和 $n-1$ 条边的树，那么删除一条边将产生一个具有 n 个顶点和 $n-2$ 条边的图。根据定理 16.3，该图不再是一颗树。由于删除一条边不可能产生圈，因此该图是无圈的。因为它不再是树（图 16.14），所以它一定是不连通的。向 T 添加一条边将产生一个具有 n 个顶点和 n 条边的图。通过添加边不能使原图不连通。根据定理 16.3，图不再是一棵树，因此必定含有一个圈。 ■

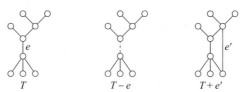

图 16.14 从树中删除边使产生的图不连通，而向树中添加边会产生一个圈

定理 16.5　在树中的任意两个顶点之间，有且仅有一条路径。

证明：树中的两个不同顶点之间至少有一条路径，因为根据定义，树是连通的。

假设在树 T 中，顶点 v 和 w 之间有不止一条路径，设为

$$v = v_0 - v_1 - \cdots - v_m = w$$
$$v = u_0 - u_1 - \cdots - u_n = w$$

我们发现，这两条路径中某些路段可以连接起来（第二条路径可以逆向接在第一条路径的后面），产生一个圈。

设 i 是使 $v_i = u_i$，但是 $v_{i+1} \neq u_{i+1}$ 的最小下标值（这样的 i 一定存在，否则两条路径是完全相同的）。由于这两条路径在末端汇合，所以我们可以找到最早的汇合点，即存在 $j > i$ 和 $k > i$，使得 $v_j = u_k$，且路径 $v_i, v_{i+1}, \cdots, v_j$ 和路径 $u_i, u_{i+1}, \cdots, u_k$ 只有相同的开头和结尾顶点。那么

$$v_i - v_{i+1} - \cdots - v_j = u_k - u_{k-1} - \cdots - u_i = v_i$$

是一个圈，与 T 是一棵树的假设相矛盾。∎

＊

我们可以对图的边做标记，就像在第 15 章中对有向图的弧做标记一样。如果边 $e = u - v$ 的标签是 a，则我们将 a 记在 u 与 v 的连线上。如果标签来自集合 D，那么我们可以使用函数 $w: E \to D$ 来表示边 e 的标签 $w(e)$。如果 D 是像 $\mathbb{N}$ 或 $\mathbb{R}$ 一样的数字集合，那么数字标签可以表示一个管网的容量，或者是地图中的距离，又或者是两个顶点连接的成本。边上的数值通常称为权重（weight），许多重要的优化问题可以描述为在图中找到一组边，使所选边的总权重最小。

我们用一个简单但重要的例子来结束本章：找到图的一个最小生成树，其中每条边都被赋予了权重。例如，如果权重是城市之间的道路距离，那么最小生成树将对应于连接所有城市的最短道路网络。例如，通过它我们可以知道暴风雪后需要犁平的最小道路英里数，以便所有城市之间可以通行。首先我们需要一些必要的定义。

对于任意图 $G = \langle V, E \rangle$，G 的子图是任意图 $H = \langle V', E' \rangle$，其中 $V' \subseteq V$，$E' \subseteq E$。当 H 是 G 的子图时，记为 $H \subseteq G$。（当然，H 是一个图，所以 E' 中每条边的两个端点都在 V' 中。）G 的生成树（spanning tree）是 G 的子图，是包含 G 的所有顶点的树（即 $V' = V$）。如果 G 的边用数字做标签，那么，最小权重生成树就是边的权重总和最小的生成树 $T \subseteq G$。如果我们将边 e 的权重记为 $w(e)$，则定义任意树 $T = \langle V_T, E_T \rangle$ 的权重为边的权重总和

$$w(T) = \sum_{e \in E_T} w(e)$$

如果 T 是生成树并且不存在 G 的其他生成树 T' 使得 $w(T') < w(T)$，则 T 是 G 的最小权重生成树。简称 T 为最小生成树（minimum spanning tree）。例如，在图 16.15 中的三个生成树中，最小生成树是 $A - B - C$，其权重为 4。

我们总是说"一个最小生成树"而不是"最小生成树"，因为可能有几个具有相同最小权重的生成树。例如，如果图的所有边都具有权重 1，那么任何生成树都是最小生成树，并且树的权重

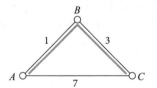

图 16.15　具有三个生成树的图，分别是 $A - B - C$（权重 4）、$B - C - A$（权重 10），以及 $C - A - B$（权重 8）。在这种情况下，最小生成树是唯一的，用灰色标识

是边的数量，即比顶点数少一个。

有多条边的带标签图可能有很多生成树，首先需要按顺序检查每条边，以找到权重最小的一个生成树。事实上，一些向前搜索算法可以确保有效地找到最小生成树。我们在这里给出 Kruskal 算法[⊖]，并证明它的有效性。在我们的示例中，图 16.16 是一个带标签图，其中边的权重是 1、2、3、4、5 和 6。Kruskal 算法构造的最小生成树如图 16.19 所示，总权重为 11。

图 16.16　为图 G 查找最小生成树。按照边的权重顺序（从 1 到 6）处理边

Kruskal 算法本身很简单。从一个空图开始，空图即没有边且包含 G 中所有顶点的图（图 16.17），按照权重增加的顺序一次添加一条边，跳过任何会形成圈的边。过程和结果见图 16.18 和图 16.19。该算法从 n 棵平凡树开始，生长为森林，然后通过添加连接不同树的边，逐渐将树合并在一起，形成更大的树。算法在添加 $n-1$ 条边后结束。此时，森林变成了一棵树。更准确地说，Kruskal 算法找到了连通图 G 的最小生成树，边 e 的权重为 $w(e)$：

1. $F \leftarrow \varnothing$　（F is the set of edges that have been added）
2. For each edge $e \in E$, in order of increasing weight $w(e)$
   (a) If the endpoints of e are in different trees, then
       (i) $F \leftarrow F \cup \{e\}$
3. Return F as a minimum spanning tree.

图 16.17　算法从空图 a 开始，添加的第一条边是权重最小（即 1）的边，如图 b 所示

图 16.18　在接下来的两个步骤中，添加权重为 2 和权重为 3 的边。森林现在有两棵树

图 16.19　下一条要添加的边是权重为 4 的边，但是它将产生一个圈，因此跳过图 a。下一条边是权重为 5 的边，添加它构造完成了最小生成树

定理 16.6　Kruskal 算法构造了一棵最小生成树。

证明：该算法从不连接同一棵树中的顶点，因此不会产生圈。由于它遍历 G 中的每条边，

⊖ 以美国数学家和计算机科学家约瑟夫·克鲁斯卡尔（Joseph Kruskal，1928—2010）的名字命名，算法公布于 1956 年。

并且 G 是连通的，所以最终结果是一棵生成树。需要证明的是最终返回的树具有最小权重。

我们证明森林 F 在算法执行的每个阶段都满足以下的不变量谓词 $P(F)$：F 是最小生成树的子图。

开始时 F 没有边，$P(F)$ 显然是正确的。如果到最后 $P(F)$ 为真，则返回的树是最小生成树。因此，我们必须证明，如果 $P(F)$ 在处理边之前为真，那么在处理边之后仍为真。

如果 $P(F)$ 为真，并且 e 连接的顶点在同一棵树中，那么 F 不变，因此不变量不变。现在设 $P(F)$ 为真，e 在未使用边中具有最小权重，并且 e 连接两个不同树中的顶点，而 $P(F+e)$ 为假。从这个假设中推出一个矛盾，从而证明 $P(F+e)$ 为真，完成证明。

考虑某个最小生成树 T，使得 F 是 T 的子图（因为 $P(F)$ 为真，必定存在一个满足条件的 T）。T 不包括边 e，因为 $F \subseteq T$，而如果 $F+e$ 是 T 的子图，那么 $P(F+e)$ 为真。因此，根据定理 16.4（图 16.20），将 e 加入 T 会产生一个圈。那么，存在其他的边 e' 是圈的一部分，但不是 $F+e$ 的一部分（否则 $F+e$ 本身将包含一个圈）。那么

- $w(e') \geqslant w(e)$，因为算法在添加 e' 之前添加了 e；
- $w(e') \leqslant w(e)$，因为 T 包含 e' 而不是 e，是最小权重生成树。

因此，$w(e') = w(e)$，并且在 T 中用 e 替换 e' 生成了一个生成树 $T-e'+e$，也具有最小权重，这与假设 $F+e$ 不是任何最小生成树的子图相矛盾。∎

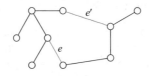

图 16.20　Kruskal 算法中的关键步骤。F 为黑色边集，是某个最小生成树的子图。该算法添加了 e，并且 $F+e$ 有可能不是任何最小生成树的子图。那么其他的某个边 e' 是包含 F 的最小生成树的一部分，且有一个圈包含 e 和 e'，用 e 替换 e' 不会增加树的权重

本章小结

- 无向图，或者称图，由顶点和边组成，可以形式化表示为有序对 $\langle V, E \rangle$，其中 V 是顶点集，E 是边集。一条边是两个顶点的集合，记为 $x\text{—}y$。
- 无向图与有向图的不同之处在于前者的边没有方向，并且它们不能有自环。
- 无向图中的路是一个顶点序列，其中连续的顶点之间有边连接。该路的长度是其中所含边的数量。路径是没有重复边的路。回路是一条开始顶点与结束顶点相同的路径，如果没有其他重复顶点，则回路是一个圈。
- 如果两个顶点之间存在一条路径，则两个顶点是连通的。这种关系的等价类是图的连通分支。如果一个图只有一个连通分支，则它是连通的。
- 图的连通分支是所对应有向图中的强连通分支。有向图的弱连通分支是它的基图中的连通分支。
- 顶点的度数是关联该顶点的边数。
- 根据欧拉定理，一个连通图有一条欧拉回路（一条包含每条边恰好一次的回路），当且仅当每个顶点的度数为偶数。

- 如果两个图具有相同的结构，则它们是同构的，尽管它们的顶点名称可能不相同。如果两个图是同构的，则它们具有相同数量的边、顶点和每个顶点的度数，但这不是两个图同构的充分条件。
- 完全图中每对顶点之间都有一条边。
- 树是一个连通无圈图。树的边数正好比顶点数少一。删除任何一条边，树都会不连通，添加一条边就会产生一个圈。树中任意两个顶点之间，恰好有一条路径。
- 森林是无圈图，即其中的连通分支都是树的图。
- 图中的边可以被分配权重，生成树是树的一个子图，包含原图的所有顶点。最小生成树是具有最小总权重的生成树。
- Kruskal 算法按照权重递增的顺序添加边，跳过任何能产生圈的边，来生成最小生成树。

习题

16.1 图 16.1 中图的直径是多少？图中最长圈的长度是多少？

16.2 使用定理 16.2 的方法找到图 16.21 中的欧拉回路，从回路 $A-B-F-G-A$ 开始。

16.3 证明任意包含至少两个顶点的图都有两个度数相同的顶点。或者用社交网络的示例来说，在任何非平凡的社交网络中，两个人认识相同数量的人。

16.4 多重图是图的推广，其中两个顶点之间可以有多条重复的边。用本书的形式化术语来说，我们可以将多重图看作一个无向图，其中的边带有正整数标签，表示该边的重数。边的重数计入两端顶点的度数中。
证明欧拉定理对多重图成立。

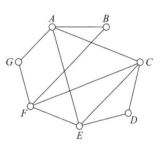

图 16.21 具有欧拉回路的图

16.5 欧拉路是遍历每条边恰好一次的路（不必结束于开始处）。证明连通图具有欧拉路当且仅当它至多有两个奇数度顶点。

16.6 如果 $S_1,\cdots,S_n$ 是集合 U 的子集，集合 $F=\{S_1,\cdots,S_n\}$ 的交集图（intersection graph）具有顶点 $v_1,\cdots,v_n$ 和边 v_i-v_j 当且仅当 $i\neq j$，并且 $S_i\cap S_j\neq\varnothing$。

(a) 给出小于或等于 10 且有小于 10 的公约数的正整数集合的交集图，即
$$\{\{i:1\leqslant i\leqslant 10 \text{ 且 } k\mid i\}:1\leqslant k\leqslant 10\}$$

(b) 给出自然数区间集合 $\{[p,3p]:p \text{ 是小于 } 10 \text{ 的质数}\}$ 的交集图，其中 $[a,b]$ 表示集合 $\{x:a\leqslant x\leqslant b\}$。

(c) 证明任何图都是交集图。提示：考虑每个顶点关联的边。

(d) 找到一个图，它不是任何区间集合的交集图（见问题 b）。也就是说，不是集合 $\{[a_1,b_1],\cdots,[a_n,b_n]\}$ 的交集图，其中 a_i 和 b_i 都是自然数。

16.7 Prim 算法⊖是搜索最小生成树的算法，它从任意顶点开始并从该顶点生成一棵树。在每一步中，它都会添加树中尚未出现的最低权重边，该边与树中已存在的某个顶点相关联，并且不产生圈。

⊖ 以美国计算机科学家罗伯特·普里姆（RobertPrim，生于 1921 年）的名字命名，他于 1957 年在贝尔实验室工作时发现了这一算法。然而，后来发现捷克数学家沃杰特·贾尼克（Vojtěch Jarník）已于 1930 年发现了它。

(a) 对图 16.16 中的图应用 Prim 算法。

(b) 证明 Prim 算法产生的是最小生成树。提示：用数学归纳法证明，随着树的生长，得到的总是最小生成树的子树。

16.8 证明如果所有边的权重是不同的，那么最小生成树是唯一的。

16.9 证明即使图 G 的最小生成树是唯一的，G 也可能具有多个第二小权重生成树。

16.10 (a) 使用 Kruskal 算法找出图 16.22 的最小生成树。

(b) 现在，将图 16.22 中的奇数权重替换为其后继偶数。再次应用 Kruskal 算法，找到两棵不同的最小生成树。

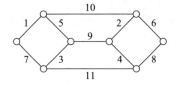

图 16.22　查找图中的最小生成树

第 17 章

连 通 性

图可以分解为彼此不连通的子图。如果一个图表示几乎没有共同朋友的两个人的社交网络,那么连接他们友情的网络就会有较少的边,如果有些友情消失了,那么这个社群(social group)可能会变得不连通。对于一个表示计算机网络的图,如果有一个顶点出现在两个彼此不连通网络的连接处,那么这个特殊的顶点就是一个危险顶点——它的一个故障或禁用攻击会切断子网络之间的通信。

我们已经见过将无向图和有向图分解为不相交子图的一些方法。连通图是只有一个连通分支的图。如果它的连通分支数大于 1,那么这些连通分支之间是没有路径的。无论图是连通的还是不连通的,这都是粗略的概念。图的连通性则是可度量的。一个图是连通的,但是删除了其中的几条边或者几个顶点很容易就变得不连通了。我们可以细化连通性的概念,从而用数值度量图的连通性。

图的**边连通度**(edge connectivity)是为使图变得不连通而删除的最小边数,图的边连通度永远不会超过图中顶点的最小度数,因为删除与顶点关联的所有边,就会使该顶点与图的其余部分不连通。

图 17.1 展示了边连通度为 1 的图,因为删除边 3—4,图将断开为两个连通分支,分别为 $\{1, 2, 3\}$ 和 $\{4, 5, 6, 7, 8, 9\}$。在删除 3—4 之后,右侧的连通分支由顶点 $\{4, 5, 6, 7, 8, 9\}$ 构成,具有边连通度 2,即删除任何一条边都不能使图不连通。但是,如果删除两条边,例如 7—8 和 7—9,图就会不连通。

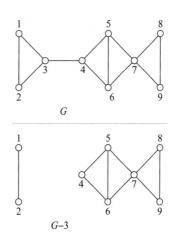

图 17.1 具有边连通度 1 和点连通度 1 的图

如果删除一条边会增加图的连通分支数,则该边称为**桥**(bridge)。图 G 中的边 3—4 就是桥。

图的**点连通度**(vertex connectivity)是为使图变得不连通而删除的最小顶点数。图 17.1 中,图的点连通度为 1,因为删除 3、4 或 7 中的任何一个点都会使图不连通。图 17.1 中右下方连通分支的点连通度为 1,因为删除顶点 7 会使图不连通。

严格地说,完全图 K_n 的点连通度是未定义的,它的每对不同顶点之间都有一条边(见图 16.11),不可能通过删除顶点使图不连通,于是我们约定 K_n 的点连通度为 $n-1$,因为删除 $n-1$ 个顶点后会剩下单个顶点。

如果删除单个顶点会增加图的连通分支数,则该顶点称为图的**割点**(articulation point)。因此,3、4 和 7 都是图 17.1 中图 G 的割点。如果桥连接的是非平凡图,那么它的两个端点都是割点。但是有些割点,如图 17.1 中的割点 7,并不是桥的端点。

一个图称为 k **连通的**(k-connected),其中 $k \geq 1$,如果它的点连通度至少为 k。因此,

1 连通图是连通的。2 连通图即一个没有割点的连通图,称为双连通的(biconnected)。双连通图不能通过删除任何单个顶点使其不连通。在计算机或道路网络中,双连通性是网络存在的最低条件,即如果一个连接点被阻断,那么一对正常状态的顶点之间总存在另一种通信方式。

※

假设我们用图来表示两个特定顶点 s 和 t [(意为"源点"(source)和"目标点"(target)]之间的连接状态,Menger 定理阐述了"使 s 与 t 不连通删除的边数"与"连接它们的不相交路径数(即从 s 到 t 没有公共边的路径的数量)"之间的关系。例如,假设我们想将一个社交网络分成两个部分,使得给定的两个人 s 和 t 位于不同的部分,这样就可以将 s 所在部分的人与 t 所在部分的人之间的友情连接数量最小化。Menger 定理指出,将 s 与 t 分开需要删除边的最小数量,与连接 s 与 t 且不含相交边的路径的最大数量相同。

首先给出几个定义。

设 $G=\langle V,E \rangle$ 是有穷图,设 $s,t \in V$ 是不相同的顶点。$\langle s,t \rangle$ 边割集(edge-cut)定义为使 s 与 t 不连通而删除的边的集合。图的边连通度(之前定义为使图不连通删除的边的最小数量)是任意一对不同顶点 $s,t \in V$ 的最小 $\langle s,t \rangle$ 边割集。$\langle s,t \rangle$ 边割集的超集也是一个 $\langle s,t \rangle$ 边割集。

从 s 到 t 的两条路径如果不存在相同的边,则称它们是边不相交的(edge disjoint)。将边不相交路径集合命名为 $\langle s,t \rangle$ 边连通器(edge-connector),是 s 到 t 两两边不相交路径的集合,也就是说,集合中所有连接 s 和 t 的路径彼此没有公共边。可以将 $\langle s,t \rangle$ 边连通器想象为一端位于 s 另一端位于 t 的光纤束。$\langle s,t \rangle$ 边连通器的任意子集(即使是空集)也是 $\langle s,t \rangle$ 边连通器。

有了这些定义,我们可以更简洁地陈述 Menger 定理:最小的边割集与最大的边连通器基数相等。(参见图 17.2~图 17.4 的示例。)为了便于定理的证明⊖,我们先证明如下引理。

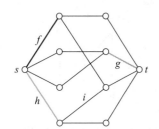

图 17.2 标识了源点 s 和目标点 t 的图

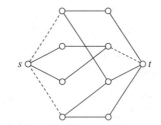

图 17.3 最小的 $\langle s,t \rangle$ 边割集基数为 3,包括边 f、g 和 h。删除这三条边将使图不连通

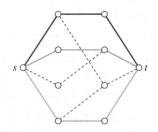

图 17.4 $\langle s,t \rangle$ 边连通器的最大基数是 3。从 s 到 t 两两边不相交的三条路径标识为黑色、灰色和浅灰色。黑色路径包含边 f,灰色路径包含边 g,浅灰色路径包含边 h

引理 17.1 设 $G=\langle V,E \rangle$ 是一个有穷图,s 和 t 是 V 中的两个不同顶点,C 是 G 的最小

⊖ 以下证明基于 F. Göring, "Short Proof of Menger's Theorem," *Discrete Mathematics* 219 (2000): 295-6.

$\langle s,t \rangle$ 边割集，那么存在 $\langle s,t \rangle$ 边连通器 P，使得 C 包含 P 中每条路径的一条边。

例如，图 17.4 展示了基数为 3 的 $\langle s,t \rangle$ 边连通器。图 17.3 中的 $\langle s,t \rangle$ 边割集包含来自每一条路径中的一条边。

证明： 从一个孤立顶点集合开始，通过一次添加一条边来构建一个图。应用结构归纳法，并对 G 做添加一条边的构造操作。

归纳基础是当不存在边时，图 $G_0 = \langle V, E_0 \rangle$，其中 $E_0 = \varnothing$。因为 $|E_0| = 0$，空集也是 $\langle s,t \rangle$ 边割集，因此是最小的。空集也是 $\langle s,t \rangle$ 边连通器（事实上是唯一的一个），$C = \varnothing$ 确实包含每个 $p \in P = \varnothing$ 的一条边。

因此，假设引理 17.1 对于边数少于 G 的所有 G 的子图都成立。设 C 是 G 的最小 $\langle s,t \rangle$ 边割集。（例如，假设 G 是图 17.2，并且 $C = \{f, g, h\}$ 如图 17.3 所示。）考虑任意的边 $e \in E$。

首先，假设 $G - e$ 的最小 $\langle s,t \rangle$ 边割集的基数为 $|C|$。例如，在图 17.2 中设 $e = i$。那么 $e \notin C$，并且 C 也是 $G - e$ 的最小 $\langle s,t \rangle$ 边割集。根据归纳假设，$G - e$ 有一个 $\langle s,t \rangle$ 边连通器 P，使得 C 包含 P 中每条路径的一条边。那么，P 也是 G 的 $\langle s,t \rangle$ 边连通器，使得 C 包含 P 中每条路径的一条边。

现在，假设 $G - e$ 的 $\langle s,t \rangle$ 边割集的最小基数小于 $|C|$。例如，在图 17.2 中取 $e = f$。C 是 G 的最小 $\langle s,t \rangle$ 边割集，因此如果在 $G - e$ 中存在更小的 $\langle s,t \rangle$ 边割集，那么 $C - \{e\}$ 必定是其中之一。因而，G 中必存在某些从 s 到 t 的路径 p 包含 e，而不包含任何 $C - \{e\}$ 中的边，因为 $C - \{e\}$ 是 $G - e$ 的 $\langle s,t \rangle$ 边割集，但不是 G 的。根据归纳假设，$G - e$ 包含一个 $\langle s,t \rangle$ 边连通器 P，使得 $C - \{e\}$ 包含 P 中每条路径的一条边。可以确定，p 与 P 中的每一条路径都是边不相交的：取 $q \in P$，其中 $e_q \in C - \{e\}$ 是 q 中的边。假设 p 与 q 不是边不相交的，有相同的边 e_s，那么 $(C \cup \{e_s\}) - \{e, e_q\}$ 小于 C，并且是 G 的 $\langle s,t \rangle$ 边割集，与 C 是 G 的最小 $\langle s,t \rangle$ 边割集的假设矛盾。所以，事实上，p 与 P 的所有成员边不相交，因此 $P \cup \{p\}$ 是 G 的 $\langle s,t \rangle$ 边连通器，并且 C 包含 $P \cup \{p\}$ 中每一条路径的一条边。∎

定理如下。

定理 17.2 Menger 定理（点到点，边的版本）。在任意有穷图 G 中，对于 G 的任意不同顶点 s 和 t，$\langle s,t \rangle$ 边割集的最小基数等于从 s 到 t 的边不相交路径的最大数目。

证明： 引理 17.1 确定从 s 到 t 两两边不相交路径集合的基数等于 $\langle s,t \rangle$ 边割集的最小基数。因为最小 $\langle s,t \rangle$ 边割集能够切断从 s 到 t 的每条路径，所以不存在更大的两两边不相交路径的集合，而且这些路径没有公共边，所以割集的每个边只能切断一条路径。∎

Menger 定理有许多推广和变体，我们在这里介绍一些实用的版本，但不加以证明。

定理 17.3 Menger 定理（集合到集合，边的版本）。设 $G = \langle V, E \rangle$ 是一个无向图，S 和 T 是 V 的不相交子集，则 $\langle S, T \rangle$ 边割集（删除该集合中的边能切断从 S 中顶点到 T 中顶点的所有路径）的最小基数等于从 S 中一个顶点到 T 中一个顶点的边不相交路径的最大数量。

定理 17.2 是定理 17.3 中 $S = \{s\}$ 和 $T = \{t\}$ 的情况。

定理 17.4 Menger 定理（集合到集合，顶点的版本）。设 $G = \langle V, E \rangle$ 是一个无向图，S 和 T 是 V 的不相交子集，则 $\langle S, T \rangle$ 点割集（删除该集合中的顶点能切断从 S 中顶点到 T

中顶点的所有路径）的最小基数等于从 S 中一个顶点到 T 中一个顶点的顶点不相交路径（除了端点之外没有公共顶点的路径）的最大数量。

定理 17.4 的"点到点"版本如同定理 17.2，可以通过将 S 和 T 取作单元素集合来得到。

Menger 定理的一个极其重要的推广是应用于加权有向图的版本，其中边的权重是管道、道路，或者某段承载网络容量的表示。在这些网络中，存在一个自然的流量容量概念：从源点 s 到目标点 t 的最大流量是多少。它受到的限制条件有：（1）每条边最多可以承载的容量；（2）除了 s 和 t 之外的每个顶点，进入顶点的流量之和必须等于离开顶点的流量总和吗？这个问题的答案被称为最大流最小割定理（max-flow-min-cut theorem），就是从 s 到 t 的最大流量等于 $\langle s,t \rangle$ 边割集中边的最小容量。这个证明过程是构造性的，由此产生的算法称为 Ford-Fulkerson 算法，是算法理论的经典成果之一。

本章小结

- 图的边连通度是使图变得不连通而删除的最小边数。
- 如果删除图中的边会增加图的连通分支数，则该边称为桥。
- 图的点连通度是使图变得不连通而删除的最小顶点数。
- 如果删除图中的顶点会增加图的连通分支数，则该顶点称为割点。
- 如果图的点连通度至少为 k，则称该图是 k 连通的。
- Menger 定理指出，使两个顶点不连通而必须删除的边数等于这些顶点之间边不相交路径的数量。
- 最大流最小割定理指出，对于加权有向图，从一个顶点到另一个顶点的最大负载等于它们之间边割集的最小容量。

习题

17.1 设 $K_n - e$ 表示从完全图 K_n 中删除任意一条边的图。（得到的图不取决于删除了哪条边，即都是同构的。）$K_n - e$ 的边连通度是多少？点连通度是多少？

17.2 两条边不相交路径一定也是顶点不相交的吗？两条顶点不相交路径也必须是边不相交的吗？证明或给出反例。

17.3 找出图 17.5 中 $\langle s,t \rangle$ 边割集的最小基数，以及相同基数的 $\langle s,t \rangle$ 边连通器，使得每条路径包含 $\langle s,t \rangle$ 边割集的一条边。

17.4 证明任何非平凡图的点连通度至多等于其边连通度。

17.5 假设 G 是 k 连通的，并且向图中添加一个新的顶点 v，以及连接它与 G 中某些顶点的边。证明所得到的新图是 k 连通的当且仅当 v 与 G 中至少 k 个顶点相邻。

图 17.5 标识了源点和目标点的图。边割集的最小基数和从 s 到 t 边不相交路径集合的最大基数是什么

17.6 假设图 G 有 n 个顶点。如果 G 是连通的，那么它最少有多少条边？G 是双连通的情况又如何呢？G 是 $(n-1)$ 连通的情况呢？

17.7 证明双连通图中任意两个不同顶点都在一个圈上。

17.8 n 个顶点的不连通无向图中最大边数是多少？

17.9 $n \geqslant 4$ 个顶点的轮图 W_n 由 $n-1$ 个顶点构成的圈和一个与圈的每个顶点都有连接边的顶点 [称之为中心（hub）] 构成。

(a) 证明 $W_4 = K_4$，并且任意顶点都可以被选为中心，但是对于 $n > 4$ 的 W_n，中心是唯一的。

(b) 证明 W_n 的点连通度为 3，其中 $n \geqslant 4$。

17.10 证明一个图是 k 连通的，当且仅当每对顶点都由至少 k 个顶点不相交路径连接。

第 18 章

Essential Discrete Mathematics for Computer Science

着 色

有六位科学家 A、B、C、D、E 和 F，他们正在一个实验室里工作，实验室里有五件非常昂贵的设备，分别是 1、2、3、4 和 5。每个科学家都有一个小时的工作时间，但是他们不能同时工作，因为有几个人需要使用同一件设备，而每件设备每一次只能做一份工作。图 18.1 展示了科学家完成工作所需设备的情况，例如，A、B 和 C 都需要使用设备 1。

如果每个人选择不同的时间段，就不会出现问题，即他们工作时独自拥有实验室，六个小时后每个人都可以完成工作。但是，实验室本身开放的成本很高，而且也迫切地需要寻找更有效的工作调度方式。

例 18.1 图 18.1 中的工作规划最少小时数是多少？

实际上，我们知道最少小时数一定多于一个，实际上应该是多于两个小时，因为有三个不同的人需要使用设备 1，而最多是六个小时。那么是三个、四个、五个还是六个小时呢？

科学家	1	2	3	4	5	时间
A	✓					浅灰色
B	✓	✓	✓			黑色
C	✓	✓	✓			深灰色
D		✓		✓		浅灰色
E			✓		✓	浅灰色
F				✓	✓	黑色

图 18.1 显示哪些科学家需要使用哪些设备的表格

这实质上是调度问题，调度问题是使稀缺资源的分配满足竞争的需求。听起来这不像是图论中的问题，但归根结底就是图论的问题。

我们可以将冲突记录在一幅图中，其中的顶点代表科学家，两个顶点之间的一条边表示他们不能同时在实验室工作。上述条件如图 18.2 所示。

图 18.2 实验室场景的冲突图

我们对顶点进行了着色，使得边的两个端点总是不同的颜色。从而整个图被着色，即仅使用了浅灰色、黑色和深灰色三种颜色。回到例子的开始，通过让所有“浅灰色”科学家（A、D 和 E）同时工作，对其他颜色的也一样处理，我们就能将所有工作安排在三个一小时的时间段内。

这类情况出现诸多为现实世界现象建立模型的图的应用中。因此，我们进一步细化规范定义。

图 $G=\langle V,E\rangle$ 的着色（coloring）是指对顶点分配颜色，使得相邻顶点具有不同的颜色，即：G 的着色是一个映射 $c:V\to C$，其中 C 是一个确定的有穷颜色集，使得边 $x-y\in E$，就有 $c(x)\neq c(y)$。如果 G 可以使用 k 种颜色着色，则存在一个着色 c，使得 $|\{c(v):v\in V\}|=k$，并且 c 称为 G 的 k 着色。

图 18.2 的图不是 2 着色的，因为它包含一个三角形，A、B 和 C 都彼此相邻。

❈

图 G 着色所需的最小颜色数称为 G 的色数（chromatic number），并表示为 $\chi(G)$。（这是小写希腊字母 chi，即颜色一词的第一个字母。）因此，如果 G 是图 18.2 中的图，那

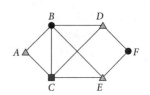

么 $\chi(G)=3$。

图的色数不能小于它的任何子图的色数。例如，另一种表示图 18.2 不是 2 着色的方式是：它有子图 K_3（三角形），因此其色数不能小于 3。以下是一些重要类型图的色数。

- $\chi(K_n)=n$，其中 K_n 是 n 个顶点的完全图。如果每个顶点都与其他每个顶点相连，则不能用少于顶点数的颜色对图着色。更一般地说，图 G 中的团（clique）是 G 的子图，它是一个完全图。如果 G 有 k 团，即 k 个顶点的团，则 G 的色数不能小于 k。

- 没有分支的路径可以通过交替变换颜色用两种颜色着色。所以 $\chi(P_n)=2$，其中 P_n 是由 $n-1$ 条边连接的 $n>1$ 个顶点的路径（见图 18.3）。平凡图 P_1 的色数是 1。

图 18.3　P_5 的 2 着色

- 任何非平凡树的色数都是 2。（这也包括了 $\chi(P_n)=2$）。

- 如果 C_n 是 n 个顶点的圈，则当 n 是偶数时，$\chi(C_n)=2$，当 n 是奇数时，$\chi(C_n)=3$（图 18.4）。

- 如果任意顶点的最大度数为 k，则色数最多为 $k+1$。

- 如果 V 是两个不相交子集 A 和 B 的并集，并且每条边都关联每个子集一个端点，则称图 $G=\langle V,E\rangle$ 是二部图（bipartite）。任何二部图都是 2 着色的：只需将 A 中的顶点着一种颜色，将 B 中的顶点着另一种颜色（图 18.3 中的 P_5 为二部图）。事实上，每个色数为 2 的图都是二部图，所求的子集 $A,B\subseteq V$ 分别是每一种颜色的顶点集。

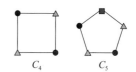

图 18.4　C_4 的 2 着色和 C_5 的 3 着色

- 如第 16 章所述，平面图是可以画在平面上而没有任何边交叉的图。平面图与二维地图密切相关：如果地图中的每个区域都由一个顶点表示，那么每当地图中的区域之间有公共边界时，相应图中的两个顶点之间会有一条边（见图 18.5）。长期以来有一种猜测：四种颜色足以着色任何地图，使有公共边界的区域着不同的颜色。但是被提出的每个证明都有缺陷。我们现在可以有信心地将之称为四色定理（four-color theorem），因为在 1976 年肯尼斯·阿佩尔和沃尔夫冈·哈肯在计算机的帮助下证明了四色猜想。可以证明（参见习题 18.11）所有平面图的 4 着色等价于地图的四色定理，因此四色定理的结果就是所有平面图都是 4 着色的。

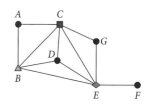

图 18.5　地图及其平面图表示

确定图的色数和在已知存在的情况下，找到一种 k 着色通常不是一个简单的问题。（我们将在第 21 章进一步讨论这些问题）。那么验证一个图是否是 2 着色的是简单的吗？答案是否定的，除非所有的圈都是偶数长度。

※

我们再举两个应用着色的例子。

假设有一台计算机，它有少量的快速访问寄存器 $r_1,r_2,\cdots,r_k$，它们可用于存储和操作数据。计算机的基本操作是对一个或两个寄存器执行算术运算，然后将结果存储在寄存器中。例如

$$r_2 \leftarrow r_1 + r_3$$

在给定操作中的寄存器不一定都是不相同的，例如，$r_2 \leftarrow -r_2$ 是一条有效的指令，它转换了寄存器中数字的符号。考虑计算下列表达式的值需要多少个寄存器？

$$\frac{(a+b)(a-b)}{b}$$

假设开始时，a 和 b 分别存储在两个寄存器中。

图 18.6 的第 1 列显示了编译器生成的每一步计算的代码，首先计算 $a+b$，并将结果值保存为 c，然后计算 $a-b$，将结果值保存为 d，以此类推。如图中所示，编译后的代码对于中间结果使用了不同的寄存器，这是有些浪费的。我们可以看到，在 $a-b$ 计算完之后，a 的值不再需要了，因此可以将 a 的寄存器重新分配用于保存其他值。

步骤	a	b	c	d	e	f
输入 a,b						
$c \leftarrow a+b$	✓	✓				
$d \leftarrow a-b$	✓	✓	✓			
$e \leftarrow cd$			✓	✓		
$f \leftarrow e/b$		✓			✓	
输出 f						✓

图 18.6　表中显示了计算 $\frac{(a+b)(a-b)}{b}$ 的代码，以及程序执行过程中每个变量处于活跃状态的时间点

例 18.2　图 18.6 的计算所需的最小寄存器数是多少？

这是一个图的着色问题。图 18.6 中后续列显示了程序执行期间在该时间点活跃 (alive) 的变量。也就是说，已经分配了一个值的变量，现在或者将来的计算中还会需要。如果两个选中标记位于同一行，则这两个变量不能存储在同一寄存器中。图 18.7 中的冲突图（conflict graph）显示了所有冲突。每当同行中两个顶点的列都有选中标记时，这两个顶点之间就有一条边。图的任何着色都可以安全地用于将寄存器分配给变量，相同颜色的变量可以分配相同的寄存器。由于该图是 3 着色的，因此除了最初存储 a 和 b 的两个寄存器外，只需要另外一个寄存器即可。例如，如果我们将黑色值分配给 r_1，将浅灰色值分配给 r_2，将灰色值分配给 r_3，那么图 18.6 的代码如图 18.8 所示。许多现代编译器的寄存器分配算法都是基于图着色原理的。

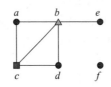

图 18.7　图 18.6 计算过程中间值的冲突图

```
Input a, b into r_1, r_2
r_3 ← r_1 + r_2
r_1 ← r_1 - r_2
r_1 ← r_3 · r_1
r_1 ← r_1 / r_2
Output r_1
```

图 18.8　寄存器分配后的最终代码

✱

最后一个例子是有关机场到达航班登机口的调度问题。例如，图 18.9 显示了八个航班的到达时间，从 A 到 H。很明显，D 和 E 不能使用同一个登机口，因为它们在同一时间到达，但是机场实际上有一个更严格的规定：如果两个航班的抵达时间相距不到一小时，则不能使用相同的登机口。

我们可以将八个航班分配八个不同的登机口，但这并不现实。登机口非常昂贵，必须尽可能高效地使用。

航班	到达	登机口
A	1:30pm	浅灰色
B	2:15pm	黑色
C	2:20pm	灰色
D	3:00pm	浅灰色
E	3:00pm	深灰色
F	3:17pm	黑色
G	3:30pm	灰色
H	4:05pm	浅灰色

图 18.9　航班、到达时间和登机口

例 18.3 最少需要几个登机口可以接纳图 18.9 中的所有航班？

像寄存器分配示例中所做的那样，首先记录所有冲突，即不可能使用同一个登机口的航班，因为它们的到达时间在一小时之内。这是航班集合上的对称关系，它可以用一个无向图来表示，其中顶点表示航班，两个顶点之间有一条边，当且仅当这两个航班的到达时间先后不到一小时。图 18.10 是表示图 18.9 中相关冲突的图。

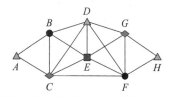

图 18.10　图 18.9 中航班的冲突图

很明显，我们至少需要四个登机口，因为航班 B、C、D 和 E 彼此冲突（即存在子图 k_4）。我们已经为四个不同的顶点着以不同的四种颜色，并且对两个不相邻顶点使用相同颜色着色的方式，进行着色。图 18.9 中的登机口一列用对应的颜色来填充。因为图的色数是 4，所以四个登机口是必要且充分的。

本章小结

- 图的着色是将颜色分配给顶点，使得关联同一条边的任意两个顶点具有不同的颜色。使用 k 种颜色的着色称为 k 着色。
- 图 G 的色数，表示为 $\chi(G)$，是为其着色所需的最小颜色数。
- n 个顶点的完全图色数为 n。非平凡树的色数为 2。偶数长度的圈色数为 2，奇数长度的圈色数为 3。
- 图的色数比顶点的最大度数最多多 1。
- 如果图的顶点可以分成两个集合，使得每条边在每个集合中都有一个端点，那么该图称为二部图。一个图是二部图当且仅当它是 2 着色的，且当且仅当在图中不存在奇数长度的圈。
- 平面图是可以画在二维平面上而没有任何边交叉的图。任何二维地图都有相应的平面图，所有平面图都是 4 着色的。
- 图的着色可用于调度或资源共享的相关问题。

习题

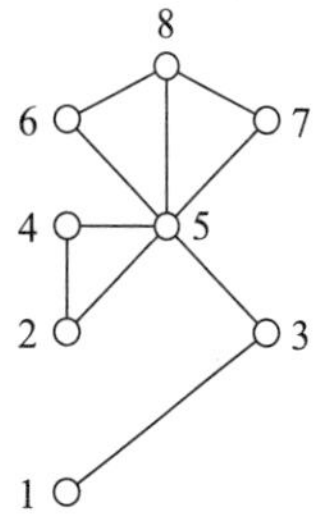

18.1 对于图 18.11，找到一个 4 着色。寻找一个 3 着色或解释为什么不存在 3 着色，寻找一个 2 着色或解释为什么不存在 2 着色。

18.2 $K_n - e$，即删除 K_n 的一条边，色数是多少？为什么？

18.3 一个 $n \times n$ 网格，即具有顶点 $\{(i,j): 1 \leqslant i,j \leqslant n\}$ 和如下边的图的色数是多少？

$$\{(i,j) - (i+1,j): 1 \leqslant i < n, 1 \leqslant j \leqslant n\} \cup$$
$$\{(i,j) - (i,j+1): 1 \leqslant i \leqslant n, 1 \leqslant j < n\}$$

图 18.11　需要多少种颜色

18.4 设 C'_n 是含 n 个顶点（$n \geqslant 3$）的圈，额外的边将每个顶点连接到圈中后面两个位置上的顶点（见图 18.12）。

(a) 应用四色定理，证明对于偶数 n，C'_n 是 4 着色的。

(b) 对于奇数 n，$\chi(C'_n)$ 是多少？

18.5 Andre 不能和 Bridget 一起工作，Bridget 不能和 Chloe 一起工作，Chloe 不能和 Daniel 一起工作，Daniel 不能和 Eloise 一起工作，Eloise 不能和 Andre 一起工作。Fabio 不能

和 Andre 或 Daniel 一起工作。如果每个人都必须能够与共享其工作室的人一起工作，那么需要多少个房间？用图着色来解决问题。

18.6 使用例 18.2 的机器模型，找到使用尽可能少的寄存器进行下式计算的寄存器分配方案。

$$\frac{a(a-b)^2(a-c)}{(a+1)^2}$$

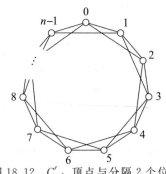

图 18.12 C_n'，顶点与分隔 2 个位置的顶点之间有额外边的圈

18.7 Amal 需要从中午开始使用电脑两个小时。Bianca 需要一个从下午 3 点开始持续四个小时的时间段，Chung 需要一个从下午 6 点开始持续两个小时的时间段，Diego 需要一个从下午 1 点开始持续四个小时的时间段。Eligah 需要一个从下午 4 点开始持续一个小时的时间段。Frances 需要一个从下午 2 点开始持续三个小时的时间段。需要多少台计算机？

18.8 考虑一个命题逻辑公式，它由形如 $\pm p \oplus \pm q$ 的子句的合取构成，其中 p 和 q 是命题变量（不一定不同），$\pm p$ 代表 p 或 $\neg p$。设计一张图，对于出现在公式中的所有命题变量 p，有顶点 p 和 $\neg p$，并且有（1）连接 p 和 $\neg p$ 的边；（2）连接两个文字的边，如果它们的异或是公式的子句。证明公式是可满足的当且仅当图是 2 着色的。

18.9 五名参议员在六个委员会任职，如下所示。委员会每周开会一次。为确保任何参议员的日程安排不发生冲突，每周至少需要多少次会议？（只要没有参议员需要同时参加两次会议，就可以在同一会议时间举行多次会议。）

体育：Ava、Bill、Cho

预算：Bill、Dara、Ella

补偿：Ava、Cho、Ella

多样性：Cho、Dara、Ella

教育：Ava、Bill

足球：Bill、Cho、Ella

18.10 一所大学会等到知道学生想修的课程后再安排课程。然后，它创建一个以课程为顶点的图，并在至少有一个共同学生的课程之间创建边。解释如何使用图着色将这些课程分配在尽可能少的时间段内。

18.11 证明每个地图可以用 4 种颜色着色，当且仅当每个平面图都是 4 着色的。提示：在图 18.5 中，从地图构建的平面图也可以被视为另一张地图。它将平面划分为六个面，其中一个是外部无限面。这个构造地图或平面图的对偶图的过程用于证明的两部分。其中对偶图的顶点数与原图的面数相同，边数与原图面间的边数相同。但对偶图可能不是一个无向图，它可能有从顶点到自身的环，两个顶点之间可能有多条边。例如，一个地图的平面图由一个三角形构成，将产生一个具有两个顶点和三条连接这两个顶点的边的对偶图，这三条边相互不交叉，但是每一条分别与三角形的每条边界线交叉。见图 18.13。

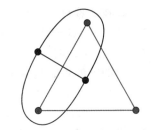

图 18.13 图 G（深灰色）及其对偶图（黑色）。对偶图有三条边对应于 G 的三条边，两个顶点对应于 G 的两个面——三角形的内侧和外侧

第 19 章
Essential Discrete Mathematics for Computer Science

有穷自动机

在第 15 章中，我们展示了如何将计算机程序的行为建模为有向图，用顶点表示状态。在本章中，我们将聚焦于一个非常简单的计算机模型，即有穷自动机（finite automaton），也被称为有穷状态机（finite state machine）。有穷自动机不是整个计算机系统的实际模型，而是其中极其重要的一小部分。

先看一个例子。假设我们想设计一个可以识别字母表 $\sum = \{a, b\}$ 上的输入字符串是否含有奇数个 a 和奇数个 b 的计算机。我们可以使用具有图 15.5 所示的状态空间的装置，简单地对 a 和 b 的出现次数进行计数，然后在末尾检查这些数字是偶数还是奇数。但那样做太烦琐了，因为需要寄存器的容量足够存储任意大的整数。而做到这些，只需要两位。记录到目前为止 a 的出现次数是偶数还是奇数，以及 b 的出现次数是偶数或奇数就足够了。只有四个状态的状态空间即可完成所需功能，如图 19.1 所示。我们对先前定义的状态空间的表示稍稍改动一下，编号状态为 0、1、2 和 3，指定状态 0 为初始状态（start state），用 > 符号标记，并用双圈标记状态 3，表示"终止"或"可接受"状态。有穷自动机能"接受"一个输入字符是指从初始状态读取整个字符串之后能到达终止状态。

图 19.1 是图 15.5 的"折叠"版。图 19.1 中的状态 0 对应于图 15.5 中已经输入了偶数个 a 和偶数个 b 之后的所有状态，其他三种状态也具有相似的特征。让我们更详细地了解一下什么是有穷自动机，以及它们的操作是如何与状态空间不变量的概念相关的。

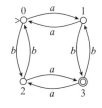

图 19.1　一种有穷自动机，接受的所有字符串含有奇数个 a 和奇数个 b

一个有穷自动机是一个五元组 $(K, \Sigma, \Delta, s, F)$，其中
K 是有穷状态集合，　　　　　　　　　　　　　　(19-1)
Σ 是一个字母表，　　　　　　　　　　　　　　　(19-2)
$\Delta \subseteq K \times (\Sigma \cup \{\lambda\}) \times K$ 是标记弧集，$s \in K$ 是初始状态，
$F \subseteq K$ 是终止状态集。　　　　　　　　　　　　(19-3)

因此，如果 $M = (K, \Sigma, \Delta, s, F)$ 是一个有穷自动机，那么 (K, Δ) 是第 15 章中定义的状态空间。此外

- K 是有穷的（这很重要）；
- 弧上的标签既可以是有穷字母表 Σ 中的单个字符，也可以是空字符串 λ；
- 状态之一被指定为初始状态；
- 某些状态（可能没有，也可能是全部）被指定为终止状态 或可接受状态。

在图 19.1 的有穷自动机中，有
$K = \{0, 1, 2, 3\}$
$\Sigma = \{a, b\}$
$\Delta = \{0 \xrightarrow{a} 1, 1 \xrightarrow{a} 0, 0 \xrightarrow{b} 2, 2 \xrightarrow{b} 0, 2 \xrightarrow{a} 3, 3 \xrightarrow{a} 2, 1 \xrightarrow{b} 3, 3 \xrightarrow{b} 1\}$
$s = 0$
$F = \{3\}$

有穷自动机的标记弧称为自动机的转换（transition），转换 $x \xrightarrow{a} y$ 表示状态 x 到状态 y 的转换发生在输入为 a 的情况下，其中 $a \in \Sigma$。转换 $x \xrightarrow{\lambda} y$ 意味着系统可以在没有任何输入的情况下直接从状态 x 跳到状态 y。我们很快就会看到这些 λ 转换的作用。

类似于图 19.1，图可以简洁地表示与五元组 $(K, \Sigma, \Delta, s, F)$ 相同的所有信息。用图来解释有穷自动机通常会更容易些。例如，如果我们对状态 0 和状态 3 加双圈，那么终止状态的集合变为 $\{0,3\}$，而不是 $\{3\}$，那么所产生的自动机将识别所有 a、b 出现相同奇偶次数的字符串（两者均为偶数或均为奇数）。如果这是当前要完成的任务，那么图 19.2 给出了可以完成该任务

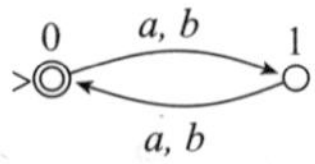

图 19.2 识别偶数长度字符串的有穷自动机

更简单的有穷自动机，因为它们只是偶数长度的字符串。在图中，我们将 $0 \xrightarrow{a} 1$ 和 $0 \xrightarrow{b} 1$ 两个标记弧合在一起，简记为 $0 \xrightarrow{a,b} 1$。

图 19.1 和图 19.2 所示的有穷自动机都有一个重要的特征，即它们是确定的。这意味着，每一个状态对应于每一个输入符，有且仅有一个可能的转换，并且没有 λ 转换。因此，自动机的行为完全由它的结构及其输入决定。形式上表示为：有穷自动机 $M = (K, \Sigma, \Delta, s, F)$ 是确定的（deterministic）当且仅当 Δ 可以描述为一个函数，即存在函数 $\delta: K \times \Sigma \to K$ 使得

$$\Delta = \{q \xrightarrow{\sigma} \delta(q, \sigma) : q \in K, \sigma \in \Sigma\}$$

在确定的有穷自动机（Deterministic Finite Automaton，DFA）的状态图中，对于字母表中的每个字符，每个状态正好有一个出度标记弧与之对应。确定的有穷自动机的函数 δ 被称为转换函数（transition function）。例如，图 19.1 中的有穷自动机的转换函数如图 19.3 所示。

q	$\delta(q, a)$	$\delta(q, b)$
0	1	2
1	0	3
2	3	0
3	2	1

图 19.3 图 19.1 中确定有穷自动机的转换函数

有时有穷自动机也是非确定的有穷自动机（Non Deterministic Finite Automaton，NDFA），是为了强调它可能不是确定的这一事实。每个确定的有穷自动机也是一个非确定的有穷自动机，即 DFA 是 NDFA 的真子集。

※

为了解非确定性的用途，我们进一步讨论图 19.4 中的有穷自动机。

该自动机的目标是识别字母表 $\Sigma = \{a, b\}$ 上长度至少为 3 且倒数第三个字符是 a 的输入字符串。例如，$aaaa$ 和 $bbabb$ 都是可接受的，但是 $aabaa$ 和 aa 不是可接受的。当然，最简单的解决方法就是获取整个输入字符串，然后不从开头而是从结尾向前遍历。但是，这是不可取的，因为在处理每个输入字符时，自动机必须处于一个适当的状态。

图 19.4 的 NDFA 似乎是在玩猜谜游戏。对于任意数量的输入字符，无论出现的是 a 还是 b，自动机都处于初始状态（状态 0）。然后，对于输入字符 a，自动机不再停留在状态 0，而是不确定地转换到状态 1。对于接下来读取的两个字符，无论它们是什么，自动机都从状态 1 转换到状态 2，再从状态 2 转换到状态 3，即进入了唯一的终止状态。该图表明，如果自动机在进入状态 3 时没有到达输入的

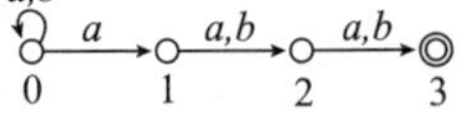

图 19.4 有穷自动机可识别倒数第三个符号是 a 的字符串

末尾，它将陷在那里，无法处理更多的输入字符。

状态 0 对于输入字符 a 有两个转换 $0 \xrightarrow{a} 0$ 和 $0 \xrightarrow{a} 1$，这是因为该自动机不是确定的。因为状态 3 没有输出转换，因而也不能成为 DFA，而 DFA 必须为每个状态和每个字符定义一个相应的动作。

我们稍后会给出很详细的操作规则，现在给出非正式的解释。如果存在某个可选择的集合，可以驱动一个非确定有穷自动机在读取输入字符串时从开始状态转换到一个终止状态，则称非确定有穷自动机接受了该输入字符串。当且仅当不存在可选择的集合使得自动机从初始状态转换到终止状态，我们称非确定有穷自动机不能接受该输入字符串。

例如，图 19.4 中的 NDFA 接受字符串 $bbabb$，因为从状态 0 开始，自动机在读取了两次出现的 b 后仍保持在状态 0，然后在读取了 a 时转换到状态 1（而不是保持在状态 0，它也可以选择这样做）。接下来，在读取 b 的最后两次出现后，转换到状态 2 和状态 3。我们也可以做其他的选择，但是其他的选择在读取五个输入字符后，不会到达终止状态。只要至少存在一个可选择集合使得自动机能转换到终止状态就足够了。相比之下，对于输入字符串 $aabaa$，不存在选择序列使得自动机在读取整个字符串后到达终止状态。

这是一种奇怪的计算模型，它似乎依靠猜测去得到正确答案。用确定的自动机可以解决同样的问题，但需要更复杂的架构。图 19.5 展示了一个能完成此任务的确定的有穷自动机。

图 19.5 看起来像一团意大利面。它能够奏效、为什么能够奏效，以及一个聪明的程序员是如何想出它的，这一切完全不明显。我们很快就会揭开它是如何推导出来的谜团，但是此刻，我们只建议如何去证明它的正确性。一个程序员可能会试图通过在一个三个字符的缓冲区中存储已

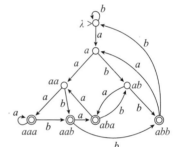

图 19.5 一种确定的有穷自动机，用于识别倒数第三个符号为 a 的字符串

看到的最后三个字符来解决这个问题。当读入一个新的字符时，倒数第三个字符成了倒数第四个字符，因为不相关了，所以将它遗忘。新的字符保留在最右边的位置，而之前最右边的字符移动到了中间的位置，中间位置的字符移动到了最左边。那么终止状态就是缓冲区中最左边位置上是 a 的情况。图 19.5 就是这样做的，也适合于说明读取字符少于三个的情况。

状态的命名建议使用该状态保持的不变量。这里只举两个例子。在状态 aab 中，不变量是至少已经读取了三个字符，并且最后三个字符是 a、a 和 b（读取的顺序分别为后退两步、后退一步和最后一步读取）。那么，转换 $aab \xrightarrow{b} abb$ 的意义就是：在状态 aab 读取了一个 b，此时，b 成为第三个缓冲字符，而之前保留的第二个和第三个字符 ab 现在成为第一个和第二个字符。另一例子是：状态 a 的不变量是至少读取了一个字符，且最近读取的字符是 a，而之前读取的第二个和第三个字符（如果有的话）是 b。因此，这个状态就是自动机在读取了如 a、ba、bba 或 $ababbabbaaaabba$ 的字符串后会到达的状态。

为八个状态中的每一个都可以给出这样的不变量，然后应用归纳法证明在状态转换中它们都保持不变。而这个自动机最初是如何发现的仍然是一个谜。问题的答案就是：对于图 19.4 中的非确定有穷自动机，应用一种简单的构造法——子集构造法（subset construction）直接构造。在计算机科学语言中，子集构造法将输入 NDFA 转换为等价的 DFA 作为输出，就如同软件编译器将不同语言的源代码生成目标代码一样。

❉

现在，我们来详细阐述有穷自动机之间等价的含义。

首先，需要正式声明有穷自动机（确定的或不确定的）接受字符串的含义。我们已经用自然语言解释了这一点，为了用数学语言解释它，我们需要从有关字符串和语言的定义开始。

语言（language）是字符串的集合。字母表 Σ 上的语言是 Σ^* 的任意子集。特别的语言示例有 $\varnothing$（具有零个元素的语言）、$\{a\}$（仅包含一个字符串的语言，其长度恰好为 1）和 $\{\lambda\}$（仅包含一个串的语言，长度恰巧为 0）。另外，还有图 19.4 和 19.5 中自动机识别的语言，即长度至少为 3 且右端第三个字符是 a 的所有字符串的集合。

由于语言是一种集合，因此可以应用集合论中的集合运算来组合新的语言。例如，两个语言的并集或交集还是语言。此外，还有两种特定的语言运算。

如果 L_1 和 L_2 是语言，那么 L_1 和 L_2 的串联（concatenation）也是语言，它包含 L_1 中字符串与 L_2 中字符串串联后的所有字符串，即 $L_1 L_2 = \{xy : x \in L_1, y \in L_2\}$。例如，$\{a, aa\}\{a, aa\} = \{aa, aaa, aaaa\}$（字符串 aaa 可以由两种不同的方式获得）。对于任意的 L，有 $L\{\lambda\} = L$，$L\varnothing = \varnothing$，因为无法从每个集合中取一个字符串进行串联运算。

如果 L 是任意的语言，则 L 的克林闭包 L^* 是 L 中任意数量字符串的串联结果，L 中任意字符串可以以任意次数和任何顺序来使用。例如，如果 $L = \{aa, b\}$，那么 L^* 包含所有由字符 a 和 b 组成的字符串，且每一次 a 的出现都是两个。形式化描述为：

$$L^* = \{w_1 \cdots w_n : n \geqslant 0, w_1, \cdots, w_n \in L\}$$

特别地，当 $n = 0$ 时，$w_1 \cdots w_n = \lambda$，因此，对于任意的 $L^{\ominus}$，都有 $\lambda \in L^*$。

L^* 的这个定义与我们之前对 Σ^* 的定义（见第 81 章）是一致的，Σ^* 是来自 Σ 的所有字符串的集合：如果 L 是仅由来自 Σ 中单个字符的串构成的语言，那么 L^* 和 Σ^* 描述了相同的字符串集合。

设 $M = \langle K, \Sigma, \Delta, s, F \rangle$ 是一个有穷自动机。M 的即时描述（configuration）为 $K \times \Sigma^*$ 的成员。即时描述 (q, w) 表示可以对自动机未来的行为产生影响，即 q 是它的当前状态，w 是尚未读入的输入部分。所以当计算开始时，q 是开始状态，w 是整个输入字符串。当所有字符串都已经输入时，则 $w = \lambda$。

M 的即时描述之间的二元关系 $\vdash_M$ 的意义是：一个即时描述经过单步计算之后是否可以进入另一个即时描述。例如，当 M 是图 19.4 的 NDFA 时，由于自动机从状态 0 转换到状态 1 是通过它们之间标记为 a 的弧来实现的，则有 $\langle 0, aba \rangle \vdash_M \langle 1, ba \rangle$。

更准确地说，$\langle q, w \rangle \vdash_M \langle r, u \rangle$ 当且仅当存在一个 $\sigma \in \Sigma \cup \{\lambda\}$ 使得

$$w = \sigma u$$

$$q \xrightarrow{\sigma} r \in \Delta$$

也就是说，u 是从 w 的左端删除 σ 的结果（如果 $\sigma = \lambda$，则 w 不变），并且状态从 q 变为 r 是经过了标记弧为 σ 的转换。符号 $\vdash$ 读作"单步产生"；如果从上下文中可以理解是自动机 M，那么可以用 $\vdash$ 代替 $\vdash_M$。

⊖ 即使对 $L = \phi$ 也是如此。在这种情况下 L^* 仅包含一个空字符串：$\phi^* = \{\lambda\}$。

我们用 $\vdash_M^*$ 来表示 $\vdash_M$ 的自反传递闭包。($\vdash^*$ 读作"零或多步产生",或者仅读作"产生")。那么,有穷自动机 M 能接受的字符串 w,有 $w \in \Sigma^*$ 当且仅当
$$\langle s,w \rangle \vdash^* \langle f,\lambda \rangle$$
其中 $f \in F$,为终止状态,即如果输入字符串 w 是可接受的,那么在即时描述的有向图中,从初始即时描述 $\langle s,w \rangle$ 到具有终止状态和空输入的即时描述是可达的。从初始即时描述到最终即时描述的即时描述序列(即时描述之间的关系为 $\vdash_M$)称为计算(computation)。再次使用图 19.4 中的自动机 M 作为示例,字符串 aba 是可接受的,因为 $\langle 0,aba \rangle \vdash_M^* \langle 3,\lambda \rangle$,计算过程如下:
$$\langle 0,aba \rangle \vdash_M \langle 1,ba \rangle \vdash_M \langle 2,a \rangle \vdash_M \langle 3,\lambda \rangle$$

$\mathcal{L}(M)$ 表示 M 可接受的语言。例如,当 M 是图 19.2 中的 DFA,它接受由字符 a 和 b 组成的偶数长度字符串,则有
$$\mathcal{L}(M) = \{w \in \{a,b\}^* : |w| \bmod 2 = 0\}$$
如果两个有穷自动机接受相同的语言,则称它们是等价的(equivalent)。例如,图 19.4 和 19.5 中的有穷自动机是等价的。

✵

定理 19.4 任何由非确定的有穷自动机接受的语言都可以被确定的有穷自动机所接受。

证明: 此证明是构造性的。我们将展示如何从任意有穷自动机 $M = (K, \Sigma, \Delta, s, F)$ 开始,构造一个与之等价的确定有穷自动机 $M' = (K', \Sigma, \Delta', s', F')$。

其基本思想是,M' 在读取输入字符串 w 后的状态是"记住"M 在读取相同输入后可能到达的所有状态。因此,M' 的状态对应于 M 的状态集合,使得状态空间呈指数增长,但所构造的自动机仍然是有穷的。直观地说,状态 $Q \in K'$ 对于字符 σ 的转换(它是 M 的一个状态集合)将进入一个状态集合,其中所有状态都是 M 关于 Q 中每个状态对于输入 σ 转换后的状态。

为了简化问题,首先假设 M 不存在 λ-转换,然后解释如何调整证明成为完全通用的。M' 的构件定义如下:
$$K' = \mathcal{P}(K), K \text{ 的幂集合} \tag{19-5}$$
$$\Delta' = \{P \xrightarrow{\sigma} Q : P \in K', \sigma \in \Sigma, \text{ 并且 } Q = \{q : p \xrightarrow{\sigma} q, \text{对于某些 } p \in P\}\}$$
$$s' = \{s\}$$
$$F' = \{Q \in K' : Q \cap F \neq \varnothing\} \tag{19-6}$$
也就是说,对于状态 $P \in K'$ 和 $\sigma \in \Sigma$,M' 的转换函数(我们称之为 δ')为 $\delta'(P,\sigma) = Q$,其中 Q 是所有 q 的集合,对于状态 $p \in P$,在输入为 σ 时,必存在 M 的一个转换,使得状态转换为 q。M' 的终止状态是包含 M 的任何终止状态的集合,因为当到达 M' 中任何一个终止状态时,都意味着存在某种方法可以到达 M 的终止状态之一。

这些定义的作用就是:

$$\text{如果存在一条路径 } s = q_0 \xrightarrow{\sigma_1} q_1 \xrightarrow{\sigma_2} \cdots \xrightarrow{\sigma_n} q_n \in F \tag{19-7}$$
$$\text{则必存在路径 } s' = Q_0 \xrightarrow{\sigma_1} Q_1 \xrightarrow{\sigma_2} \cdots \xrightarrow{\sigma_n} Q_n \in F' \tag{19-8}$$

其中,对于每个 $i \geqslant 0$,都有 $q_i \in Q_i$。反之,如果 M' 中存在路径 (19-8),则存在 $q_0, \cdots, q_n \in K$,使得对于每个 i,都有 $q_i \in Q_i$,并且在 M 中存在路径 (19-7)。以上共同证明了

$\langle s,w \rangle \vdash_M^* \langle f, \lambda \rangle$ 当且仅当 $\langle s',w \rangle \vdash_{M'}^* \langle Q, \lambda \rangle$，（其中 $Q \in F'$），换句话说，$\mathcal{L}(M) = \mathcal{L}(M')$。

上述论点很容易扩展到具有 λ 转换的 M 的情况。设 $p \xrightarrow{\lambda}{}^* q$ 的含义是：从 p 开始通过零个或多个 λ 转换序列可到达 q，$*$ 的意义与之前相同，表示"零次或多次"。对于任意的 $p, q \in K$，简单地跟随着标有 λ 的弧，很容易确定是否有 $p \xrightarrow{\lambda}{}^* q$。如果 M 具有 λ 转换，那么按照式（19-5）和式（19-6）定义的自动机，完全满足遍历这些标记弧的需求：

$K' = \mathcal{P}(K)$

$\Delta' = \{P \xrightarrow{\sigma} Q : P \in K', \sigma \in \Sigma,$ 并且 $Q = \{q \in K :$ 对于 $p \in P$ 和 $r \in K$，$p \xrightarrow{\lambda}{}^* r \xrightarrow{\sigma} q\}\}$

$s' = \{q \in K : s \xrightarrow{\lambda}{}^* q\}$

$F' = \{Q \in K' :$ 存在 $q \in Q, f \in F$，使得 $q \xrightarrow{\lambda}{}^* f\}$

也就是说，$P \xrightarrow{\sigma} Q$ 表示如果从 P 中的一个状态开始，M 可以沿着零个或多个 λ 转换到达某个状态 r；再从状态 r 开始，对于输入 σ 存在单步转换进入 Q 中的一个状态。这个转换序列中的最后一步总是一个有关 Σ 中一个字符的转换，非 λ 转换。考虑到可能需要一些额外的 λ 转换才能达到终止状态的事实，我们定义 F' 为要构造的 DFA 的终止状态集合，其中每个终止状态是 M 的子集，它满足该子集中的任意状态可以经过零个或多个 λ 转换序列到达 M 的一个终止状态。 ∎

定理 19.4 是一个显著的结果。因为证明是构造性的，即该证明确切地告诉我们如何由 M 来构建 M'，所以我们随时可以使用非确定的有穷自动机去生成等价的确定的有穷自动机。因为我们知道，如果需要，可以调用纯机械编译过程来完成。

让我们来看看如何构造图 19.4 中"确定化"非确定自动机。原始自动机有四个状态：0、1、2 和 3。因此确定的自动机的状态将是 $\{0,1,2,3\}$ 的子集。图 19.6 中表的构建是从开始状态 $\{0\}$ 开始的，跟踪每一个状态可以到达的状态。（第一次遍历此表时忽略最左列。）当发现一个新的状态集合时，将它添加到表中。例如，从状态 0 开始读取 a 时，M 可以进入状态 0 或状态 1，因此 $\delta'(\{0\}, a) = \{0,1\}$。$M'$ 的状态 $\{0,1\}$ 表示 M 处于状态 0 或状态 1。接下来，计算 $\delta'(\{0,1\}, a)$，我们注意到，在状态 0 读取 a，M 可以

缓冲区	Q	$\delta'(Q, a)$	$\delta'(Q, b)$
λ	$\{0\}$	$\{0,1\}$	$\{0\}$
a	$\{0,1\}$	$\{0,1,2\}$	$\{0,2\}$
aa	$\{0,1,2\}$	$\{0,1,2,3\}$	$\{0,2,3\}$
ab	$\{0,2\}$	$\{0,1,3\}$	$\{0,3\}$
aaa	$\{0,1,2,3\}$	$\{0,1,2,3\}$	$\{0,2,3\}$
aab	$\{0,2,3\}$	$\{0,1,3\}$	$\{0,3\}$
aba	$\{0,1,3\}$	$\{0,1,2\}$	$\{0,2\}$
abb	$\{0,3\}$	$\{0,1\}$	$\{0\}$

图 19.6 由图 19.4 的 NDFA 构建 DFA

进入状态 0 或状态 1；在状态 1 读取 a 时，M 可以进入状态 2。因此在状态 $\{0,1\}$ 读取 a 时，M' 进入状态 $\{0,1,2\}$。

最左列显示的状态名称正如我们在图 19.5 中所指定的。我们将"缓冲区"的内容作为名称，有助于解释自动机正在做什么，但是自动机本身就是定理 19.4 中的纯机械构造过程的结果。子集构造法"发现"了缓冲的思想。

事实证明，在这个示例中，所有 16 个可能状态中只有 8 个是从开始状态可以到达的。因此，该示例展示了对定理 19.4 的证明中的通用算法所做的重要可行的改进，即如何将具有 n 个状态的 NDFA 构造为一个等价的具有 2^n 个状态的 DFA。尽管在最坏的情况下，不可避免地有指数级增长的可能，但如果仅创建可达状态，则实际构造的 DFA 可能会小得很多。特别是，当原始 NDFA 实际上是确定的，那么，通过仅创建可达状态构建的 DFA 与原始自动机是相同的。

回想一下，空集是任意集合的子集，因此，子集构造法可能导致空集成为所构造的 DFA 的一个状态。它表示的场景是：原始 NDFA 没有状态对应于当前的输入，输入字符串被"卡住了"。

例如，考察图 19.7 中的 NDFA M，它从不确定地识别以任意次数出现的 a 开始，后跟以 ab 为结束的字符串。子集构造法产生了图 19.8 中的表，它的 DFA M' 如图 19.9 所示。从状态 $\{0\}$ 开始，对于输入 a，M' 转换为 $\{0,1\}$。由于在 M 中状态 0 对于输入 b 不存在转换，因此，M' 对于输入 b 转换到 $\varnothing$。在状态 $\{0,1\}$，M' 对于输入 a 转换为状态 $\{0,1\}$；而对于输入 b，转换为状态 $\{2\}$。在状态 $\{2\}$，对于任何输入都转换到 $\varnothing$，因为 M 中的状态 2 没有转换。

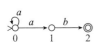

Q	$\delta'(Q,a)$	$\delta'(Q,b)$
$\{0\}$	$\{0,1\}$	$\varnothing$
$\{0,1\}$	$\{0,1\}$	$\{2\}$
$\{2\}$	$\varnothing$	$\varnothing$
$\varnothing$	$\varnothing$	$\varnothing$

图 19.7　一个 NDFA，用于识别由任意次数的 a 后跟 ab 组成的字符串

图 19.8　根据图 19.7 的 NDFA 构建的 DFA

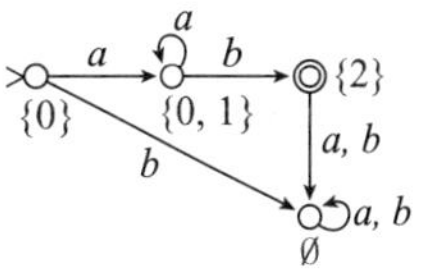

图 19.9　DFA 等价于图 19.7 中的 NDFA

M' 一旦进入 $\varnothing$ 状态，对于余下的计算，每个转换都将返回该状态。这个状态意味着"对于当前输入，M 中不存在相应的状态"，并且无论余下输入部分中后面跟随的是什么字符，都保持在这个状态。

最后一个例子，考察图 19.10a 中的 NFA，它"几乎"是确定的。它接受的语言是 $\{a\}$ 并且不是确定的，只是因为它缺少一些转换：状态 0 对于输入 b；状态 1 对于输入 a 或 b。子集构造法（见图 19.11）创建了一个新状态及所需的转换，并产生了图 19.10b 中的 DFA。

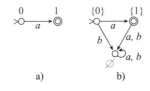

Q	$\delta'(Q,a)$	$\delta'(Q,b)$
$\{0\}$	$\{1\}$	$\varnothing$
$\{1\}$	$\varnothing$	$\varnothing$
$\varnothing$	$\varnothing$	$\varnothing$

图 19.10　a) 一种 NFA，缺少 DFA 的一些转换；在读取输入 b 时，会被"卡住"。b) 等价的 DFA

图 19.11　根据图 19.10a 的 NDFA 而构建的 DFA

✳

构造能识别某些简单模式的有穷自动机是很容易的。例如，图 19.12 的自动机接受的所有输入串为 a 的连续出现不超过两次的字符串。

图 19.13 中的自动机用于确定一个比特串（从最高位到最低位读入）所表示的二进制数 n 是否具有 $n \bmod 3 = 2$ 的属性。当且仅当 $n \bmod 3 = i$，状态 0、1 和 2 的不变量是自动机到达状态 i，其中 n 是到目前为止已读入的二进制数值。请注意，当读入 0 时，当前值翻倍；而读入 1 时，当前值翻倍并加 1。例如，当自动机处于状态 1 时，表示到目前为止读

入的数值 mod 3 等于 1，若下一个字符是 0，则自动机移动到状态 2，即如果 $n \bmod 3=1$，则 $2n \bmod 3=2$。

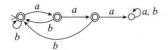
图 19.12 用于识别 a 的连续出现不超过两次的字符串的有穷自动机

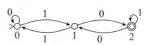
图 19.13 能识别二进制数表示的 n，具有 $n \bmod 3=2$ 的属性的有穷自动机

另一方面，有穷自动机也因其"有穷性"而受到严格限制。例如，用简单的鸽笼原理可证明，不存在可以判断字符串含有 a 和 b 的数量是否相同的有穷自动机。

定理 19.9 不存在有穷自动机 M，使得 $\mathcal{L}(M)$ 恰好是 $\{a,b\}^*$ 上 a 和 b 出现次数相同的字符串集合。

证明：假设 M 是一个有穷自动机，它接受且仅接受所有 a 和 b 出现次数相同的字符串。应用反证法证明事实上它是不存在的。

M 具有有限数量的状态，假设为 k。考察字符串 $a^k b^k$，它确实是 a 和 b 出现次数相同的字符串。对于它的输入，M 的计算过程如下所示：

$$\langle q_0, a^k b^k \rangle \vdash_M \langle q_1, a^{k-1} b^k \rangle \vdash_M \langle q_2, a^{k-2} b^k \rangle \vdash_M \cdots \vdash_M \langle q_k, b^k \rangle \vdash_M^* \langle q_{2k}, \lambda \rangle$$

其中 q_0 是初始状态，因为自字符串是可接受的，故 q_{2k} 是终止状态。因为 M 只有 k 个状态，所以，全部 $k+1$ 个状态 $q_0, \cdots, q_k$，不会彼此不同，必存在 i 和 j，其中，$0 \leqslant i < j \leqslant k$，使得 $q_i = q_j$。那么，M 也将接受字符串 $a^{k+j-i} b^k$，由于 $i < j$，故该字符串中 a 和 b 的出现次数不相等。实质上，M 进入了一个圈，而且在该圈中的路径并不是确定的。因此 $\mathcal{L}(M)$ 实际上不是 a 和 b 出现次数相等的字符串集合。∎

不纠结于其中使用的字符，这个论点有一个很值得注意的地方，它证明了一种不可能性：在全部有穷自动机的无穷全集中，没有一个能够完成这样的简单任务，即对于任意的输入，确定其是否包含相同数量的 a 和 b。第一次见到不可能性的论证是在第 2 章中（那时我们证明了 $\sqrt{2}$ 不是任意两个整数的商），并在第 7 章中见到了另一个论证（在那里我们通过对角线法证明了 $\mathbb{N}$ 和 $\mathcal{P}(\mathbb{N})$ 之间不存在双射）。这里使用的证明方法称为泵（pumpimg）原理，它论证了：任何有穷自动机在接受必须接受的全部字符串时，也不可避免地接受它不应该接受的其他字符串（"泵"进了 a 的额外 $j-i$ 次出现的字符串）。计算机科学家们自然最感兴趣的是如何设计解决难题的聪明方案，所以，对于"特定的方法不能解决某些问题"研究出无可辩驳的证明方法，一直是该领域的伟大成就之一（历史上的求根方法如同 $\sqrt{2}$ 的例子）。

为了取得进步，我们要么改变方法，要么改变问题。

本章小结

- 有穷自动机或有穷状态机是简化的计算机模型。
- 有穷自动机形式化定义为状态的有穷集合，可用字符的字母表、标记弧的集合、单一初始状态（在有向图中用 > 标记），以及终止状态集合（每个状态用双圈标记）。
- 标记弧表示对应于一个指定的输入符号，从一个状态到另一个状态的转换。λ 转换是不消耗输入的转换。

- 对于每一个字符，每个状态正好有一个转换，并且没有 λ 转换，即对于任何给定的输入，它的行为都是完全确定的，则称该有穷自动机是确定的（DFA）。将一个状态和字符的有序对映射到下一个相应状态的函数称为 DFA 的转换函数。
- 有时有穷自动机也称为不确定的有穷自动机（NDFA），以强调它不一定是确定的。然而，NDFA 可以是确定的——DFA 是 NDFA 的真子集。
- NDFA 能"猜测"到采用哪条路径可以接受一个输入，即对于可接受输入，存在从初始状态到终止状态的路径。
- 任意 NDFA 存在与之等价的 DFA，子集构造法可用于找到该 DFA。
- 语言是字符串的集合。两种语言可以通过并、交或者串联的组合来构造另一种语言。任何语言的克林闭包（用 * 表示）也是一种语言。
- 自动机的即时描述描述了它的当前状态和余下的输入情况。
- 如果自动机以若干步从第一个即时描述进入到第二个即时描述，则称一个即时描述产生了另一个即时描述（用 ⊢* 表示）。从初始即时描述到终止即时之间的步骤序列称为计算。

习题

19.1 绘制一个确定的有穷自动机，它接受所有（且仅接受）字母表 $\Sigma = \{a,b\}$ 中长度至少为 3 的字符串，这些字符串的第三个字符都是 b，从第三个位置的符号开始。例如，自动机应该接受 abb、$aaba$ 以及 $bbbbbbb$，但不能接受 ab、bba、$aabaaa$ 以及 $abaab$。

19.2 (a) 对于字母表 $\Sigma = \{a,b\}$ 上的输入字符串 $ababaa$，给出图 19.14 中 DFA 的完整计算过程。
(b) 用自然语言描述该 DFA 接受的语言。
(c) 对于每个状态，给出相应的不变量，该不变量可以描述使自动机到达该状态时的输入串情况。证明这些不变量，从而得出结论：所接受的语言就是所声称的。

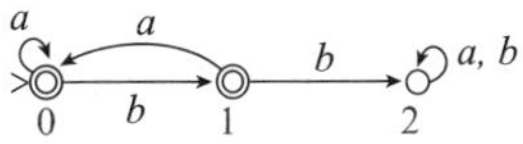

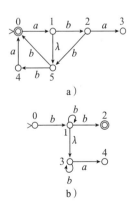

图 19.14 有穷自动机

19.3 对于图 19.15 中的每个 NDFA，确定哪些字符串是可接受的。对任意可接受字符串，给出相应的计算。
(a) aa
aba
abb
ab
$abab$
(b) ba
ab
bb
b
bba

图 19.15 两个非确定的有穷自动机

19.4 画出接受下列语言的确定有穷自动机，字母表为 $\Sigma = \{a,b\}$：
(a) 含有子串 $abab$ 的字符串。

(b) 既没有 aa 也没有 bb 作为子串的字符串。

(c) a 出现次数为奇数,b 出现次数为 3 的倍数的字符串。

(d) 含有 ab 和 ba 子串的字符串。

19.5 设 M 是一个 DFA。下列表达式在什么条件下为真?

(a) $\lambda \in \mathcal{L}(M)$

(b) $\mathcal{L}(M) = \varnothing$

(c) $\mathcal{L}(M) = \{\lambda\}$

19.6 设 M 是一个 NDFA。再次回答上一问中的问题,下列表达式在什么条件下为真?

(a) $\lambda \in \mathcal{L}(M)$

(b) $\mathcal{L}(M) = \varnothing$

(c) $\mathcal{L}(M) = \{\lambda\}$

19.7 考察图 19.16 中的 NDFA,字母表 $\Sigma = \{a, b\}$。

(a) 对于输入字符串 $ababaa$ 给出此自动机所有可能的计算,包括在字符串末尾之前停止的计算。

(b) 使用子集构造法找到与图 19.16 中 NDFA 等价的 DFA。

图 19.16 将此 NDFA 转换为 DFA

19.8 证明有穷自动机的等价性是一种等价关系。

19.9 考察图 19.4 和图 19.5 中自动机所接受的语言。证明不存在少于八个状态的确定有穷自动机可以接受这种语言。提示:考虑长度为 3 的八个字符串并应用鸽笼原理,那么可以得出结论,即读取八个字符串中两个不同的字符串后,必然到达相同的状态,但这并不是完整的论证。

19.10 证明子集构造法至少是近似最优的,其含义为:对于任意 n-状态的非确定有穷自动机,不存在与之等价的小于 2^{n-1}-状态的确定有穷自动机。

19.11 解释在图 19.13 中,对于输入 1,转换从状态 2 到状态 2 的原因。

第 20 章

正 则 语 言

有穷自动机接受的语言通常称为正则语言（regular language）。"正则语言"的概念来自这种语言的另一个特征，即它们是可以用众所周知的"正则表达式"来描述的语言。在本章中，我们将介绍正则语言，并给出证明它们与有穷自动机等价的方法。

下表给出了一些正则表达式及其所表示的语言。暂不看第 1 列。

标准的	非标准的	语言
a^*	a^*	任意多个 a 的字符串
$(a^* \cup b^*)$	$a^* \cup b^*$	由 a 构成的字符串或者由 b 构成的字符串
(a^*b^*)	a^*b^*	a 都在 b 之前的字符串
$((a \cup b)^*(a(b(ab))))$	$(a \cup b)^*abab$	以 $abab$ 结尾的字符串
$\varnothing$	$\varnothing$	空语言
$\varnothing^*$	$\varnothing^*$	$\{\lambda\}$
$(a^*(b(a^*(ba^*)))^*)$	$a^*(ba^*ba^*)^*$	包含偶数个 b 的字符串

正则表达式是用于表示语言的字符串。构成正则表达式的字符有 a、b、$\varnothing$、$(\,)$、$\cup$、$*$。由这些字符组成的字符串构成了描述对象语言中字符串集合的元语言[⊖]。在这种情况下，对象语言的字符串是由字符 a 和 b 构成的。

我们做一个粗略的类比，考虑用英语编写的一本拉丁语教科书。这本书的主题是描述拉丁语的正确表达方式（短语和句子），这里拉丁语就是对象语言。用于描述拉丁语中正确的表达方式的语言是英语，这里英语就是元语言。同样，我们用 $\cup$、$*$ 等符号组成的元语言来表达由字符 a 和 b 构成的对象语言。

我们在集合的讨论中，看到了元语言符号 $\varnothing$、$\cup$ 和 $*$。上表中的最后一个例子表示，一个字符串含有偶数个 b，当且仅当它由 0 个或连续多个 a 以及后跟的任意多个块构成。每个块中，单个 b 后面跟着若干个 a，再跟着单个 b，后面再跟着若干个 a。因此，字符串 $aaabaaaaabbaaabaa$ 符合该模式，即该字符串可以分组表示为 $a^3(ba^5ba^0)(ba^3ba^2)$，其中 a^3 是 aaa 的缩写。

我们进一步细化表示法。由于这些表达式通常是由计算机来处理的，因此表达式意义的明确性很重要。例如，第 2 行中的表达式 $a^* \cup b^*$，虽然根据约定 $*$ 比 $\cup$ "绑定的更紧密"，它也可能被误解是 $(a^* \cup b)^*$。第 1 列中的"全括号"版本是我们称为正则表达式的标准版。

当前，我们要极其认真地区分正则表达式中的符号与我们谈论（自动机）语言时的一般"数学语言"。一旦我们弄清楚了，就能忽略它们（上表中第 1 列与第 2 列）的区别。但是目

⊖ 对象语言和元语言都用于对命题逻辑的讨论，见第 9 章。

前来说，我们把元语言中的所有符号用灰色字体表示，即出现在正则表达式中的符号。使用这个约定，我们就能应用结构归纳法定义正则表达式的类，即灰色字符串的集合。

简单起见，设字母表为 $\Sigma = \{a, b\}$。正则表达式包含了 Σ 中符号的"灰色"版本以及其他五个符号，因此，在这种情况下，共有七个符号：

$$a \quad b \quad \varnothing \quad \bigcup \quad * \quad (\quad)$$

并根据以下规则构造正则表达式：

1. $\varnothing$，a，b 是正则表达式。
2. 如果 α 和 β 是正则表达式，则下列各项也都是正则表达式。
   (a) $(\alpha \bigcup \beta)$
   (b) $(\alpha \beta)$
   (c) α^*

因此，严格地讲，ab 不是正则表达式，但 (ab) 是正则表达式。去掉括号的原因来自正则表达式涵盖的意义，以及 $\mathcal{L}$（从正则表达式到语言的映射）的形式化。

1. $\mathcal{L}(\varnothing) = \varnothing$，$\mathcal{L}(a) = \{a\}$ 以及 $\mathcal{L}(b) = \{b\}$。
2. (a) $\mathcal{L}((\alpha \bigcup \beta)) = \mathcal{L}(\alpha) \bigcup \mathcal{L}(\beta)$。
   (b) $\mathcal{L}((\alpha \beta)) = \mathcal{L}(\alpha) \mathcal{L}(\beta)$。
   (c) $\mathcal{L}(\alpha^*) = \mathcal{L}(\alpha)^*$。

左端 $\mathcal{L}(.)$ 的参数是正则表达式，即"灰色"符号的字符串；右端的值表示语言，即 Σ^* 的子集。我们使用与前一章相同的符号 $\mathcal{L}$ 来命名将正则表达式与其表示的语言相关联的函数，在前一章中符号 $\mathcal{L}$ 表示的是有穷自动机与其所接受语言相关联的函数。无论哪一种情况，$\mathcal{L}(.)$ 的参数都是有穷对象，它的值可能是无穷集。

由于集合的并和语言的串联都是可结合运算，因此我们在实践中可以像上表中那样去掉括号。例如，$\mathcal{L}(((ab)a)) = \mathcal{L}((a(ba))) = \{aba\}$，这两个不同的正则表达式具有相同的含义。我们使用"灰色符号"只是为了强调正则表达式具有非常特定的语法。平时我们会去掉括号并用黑色书写，消除表达式与其表示的集合之间的区别。例如，

$$((ab)a) \neq (a(ba))$$

因为这两个表达式是不同的（右端表达式以两个右括号结尾，左端表达式只有一个右括号）。但是它们是等价的：

$$\mathcal{L}(((ab)a)) = L((a(ba))) = \{aba\}$$

我们通常用下式表示这个事实：

$$((ab)a) \equiv (a(ba))$$

甚至可以更简单：

$$((ab)a) = (a(ba)) = aba$$

这里，我们不再区分灰色字符和黑色字符，以及字符串和由该字符串构成的语言之间的区别。

现在我们确切地知道了什么是正则表达式，什么不是正则表达式（例如，$\bigcap$ 不是正则表达式的运算），那么我们可以"绑定"有穷自动机与正则表达式之间的联系了。

定理 20.1 对于任意的正则表达式，存在等价的有穷自动机，即对于任意正则表达式 α，存在一个有穷自动机 M，使得 $\mathcal{L}(M) = \mathcal{L}(\alpha)$。

证明： 我们应用结构归纳法来构造正则表达式。图 20.1 展示了分别接受语言 $\varnothing$、$\{a\}$ 和 $\{b\}$ 的有穷自动机。如果 M_1 和 M_2 是任意有穷自动机，则图 20.2 和图 20.3 分别描绘了接受

M_1 和 M_2 语言的并和串联的自动机，图 20.4 描绘了接受 M_1 语言的克林闭包的自动机。

图中黑色部分是原始自动机，我们只标出了它的核心结构：初始状态和终止状态。要构造的自动机包含增加的转换（对于并和克林闭包）以及增加的状态，显示为灰色的部分。

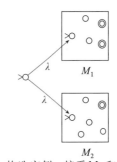

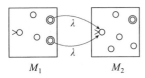

图 20.1 归纳基础：接受语言 $\emptyset$、$\{a\}$ 和 $\{b\}$ 的有穷自动机

图 20.2 构造实例：接受 M_1 和 M_2 语言的并集的有穷自动机

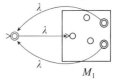

图 20.3 构造实例：接受 M_1 和 M_2 语言的串联的有穷自动机

图 20.4 构造实例：接受 M_1 语言的克林闭包的有穷自动机

例如，并集自动机（图 20.2）有了一个新的初始状态，以及从该状态到其他两个构件自动机初始状态的 λ 转换（两个构件自动机的初始状态都不是新构造自动机的初始状态，但如果它们是两个构件自动机的终止状态，则它们是新自动机的终止状态）。形式上讲，如果 $M_i = \langle K_i, \Sigma, \Delta_i, s_i, F_i \rangle$，其中 $i = 1, 2$，并且 $K_1 \cap K_2 = \emptyset$（两个自动机的状态具有不同的名称），那么 $\mathcal{L}(M) = \mathcal{L}(M_1) \cup \mathcal{L}(M_2)$。这里

$M = \langle K, \Sigma, \Delta, s, F \rangle$, where
s is a new state,
$K = K_1 \cup K_2 \cup \{s\}$,
$F = F_1 \cup F_2$, and
$\Delta = \Delta_1 \cup \Delta_2 \cup \{s \xrightarrow{\lambda} s_1, s \xrightarrow{\lambda} s_2\}$。 ∎

上述证明展示了非确定性和 λ 转换的意义，以及子集构造法的威力。即使一个简单的正则表达式也可能会转换成一个相当复杂且高度非确定的有穷自动机，如果需要，它可以机械地被转换为确定的自动机。

值得注意的是，上述定理反过来也是成立的，即一个有穷自动机所接受的语言总能用正则表达式来描述，并且从自动机到正则表达式的转换也是机械的。

定理 20.2 任意有穷自动机所接受的语言都可以用正则表达式来描述，即对于任意有穷自动机 M，存在一个正则表达式 α，使得 $\mathcal{L}(\alpha) = \mathcal{L}(M)$。

同定理 20.1 的证明一样，本定理的证明也是构造性的。该证明表明，在有穷自动机模型中，存在一个机械过程，它可以将一系列相交的圈（类似一团意大利面条的代码）转换为嵌套清晰的克林闭包表达式的集合。

证明：为了证明这个结果，我们将有穷自动机的概念扩展到非确定模型。在有穷自动机中，允许有两种类型的转换：$p \xrightarrow{a} q$（a 是单个字符）和 $p \xrightarrow{\lambda} q$（它表示没有任何输入的情况下的转换）。在广义的有穷自动机（generalized finite automaton）中，我们允许弧的标记使用正则表达式。例如，$p \xrightarrow{ba} q$ 表示从状态 p 到状态 q 的转换将读入两个输入字符 ba（先 b 后 a）；$p \xrightarrow{a \cup b} q$ 表示从 p 到 q 的转换仅读入一个字符，或者是 a，或者是 b；$p \xrightarrow{a^*} q$ 表示从 p 到 q 的转换读入的是由任意多个 a 构成的字符串（包括空字符串）。更准确地说，广义有穷自动机的精确定义为由式（19-1）到式（19-3）定义的有穷自动机，除了两个状态之间只能有一个转换之外，还将标记弧集替换为

$$\Delta \subseteq K \times R \times K$$

其中，R 是字母表 Σ 上所有正则表达式的集合。（p 和 q 之间的两个转换 $p \xrightarrow{\alpha} q$ 和 $p \xrightarrow{\beta} q$ 的作用，可以由单个转换 $p \xrightarrow{\alpha \cup \beta} q$ 来获得。）注意，尽管 R 不是有穷的，但 Δ 是有穷的，因为任何一对状态之间只能存在一个转换，并且状态集是有穷的。

从有穷自动机 $M = \langle K, \Sigma, \Delta, s, F \rangle$ 开始，我们将 M 转换为一系列广义的有穷自动机，其中的每一个都与前一个接受相同的语言。系列中的最后一个将只有两个状态和单个转换 $s \xrightarrow{\alpha} f$，其中 s 是初始状态，f 是一个终止状态。那么，M 接受的语言就是 $\mathcal{L}(\alpha)$。

作为准备，我们对 M 添加一个新的初始状态 s 和一个新的终止状态 f，以及从 s 到 M 初始状态的 λ 转换和从每个 M 终止状态到 f 的 λ 转换。这个广义有穷自动机没有进入其初始状态或脱离其唯一终止状态的转换。图 20.5 展示了对图 19.13 中有穷自动机修改后的结果，它接受所有除以 3 余数为 2 的二进制表示的数。

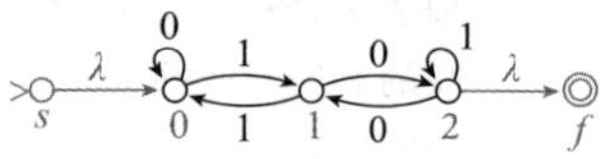

图 20.5　图 19.13 中的有穷自动机为转换为正则表达式而准备的广义有穷自动机

对于任意两个状态 p 和 q，我们创建一个从 p 到 q 的正则表达式标记转换，表示为 α_{pq}。如果原本从 p 到 q 正好存在一个转换，则 α_{pq} 就是原有的标签；如果从 p 到 q 存在多个转换，则 α_{pq} 是所有原始标记转换表达式的并集；如果不存在这样的转换，则 $\alpha_{pq} = \emptyset$。因此，对于任意的状态 p 和 q（包括 $p = q$），则 α_{pq} 是一个正则表达式。实际上，我们在没有转换的地方添加了哑转换，标记 $\emptyset$——事实上不能经过这样的转换，因为标签中的字符串集合是空的。

我们现在开始删除 M 的原始状态，一次一个直到只剩下 s 和 f 为止。当我们删除一个状态以及进出它的转换时，我们会修正其他的转换，以弥补删除的损失。将广义有穷自动机 $M = \langle K, \Sigma, \Delta, s, \{f\} \rangle$ 转换为等价的正则表达式，形式化为：

1. while $|K| > 2$，
   (a) 选择要消除的任意状态 q，不包括 s 和 f。
   (b) 同步地，对于每对状态 $p、r \in K$，且 $p \neq q$、$p \neq f$、$r \neq q$ 和 $r \neq s$，将 p 到 r 的转换标签 α_{pr} 替换为标签

   $$\alpha_{pr} \cup \alpha_{pq} \alpha_{qq}^* \alpha_{qr}$$

   (c) 删除状态 q。
2. 只剩下两个状态时，它们必定是 s 和 f。那么 M 接受的语言就是 α_{sf}。

正则表达式 $\alpha_{pq}\alpha_{qq}^*\alpha_{qr}$ 描述了从 p 到 r 经过 q 所读取的字符串，或许在 q 处有任意多次循环。已经存在一个从 p 直接到 r 的转换，因此，转换上的标签必须与新的正则表达式求并。∎

图 20.6～图 20.8 展示了相继删除状态 0、1 和 2 的结果。例如，在图 20.6 中，状态 0 已被删除。因为存在转换 $s \xrightarrow{\lambda} 0$、$0 \xrightarrow{0} 0$，以及 $0 \xrightarrow{1} 1$，所以从 s 到 1 的新转换标签为 $\lambda 0^* 1$，将其化简为等价的表达式 $0^* 1$。类似地，在状态 1 处出现了标签为 $10^* 1$ 的循环，该循环考虑了状态 1 到状态 1 的转换经过状态 0（可能循环）的结果。（从技术上讲，状态 1 的循环上的新标签是 $\emptyset \cup 10^* 1$，因为集合 $\alpha_{11} = \emptyset$。再一次，我们将表达式化简为更短的等价表达式。）

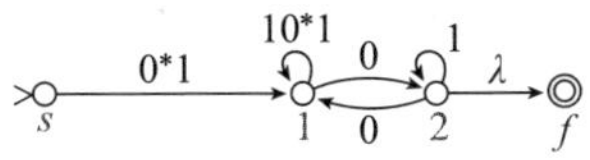

图 20.6　删除了状态 0 的结果 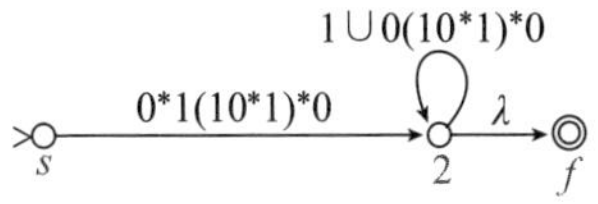　　图 20.7　删除了状态 1 的结果 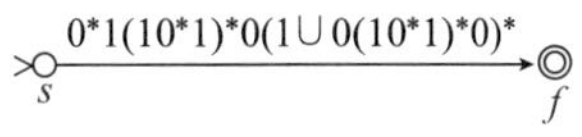　　图 20.8　删除了状态 2 的结果

最后的结果是一个正则表达式，这很难靠想得出来——它是一个带星表达式，其内部又是含带星表达式的带星表达式。无论该语言是否存在其他更简单的正则表达式，这个肯定是正确的。

※

定理 20.1 和定理 20.2 确立了一个语言可以被有穷自动机接受，当且仅当它可以用正则表达式表示。这样的语言被称为正则语言（regular language），它具有许多优美的性质，我们将在习题中进行部分探讨。例如，从正则表达式的定义中可以明显看出，任何两个正则语言的并或串联都是正则语言。任何正则语言的补也是正则语言，但这一点不是太明显。

定理 20.3　任意正则语言 $L \subseteq \Sigma^*$ 的补 $\Sigma^* - L$ 是正则语言。任意两个正则语言的并、串联和交也都是正则语言。

证明：很难想象如何将正则表达式转换为表示它的补语言的正则表达式。但是，我们可以将正则表达式转换为有穷自动机，然后再转换为等价的确定的有穷自动机。对于一个确定的有穷自动机，如果将其终止状态变为非终止状态，而非最终状态变为终止状态，其结果就是接受补语言的确定的自动机。然后，我们将该有穷自动机转换为正则表达式。最后结果就是，对于任意正则表达式 α，我们构造了另一个正则表达式 α'，使得 $\mathcal{L}(\alpha') = \Sigma^* - \mathcal{L}(\alpha)$。

很明显，两个正则语言的并是正则语言，因为如果它们的正则表达式分别为 α 和 β，则它们的并就是正则表达式 $\alpha \cup \beta$。类似地，它们的串联就是正则表达式 $\alpha\beta$。

最后，如果 L_1 和 L_2 是正则语言，则 $L_1 \cap L_2$ 也是正则语言，因为根据德·摩根定律，有

$$L_1 \cap L_2 = \overline{\overline{L_1} \cup \overline{L_2}}$$

∎

本章小结

- 正则表达式是一个有穷字符串，它能够表示无穷的语言。

- 正则表达式由字母表中的字符以及符号 ∅、(、)、∪ 和 ∗ 组成。
- 我们可以归纳地构造正则表达式：∅ 和字母表中任意单个字符本身是正则表达式，两个正则表达式的并或串联都是正则表达式，任意正则表达式的克林闭包都是正则表达式。
- 一个语言能够表示为正则表达式当且仅当存在一个能接受该语言的有穷自动机。这样的语言称为正则语言。
- 广义有穷自动机允许对正则表达式的转换，而不仅仅是对单个字符的转换。从一个状态到另一个状态的所有转换组成单个正则表达式，因此两个状态之间最多存在一个转换。
- 正则语言的补也是正则语言。对于任意两个正则语言，它们的并、串联和交都是正则语言。

习题

20.1 简单地说明这些语言都是什么，并给出解释。
(a) $(a \cup aa)^*$
(b) $(aa \cup aaa)^*$
(c) $\{\lambda\}^*$
(d) $\varnothing^*$
(e) $(L^*)^*$，这里 L 是任意一种语言
(f) $(a^*b)^* \cup (b^*a)^*$

20.2 写出下列语言的正则表达式。假设 $\Sigma = \{a, b\}$。
(a) a 出现不超过三次的字符串。
(b) a 出现的次数可以被 4 整除的字符串。
(c) 子串 bbb 只出现一次的字符串。

20.3 对于任意语言 L，设 L^R 为 L 的反，是将 L 中字符串反序构成的集合（见第 8 章）。
(a) 用结构归纳法证明正则语言的反是正则语言。
(b) 简述如何从接受 L 的确定的有穷自动机开始证明上一问。

20.4 如果存在 k，使得字符串 w 是否在 L 中仅取决于 w 的最后 k 个字符，则称语言 L 是可判定的。
(a) 更详细地陈述该定义。
(b) 证明每一个可判定的语言都是正则语言。
(c) 证明可判定语言的并集是正则语言。
(d) 证明两个可判定语言的串联不一定是可判定的。

20.5 给出由包含偶数个 a 和偶数个 b 的字符串构成的语言的正则表达式。提示：可以对接受该语言的 4 状态自动机应用定理 20.2。另一种会产生更简单结果的方法是：注意任何这样的字符串都具有偶数长度。那么，长度为 $2n$ 的字符串可以被视为 n 个 2 字符块的序列。每个块要么是 aa 或 bb（我们称之为"偶块"），要么是 ab 或 ba（我们称其为"奇块"）。那么，包含偶数个 a 和偶数个 b 的字符串必须具有偶数个奇块，这种情况可以采用我们在包含偶数个 b 的字符串中所用的技术来表示（在本章开头的表格中）。

20.6 我们使用德·摩根定律证明了正则语言的交是正则语言。

(a) 假设从有穷自动机 M_1 和 M_2 开始,采用求语言并和补的构造法,构造一个接受 $\mathcal{L}(M_1) \cap \mathcal{L}(M_2)$ 的有穷自动机 M。如果 M_1 的状态集合基数为 n_1,M_2 的状态集合基数为 n_2,那么计算 M 的状态集合基数。

(b) 通过取 M_1 和 M_2 状态集合的笛卡儿积,给出更直接构造接受 $\mathcal{L}(M_1) \cap \mathcal{L}(M_2)$ 的 DFA 的构造方法,由此得到的自动机有多大?

20.7 一个等差数列(arithmetic progression)是集合 $\{j+nk:n\geqslant 0\}$,其中 j 和 k 都是自然数。例如,集合 $\{7,11,15,19,\cdots\}$ 是一个 $j=7$ 和 $k=4$ 的等差数列,对于任意的语言 L,字长(word length)集合定义为 L 中所有单词长度的集合,即 $\{|w|:w\in L\}$。例如,语言 $(ab)^*$ 的字长集合为偶数集合。

证明一个自然数集合是等差数列的有穷并集,当且仅当它是一个正则语言的字长集合。提示:"仅当"的方向更容易证明。已知等差数列的有穷并集,需要构造一个正则语言,其中的字长恰好是集合中的数字。对于"当"方向的证明,首先假设字母表中只有一个字符,然后进行归纳。

20.8 (a) 给出图 20.9 中的 DFA 接受的语言。

(b) 应用定理 20.2 证明中描述的方法,机械地变换 DFA 为正则表达式。

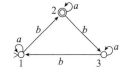

图 20.9 DFA 编译为正则表达式

20.9 应用定理 20.1 的方法,系统地构建与下述正则表达式等价的非确定的有穷自动机。

(a) $(ba \cup b)^* \cup (bb)^*$

(b) $((ab)^*(ba)^*)^*$

20.10 我们在这里给出正则表达式的"析取范式"定义。

(a) 证明:对于任意正则表达式 α、β、γ,有
$$(\alpha \cup \beta)\gamma \equiv (\alpha\gamma) \cup (\beta\gamma)$$
和
$$\gamma(\alpha \cup \beta) \equiv (\gamma\alpha) \cup (\gamma\beta)$$

(b) 证明:对于任意正则表达式 α 和 β,有
$$(\alpha \cup \beta)^* \equiv \alpha^*(\beta\alpha^*)^*$$

(c) 证明:任意正则表达式存在等价的公式 $(\alpha_1 \cup \cdots \cup \alpha_n)$,其中 $\alpha_1,\cdots,\alpha_n$ 中仅使用串联和克林闭包运算(没有并的运算)。

第 21 章
Essential Discrete Mathematics for Computer Science

阶的表示法

有些事物即使在理论上是可计算的，在实际中进行计算也是不可行的。例如，假设要求我们列出一年中日期的所有集合。列表可能这样开始：

{1月2日，2月13日，3月15日，4月19日}，{4月21日，12月2}，…

接下去还有更多的集合。如果我们能够在 1ns 内列出一个集合，那么列出所有的集合需要多长时间呢？算一下，一年有 365 天，因此即使在不考虑 2 月 29 日的情况下，也有 2^{365} 个日期的集合。但是 2^{365} ns 超过 10^{93} 年，而宇宙的年龄不到 $1.4 \cdot 10^{10}$ 年。幸运的是，我们在枚举的路上还没走得太远之前就算出了结果⊖。

我们如何能确定实现一个算法是否是值得的呢？或者，已知两种解决同一问题的方法，我们如何判定哪一个更好呢？

时间是限制算法可用性的一个因素，另一个潜在的限制是算法使用的内存大小。对我们来说，内存是次要的，因为一个算法只能利用它需要时间读取的内存。因此，当适当地选择了存储单元，那么任何算法会使用至少与内存一样多的时间。内存通常称为空间（space），一个更抽象的度量可能对应于数字计算机的 RAM 芯片中存储的位数，或者是在人类用纸笔计算的过程中记下的数字数⊖。

为了形式化这些概念，我们将算法时间（或空间）的需求表示为输入量的函数。因此，我们需要对计算机程序执行过程所花费的时间进行度量。我们不能采用微秒，或者是任何其他的时钟时间的衡量标准，因为当新的更快的芯片组发布时，我们的研究结果不应该失效。因此，我们采用构成计算中一步的概念，用步数作为我们对时间的度量。一步可以是执行了单条机器指令，或者是高级语言中的单行代码，又或者是在手工乘法过程中记下的单个数字。就我们的目的而言，计算机结构的细节并不重要，因为我们只度量给定机器或过程所花费的时间随着输入量的增加而增加的情况。

我们来回顾几个基本概念。算法（algorithm）是由输入产生输出的完整确定的计算方法。对于任意给定的输入，算法最终将停止计算并给出答案。在之后的某个时间，对于相同的输入，它将产生同样的输出，即算法的输入和输出之间的关系是一个函数：对于定义域中所有的值都有定义且定义是唯一的。

对于一个算法运行时间的度量是：一个算法 A 具有运行时间（runtime）函数 f：$\mathbb{N} \to \mathbb{N}$，$f(n)$ 是算法 A 对任意输入量 n 所需要的最大步数。因此，我们采用最坏情况（worst-case）下的算法运行时间。最坏情况分析是很有意义的，因为当我们知道输入量时，我们的分析结果可以让我们确切地确定结束计算需要等待的时间。然而，最坏情况分析并不是唯一的可能。在有些情况下，我们可能对平均情况（average-case）的分析更感兴趣——例如，对于多个不同的输入，我们期望运行的算法倾向于采用总体上更快的方法，尽管该方法对于某些个别的输入可能是慢的。平均情况分析需要知道可能输入的"平均情

⊖ 相似的场景，注意到在第 9 章，我们讨论了为有 300 个变量的命题逻辑公式写下完整的真值表需要用到的表格线比宇宙中的粒子还多。

⊖ 计算机（computer）一词，在 20 世纪 50 年代是指在科学和工程领域从事数学计算的人。

况"实际上是什么,因此往往比最坏情况分析更棘手,应用范围也更小。我们将在第29章再次回到平均情况分析的讨论。

算法分析可以揭示它的运行时间是一个熟悉的函数,例如:
- 线性函数形如 $f(n)=a \cdot n+b$,对于某些常量 $a>0$ 和 b。
- 二次函数形如 $f(n)=a \cdot n^2+b \cdot n+c$,对于某些常量 $a>0$ 和常量 b、c。
- 多项式函数形如 $f(n)=\sum_{i=0}^{d} a_i n^i$,对于某些常量 $a_0,\cdots,a_d$。假设 $a_d>0$,那么 d 就是非零项中的最大指数,称 f 为 d 次(degree)的。因此,线性函数是 1 次多项式,二次函数是 2 次多项式,立方(cubic)函数是 3 次多项式。多项式的次数不必是一个整数,我们将在第 25 章中看到 $\log_2 7\approx 2.81$ 次多项式。次数 d 甚至可以小于 1,只要 $d>0$ 即可。例如,$f(n)=\sqrt{n}=n^{0.5}$ 是一个 0.5 次多项式。次数为 $d(0<d<1)$ 的多项式也称为分数幂(fractional power)函数。
- 常(consant)函数是其值不依赖于自变量的函数,即常函数的形式为 $f(n)=c$,对于某个不依赖于 n 的常量 c。我们有时将常函数视为 0-次多项式。
- 指数(exponential)函数形如 $f(n)=c^n$,对于某些常量 $c>1$。常量 c 被称为指数函数的底(base)。

通常,它们中的一些函数可以取负的自变量,或者具有负的函数值。(例如,$f(n)=-n^2$ 是一个对正的参数取负值的多项式。)然而,在本章中,我们假设所有讨论的函数都具有定义域和共域N。因此,所有值都是非负的。通常来说,在这些示例中(除了常函数以外),每一个函数的运行时间都是单调的(monotonic),即当 $n>m$ 时,$f(n)>f(m)$。换句话说,输入量 n 越大,运行时间越长。

对于不会停止的计算,其运行时间无法定义,因为它们的运行时间不是一个函数。(例如,考察一个以整数作为输入的程序,然后从 1 开始向上计数,直到到达输入的数字为止。如果输入为 0,那么程序永远不会停止。)

我们对于步数做进一步说明。前面已经说过,我们度量一个算法的运行时间用一个从N到N的函数 f,其中,$f(n)$ 是在最坏情况下,对于输入量 n 所需要的步数。但是,什么是输入的"量"呢?一个数据项的量(size)是指记录该数据项所需的空间数量的度量。因此,一个字符串 $w\in\{a,b\}^*$ 的量就是它的长度 $|w|$,一个 $n\times n$ 位组的量是 n^2。当输入是一个数字时,注意它的量不等于它的

$$n=\overset{8}{\overline{10110100}}$$
n 的量 = 8
n 的值 = $2^2+2^4+2^5+2^7$
       = 180

图 21.1 一个数的量是记下它所需的纸张数,而不是它的值,通常是指数级大

值。例如,当一个算法以自然数 n 作为输入时,要计算 n 的平方根 $\sqrt{n}$,输入量是多少呢?答案是 $\log_2 n$(通常记作 $\lg n$),或者更精确地说是 $\lceil \lg n \rceil$,因为它是 n 在二进制表示中的位数(见图 21.1)。

下面举一个简单的例子。考虑一个算法,用来确定在 n 的二进制表示中有多少个 1。该算法通过对二进制数的简单扫描,返回遇到的 1 的数量。我们将其描述为一个线性时间算法,而不是对数时间算法,因为所用时间与 n 的二进制位数成比例,尽管它本身是数值 n 的对数。

本质上说,一个算法的输入或输出量是记录它所需的纸张量。符号表示系统的选择对数据表示量只有一个常量因子的影响。例如,一串 n 的ASCII码字符可以描述成 n 字符长

或 $8n$ 位长，它们相差一个因子 8。一个数 n 的表示可以描述为 $\lceil \lg n \rceil$ 位或 $\lceil \log_{10} n \rceil$ 个十进制数字，而它们相差的因子大约是 $\log_2 10$，或者约为 3.32。

✳

我们的运行时间分析需要定义两个函数的比较方法。一种自然的比较方法是取它们的值的比率。例如，当 $f(n)=n$ 和 $g(n)=2n$ 时，那么有

$$\frac{f(n)}{g(n)} = \frac{n}{2n} = \frac{1}{2}$$

对于所有输入 n，f 的值是 g 值的一半。但是，两个函数之间的比率不一定是一个常数。例如，当 $h(n)=n+2$ 和 $k(n)=2n+1$ 时，比率依赖于我们选择输入的 n 是什么。对于 $n=1$，有

$$\frac{h(1)}{k(1)} = \frac{1+2}{2+1} = 1$$

而对于 $n=100$，有

$$\frac{h(100)}{k(100)} = \frac{100+2}{200+1} \approx 0.51$$

通常，当输入 n 较大时，我们更关心比率，因为此时函数之间的差距是最有意义的。例如，当函数 $h(n)=n+2$ 和 $k(n)=2n+1$ 是两个不同算法的运行时间函数时，那么，两个算法对于量为 1 的输入，都需要 3 步。而对于量为 100 的输入，具有运行时间函数 k 的算法需要 99 以上的步数；对于量为 1000 的输入，需要 999 以上的步数。

代替取特殊的 n 来计算比率，我们考虑当 n 趋于无穷大时，比率的极限（limit），记为 $\lim_{n \to \infty}$。极限是微积分中重要的概念，而我们的目标，仅需要几条规则。

定理 21.1 基本极限。

$$\lim_{n \to \infty} c = c, \text{对于任意的常量 } c$$

$$\lim_{n \to \infty} n = \infty$$

$$\lim_{n \to \infty} \frac{1}{n} = 0$$

在第一条规则中，极限内的表达式不涉及 n，因此，与 n 的值也是不相关的。

第二条规则简单地陈述了当 n 趋于无穷大时，n 的值无限增长。通常，我们将用 $\lim_{n \to \infty} f(n) = \infty$（或者 $\lim_{n \to \infty} f(n) < \infty$）表示 $f(n)$ 无限增长（或收敛于一个有限的非负常量）。

第三条规则说明，当 n 趋于无穷大时，n 的倒数趋于 0。$\frac{1}{n}$ 实际上是任意地接近但绝对不会等于 0，即对于任意小的 $\varepsilon > 0$，存在某个数 n（精确地说是 $\frac{1}{\varepsilon}$）使得 $\frac{1}{n}$ 总是小于 ε 的。

更复杂的表达式的极限，可以在几个附加规则的帮助下得以计算。首先，在算术表达式中，"无穷"表现为一个不确定的大数，因此，$\infty + \infty = \infty \cdot \infty = \infty$，就此而言，有 $3 \cdot \infty = \infty$。其次，通常情况下，两个函数的和、差、积和商的极限，等于这两个函数极限的和、差、积和商。例如，要计算 $\lim_{n \to \infty} n^2$，由于已知 $\lim_{n \to \infty} n = \infty$，那么

$$\lim_{n \to \infty} n^2 = \lim_{n \to \infty}(n \cdot n) = (\lim_{n \to \infty} n) \cdot (\lim_{n \to \infty} n) = \infty \cdot \infty = \infty$$

以下是详细内容。

定理 21.2 极限的性质。对于任意的非负函数 $f(n)$ 和 $g(n)$，
$$\lim_{n\to\infty}(f(n)+g(n))=(\lim_{n\to\infty}f(n))+(\lim_{n\to\infty}g(n))$$
类似的规则可应用于下列极限的计算，当 $n\to\infty$ 时，
$$c\cdot f(n),\text{对于任意的常量 } c$$
$$(f(n))^c,\text{对于任意的常量 } c$$
$$f(n)-g(n)$$
$$f(n)\cdot g(n)$$
$$\frac{f(n)}{g(n)}$$
对于不定式 0^0、∞^0、$\infty-\infty$、$0\cdot\infty$、$\infty\cdot 0$、$\frac{0}{0}$、$\frac{\infty}{\infty}$，或者是 $\frac{L}{0}$（L 取任意值），计算它们的幂、差、积和商不需要求值。

重要的是例外情况。我们知道 $\lim_{n\to\infty}n=\infty$，且 $\lim_{n\to\infty}\frac{1}{n}=0$，但是 $\lim_{n\to\infty}\left(n\cdot\frac{1}{n}\right)=1$，而不是 $\infty\cdot 0$。计算 $\infty\cdot 0$ 的值是禁忌的。

在不定式 $\frac{0}{0}$ 或 $\frac{\infty}{\infty}$ 取极限的情况下，微积分中的 L'Hôpital 法则会对我们有所帮助。当 $\lim_{n\to\infty}f(n)=\lim_{n\to\infty}g(n)=0$，或者 $\lim_{n\to\infty}f(n)=\lim_{n\to\infty}g(n)=\infty$ 时，L'Hôpital 法则说明
$$\lim_{n\to\infty}\frac{f(n)}{g(n)}=\lim_{n\to\infty}\frac{f'(n)}{g'(n)}$$
其中，$f'(n)$ 和 $g'(n)$ 分别是 $f(n)$ 和 $g(n)$ 的导数。假设这些导数是存在的，并且对于所有的 n，$g'(n)\neq 0$。

❋

当分析一个算法的运行时间时，我们通常不关心最坏情况下的确切（exact）步数，它可能很难精确计算。我们只需要找到一个简单函数，大致等价于运行时间就足够了，而不需要给出更精确值的更复杂的函数。"大致等价"的一种解释如下：两个函数 $f(n)$ 和 $g(n)$ 被称为渐近等价的（asymptotically equivalent），写为 $f(n)\sim g(n)$，当且仅当
$$\lim_{n\to\infty}\frac{f(n)}{g(n)}=1$$
见图 21.2。例如，函数 $f(n)=n^2+1$ 和 $g(n)=n^2$ 是渐近等价的：
$$\lim_{n\to\infty}\frac{n^2+1}{n^2}=1+\lim_{n\to\infty}\frac{1}{n^2}=1$$
顾名思义，渐近等价性是一个等价关系（习题 21.4）。

这里值得一提的是，我们有一个重要的表达习惯。命题 $f(n)\sim g(n)$ 是关于函数 f 和 g 整体的断言，而非关于 n 的某个特定值的。更正确的记法是 $f\sim g$，但是，我们习惯于包含"哑元"参数 n，以强调 f 和 g 是一个变量的函数。这种惯例也允许我们将命题表示如下：
$$n^2+1\sim n^2+n$$
而不需要引入要比较的 n 的两个函数名称。这个特别的命题是真的，因为

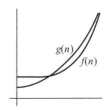

图 21.2 渐近等价的函数。当 $n\to\infty$ 时，$f(n)/g(n)$ 趋近于 1

$$\lim_{n\to\infty}\frac{n^2+1}{n^2+n}=1$$

渐近等价性意味着，对于足够大的 n，f 和 g 增长到大致相同的程度。这是一个对于难以计算的近似函数很有用的概念。例如，$n!$ 的值（n 的阶乘）是从 1 到 n（包含两端）所有整数的乘积，如果按照精确计算，需要 $n-1$ 次乘法运算。但是，有一个公式渐近等价于 $n!$，以斯特林公式（Stirling's approximation）著称，对于很大的 n，非常接近于 $n!$ 的值：

$$n!=\prod_{i=1}^{n}i\sim\sqrt{2\pi n}\cdot\left(\frac{n}{e}\right)^n \tag{21-3}$$

该公式很实用，因为它只需要几个标准的运算，并且对于不同的目标，能足够接近 $n!$ 的精确值。

当谈论算法复杂性时，定义等价性为 $\sim$，实际上比我们需要的更严谨。正如我们之前所提到的，我们能够通过使用 c 倍的处理器或者买一台新的 c 倍快的计算机来加快任何算法一个常量因子 c 的运行。因此，那些仅一个常量因子渐近不同的运行时函数可以视作大致等价的。为了得到这个更宽松的等价概念，我们比较函数时，不再看它们有多大，而是看它们增长得有多快。

✷

一个函数的增长率通常被称为它的阶（order），尽管有多种定义函数阶的不同方法。首选也是最常用的是大 O 表示法——O，代表"阶"。如前所述，对我们来说最重要的问题常常是，"我需要等待多久算法才能得出一个答案？"大 O 表示法指定了一个运行时间的上限（upper bound）——一个与运行时间渐近增长一样快的函数。为了表示渐近增长不快于 $g(n)$ 的函数集合，我们记为 $O(g(n))$。读作"$g(n)$ 的大 O"。（"O"是字母，不是零。）一个算法具有在 $O(g(n))$ 中的运行时函数 $f(n)$，称运行时间复杂度为 $O(g(n))$。

数学语言可以表示为：$f(n)=O(g(n))$ 当且仅当下式成立。

$$\lim_{n\to\infty}\frac{f(n)}{g(n)}<\infty \tag{21-4}$$

"$f(n)=O(g(n))$"的表示法不是很理想，但是自 19 世纪末以来数学中一直沿用此记法，因此，我们也遵循这种记法。进一步明确它的含义：$f(n)$ 是一个函数，$O(g(n))$ 是一个函数的集合，因此，"$f(n)\in O(g(n))$"或者"$f\in O(g)$"是有意义的。不幸的是，标准记法使用了"$=$"，尽管并不意味着相等。例如，颠倒表达式的顺序，写成类似于"$O(g(n))=f(n)$"的形式，就会出现错误（因为这意味着 $O(g(n))\in f(n)$，不成立）。

一种等价的定义 O 表示法的方法是：称 $f(n)=O(g(n))$ 当且仅当存在一个常量 c 和一个最小值 n_0，使得对于所有的 $n\geq n_0$，有

$$f(n)\leq c\cdot g(n) \tag{21-5}$$

见图 21.3。直觉上，$f(n)=O(g(n))$ 提供了一个 f 和 g 增长率之间的"小于或等于"关系——类似于"$f\leq g$"，对于足够大的参数，它忽略了常数因子。

作为一个例子，我们能证明 $2^{10}\cdot n^2+n=O(n^2)$。应用极限定义式（21-4）：

$$\lim_{n\to\infty}\frac{2^{10}\cdot n^2+n}{n^2}=\lim_{n\to\infty}\frac{2^{10}\cdot n^2}{n^2}+\lim_{n\to\infty}\frac{1}{n}=2^{10}+0<\infty$$

使用另一个定义式（21-5），我们可以选择

$$c=2^{10}+1 \text{ 且 } n_0=0$$

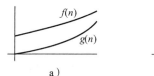
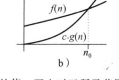

图 21.3 a) 函数 f 和 g。$g(n)$ 的值小于 $f(n)$ 的值，至少对于所示范围内的所有 n。b) 函数 $f(n)$ 和 $c \cdot g(n)$，其中 c 是大于 1 的常量。现在，对于小的 n 值，$c \cdot g(n)$ 仍然小于 $f(n)$。事实上，由于 $g(0)=0$，无论 c 多大，$c \cdot g(0)$ 都将小于 $f(0)$。但是，对于所有的 $n \geqslant n_0$，$f(n) \leqslant c \cdot g(n)$，因此，$f(n)=O(g(n))$

（且存在无穷多其他的常量和最小值使之成立）。则对于所有 $n \geqslant n_0 = 0$，有
$$2^{10} \cdot n^2 + n \leqslant (2^{10}+1)n^2 = c \cdot n^2$$

再验证几个例子：

- $2^{100} \cdot n^2 + n = O(n^3)$。事实上，我们将看到，任何低次多项式是任何高次多项式的大 O。这里左端为 2 次的，右端为 3 次的。大的左端常量与阶的分析无关。
- $n! = O\left(\sqrt{n} \cdot \left(\dfrac{n}{e}\right)^n\right)$。这是从斯特林公式 [式 (21-3)] 删除常量后的结果。
- $2^n + n^{100} = O(2^n)$。项 n^{100} 与极限不相关，因为当 $n \to \infty$ 时，与 2^n 相形见绌：
$$\lim_{n \to \infty} \frac{n^{100}}{2^n} = 0$$

我们看到，任意多项式是任意指数的大 O。

- $3n + 47 = O(2n)$：常量因子和加法常量与增长率无关。
- $135 + \dfrac{1}{n} = O(1)$。事实上，任意常函数都是 $O(1)$ 的，类似于当 $n \to \infty$ 时，函数值都趋于 0 的任意 n 的函数。

给定适当的常量因子放缩比例，并忽略小的参数，类 $O(g(n))$ 包含 g 最终超越的所有函数。因此，$O(g(n))$ 中函数的值可能永远不会趋近于 g 的值，并且随着 n 的增长，还会远离 g 的值。因此，任意线性函数是任意二次函数的大 O。例如，简单地说，一个 $O(n^2)$ 的函数，不意味着函数是 2 次的（尽管这真正意味着它不能是 3 次的）。

出于同样的原因，当试图解释第一个函数的增长率超过第二个函数的增长率时，使用 "$f(n) \neq O(g(n))$" 或者 "n^3 大于 $O(n^2)$" 都是不恰当的。大 O 本质上是一个类，它包含所有增长率较低或相等的函数。

对于一个函数增长率的下限（lower bound），引入与大 O 对称的表示法，我们就得到了增长率相等或超过 $g(n)$ 的函数类的概念。渐近增长不慢于 $g(n)$ 的函数集合称为 $\Omega(g(n))$，读作 "$g(n)$ 的大 Ω"。直觉上，$f(n) = \Omega(g(n))$ 对应于 "$f \geqslant g$" 的概念。具体地说，$f(n) = \Omega(g(n))$ 当且仅当下式成立。
$$\lim_{n \to \infty} \frac{f(n)}{g(n)} > 0 \tag{21-6}$$

O 和 Ω 之间的关系类似于 $\leqslant$ 和 $\geqslant$ 之间的关系。

定理 21.7 $f(n) = O(g(n))$ 当且仅当 $g(n) = \Omega(f(n))$。

证明： $f(n) = O(g(n))$ 当且仅当 $\lim\limits_{n \to \infty} \dfrac{f(n)}{g(n)} < \infty$（根据 O 的定义）

$$\text{当且仅当} \lim_{n\to\infty}\frac{f(n)}{g(n)}>0$$
$$\text{当且仅当 } g(n)=\Omega(f(n)) \text{（根据 } \Omega \text{ 的定义）}$$

中间步骤需要说明理由。如果 h 是一个函数，满足 $\lim_{n\to\infty} h(n)<\infty$，则 $h(n)$ 可以收敛于 0（在这种情况下，它的倒数无限增长）或某个非零正数（在这种情况下，它的倒数收敛到该数的倒数）。无论哪种情况都有 $\lim_{n\to\infty}\frac{1}{h(n)}>0$。在证明中，我们使用了 $h(n)=\frac{f(n)}{g(n)}$。

大 O 和大 Ω 符号分别描述了上限和下限。对于一个既可以渐近上限又可以渐近下限的函数，我们用 $\Theta(g(n))$（读作"$g(n)$ 的大 Θ"）来命名与 $g(n)$ 具有相同增长率的函数集合，见图 21.4。

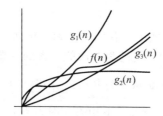

图 21.4 函数 f、g_1、g_2 和 g_3，其中 $f(n)=O(g_1(n))$、$f(n)=\Omega(g_2(n))$，以及 $f(n)=\Theta(g_3(n))$。也就是说，$g_1(n)$ 是渐近上限，因为它比 $f(n)$ 增长得更快；$g_2(n)$ 是渐近下限，因为它增长的比 $f(n)$ 更慢；$g_3(n)$ 既是渐近上限又是渐近下限，因为它与 $f(n)$ 具有相同的增长率

即 $f(n)=\Theta(g(n))$ 属于下列情况

$$\lim_{n\to\infty}\frac{f(n)}{g(n)}=c \tag{21-8}$$

对于某些常量 c，$0<c<\infty$。渐近等价性是式（21-8）中 $c=1$ 的特例。

Θ 关系扮演的是＝的角色，类似于将 O 比作"$\leqslant$"，Ω 比作"$\geqslant$"。并且与相等一样，Θ 是对称的。

定理 21.9 $f(n)=\Theta(g(n))$ 当且仅当 $g(n)=\Theta(f(n))$。

证明：

$$f(n)=\Theta(g(n)) \text{ 当且仅当 } \lim_{n\to\infty}\frac{f(n)}{g(n)}=c(0<c<\infty)$$
$$\text{当且仅当 } \lim_{n\to\infty}\frac{g(n)}{f(n)}=\frac{1}{c}\left(0<\frac{1}{c}<\infty\right)$$
$$\text{当且仅当 } g(n)=\Theta(f(n))$$

如果 $f(n)\sim g(n)$，则 $f(n)=\Theta(g(n))$。但是，它的逆通常不成立。

❋

如果 O 和 Ω 类似于"$\leqslant$"和"$\geqslant$"，那么小 o 和小 ω 表示法就对应于严格的不等式"$<$"和"$>$"（ω 是小写的 Ω）。

首先是小 o，我们记 $f(n)=o(g(n))$ 当且仅当 n 趋于无穷大时，$f(n)$ 对 $g(n)$ 的比率趋近于 0：

$$\lim_{n\to\infty}\frac{f(n)}{g(n)}=0$$

例如，$n=o(n^2)$，因为
$$\lim_{n\to\infty}\frac{n}{n^2}=\lim_{n\to\infty}\frac{1}{n}=0$$

小 ω 是相反的关系，我们记 $f(n)=\omega(g(n))$ 的情况如下：
$$\lim_{n\to\infty}\frac{f(n)}{g(n)}=\infty$$

与 $a<b$ 蕴含着 $a\leq b$ 同样的方式，$f(n)=o(g(n))$ 蕴含着 $f(n)=O(g(n))$。当 $f(n)=o(g(n))$ 时，则
$$\lim_{n\to\infty}\frac{f(n)}{g(n)}=0<\infty$$

这是式（21-4）对 $f(n)=O(g(n))$ 的要求。

下面证明相反的方向，如同 $a>b$ 蕴含着 $a\geq b$ 一样，$f(n)=\omega(g(n))$ 蕴含着 $f(n)=\Omega(g(n))$。当 $f(n)=\omega(g(n))$ 时，则有
$$\lim_{n\to\infty}\frac{f(n)}{g(n)}=\infty>0$$

这是式（21-6）对 $f(n)=\Omega(g(n))$ 的要求。

※

我们已经创立了一种比较函数的语言，用于分析经常出现在运行时间分析中的多个函数类之间的关系。

我们将从一个引理开始，它可以化简任意多项和函数的分析，并指出函数的和具有其最快增长项的阶。

引理 21.10 假设 $f(n)=\sum_{i=0}^{k}f_i(n)$，其中 $f_i(n)=O(f_k(n))$，对于 $0\leq i<k$。则 $f(n)=\Theta(f_k(n))$。

证明： 如果 $\lim_{n\to\infty}f_k(n)=0$，那么对于任意的 $i<n$，$f_i(n)$ 也必定收敛于 0，即可得下式。因此，假设 $f_k(n)$ 不收敛于 0。由于 $f_i(n)=O(f_k(n))$（$0\leq i<k$），存在常量 c_i，$0\leq c_i<\infty$，使得
$$\lim_{n\to\infty}\frac{f_i(n)}{f_k(n)}=c_i$$

那么
$$\lim_{n\to\infty}\frac{f(n)}{f_k(n)}=\lim_{n\to\infty}\frac{\sum_{i=0}^{k}f_i(n)}{f_k(n)}=\lim_{n\to\infty}\frac{f_k(n)}{f_k(n)}+\sum_{i=0}^{k-1}\lim_{n\to\infty}\frac{f_i(n)}{f_k(n)}=1+\sum_{i=0}^{k-1}c_i$$

该式是一个常量 c，且 $0<c<\infty$，因此 $f(n)=\Theta(f_k(n))$。 ∎

引理 21.10 中的项 $f_k(n)$ 被称为"最高阶"项，相对于等于 $o(f_k(n))$ 的任意 $f_i(n)$，被称为"低阶"项。引理 21.10 像下面的定理一样，通过从分析中去掉低阶项，简化证明过程。

定理 21.11 假设 $f(n)$ 是一个 a 次多项式，$g(n)$ 是一个 b 次多项式。
1. 如果 $a=b$，则 $f(n)=\Theta(g(n))$。
2. 如果 $a<b$，则 $f(n)=o(g(n))$。

证明： a 次函数可以表示为

$$f(n) = c_a n^a + \sum_{i \in E} c_i n^i$$

其中 $c_a > 0$，且对于所有的 $i \in E$，有 $i < a$。（我们将指数记为 $i \in E$，而不是记为 i 的范围是从 0 到某个值，以表明它们不必是整数）。那么 $c_i n^i = O(c_a n^a)$：

$$\lim_{n \to \infty} \frac{c_i n^i}{c_a n^a} = \frac{c_i}{c_a} \cdot \lim_{n \to \infty} \frac{1}{n^{a-i}} = 0$$

因此，应用引理 21.10，再去掉常量 c_a，可得 $f(n) = \Theta(n^a)$。同理可证 $g(n) = \Theta(n^b)$。因此，存在常量 $0 < k_1$，$k_2 < \infty$，使得

$$k_1 = \lim_{n \to \infty} \frac{f(n)}{n^a}, \ k_2 = \lim_{n \to \infty} \frac{g(n)}{n^b}$$

则有：

$$\lim_{n \to \infty} \frac{f(n)}{g(n)} = \lim_{n \to \infty} \left(\frac{f(n)}{n^a} \cdot \frac{n^a}{n^b} \cdot \frac{n^b}{g(n)} \right) = \lim_{n \to \infty} \left(k_1 \cdot \frac{n^a}{n^b} \cdot \frac{1}{k_2} \right) = \frac{k_1}{k_2} \cdot \lim_{n \to \infty} \left(\frac{n^a}{n^b} \right)$$

如果 $a = b$，则上式化简为 $\frac{k_1}{k_2}$，且 $0 < \frac{k_1}{k_2} < \infty$，因此 $f(n) = \Theta(g(n))$。

如果 $a < b$，则上式化简为 0，因此 $f(n) = o(g(n))$。 ∎

例如，下式是成立的：

$$5n^3 + 8n + 2 = O(4n^3 + 2n^2 + n + 173)$$

和

$$n^{1.5} = o(n^2)$$

对于某些（不是特别大的）常量 $k \geq 1$，许多实用算法的运行时间是 $\Theta(n^k)$，这样的多项式时间 (polynomial-time) 算法的例子如下列所示：

- 线性搜索算法：遍历长度为 n 的列表，一次一个元素直到找到所需要的元素。它具有 $\Theta(n)$ 的运行时间，也称为线性（linear）复杂度。
- 排序算法：由 n 个元素的无序列表产生一个有序列表，从空列表开始，逐个地将 n 个元素的每一个插入新列表中适当的位置。该算法被称为插入排序（insertion sort），将每个元素与之前插入的每一个元素进行比较。最坏的情况下需要 $\Theta(n^2)$ 次比较，因此该算法具有二次复杂度。

什么样的函数比多项式函数增长得慢呢？这类之一就是对数函数 (logarithmic function)。对于某个常量 $c > 1$，对数函数是 $\Theta(\log_c n)$ 的，如 $\log_2 n = \lg n$。所有对数函数具有相同的增长率。

定理 21.12 对于常量 $c, d > 1$，如果 $f(n) = \log_c n$、$g(n) = \log_d n$，则 $f(n) = \Theta(g(n))$。

证明：我们需要求极限

$$\lim_{n \to \infty} \frac{\log_c n}{\log_d n}$$

从对数函数的基本性质可知，对于任意的 c、d 和 n，$\log_c n = \log_c d \cdot \log_d n$，可以得到：

$$\log_d n = \frac{\log_c n}{\log_c d}$$

代入上面的表达式，可得

$$\lim_{n \to \infty} \frac{\log_c n}{\left(\frac{\log_c n}{\log_c d} \right)} = \lim_{n \to \infty} \log_c d$$

$\log_c d$ 是一个常量，与 n 无关。因此，$\log_c n = \Theta(\log_d n)$。 ∎

现在我们能证明，对数函数比任何多项式函数增长得更慢。

定理 21.13 对于一个对数函数 $f(n) = \log_c n$ 和一个多项式函数 $g(n) = \sum_{i \in E} c_i n^i$，有 $f(n) = o(g(n))$。

证明：根据定理 21.11，若 $g(n)$ 是 d 次多项式，则 $g(n) = \Theta(n^d)$，它将简化运算。设 $0 < k < \infty$ 为常量，使得

$$\lim_{n \to \infty} \frac{g(n)}{n^d} = k$$

我们需要求：

$$\lim_{n \to \infty} \frac{\log_c n}{g(n)} = \lim_{n \to \infty} \left(\frac{\log_c n}{n^d} \cdot \frac{n^d}{g(n)} \right) = \frac{1}{k} \cdot \lim_{n \to \infty} \frac{\log_c n}{n^d}$$

当 $n \to \infty$ 时，分子和分母都趋于 ∞，因此我们应用微积分中的 L'Hôpital 法则，即对极限的分子、分母两者求导：

$$\frac{1}{k} \cdot \lim_{n \to \infty} \frac{\log_c n}{n^d} = \frac{1}{k} \cdot \lim_{n \to \infty} \frac{\left(\frac{1}{n \ln c}\right)}{d \cdot n^{d-1}} = \frac{1}{k} \cdot \lim_{n \to \infty} \frac{1}{\ln c \cdot d \cdot n^d} = 0$$

其中符号 "ln" 表示自然对数，$\log_e$。 ∎

因为对数函数比多项式函数增长得更慢，在可能的情况下，对数函数的运行时间更接近于多项式函数的运行时间。许多问题需要查看输入的每个元素，因此不能由任意的次线性算法来完成。但是，其他的一些算法实际上不需要处理整个输入。

例如，考虑在已排序列表中查找某个数据项的问题，假设已知它的索引，我们可以访问任意一个元素的时间是一个常量。一个线性搜索算法将需要 $\Theta(n)$ 的时间，而折半查找可以更好，因为它利用了列表已排序的优势（图 21.5）：计算中间项索引（必要时需要进行四舍五入），验证该索引的元素。如果该元素大于目标元素，那么忽略其右侧的所有元素，并将其前面的索引置为列表的新"表尾"。反之，如果该元素小于目标元素，那么忽略其左侧的所有元素，并将其后面的索引置为列表的新"表头"。按照描述调整了表头或表尾之后，验证列表中新的中间项元素。重复该过程，直到找到目标元素为止，或者直到列表仅包含一个且不是目标的元素为止，此时表明目标元素不存在。

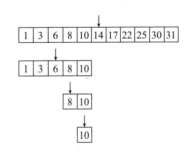

图 21.5 折半查找的每一步都将可能的列表切掉一半。上面展示了目标值为 10 的查找

该算法的每一步都将切掉一半的列表，仅保留可能包含目标元素的一半。因此，最大步数是在得到长度为 1 的列表之前，将原始表（长度为 n）以每次一半的（速度）切分的次数，此时，可以保证找到了目标元素或者确认目标元素不存在。而这正是 $\log_2 n$，因此，折半查找的运行时间为 $\Theta(\log_2 n)$。

下面考虑是否存在任何比对数函数增长更慢的函数类？常（constant）函数就是其中之一，被称为 $\Theta(1)$，无论输入量是多少，它所花费的时间都是相同的。运行时间是常量的一些算法例子包括：读取列表中第一个元素、确定一个列表是否有三个以上的元素、计算 $(-1)^n$（它依赖于 n 是偶数还是奇数，因此只需要知道 n 的二进制表示中最低位）。

考虑另一个极端，什么样的复杂度会致使算法如此低效以至于不能应用？最寻常遇到的增长太快以至于无法使用的算法复杂度类是指数函数（exponential function）类：$\Theta(c^n)$ 类函数，对于某个常量 $c>1$。与多项式函数的情况一样，此处的常量很重要——具有较小常量的函数增长严格慢于具有较大常量的函数增长：

定理 21.14 如果 $c<d$，则 $c^n=o(d^n)$。

证明： 极限是

$$\lim_{n\to\infty}\frac{c^n}{d^n}=\lim_{n\to\infty}\left(\frac{c}{d}\right)^n=0$$

因为 $\frac{c}{d}<1$。∎

最后，让我们证明任意指数函数比任意多项式函数增长得更快。

定理 21.15 设 $f(n)=\sum_{i\in E}c_in^i$ 是 $d>0$ 次多项式，$g(n)=c^n$ 是以 $c>1$ 为底的指数函数，则 $f(n)=o(g(n))$。

证明： 为了简化运算，如果我们将指数函数 $g(n)$ 与多项式中具有整数次的单独一项进行比较，这将是最容易的。设 $\ell=\lceil d\rceil$，我们将比较 n^ℓ 与 $g(n)$。根据定理 21.11，$f(n)=O(n^\ell)$，因为当 d 本身就是整数时，有 $d=\ell$，则 $f(n)=\Theta(n^\ell)$；或者当 d 不是整数时，有 $d<\lceil d\rceil=\ell$，所以 $f(n)=o(n^\ell)$。设 $0\leq k<\infty$ 为常量，使得

$$\lim_{n\to\infty}\frac{f(n)}{n^\ell}=k$$

我们需要的极限是

$$\lim_{n\to\infty}\frac{f(n)}{c^n}=\lim_{n\to\infty}\left(\frac{f(n)}{n^\ell}\cdot\frac{n^\ell}{c^n}\right)=k\cdot\lim_{n\to\infty}\frac{n^\ell}{c^n}$$

因为分子和分母都趋近于∞，再次应用 L'Hôpital 法则，对分子和分母求导，得到：

$$k\cdot\lim_{n\to\infty}\frac{\ell\cdot n^{\ell-1}}{\ln c\cdot c^n}$$

当 $\ell>1$ 时，分子和分母仍然趋近于∞。因此，我们需要应用 L'Hôpital 法则 ℓ 次，于是得到：

$$k\cdot\lim_{n\to\infty}\frac{\ell!}{(\ln c)^n\cdot c^n}=0$$

∎

当一个问题需要在输入量以指数级增长的空间进行穷举搜索时，常常出现指数运行时间。我们已经见过大量的示例：

- 在第 10 章中，我们讨论了一个算法，该算法要确定一个具有 n 个变量的命题演算公式是否是可满足的，可以通过测试真值表的 2^n 行中的每一行，搜索可满足的赋值。该穷举搜索算法的运行时间是 $\Theta(2^n)$。可满足性是 NP 完全问题（第 10 章），因此是否存在小于指数时间的判断可满足性算法是未知的。
- 在第 18 章中，我们讨论了一个图是 k 着色的检验。对于 n 阶图所有可能 k-着色的穷举搜索需要时间 $\Theta(k^n)$。我们已知更快的算法，但它们仍然是指数级的——除了在 $k=2$ 的特殊情况下。一个 2 着色图是二部图，因此验证一个图是否能 2 着色，可以在 $\Theta(n)$ 时间内完成（图 21.6）。当 $k>2$ 时，确定一个图是否是 k 着色的问题，像可满足性问题一样，是 NP 完全问题。因此，还未发现解决这个问题的次指数级时间算法。

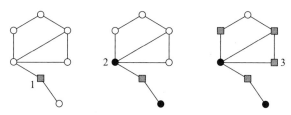

图 21.6　一个多项式时间内验证 2 着色的算法，应用了二部图是没有奇圈的图这一事实。任取一个顶点着灰色。它的相邻顶点着黑色，继续相邻顶点的交替着色，直到所有的顶点被着色或者存在一个顶点与相邻顶点具有相同的颜色为止。在上图的展示中，我们先对顶点 1 的相邻顶点着色，然后是顶点 2，由于发现顶点 3 的一个相邻顶点已经是灰色，着色停止

渐近符号有时作为方便的速记，单独或在表达式中使用，用于定义一个不能完全确定的函数。例如：

- $n^{\Theta(1)}$：n 的任意常数幂。由于任意 d 次多项式是 $\Theta(n^d)$ 的，$n^{\Theta(1)}$ 是所有多项式的集合。
- $\Theta(n\lg n)$：这种函数是夹在线性函数和二次函数之间的函数——事实上，是夹在线性函数与 $\Theta(n^{1+\varepsilon})$ 之间的（对于任意的常量 $\varepsilon>0$）：

$$n=o(n\lg n) \tag{21-16}$$

并且，对于任意 $\varepsilon>0$，有

$$n\lg n=o(n^{1+\varepsilon}) \tag{21-17}$$

- $c^{O(n\lg n)}$：$f(n)$ 的常量次幂，使得 $f(n)=O(n\lg n)$。

在这些例子中，我们使用了底为 2 的对数 $\lg n$，但是，根据定理 21.12，对数的底对结果没有什么影响。

当渐近符号出现在一个等式的两端时，我们将 = 解释为 $\in$。一如既往地，左端表示特定的函数，因此，左端的任意渐近表达式代表满足表达式的特定函数。同样地，右端表示具有特定增长率的整个函数集合。例如，下列等式是有意义的：

$$n\log n+O(n)=\Theta(n\log n)$$

等式是成立的，因为函数 $n\log n$ 加上增长率不超过 n 的任意函数，与 $n\log n$ 具有相同的增长率。但是，如果将左右端交换，等式就不成立了，因为特定的函数 $n\log n$ 不是一个函数集合。

阶符号的用途使我们可以表达命题如下式。

例 21.18　判断两个 n 阶图是否同构的最著名算法[⊖]（第 16 章）用时为

$$2^{O(\log^c(n))} \quad (\text{其中}, c>0) \tag{21-19}$$

我们不证明这个结论，只是试图去理解它的内容，并将其与之前最著名的算法复杂度进行比较。

解：$2^{O(\log^c(n))}$ 表示 2 的幂是一个函数，该函数的增长速度不超过 $\log^c(n)$。因此，作为上限，我们可以假设新的运行时间是 $2^{k\log^c(n)}$（对于常量 k）。前面已知最佳算法的运行时间是 $2^{\sqrt{n\log n}}$，改进的意义有多大呢？

⊖　László Babai, Graph Isomorphism in Quasipolynomial Time, arXiv: 1512.03547 [cs.DS], January 2016.

极限是

$$\lim_{n\to\infty}\frac{2^{k\log^c(n)}}{2^{\sqrt{n\log n}}}=\lim_{n\to\infty}2^{k\log^c(n)-\sqrt{n\log n}}=0$$

因为指数趋近于 $-\infty$，所以新的运行时间 $k\log^c(n)=o(\sqrt{n\log n})$ 渐近更优。 ∎

如今，计算机科学研究人员面临的挑战是如何找到一种算法，使式（21-19）中的 c 值为 1，从而使算法的运行时间为 $2^{O(\log n)}$——它将是一个多项式。（见习题 21.6。）具有运行时间 $2^{O(\log^c n)}$ 的算法被称为准多项式运行时间。

✳

让我们从另一个角度来看待算法复杂度计算问题。我们一直将分析一个算法需要的时间作为输入量的函数，下面考虑另一个问题。假设我们有一个算法，它可以解决达到某种规模的问题，已知我们能提供的计算资源和时间。现在，假设我们得到了更大的预算，可以提供更多时间，或者买一台速度更快的计算机。那么，最大可解决问题的规模将增加多少？

让我们仅从时间预算的角度来分析这个问题（图 21.7）。假设一个算法能解决问题的规模最大到 n，用时间 t。当时间预算增加到 $2t$ 时，算法能处理多大的输入量？

假设算法的运行时间是 $t=f(n)$，其中 n 是输入量。用解决问题的规模为 n 的两倍时间来解决的问题规模是 $f^{-1}(2f(n))$：$2f(n)$ 是解决问题的规模为 n 的两倍的时间，而 $f^{-1}(2f(n))$ 是用更多时间解决问题的规模。对于各种可能的运行时函数 f 来说，更大的规模（与原始问题的规模 n 的关系）是多少？

用时间 t，我们能解决问题的规模为 n。

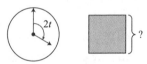

用时间 $2t$，我们能解决多少量的问题？

图 21.7　如果一台计算机使用特定的算法，用时间 t 能解决问题的规模为 n，那么用时间 $2t$ 可以解决多大规模的问题呢？这取决于算法的运行时间

- 假设 $f(n)=\lg n$，那么 $f^{-1}(t)=2^t$，并且
$$f^{-1}(2f(n))=2^{2\lg n}=n^2$$

如果算法的时间复杂度以对数增长，则最大可解问题的规模是 2 次增长的。

- 假设 $f(n)=n^2$，那么 $f^{-1}(t)=\sqrt{t}$ 并且
$$f^{-1}(2f(n))=\sqrt{2n^2}=\sqrt{2}\,n$$

用两倍的时间，算法可以处理的输入量是原始输入量的 $\sqrt{2}$ 倍。最大可输入量不会翻倍，但是它确实增加了一个乘法常量因子，约为 41%。当 f 是任意其他形式的多项式时，会得到类似的结果，只是常量因子不同。

- 假设 $f(n)=2^n$，那么 $f^{-1}(t)=\lg t$，并且
$$f^{-1}(2f(n))=\lg(2\cdot 2^n)=n+1$$

用两倍的时间，该算法可以处理的输入量仅比原始输入量大 1。两倍的资源分配不会带来可解决问题规模的乘法级增长，但会带来加法级增长。

最终的结果揭示了指数时间算法的一切努力都是徒劳。不管有怎样的预算，加倍的资源仅获得解决问题规模的很小增加。如果结果不令人满意，需要再次推升问题的规模，进而不得不再次加倍预算。

本章小结

- 运行时函数给出了算法在最坏情况下对给定的输入量所运行的步数范围。
- 运行时函数总是非负的,并且通常是单调的。输入量越大,运行时间越长。
- 函数可以通过函数之间比率的极限来比较。和的极限是极限的和,相似规则可用于与常量的乘法、常量幂、减法、乘法和除法,前提是这些运算不需要计算不定式。
- 渐近等价的两个函数(用~表示)增长大致相等,即 $\lim_{n\to\infty}\frac{f(x)}{g(x)}=1$。
- 对于运行时间分析,我们根据增长率或阶来比较函数,采用下列符号。

符号	类似于	名称	$\lim_{n\to\infty}\frac{f(x)}{g(x)}$	解释
$f=o(g)$	$<$	小 o	0	f 的增长比 g 慢
$f=O(g)$	$\leqslant$	大 O	$<\infty$	f 的增长最快与 g 一样
$f=\Omega(g)$	$\geqslant$	大 Ω	>0	f 的增长至少与 g 一样
$f=\omega(g)$	$>$	小 ω	∞	f 的增长比 g 快
$f=\Theta(g)$	$=$	大 Θ	$c,0<c<\infty$	f 的增长与 g 一样

- 函数的和与其中最高阶项具有相同的阶,因此在分析中可以去掉低阶项。
- 许多运行时函数是对数级、多项式级或者是指数级的。这些函数类之间可以进行如下比较:
  - 任意两个对数函数之间是大 Θ 的。
  - 任意对数函数是任意多项式函数的小 o(和大 O)。
  - 任意两个相同次数的多项式函数之间是大 Θ 的。
  - 任意低次多项式函数是任意高次多项式函数的小 o(和大 O)。
  - 任意多项式函数是任意指数函数的小 o(和大 O)。
  - 任意较小底指数函数是任意较大底指数函数的小 o(和大 O)。
- 算法复杂度也可以被概括为:当给定更多的时间,算法能解决多大规模的问题。

习题

21.1 下列每个算法计算 k^n 的渐近运行时间是多少?其中 k 是整数,并且 $n\geqslant 1$ 是 2 的幂。

算法 1	算法 2
1. Set $x \leftarrow k$	**1.** Set $x \leftarrow k$
2. Set $i \leftarrow 1$	**2.** Set $i \leftarrow 1$
3. While $i<n$	**3.** While $i<n$
(a) $x \leftarrow k \cdot x$	(a) $x \leftarrow x^2$
(b) $i \leftarrow i+1$	(b) $i \leftarrow 2i$
4. Return x	**4.** Return x

21.2 设 $f(n)$ 和 $g(n)$ 是 $\mathbb{N} \to \mathbb{R}$ 的函数,证明或反驳下列命题。
  (a) $f(n) = O(g(n))$ 蕴含着 $g(n) = O(f(n))$。
  (b) $f(n) = \omega(g(n))$ 当且仅当 $g(n) = o(f(n))$。
  (c) $f(n) = \Theta(g(n))$ 当且仅当 $f(n) = O(g(n))$ 和 $g(n) = O(f(n))$。
  (d) 对于所有严格递增函数 f(对于所有的 n,都有 $f(n+1) > f(n)$),有 $f(f(n)) = \omega(f(n))$。
  (e) 对于任意常量 c、d 和 k,有 $\log_c n = \Theta(\log_d(n^k))$。

21.3 举一个算法的例子,该算法的运行时函数不是单调的。

21.4 证明函数之间的渐近等价是一个等价关系。

21.5 证明式(21-16)和式(21-17)。

21.6 证明:对于任意的 a, $b > 0$,$a^{\log_b n}$ 是 n 的多项式函数。该多项式的次数是多少?

21.7 证明:
$$n \log n \log \log n = \omega(n \log n)$$
解释为什么不需要为公式中四个对数函数定义底(基数)。

21.8 对于运行时间为 $\Theta(n^3)$ 的算法,如果将时间预算加倍,则最大可解问题的规模会增加多少?更一般地,如果运行时间为 $\Theta(n^d)$ 的算法的预算增加一个因子 c,那么可以解决问题的规模会增大多少?

21.9 以下哪些项是成立的?证明或解释不成立的原因。
  (a) $64n + 2^5 = o(3n^4)$
  (b) $12 \log_2(n) = o(2 \log_4(n^2))$
  (c) $5n = \Omega(6n)$
  (d) $2^n n^4 = \Theta(2^n)$

21.10 按增长率从慢到快排序下列函数。具体来说,$f(x)$ 排在 $g(x)$ 之前,当且仅当 $f(x) = o(g(x))$。请以某种方式指出可能存在的某种关联。
  (a) 10^x
  (b) 2^{4x}
  (c) 4^{2x}
  (d) $\exp(x)$ 或 e^x
  (e) x^{10}
  (f) $x!$
  (g) x^x
  (h) 5
  (i) $\log(x)$
  (j) $\dfrac{1}{x}$
  (k) x
  (l) $\sum_{n=0}^{10} n x^n$
  (m) $\sum_{n=0}^{10} n^n$

第 22 章

计 数

在数学中,"计数"是指找到一个通用公式来计算数量,而不是实际地一个个地数。

例 22.1 用两个标准的六面骰子(见图 22.1),掷出和为 6 的方法有多少种?如果换为 n(任意的自然数),那么将 1 到 n 之间的两个数加在一起,得到和为 n 的方法有多少种?

解: 对于六面骰子来说,回答这个问题的一种方法是列举它的可能性:1+5、2+4、3+3、4+2、5+1。因此有 5 种方法。

但是对于一般性问题,我们需要找到一个公式。第一个数字可以是从 1 到 $n-1$ 的任意数字,你可能会推出:第二个数字是 n 减去第一个数字的数,因此共有 $n-1$ 种方法。手动验证一下前面的情况:$6-1=5$,在 $n=6$ 的情况下,我们找到了 5 个选项,因此公式似乎是正确的。当 n 是奇数时它还成立吗?

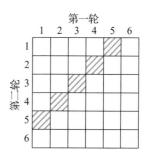

图 22.1 有多少种方法掷出两个骰子的和为 6

当 $n=3$ 时,有两种可能:1+2 和 2+1。因此,$n-1=2$,在这种情况下答案也是正确的。有意义的最小 n 是多少?在 $n=2$ 的情况下,只有一种方法获得和为 2,即 1+1。■

在创建和分析计算机算法时,计数是不可或缺的。设计算法时,我们需要能够计算它的运行时间,即输入的函数,如第 21 章所述,从而我们知道在合理的时间内,对于合理的输入量它实际上是否可行。例如,在编写一个排序算法时,我们希望能够计算出需要多少次比较才能够将 n 个项排序。此外,当我们创建密码或加密数据时,我们要确保没有一种算法可以在任何合理的时间内猜到密码或破解加密。例如,有多少个密码符合指定的规则集合?或者,有多少种不同的方法可以混排字母表,使用新的顺序来加密一条消息?是否存在足够多的选择,使得尝试所有这些选择是不可行的?

这些问题都归结为关于集合大小的问题。我们将从集合计数的基础开始:加法和乘法。

定理 22.2 加法规则。如果集合 A 和 B 是不相交的,那么它们并集的基数是它们基数的和:

$$|A \cup B| = |A| + |B|$$

例如,如果一个计算机科学班由 12 名大二学生和 9 名大三学生组成,那么学生总数为 $12+9=21$。

换一个角度,从集合和子集的基数考虑,应用减法可以计算出集合中不在子集中的元素的数量。如果罐子中有 100 个球,每个球是红色或者蓝色的,其中 37 个球是红色的,那么 $100-37=63$ 个球是蓝色的。

定理 22.3 乘法规则。两个集合的笛卡儿积的基数是它们基数的乘积:

$$|A \times B| = |A| \cdot |B|$$

在有 12 名大二学生和 9 名大三学生的计算机科学课堂上,如果教授想挑选一名大二学生和一名大三学生一起做演示,则有 $12 \times 9 = 108$ 种可能的学生对。如果具有 37 个红球和 63 个蓝球的罐子中的所有球具有唯一的标识,那么取出两个球(其中一个是红色的,另一个是蓝色的)集合的方法数有 $37 \times 63 = 2331$ 个。

我们可以将类似的乘法规则用于两个以上集合的组合。

例 22.4 如果一个车牌必须是 3 个字母后接 3 个数字的序列,那么会有多少种不同的车牌?

解:对于 3 个字母中的每一个字母,都有 26 种可能,对于 3 个数字中的每一个数字,都有 10 种可能,总共为

$$26^3 \times 10^3 = 17\,576\,000$$

种车牌。∎

我们在这里使用的实际上是更广义形式的乘积规则,可以用于求解任意数量集合乘积的基数。

定理 22.5 广义乘积规则。设 S 是一个长度为 k 的序列的集合。假设序列的第一个元素有 n_1 种选择,第二个元素有 n_2 种选择,$\cdots$,第 k 个元素有 n_k 种选择。那么

$$|S| = n_1 \cdots n_k$$

当每个元素具有相同数量的选择时,就会出现定理的特殊情况。例如,当我们要计算由罗马字母表 $\{a, \cdots, z\}$ 的小写字母构成的长度为 8 的字符串的数量时,S 就是长度为 8 序列的集合,并且对于所有的 i,$n_i = 26$。因此,$|S| = 26^8$。一般情况下,有以下推论。

推论 22.6 由基数为 m 的字母表构成长度为 n 字符串的数量为 m^n。

前几个例子很直接,而当我们要计数的序列长度不相同时,或者对每个元素可用的选择会依赖其他元素的选择而改变时,会发生什么呢?

例 22.7 如果一个电话号码不能以 0、1 或 911 序列开头,那么有多少种 7 位的电话号码?

解:如果我们想只计算每个元素的选择数再应用乘法的话,我们将陷入麻烦。第一个数字可以是 2 到 9 的任意数字,而第二个和第三个数字可不可以为 1 依赖于之前出现的数字。因此,我们可以换个想法,将这件事拆分成两个问题。

首先,考虑所有不以 0 或 1 开头的数字,我们称该集合为 P:

$$P = \{d_1 d_2 d_3 d_4 d_5 d_6 d_7 : d_1 \in \{2, \cdots, 9\}, d_i \in \{0, \cdots, 9\}, 对于 \, 2 \leqslant i \leqslant 7\}$$
$$= \{2, \cdots, 9\} \times \{0, \cdots, 9\}^6$$

因此,根据乘法规则,有

$$|P| = 8 \cdot 10^6 = 8\,000\,000$$

现在所有有效数字都在 P 中了,并且 P 中的大部分数字都是有效的——除了以 911 开头的数字。因此,我们需要从 P 的基数中减去以 911 开头的 7 位数字的集合 $N \subseteq P$ 的基数。

$$N = \{911 d_4 d_5 d_6 d_7 : d_i \in \{0, \cdots, 9\}, 对于 \, 4 \leqslant i \leqslant 7\}$$

并且有

$$|N| = 1^3 \cdot 10^4 = 10\,000$$

因此，有
$$|P|-|N|=8\ 000\ 000-10\ 000=7\ 990\ 000$$
个有效的电话号码。

另一个实用技巧是对无明显顺序的集合计数，以避免拆分成不同的情况。

例 22.8 有多少个四位奇数不以零开头，且无重复数字？

解：我们要找形式为 $d_1d_2d_3d_4$ 的数字 n。由于 n 是奇数，因此 d_4 只有 5 个可能的数字：1、3、5、7 和 9。一旦我们选择了一个数字为 d_4，那么对于 d_1 就只有 8 个可选的数字（因为它不能等于 0 或 d_4）。接下来，在剩下的 8 个数字中选择 d_2（不能是 d_1，也不能是 d_4），然后在剩下的 7 个数中选择 d_3（不能是 d_1、d_2 和 d_4）。因此有 $8 \times 8 \times 7 \times 5 = 2240$ 种可能。

如果换一下，我们从 d_1 开始，按顺序考虑每个数字，会怎么样呢？我们已经说过 d_1 有 9 个数字（除了 0 之外的任何数字），然后 d_2 有 9 个数字（除了 d_1 之外的任何数字），d_3 有 8 个数字（除了 d_1 和 d_2 之外的任何数字），然后我们就陷入了麻烦。留给 d_4 可能的数字依赖于前面各位选择的数字是偶数还是奇数。我们不得不将问题分为多种情况，且要分别考虑。通过"不按顺序"对可能性计数，我们为自己省去了一些麻烦。当存在不止一种方法对一个集合计数时，一些方法可能比另一些方法更容易些。

在计数问题中，有些数值计算频繁出现，有必要给出表示符号。考虑下面的例子。

例 22.9 罗马字母表中的 26 个字母有多少种排序方法？

解：我们可以选择 26 个字母中的任何一个放在第一位，剩下的 25 个字母中的任何一个排在第二位，以此类推。全部按照这种方式直到第 26 位，此时只剩下一个选择。因此有
$$26 \times 25 \times 24 \times \cdots \times 3 \times 2 \times 1$$
种 26 个字母的排序。

这是一个阶乘（factorial）函数的实例，定义在第 21 章。因此，存在 26! 种罗马字母表中 26 个字母的不同排序。

由于空阶乘的值为 1（见第 3 章），在 $n=0$ 的情况下，前 n 个正整数的乘积值为 1，即 $0!=1$。它很有意义，因此，对于任意的 $n \geqslant 0$，有 $(n+1)!=(n+1)n!$ 包括 $n=0$。

阶乘常常出现在考虑集合排序时，称之为排列（permutation），其中每次选择都为下一个元素的选择减少一个选择。形式化为：集合 S 的排列是一个双射 $p: \{0, \cdots, |S|-1\} \to S$，它表示 S 的元素的排序按如下顺序：
$$p(0), p(1), \cdots, p(|S|-1)$$
这个列表包含 S 的每个元素恰好一次，因为 p 是双射。那么，例 22.9 推广为以下定理。

定理 22.10 基数为 n 的集合的排列数是 $n!$ 个。

它的证明类似于例 22.9 的论证。

不存在确定的起点和终点，元素的相对顺序会怎样呢？例如，假设元素不是按直线排序的，而是按照圆形排序。可以用简单修正的阶乘函数公式计算排序数。

首先，给出一些定义。如果 p 是基数为 n 的集合上的一个排列，则 p 的旋转（rotation）是任意的排列 p'，使得对于某个确定的 k，$0 \leqslant k < n$，有
$$p'(i) = p(i+k \bmod n), \quad i=0, \cdots, n-1$$
例如，若 S 是集合 $\{1,2,3,4\}$，p 是排列 3,2,1,4，则 p 的旋转为

$$3, 2, 1, 4 \text{（当 } k=0 \text{ 时）}$$
$$2, 1, 4, 3 \text{（当 } k=1 \text{ 时）}$$
$$1, 4, 3, 2 \text{（当 } k=2 \text{ 时）}$$
$$4, 3, 2, 1 \text{（当 } k=3 \text{ 时）}$$

当一个是另一个的旋转时，我们称两个排列是相互旋转等价的（cyclically equivalent）。（事实上这是一个等价关系，见习题 22.9）。例如，图 22.2b 在旋转 $k=4$ 个位置后与图 22.2a 是同样的。

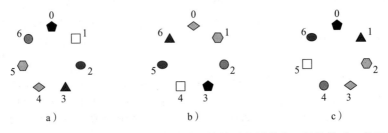

图 22.2　7 种不同颜色的排列。排列 a 和排列 b 旋转后是同样的，但是排列 c 是不相同的，因为它不能经过任何旋转转变为排列 a 或排列 b

定理 22.11　基数为 n 的集合，其旋转不等价的排列数为 $(n-1)!$。

证明：n 个元素可以有 $n!$ 种排列方式，但在旋转问题中这会导致过度计数，因为任何排列的 n 个旋转（旋转 $0, 1, \cdots, n-1$ 个位置）都应视为是相同的，所以实际总数是

$$\frac{n!}{n} = (n-1)!$$

✲

在字母表的排序计数中，我们依据的事实是：所有的字母是不相同的，因此，每个选择的字母都将在后面的选择中被排除。那么当有些元素相同时，我们想要求得的排列数是什么呢？例如，一个包含重复字母的单词的变位词数。

例 22.12　单词 ANAGRAM 的字母有多少种排序方式？

解：我们为每个 A 的出现赋予不同的颜色，以便于跟踪：

$$\text{ANAGRAM}$$

就我们的问题来说，以下所有的排列都等价于原始单词：

$$\text{ANAGRAM}$$
$$\text{ANAGRAM}$$
$$\text{ANAGRAM}$$
$$\text{ANAGRAM}$$
$$\text{ANAGRAM}$$

同样，对于这 7 个字母的任意排列，我们可以在 A 的 3 次出现中进行互换，而不更改字母的顺序。

如果所有 7 个字母是不相同的，那么会有 $7!=5040$ 种字母的排列。但是具有 3 个相同字母 A 时，我们过度计数了一个因子，它等于三个 A 的排列数：$3!=6$。用 5040 除以 6 产生 840 个 ANAGRAM 字母的不同排序。　■

我们需要一些新的词汇来描述具有出现多次的同一元素的集合的概念。多重集（multiset）是一个序偶对 $M=\langle S,\mu\rangle$，其中 S 是有穷集合，μ 是从 S 到 N 的函数。对于任意的元素 $x\in S$，$\mu(x)$ 是 x 在 M 中的重数（multiplicity），换句话说，是 x 在 M 中出现的次数。$M=\langle S,\mu\rangle$ 的基数是 S 中成员的重数和，即

$$\sum_{x\in S}\mu(x)$$

例如，单词 ANAGRAM 中的字母被认为是基数为 7 的多重集 $\langle S,\mu\rangle$，其中

$$S=\{A,G,M,N,R\}$$
$$\mu(A)=3$$
$$\mu(G)=\mu(M)=\mu(N)=\mu(R)=1$$

现在，设 $M=\langle S,\mu\rangle$ 是基数为 m 的多重集。那么 M 的一个排列就是从 $\{0,\cdots,m-1\}$ 到 S 的映射 p，使得一个作为 p 的值的元素 x 出现的次数等于它在 M 中的重数，即对于每个 $x\in S$，有

$$|\{i:p(i)=x\}|=\mu(x)$$

单词 ANAGRAM 是具有下列值的多重集的排列 p

$$p(0)=A$$
$$p(1)=N$$
$$p(2)=A$$
$$p(3)=G$$
$$p(4)=R$$
$$p(5)=A$$
$$p(6)=M$$

存在三个 i 的值，使得 $p(i)=A$，它们是 $i=0$、2 和 5，符合 $\mu(A)=3$。其他每个字母的重数都是 1，并且是 i 的唯一一个 $p(i)$ 的值。

定理 22.13 设 $M=\langle S,\mu\rangle$ 是基数为 m 的多重集。那么 M 的排列数为

$$\frac{m!}{\prod_{x\in S}\mu(x)!} \tag{22-14}$$

在证明定理之前，我们通过几个极端的情况来看看它给出的预期答案。如果所有的重数都是 1，那么 M 的基数就是 $|S|$，M 的排列是集合 S 的普通排列。式（22-14）分母中的乘积是多个 1 的积，因此值为 1。那么式（22-14）的值是 $m!$，即 $|S|!$，符合定理 22.10 的命题。另一个极端情况，如果 $|S|=1$，且 S 中有一个元素的重数是 m，那么，式（22-14）的分子和分母都是 $m!$，它们的比值是 1，正确。因为单个元素的 m 个副本只有一个排列。

证明：代替排列具有重数 μ 的多重集 M，考虑下列集合的普通排列

$$M'=\bigcup_{x\in S}(\{x\}\times\{1,\cdots,\mu(x)\})$$

以 ANAGRAM 字母的多重集为例，M' 包含 7 个不同的元素：

$$M'=\{\langle A,1\rangle,\langle A,2\rangle,\langle A,3\rangle,\langle G,1\rangle,\langle M,1\rangle,\langle N,1\rangle,\langle R,1\rangle\}$$

本质上说，序偶对的第二个分量是不同颜色的，用来指定字母的不同出现，以便将它们区分开来。集合 M' 包含 m 个不同的元素，因此 M' 有 $m!$ 个排列。这些排列通过忽略第二个分量而归入不同的等价类，恰好是前面展示的 ANAGRAM 的 6 种排列方式，若忽略颜色，它们就变成相同的了。等价类数恰好是 $m!$ 除以 $\{x\}\times\{1,\cdots,\mu(x)\}$ 的排列数（对于

所有的 $x \in S$)。集合 $\{x\} \times \{1, \cdots, \mu(x)\}$ 包含 $\mu(x)$ 个不同的元素，因此，有 $\mu(x)!$ 个排序。所以，分母是对于每个 x, $\mu(x)!$ 的乘积，得证。 ∎

本章小结

- 加法规则规定，如果两个集合 A 和 B 是不相交的，那么
$$|A \cup B| = |A| + |B|$$
- 乘法规则规定，对于任意两个集合 A 和 B，有 $|A \times B| = |A| \cdot |B|$。
- 当集合中一个元素的选择影响到其他元素的可用选择数量时，将集合拆分为多种情况或者"不按顺序"计数可能会有帮助。
- 集合的排列是它的元素的一种排序，形式化为：它是一个双射 $p: \{0, \cdots, |S|-1\} \to S$。
- 基数为 n 的集合有 $n!$ (n 阶乘) 个排列，其中 $n!$ 是前 n 个正整数的乘积。
- 一个排列是另一个排列的旋转（或是旋转等价于另一个排列），如果它的元素以同样的顺序出现，而以不相同的元素开始。
- 基数为 n 的集合有 $(n-1)!$ 个旋转不等价的排列。
- 多重集表示每个元素可以多次出现的集合，形式化为：多重集 M 是一个序偶对 $\langle S, \mu \rangle$，其中 $\mu(x)$ 是 S 中每个元素 x 的重数。
- 多重集的排列计数可以先将每个元素视为是不相同的，然后除以每个相等元素集合的排列数：如果 $M = \langle S, \mu \rangle$ 的基数是 m，那么排列数为
$$\frac{m!}{\prod_{x \in S} \mu(x)}$$

习题

22.1 考虑以下用罗马字母表中的 26 个字母加密消息的方法。

(a) 一种简单的加密框架是 Caesar 密码（以 Julius Caesar 的名字命名，一个早期的使用者）。它使用了字母表的旋转：对于某个确定的 k，每个字母由其后面 k 个位置的字母替换。有多少种不同的 Caesar 密码？

(b) 更通用的方法是代换密码，如图 22.3 所示，将字母表中的每个字母替换为另一个。存在多少种不同的代换密码？（假设允许字母"代换"自己⊖。）

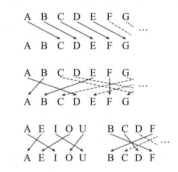

图 22.3 代换密码。顶部：Caesar 密码。中间：普通的代换密码。底部：将元音映射到元音，辅音映射到辅音的代换密码

(c) 假设我们想创建一个代换密码，为了"单词"看起来更真实，我们总是将 5 个元音映射到元音，21 个辅音映射到辅音。有多少种代换密码满足这个条件？

22.2 (a) 如果有 4 件衬衫、3 条裤子和 5 双袜子，那么可以穿出多少种不同的套装？

⊖ 如果每个字母必须用其他字母（不包括自身）来表示，这将是有点棘手的错排（derangement）计数问题：没有固定点的排序。

(b) 假设其中两件衬衫是条纹的，一条裤子是圆点的，条纹和圆点不一起穿，有多少种可能的套装？

22.3 (a) 单词 COMPUTER 中的字母可以有多少种排序方式？

(b) 单词 MISSISSIPPI 中的字母可以有多少种排序方式？

22.4 钥匙环（圆形）上的 5 把钥匙有多少种排序方法？提示：如果一种排序方法通过旋转或反转能得到另一种排序，则称两种排序相同。

22.5 有一个装有 15 个弹珠的罐子，5 种不同颜色，每种颜色有 3 个弹珠。一次一个地取出所有 15 个弹珠，可能有多少种不同的颜色序列？

22.6 有多少个四位偶数不以零开头，也不包含重复数字？

22.7 密码服务常常为防止用户选择易于猜到的密码而加以强制约束。考虑一个需要 8 位字符密码的服务，由 26 个罗马字母（大小写）和 10 个阿拉伯数字组成。

(a) 有多少个可能的密码？

(b) 有多少个这样的不含数字的密码？多少个不含小写字母的密码？多少个不含大写字母的密码？

(c) 如果计算机每十亿分之一秒就能够猜出一个密码，那么需要多少小时能猜出 (a) 中的所有密码？

(d) 如果替换密码只包含小写字母，并且希望对它的猜测难度至少与包含小写字母、大写字母和数字的 8 位字符密码的一样，密码必须多长？

22.8 Anisha 从一摞标准纸牌中随机抽出 5 张（见图 22.4）。她向 Brandon 展示其中的 4 张，一次展示一张。然后 Brandon 准确地猜到了最后一张。他是怎么做到的？（这不需要技巧或花招。）

提示：Anisha 从 5 张中选出要 Brandon 猜的那一张。她应用鸽笼原理选出神秘张的花色，然后，再次应用鸽笼原理选择该花色不同点的范围。Anisha 展示的第一张牌表示花色和点数范围，接下来的 3 张牌要区分余下的可能性。

C	D	H	S
2	2	2	2
3	3	3	3
4	4	4	4
5	5	5	5
6	6	6	6
7	7	7	7
8	8	8	8
9	9	9	9
10	10	10	10
J	J	J	J
Q	Q	Q	Q
K	K	K	K
A	A	A	A

图 22.4 一副标准牌有 52 张不同的牌，分成 4 种花色：梅花 (C)、钻石 (D)、红桃 (H) 和黑桃 (S)。梅花和黑桃是黑色的，而钻石和红桃是红色的。每种花色有 13 种点：数字 2、3、4、5、6、7、8、9、10，人物 J、Q、K(Jack, Queen, King) 以及点 A(Ace)。

22.9 证明旋转等价实质上是集合排列的等价关系。

第 23 章

Essential Discrete Mathematics for Computer Science

子 集 计 数

假设一个罐子里装有 5 种不同颜色的 5 个弹珠。如第 22 章所示，5 个弹珠的排列数为 5! 个。然而，如果选择的弹珠少于 5 个，那么可能有多少种排序呢？

例 23.1 从一个装有 5 个不同弹珠的罐子中，选择 3 个弹珠的不同排列有多少种？

解：我们可以将这个问题视为选择一个 5 元素排列，然后，忽略前 3 个元素之后的元素，即任意两个以相同 3 个元素开始的 5 元素排列（示例见图 23.1 中）都是等价的。因此，排列的总数要除以前 3 个元素相同的排列数。

如果前 3 个弹珠是确定的，那么余下的 2 个弹珠的排列选择有 2! 种。所以从罐子中选择 3 个弹珠的排列数有 $\frac{5!}{2!}=60$ 个。

术语排列（permutation）有两种略微不同的含义。3 个元素一旦被确定，就只有 6 个排列。但是，当这 3 个元素也是可选择的时候，5 元素集合中一个 3 元素子集的排列数有 60 个。在前一章中，我们计算了 n 个元素集合的排列数，而现在我们计算的是：从 n 个元素集合中取出 k 个元素子集的排列数。

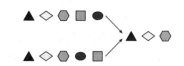

图 23.1 弹珠的排序。5 弹珠集合的两个排列，以相同 3 元素排列开始

从 n 个元素的集合中取出 k 个元素的排列数表示为 $_nP_k$，那么 $_nP_n = n!$ 即为从 n 个元素的集合中取出全部 n 个元素的方法数（只有一种选择），然后将它们任意地排列。而 $_nP_1 = n$，因为从 n 个元素集合中抽取 1 元素子集的可能有 n 种，并且每一种只有一个排列。

计算从 5 个弹珠的集合中，取 3 个弹珠的排列数的计算方法可以推广如下。

定理 23.2 子集的排列数为

$$_nP_k = \frac{n!}{(n-k)!} \tag{23-3}$$

证明：按照前 k 个元素的顺序，将 n 长度序列映射到 k 长度序列。即任意两个具有前 k 长度序列相同的 n 长度序列，将映射为相同的 k 元素排列，因此，余下的 $(n-k)$ 个元素的任意排列都产生相同的 k 长度排列。n 个元素序列有 $n!$ 个排列，且后面 $(n-k)$ 个元素的排列有 $(n-k)!$ 个，因此第一个数除以第二个数就是式（23-3）的结果。∎

当 $k=n$ 时，式（23-3）变为 $\frac{n!}{0!}=n!$；当 $k=1$ 时，式（23-3）变为 $\frac{n!}{(n-1)!}=n$。结论符合所计算的结果。

✻

到目前为止所考察的例子中，元素的顺序是考虑的重点。如果当所选元素的集合成为重点，而非元素的顺序时，那么我们的计算会有怎样的不同呢？换句话说，如果问题变为计算元素的无序选择方法数，结果又如何呢？

例 23.4 一个罐子装有 5 种不同颜色的 5 个弹珠。如果从罐子中选出 3 个弹珠,可能有多少种不同的弹珠集合?

解: 从 5 个弹珠中选择 3 个弹珠,共有 $_5P_3$ 种排列(其中一种选择见图 23.2)。如果我们只关心这 3 个弹珠的选择,而不考虑它们的顺序,那么 $_5P_3$ 多计算了 3 个弹珠不同排列的集合数 $3!$ 倍。因此,从 5 个弹珠中选出 3 个弹珠的集合数为

$$\frac{_5P_3}{3!} = \frac{5!}{3!\,2!} = 10$$

如果颜色有蓝色(B)、绿色(G)、紫色(P)、红色(R)和黄色(Y),那么,10 个子集为

$$\{B,G,P\}, \{B,G,R\}, \{B,G,Y\}, \{B,P,R\}, \{B,P,Y\},$$
$$\{B,R,Y\}, \{G,P,R\}, \{G,P,Y\}, \{G,R,Y\}, \{P,R,Y\}。$$

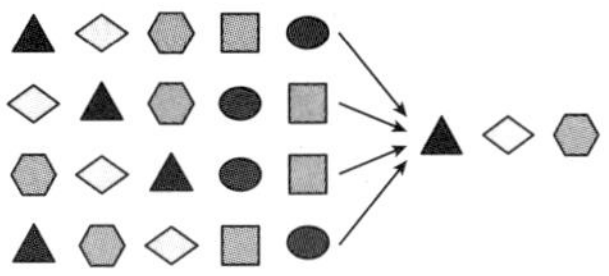

从 n 个元素的集合 S 中取出 k 个元素的组合(combination)是基数为 k 的 S 的子集。从 n 个不相同元素的集合中选择 k 个元素的组合数表示为 $_nC_k$ 或者是 $\binom{n}{k}$,读作"从 n 中选择 k"。

图 23.2 5 弹珠集合的四种可能排列,它们都对应于红色(▲)、黄色(◇)、蓝色(⬡)3 元素的组合。总共有 12 种不同的排列对应于该组合

例 23.4 可以推广如下。

定理 23.5 组合数。

$$\binom{n}{k} = \frac{n!}{k!\,(n-k)!}$$

证明: 考虑如何将 n 个元素的集合中取出 k 个元素的排列映射到 k 个元素的组合。一个组合是任意顺序的元素集合,因此给定 k 个元素的任意排列会映射到同样的组合。k 个不同元素的排列有 $k!$ 个,因此组合数是 $_nP_k$ 除以 $k!$ 的结果:

$$\binom{n}{k} = \frac{_nP_k}{k!} = \frac{n!}{k!\,(n-k)!}$$

注意,该公式是对称的,即不管是选择 k 个元素还是选择 $n-k$ 个元素,结果都是相同的:

$$\binom{n}{k} = \frac{n!}{k!\,(n-k)!} = \frac{n!}{(n-k)!\,k!} = \binom{n}{n-k} \tag{23-6}$$

我们可以不通过代数运算来论证 $\binom{n}{k}$ 和 $\binom{n}{n-k}$ 是相等的。表达式 $\binom{n}{k}$ 和 $\binom{n}{n-k}$ 描述了求同样集合基数的两种不同方法:$\binom{n}{k}$ 表示从 n 个元素集合中选取子集包含的 k 个元素的方法数,而 $\binom{n}{n-k}$ 表示从 n 个元素集合中选取 $n-k$ 个元素(不包含在上述子集)的方法数。

这种推理被称为计数论证(counting argument)。它证明了两个数量是相等的,因为它们是对同一事物的两种计数方法。在需要用烦琐的代数运算来证明相等时,计数论证非常实用。在下例中,计数论证用穷尽情况分析求和进行拆分。

例 23.7 证明

$$\binom{2n}{n} = \sum_{k=0}^{n} \binom{n}{k}^2$$

解：首先，因为 $\binom{n}{k} = \binom{n}{n-k}$，我们可以对右端进行变换，使得等式的证明如下：

$$\binom{2n}{n} = \sum_{k=0}^{n} \binom{n}{k}\binom{n}{n-k}$$

现在可以应用计数论证了。假设 S 是 $2n$ 个元素的集合，那么左端 $\binom{2n}{n}$ 是从 S 中选择 n 个元素的方法数。

右端描述了从 S 中选择 n 个元素的过程：将 S 划分为两个不相交的子集 S_1 和 S_2，每一个都有 n 个元素，然后从 S_1 中选择 k 个元素，从 S_2 中选择 $n-k$ 个元素（对于某个 k，$0 \leqslant k \leqslant n$）。由于对于不同的 k 值，情况是不相交的，所以总和用 $\sum_{k=0}^{n} \binom{n}{k}\binom{n}{n-k}$ 表示，因此，它也表示从 $2n$ 个元素集合中选择 n 个元素的方法数。∎

定理 23.5 给出了从一个集合中选出单个子集的方法数。假设我们想要继续下去，从余下的元素中选出第 2 个子集，那么之后，或许是第 3 个子集，以此类推。结果的总数是选出每一个子集方法数的乘积。示例如下。

例 23.8 一个罐子装有 11 个弹珠，标记为 1 到 11。有多少种方法可以将它们放在 4 个盒子里，使得第一个盒子里有 3 个弹珠，第二个盒子里是 4 个弹珠，第 3 个盒子里有 2 个弹珠，余下的 2 个放在第 4 个盒子里？

解：取 3 个弹珠放在第 1 个盒子里有 $\binom{11}{3}$ 种方法。剩下 8 个弹珠，因此取 4 个弹珠放在第 2 个盒子里有 $\binom{8}{4}$ 种方法。然后剩下 4 个弹珠，取 2 个弹珠放在第 3 个盒子里有 $\binom{4}{2}$ 种方法。最后，剩下 2 个弹珠，都放在第 4 个盒子里——只有一种方法，因为 $\binom{2}{2} = 1$。结果的总数是这四个数的乘积：

$$\binom{11}{3} \cdot \binom{8}{4} \cdot \binom{4}{2} \cdot \binom{2}{2}$$

将乘积展开，可以消去许多相同项：

$$\frac{11!}{3!\,8!} \cdot \frac{8!}{4!\,4!} \cdot \frac{4!}{2!\,2!} \cdot \frac{2!}{2!\,0!} = \frac{11!}{3!\,4!\,2!\,2!} = 69\,300 \qquad \blacksquare$$

分子是原始集合基数的阶乘，分母是每个子集基数阶乘的乘积。将其推广为如下定理。

定理 23.9 设 S 是 n 个元素的集合，并设 $k_1, k_2, \cdots, k_m$ 为整数，使得 $\sum_{i=1}^{m} k_i = n$。那么将 S 划分为 m 个不相交的带标记的子集（其中第 i 个子集的基数为 k_i）的方法数等于：

$$\frac{n!}{k_1!\,k_2!\cdots k_m!}$$

它的证明由例 23.8 的逻辑直接推广即可。

为了方便起见，将 n 个元素的集合划分为元素个数分别为 $k_1, k_2, \cdots, k_m$ 的不相交子集，划分的方法数表示为

$$\binom{n}{k_1,k_2,\cdots,k_m} = \frac{n!}{k_1!k_2!\cdots k_m!} \tag{23-10}$$

在 $m=2$ 的情况下,它恰巧是组合公式,因为将 n 个元素集合划分为两块 k_1 和 k_2,其中 $k_1+k_2=n$ 的划分方法数就是从 n 个元素中选择 k_1(或 k_2)个元素的方法数:

$$\binom{n}{k_1,\ k_2} = \binom{n}{k_1} = \binom{n}{k_2} = \frac{n!}{k_1!k_2!}$$

除了符号外,式(23-10)与定理 22.13 中的式(22-14)(具有重数 $k_1,k_2,\cdots,k_m$ 的多重集的排列数)是相同的,习题 23.7 将探讨这类问题之间是如何相互关联的。

定理 23.9 给出了将集合划分为 m 个标记子集的方法数,即子集本身是有序的,尽管任意子集中的元素都是无序的。例 23.8 陈述了"第一个盒子"、"第二个盒子"等,隐喻着子集是有序的。如果代之以将 11 个弹珠放入 4 个不可区分的盒子中,答案会有怎样的不同呢?

例如,在例 23.8 中,下面是两个不同的结果:

$$\{1,\ 2,\ 3\},\ \{4,\ 5,\ 6,\ 7\},\ \{8,\ 9\},\ \{10,\ 11\}$$
$$\{1,\ 2,\ 3\},\ \{4,\ 5,\ 6,\ 7\},\ \{10,\ 11\},\ \{8,\ 9\}$$

这些结果是不同的,因为放在第三个和第四个盒子中的弹珠在第二行中互换了。现在考虑盒子是不可区分的情况,那么上述结果被认为是同样的。

例 23.11 一个罐子装有 11 个弹珠,标记为 1 到 11。有多少种方法可以将它们放入 4 个无标记的盒子中,使得 1 个盒子装有 3 个弹珠,1 个盒子装有 4 个弹珠,2 个盒子各装有 2 个弹珠?

解: 从按顺序为每个盒子选取弹珠开始,如例 23.8 所示:

$$\binom{11}{3} \cdot \binom{8}{4} \cdot \binom{4}{2} \cdot \binom{2}{2} = \frac{11!}{3!4!2!2!}$$

现在,任意装有同样数量弹珠的盒子之间可以相互交换。因此,对于每一个盒子的弹珠数,我们必须用总数除以装有该弹珠数盒子数的排序方法数。有 1 个装有 3 个弹珠的盒子,1 个装有 4 个弹珠的盒子,2 个装有 2 个弹珠的盒子,所以我们除以 $1!1!2!$ 得到最终结果:

$$\frac{11!}{3!4!2!2! \cdot 1!1!2!} = 34\ 650 \qquad ■$$

下列定理给出了通用公式,该公式可以用类似的论证来证明。

定理 23.12 设 S 是 n 个元素的集合,它被分成 m 个不相交的子集。设 $K \subseteq N$ 是这些子集基数的集合(因此 K 是正整数的有穷集)。设 $M = \langle K, \mu \rangle$ 是一个基数为 m 的多重集,它表示 m 个子集的基数。因此存在 $\mu(k)$ 个基数为 k 的子集:

$$m = \sum_{k \in K} \mu(k) \qquad (\text{子集个数})$$

$$n = \sum_{k \in K} k \cdot \mu(k) \qquad (\text{元素个数})$$

那么,将 S 的元素分成不相交子集的方法数定义如下:

$$\frac{n!}{\prod_{k \in K}(\mu(k)!(k!)^{\mu(k)})}$$

例如，10 个不同颜色的弹珠可以分装在 2 个装有 5 个弹珠的无标记盒子中，每个盒子有 $\frac{10!}{2!(5!)^2}=126$ 种方法（定理 23.12 中命题变量的取值为：$n=10$、$m=2$、$K=\{5\}$、$\mu(5)=2$）。

✻

排列有时被称为无放回排序（ordering without replacement），因为集合 S 的排列是从 S 中一次抽出一个元素并将它们按抽取顺序放置的结果。"无放回"表示一个元素一旦被抽出，就不能在下一个排列中使用。以同样的方式，多重集的排列也称为"无放回排序"。（当一个元素在多重集的排列中多次出现时，是因为它的重数大于 1，而不是因为它被放回了。）类似地，一个组合也可以被称为无放回选择（selection without replacement）：一个元素一旦被选择就不能再次被选择了，尽管元素的被选顺序并不重要。

同一个元素可以被选择多次的选择被称为有放回的组合（combination with replacement）。对于有放回组合没有特殊的表示符号——因为任何有放回的组合都可以用无放回组合来计数。

例 23.13 如例 23.4 所示，假设一个罐子装有 5 个弹珠，蓝色、绿色、紫色、红色和黄色各一个。假设我们从罐中一次一个地取出弹珠，并立即放回。当弹珠被抽取后，它们的颜色被记录下来——我们仅记录每种颜色被抽取的次数。该过程重复 15 次，报告计数结果。可能有多少种不同的结果？

解： 本质上结果是一个非负整数的 5 元组，总和为 15，每个分量表示一种特定颜色弹珠的数量：第一个分量是蓝色弹珠的数量，第二个分量是绿色弹珠的数量，等等。因为总和是 15，这样的 5 元组可以描述为由 15 个符号（我们用星号 ✻ 表示弹珠）和 4 个分隔符（我们使用竖线 |）组成的序列。例如，3 个蓝色、4 个绿色、1 个紫色、5 个红色和 2 个黄色的结果表示为：

✻ ✻ ✻ | ✻ ✻ ✻ ✻ | ✻ | ✻ ✻ ✻ ✻ ✻ | ✻ ✻

每个结果都可以记作这种方式，就像 19 个符号的排列：15 个星号表示 15 次抽取的弹珠，4 个垂直分隔符分隔出 5 个"桶"，其中记录了不同颜色的弹珠数量。任一排序正好对应于一个结果，表示每种颜色被抽取了多少次，而不考虑顺序。因此，在和为 15 的非负整数的 5 元组与 15 个星号、4 个分隔符的排序之间存在一个双射。这种表示被称为星棒图（star and bar diagram）。

现在这个问题变成了普通的无放回组合的计数问题。有 19 个放置符号的位置，选择其中 15 个位置放置星号，其余的位置放入 4 个分隔符，答案是：

$$\binom{19}{15}=\frac{19!}{15!4!}$$

当然，如果换作在 19 个位置中选择 4 个分隔符的位置星号放入其余位置，那会产生同样的结果，因为 $\binom{19}{4}=\binom{19}{15}$ ［根据式（23-6）］。 ∎

例 23.13 描述了一个场景，其中 n 个不同的元素在每次选择后被放回。这与有 n 种元素且（实际上）每种类型元素无限量时的推理是同样的。用这些元素重构例 23.12，我们可以在不使用弹珠的情况下进行同样的实验：从 5 种颜色中选择一种颜色（因此颜色就是"类型"），并重复 15 次。这种可选择框架常常被用于当选择的事物不是物理对象时。例如，由一个字母表构成的信件。无论我们是从 n 个不同元素中"有放回"地选择，还是简单地从 n 种类型元素中做选择，都属于"有放回"组合问题，下述方法对两种情况都可行：使用星棒图将问题转换成等价的"有放回"组合问题。推广结果陈述如下。

定理 23.14 从 n 种类型的元素中选择 k 个元素的方法为：

$$\binom{k+n-1}{k}$$

证明： 标记类型为 $t_1, t_2, \cdots, t_n$，任意 k 个元素的集合表示为 k 个星和 $n-1$ 个分隔符的序列，其中第一个分隔符前面的星表示类型 t_1 的元素，第 i 和第 $(i+1)$ 分隔符之间表示类型 t_{i+1} 的元素，第 $(n-1)$ 个分隔符之后表示类型 t_n 的元素。这样的排序数就是在一行 $k+n-1$ 个可能的位置中选择 k 个星的位置的方法数，即 $\binom{k+n-1}{k}$。∎

它的值有时也被称为 n 多选（multichoose）k，因为它由 n 元素支集（underlying set）构造的 k 元素多重集。

✳

本章到此，我们探讨了"从具有 n 个不同元素的集合中选择 k 个元素"问题的多种变体。想象一下，我们能够将同样的技术应用于 n 个元素是相同的而不是不同的情况。在这种情况下，选择一组元素没什么意义，即任意 k 元素组都是同样的，因为所有的元素都是相同的，但是我们可以将问题换成：有多少种方法可以将 n 个相同的元素分为 k 个组。

首先，我们考虑这 k 个组是有序的情况，即彼此是可区分的。假设组的标记为 1 到 k，我们想知道将 n 个相同的元素分配给 k 个带标记组的方法数。例如，假设我们将 n 个相同的弹珠放入 k 个盒子中，每个盒子具有不同的颜色。

而这正是互换了 k 和 n 角色的定理 23.14：有 k 种不同的类型，其中每种类型是一个组的标签，我们需要为 n 个元素选择 n 个标签（指示类型）。互换 k 和 n 的角色，再应用定理 23.14，得到以下推论。

推论 23.15 将 n 个相同元素分成 k 个可区分组的方法数是：（其中 $k \geq 1$）

$$\binom{n+k-1}{n}$$

如前所述，我们可以用星棒图来表示这样的分组：包含 n 个星（表示 n 个相同的元素），以及 $k-1$ 个分隔符将元素分为 k 个组。$\binom{n+k-1}{n}$ 的值就是从 $n+k-1$ 个位置中选择 n 个星号位置的方法数。例如，我们可以用例 23.13 同样的图来表示一个新的场景：假设我们有 $n=15$ 个相同的弹珠，希望放在 $k=5$ 种颜色的盒子中，包括蓝色、绿色、紫色、红色和黄色。那么下面的选择

$$* * * \mid * * * * \mid * \mid * * * * * \mid * *$$

表示 3 个蓝色、4 个绿色、1 个紫色、5 个红色和 2 个黄色，并且有 $\binom{15+5-1}{15} = \binom{19}{15}$ 种可能的选择，和之前的结果一样。

我们将 n 个元素分成 k 个组时，希望添加一个额外的约束：每组包含至少一个元素。如果不这样设定，那么，假设 k 个组中恰好有一个是空的（两个分隔符相邻的情况），我们可以认为实际上只有 $k-1$ 个组，而不是 k 个。这个约束可以模型化为：开始时为 k 个组的每一个分配一个元素，然后将剩余的 $n-k$ 个元素分配给 k 个组。

定理 23.16 将 n 个相同的元素分成 k 个可区分组的方法数为：（其中，$1 \leqslant k \leqslant n$，并且每组包含至少一个元素）

$$\binom{n-1}{n-k}$$

证明：设 G_1 是将 n 个元素分为 k 个组的分组集合，其中每个组至少包含一个元素，G_2 是 $n-k$ 个元素分为 k 个组的分组集合，每个组中元素的数量没有约束。那么，从 k 个组的每一个中移出一个元素的函数 $f: G_1 \to G_2$ 是一个双射，即 G_2 的每个成员正好是 G_1 中一个元素的 f 值。因此，G_1 和 G_2 的基数相同。根据推论 23.15，G_2 中的分组数是

$$\binom{(n-k)+k-1}{(n-k)} = \binom{n-1}{n-k}$$

∎

❋

现在我们转向 n 个元素是相同的，且 k 个组是不可区分的情况。例如，将同样的 $n=15$ 个白色弹珠放入 $k=5$ 个盒子中，此时，盒子彼此是不可区分的（除了它们装有弹珠的数量不同外）。在此场景中，星棒图为：

$$* * * | * * * * | * | * * * * * * | * *$$

与下图描述的是相同的结果：

$$* * * * | * * * | * * | * * * * * * | *$$

我们也可以按照从最小到最大的顺序列出这些盒子：

$$* | * * | * * * | * * * * | * * * * *$$

有 5! 个星棒图，对应于同样的结果，即数字 $\{1,2,3,4,5\}$ 的集合。但是并非每一个结果都有 5! 个对应的星棒图。例如，下面的结果

$$* * * | * * * | * * * | * * * | * * *$$

就只有一个星棒图。

计算将不可区分的元素放入不可区分的盒子中的方法数，本质上是求解"将正整数 n 表示为 k 个正整数之和"的问题，称之为 n 的划分（partition），其中 k 是 n 分成的块数⊖。如果我们用 $p_k(n)$ 表示 n 划分为 k 块的方法数，那么有：

$$p_1(2)=1 \qquad (2)$$
$$p_2(2)=1 \qquad (1+1)$$
$$p_1(3)=1 \qquad (3)$$
$$p_2(3)=1 \qquad (1+2)$$
$$p_3(3)=1 \qquad (1+1+1)$$
$$p_1(4)=1 \qquad (4)$$
$$p_2(4)=2 \qquad (1+3, 2+2)$$
$$p_3(4)=1 \qquad (1+1+2)$$

⊖ 习题 15.8 中的保加利亚纸牌游戏，实际上是这样的划分。

$p_4(4)=1$ (1+1+1+1)

虽然不存在 $p_k(n)$ 的简单计算公式，但是我们可以将问题递归地分解为更小且类似的问题，直到得到易于解决的基本情况。

定理 23.17 整数划分的递归计算法：
$$p_k(n)=p_{k-1}(n-1)+p_k(n-k)$$

基本情况为：
$p_1(n)=1$，对于所有的 n；
$p_n(n)=1$，对于所有的 n；
$p_k(n)=0$，对于 $k>n$。

证明：设 $P_{k,n}$ 是 n 划分为 k 块的划分集合。（例如，$P_{2,4}=\{1+3,2+2\}$。）设 $A\subseteq P_{k,n}$，A 中的划分至少存在一块是 1，A 的任意成员可以记为 $\{1\}\cup A'$，其中 A' 是 $n-1$ 划分为 $k-1$ 块的一个划分，即 A' 是 $P_{k-1,n-1}$ 的成员。从划分中去掉一块只有 1 个元素的函数是从 A 到 $P_{k-1,n-1}$ 的双射。

设 $B\subseteq P_{k,n}$ 是不等于 1 的块的划分集合，即 k 块的每一块都大于 1。对于 B 中的任意成员，从每个块减 1 后，得到一个 $n-k$ 划分为 k 块的划分。从划分的每个块减 1 的函数是 B 到 $P_{k,n-k}$ 上的双射。

那么，A 和 B 是不相交的，且 $P_{k,n}$ 是它们的并。所以
$$|P_{k,n}|=|A|+|B|$$
$$=|P_{k-1,n-1}|+|P_{k,n-k}|$$

换句话说，
$$p_k(n)=p_{k-1}(n-1)+p_k(n-k)$$

对于基本情况，将 n 分成一个块的唯一划分就是 n 本身，并且将 n 分成 n 块的唯一划分是：
$$n=\overbrace{1+\cdots+1}^{n\text{次}}$$

不存在将 n 划分成多于 n 块的划分，因为每块必须至少为 1。 ∎

例如，考虑将 7 分为 3 块的划分。有 3 个包含 1 个或更多个 1 的块的划分，其中的每一个都可以表示为 1 加上 6 划分为 2 块的划分（$n-1=6$ 和 $k-1=2$）：
$$7=5+1+1=(5+1)+1$$
$$7=4+2+1=(4+2)+1$$
$$7=3+3+1=(3+3)+1$$

存在一个不包含 1 的块的划分：
$$7=3+2+2=(2+1+1)+3$$

每块减去 1 后，得到 2+1+1，这是 4 分为 3 块（$n-k=4$ 和 $k=3$）的划分。

应用定理 23.17 验证上面列出的 4 个划分是将 7 划分为 3 块仅有的划分：
$$p_3(7)=p_2(6)+p_3(4)$$
$$=p_1(5)+p_2(4)+p_2(3)+p_3(1)$$
$$=1+p_1(3)+p_2(2)+p_1(2)+p_2(1)+0$$
$$=1+1+1+1+0+0$$
$$=4$$

当 k 和 n 较小时，这个计算并不太难，但是每一步都要将每一项分解为两部分，除非

该项是基本情况。因此，对于较大的 k 和 n 的值，运算变得烦琐，甚至有冗余调用操作。习题 23.12 将探讨进行此类计算更有效的策略。

一个整数划分为 k 块与最大块为 k 的该整数的划分之间存在着对称性。值得注意的是，这两种划分数是相同的。

定理 23.18 将 n 划分为 k 块的划分数等于最大块为 k 的 n 的划分数。

证明： 考虑一个类似于图 23.3 的图，称之为 Young 图（Young diagram），它由 n 个按行排列的盒子构成，其中从上到下按非递增顺序排列，且每一行左对齐。

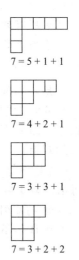

图 23.3 将 7 分为 3 块的 4 个划分的 Young 图

将 n 划分为 k 块的每一个划分刚好对应一个 n 个盒子排成 k 行的 Young 图，反之亦然。将划分映射到 Young 图，从大到小排列这些块，然后为其构造一个图：第 i 行上的盒子数等于第 i 块。从 Young 图到划分的映射，包括与每一行长度相等的一块。

每一个最大块等于 k 的 n 划分也刚好对应一个 Young 图——具有 n 个盒子和 k 行，反之亦然。为了将划分映射到一个 Young 图，我们从大到小排列块，然后构造一个 Young 图，第 i 列中的盒子数等于第 i 块，且每一列顶部对齐。这就产生了我们需要的有 n 个盒子的 Young 图，且行从上到下以非递增顺序排列，并且具有 k 个行（因为最左列表示最大块，即 k）。从 Young 图到划分的映射，包括等于每个列高度的一个块。

因此，k 行包括 n 个盒子的 Young 图数计算了 n 划分成 k 块的划分数，以及最大块等于 k 的 n 的划分数。因此，它们的数量是相等的。 ∎

✱

本章涵盖了从元素的集合中选择子集问题的多种变体。在元素可区分的情况下，定义了子集的基数（k）和原集合的基数（n），以及问题主要变化的两个方面：结果是有序或者无序的，元素是有放回或者无放回。图 23.4 展示了这四种情况，其中，$n=5$ 和 $k=3$。前两种情况表示选择是有序的，后两种情况表示选择是无序的。第一种和第三种情况表示元素是有放回的，因此，一些选定的弹珠可以是相同颜色的；第二种和第四种情况与前面有所不同，因此选定弹珠的颜色一定是不相同的。

这些变体对于选择多重子集情况的分析也是可行的。在元素相同的情况下，我们定义子集数（k）和原集合的基数（n），以及依据子集是否有序而变化的问题。我们一直使用从罐子中挑选弹珠的示例，而同样的技术也适用于更广泛的具体情况。

- 可区分的元素、有序、有放回——虽然我们没有使用这样的描述，但是这种场景在第 22 章中讨论过：用有 26 个字符的字母表，可以构造多少个 10 字符长的密码？
- 排列——可区分的元素、有序、无放回：在有 8 支球队参与的锦标赛中，球队有多少种不同的排名（假设不出现平局）？有多少种可能的第一、第二和第三名？（第一个问题是关于整个集合的排列，第二个问题是关于子集的排列。）
- 组合——可区分的元素、无序、无放回：如果有 10 名学生竞选学生会干部，3 名可以当选，有多少种可能的结果？

- 有放回的组合——可区分的元素、无序、有放回：从售有 3 种类型比萨的商店购买 12 个比萨，有多少种不同的订单？
- 相同的元素、有序——从另一个角度来说，可以看作可区分的元素、无序、有放回：如果一家商店有 12 个相同的普通比萨，且每个比萨上面正好撒有 3 种配料中的 1 种，选择多少个比萨可以得到 3 种配料？有多少种方法？
- 划分——相同的元素、无序：有多少种方法可以将 25 表示为 9 个正整数的和？有多少种方法可以将 1000 美元奖金分配给第一、第二和第三名的获胜者，使得第一名至少与第二名一样多，第二名至少与第三名一样多？

有序、有放回

有序、无放回

无序、有放回

无序、无放回

图 23.4　一个装有 5 个不同弹珠的罐子中的各种选择

本章小结

- 从 n 个元素的集合中有放回地（或者是从 n 种类型的元素中）选择 k 个元素的排序方法数是 n^k。
- 从 n 个元素的集合中无放回地选择 k 个元素的排序方法数为 $_nP_k = \dfrac{n!}{(n-k)!}$。这样的排序称为排列。
- 从 n 个元素的集合中无放回地选择 k 个元素的方法数是 $_nC_k = \binom{n}{k} = \dfrac{n!}{k!(n-k)!}$。这样的选择称为组合。
- 计数论证通过证明两个量是同样集合的不同计算方法展示了两个量是相同的。
- 假设一个基数为 n 的集合被划分为 m 个不相交的子集，子集的基数分别为 $k_1, k_2, \cdots, k_m$。如果考虑子集的顺序，那么这样做的方法数有：

$$\binom{n}{k_1, k_2, \cdots, k_m} = \dfrac{n!}{k_1! k_2! \cdots k_m!}$$

如果不考虑子集的顺序，则用上式除以每种基数子集的排序数。如果每个基数 k 发生的重数是 $\mu(k)$，则有：

$$\dfrac{n!}{\prod_{k \in K}(\mu(k)!(k!)^{\mu(k)})}$$

- 从 n 个元素的集合中有放回地（或者从 n 种类型的元素中）选择 k 个元素的方法数，等于 $\binom{k+n-1}{k}$。这样的选择被称为有放回组合。这样的选择数也被称为 n 多选 k。
- 星棒图提供了从 n 种类型的元素中选择 k 个元素的有放回组合与从 $k+n-1$ 个位置选择 k 个星号 ∗（或 $n-1$ 个分隔符 |）的位置的无放回组合之间的对应关系。
- 将 n 个相同元素分成 k 个可区分组的方法数为 $\binom{n+k-1}{n}$，或者当每个组至少包含一个元素时的方法数为 $\binom{n-1}{n-k}$。

- 将 n 个相同元素分为 k 个不可区分的组的集合,被称为 n 分为 k 块的划分。这样的划分数可以应用公式 $p_k(n) = p_{k-1}(n-1) + p_k(n-k)$ 来递归地计算。
- $p_k(n)$ 的值也是最大块等于 k 的 n 的划分数。

习题

23.1 假设一个罐子装有 r 个红球和 b 个蓝球,每个球上都有唯一的标识。有多少种方法可以选出具有相同颜色的两个球的集合?不同颜色的情况又如何呢?证明:这两个结果的和是从所有球中不考虑颜色而选择两个球的方法数。

23.2 考虑一个由 n 台计算机组成的分布式计算机网络。
(a) 如果一台计算机被指定为中央计算机,并且其他每一台计算机都连接到中央计算机,需要多少条连接?
(b) 如果每台计算机都与其他计算机连接,需要多少种连接?

23.3 所有 5 字符长的字符串,由来自英文字母表中的 26 个字母构成。其中,由 5 个不同字母构成的字符串占比是多少?

23.4 假设用一段计算机程序获取一个无空格的字符序列(例如 URL),并找到空格可能插入的位置。其方法为:测试将序列分段的所有可能方法,然后用字典检验每个段,确定它是否是一个单词。
(a) 给定一个 20-字符长的序列,有多少种方法可以将序列分成 3 个非空段?
(b) 有多少种方法可以将 n 字符长的序列分成任意多个段?

23.5 由 n 个有标记顶点的集合可以产生多少个不同的无向图?(即使两个图是同构的,但如果它们的顶点标签不相同,也认为它们是不同的)

23.6 考虑一个 7 单位宽、9 单位高的网格(如图 23.5),一条单调路径是指从点 (0,0)(左下角)开始,仅向上和向右移动,到达点 (7,9)(右上角)的路径。
(a) 有多少种可能的不同单调路径?
(b) 有多少条这样的路径通过点 (3,2)?

23.7 本习题将探讨多重集的排列,与将一个集合分成多个子集的组合之间的关系。
(a) 字母 ABBCCC 有多少种排列?
(b) 假设有 6 个弹珠(标记为整数 1 到 6)和 3 个盒子(标记为字母 A、B、C)。有多少种方法可以在 A 盒中放入 1 个弹珠、B 盒中放入 2 个弹珠,以及 C 盒中放入 3 个弹珠?
(c) 描述一个双射函数:从第一小问中 ABBCCC 的排列到第二小问中 1 到 6 号弹珠放入 A、B 和 C 盒子中的方法之间的映射。提示:见图 23.6。

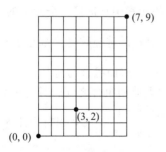

图 23.5 网格中的路径

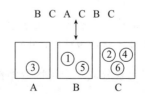

图 23.6 我们可以建立一个双射:从字母的排列到弹珠的组合。上图提供了一种自然的方法

23.8 应用计数论证证明下列各式：

(a)
$$\sum_{k=0}^{n} \binom{n}{k} = 2^n$$

(b)
$$\sum_{k=1}^{n} \binom{n}{k} \cdot k = n2^{n-1}$$

提示：考虑从 n 个人的小组中选择至少 1 个人组成的委员会，且指定 1 名委员作为主任，有多少种方法。

23.9 在单词游戏 Scrabble 中，玩家轮流挑选字母块来替换他们已经用过的字母块。假设一个玩家从剩余的 7 个字母块 A、A、B、C、D、E、F 中选择 4 个字母块，

(a) 有多少种字母的不同选择？

(b) 这 7 个字母中的 4 个字母可以构成多少个不同的"词"（字母序列，不一定是有效的英文单词）？

23.10 假设 27 名学生聚在一起踢足球。

(a) 有 3 块不同的场地供学生们练习。将 27 名球员按照 9 人一队分配到 3 块场地上，有多少种不同的方法？

(b) 将 27 名球员分成 3 支 9 人一队的球队，不考虑球队与场地之间的关系，有多少种方法？

(c) 将 27 名球员分成 3 支 9 人一队的球队，且每支球队选择一名球员担任队长，有多少种方法？

(d) 一支球队与其他学校的球队进行了 10 场比赛，并以 7-3 的战绩结束了该赛季。有多少种不同的胜负序列可以产生这样的结果？

23.11 选一副标准的纸牌（如习题 22.8 所述）。

(a) 一副纸牌（有 52 张不同的牌）可以发出多少手（5 张牌的集合）？

(b) 在扑克牌中，当一手（5 张）牌中有两张点数相同的牌和 3 张另一相同点数的牌（例如，两张 5 和 3 张 9），则称该手牌为"满堂红"。有多少种"满堂红"？

(c) 更为常见的牌型是"两对"：相同点数的两张牌、另一相同点数的两张牌，以及第三种点数的一张牌（例如两个 5、两个 9 和一个 K）。有多少种"两对"？

23.12 我们注意到，用递归定义计算单个 $p_k(n)$ 的值，可能需要许多步，因为每一项都被分成需要递归计算的两项，并且还有冗余调用计算⊖。

(a) 如果我们想找到不只一个 $p_k(n)$，而是所有的 $p_k(n)$，直到达到 k 和 n 的某个最大值为止，那么存在一种更有效的方法，它计算每一项只需要一次加法。这可以从基本情况开始，然后从小到大逐步计算，并将过程的结果填入表格，使得当需要计算 $p_k(n)$ 时，$p_{k-1}(n-1)$ 和 $p_k(n-k)$ 的值已经存在于表中了。

完成下列表格的 $p_k(n)$ 值（$1 \leqslant k, n \leqslant 10$），自顶向下进行，在每一行中，按从左到右的顺序。基本情况已经填入。

⊖ 习题 23.12 描述了动态规划（dynamic programming）的两种形式。动态规划是一种算法策略，可以用于解决以重叠子问题定义的问题。第一种方法自底向上进行，且计算所有小于目标的值，称之为填表法（tabulation）。第二种方法自顶向下进行，且只计算必要的较小值，称之为备忘录法（memoization）。

k \ n	1	2	3	4	5	6	7	8	9	10
1	1	1	1	1	1	1	1	1	1	1
2	0	1								
3	0	0	1							
4	0	0	0	1						
5	0	0	0	0	1					
6	0	0	0	0	0	1				
7	0	0	0	0	0	0	1			
8	0	0	0	0	0	0	0	1		
9	0	0	0	0	0	0	0	0	1	
10	0	0	0	0	0	0	0	0	0	1

(b) 求单个 $p_k(n)$ 的值时，在表中记录中间结果仍然很有用，虽然不必填写每个单元格。求 $p_5(10)$ 的步骤如下。首先圈出它所对应的单元格，然后圈出用于计算 $p_5(10)$ 的另外两个单元格。对于每个新圈出的单元格，再圈出它所依赖的两个单元格，重复这个过程，直到到达基本情况为止。最后，自顶向下、从左到右地只填写圈出的单元格，直到到达 $p_5(10)$。

k \ n	1	2	3	4	5	6	7	8	9	10
1	1	1	1	1	1	1	1	1	1	
2	0	1								
3	0	0	1							
4	0	0	0	1						
5	0	0	0	0	1					

23.13 有多少种 n 的划分，其中的每个块等于 1 或 2？

23.14 给 3 个孩子 10 个相同的弹珠，弹珠必须在他们之间进行分配。

(a) 10 个弹珠在 3 个孩子之间分配的方法有多少种？

(b) 如果每个孩子必须至少获得一个弹珠，那么 10 个弹珠在 3 个孩子之间分配的方法有多少种？

(c) 如果每个孩子必须至少获得一个弹珠，且最大的孩子获得最多的份额或者（如果存在两个相等的最多份额）获得两个最多份额之一，第二大的孩子获得下一个最多份额或者（如果有两个相等的下一个最多份额）获得下两个最多份额之一，最小的孩子获得最后剩余的份额，有多少种 10 个弹珠的分配方法？提示：应用习题 23.12 中描述的策略之一来计算。

(d) 如果一个孩子可以不获得弹珠，最大的孩子获得最多份额或者最多份额之一（如果有两个相等的最多份额），第二大的孩子获得下一个最多份额或者下一个最多份额之一（如果有两个相等的下一个最多份额），最小的孩子获得最后剩余的份额，有多少种 10 个弹珠的分配方法？提示：这个问题可视为将 10 个块分成 3、2 或 1 个堆，应用习题 23.12 中描述的策略之一来计算。

23.15 将 12 个人分成 4 个 3 人组或者分成 3 个 4 人组，哪个分组方法更多？

| 第 24 章 |
Essential Discrete Mathematics for Computer Science

级　　数

级数是相似项的和，有时也是相似项的积。有穷和无穷级数经常出现在计算机科学中。例如，假设一小段代码像循环体一样一遍遍地反复运行，且某些变量的值在每次迭代时都产生变化，那么计算的重要累积参数（例如，运行时间或存储空间）可以表示为一系列项的和，其中每一项与系列中的其他项具有特定的代数相似性。另一个例子是，当某些量随着时间以可预测的速率增加或减少时，级数可以表示给定时间段内的总量。

让我们从一个具体的例子开始吧，考虑国王与国际象棋发明者的传说。

例 24.1 发明者提议国王在棋盘的第一个方格上放一粒小麦，然后在第二个方格上放两粒，在第三个方格上放四粒，以此类推，每个方格上的麦粒数是前一个方格的两倍。作为游戏的交换条件，国王同意当棋盘上 64 个方格都盖满之后，将棋盘上所有小麦都给发明者。国王欠发明者多少小麦？

解：这是一个指数增长的例子⊖：第 n 个方格上的麦粒数是 2^n，其中第一个方格编号为 0，因此有 $2^0=1$ 粒。最后一个方格上的麦粒数将是 2^{63}，这是全世界小麦年产量的数百倍。

但是发明者要得到的不仅仅是最后一个方格上的麦粒数，而是整个棋盘上的所有小麦。如果我们设

$$S_n = \sum_{i=0}^{n} 2^i$$

那么发明者应得到 S_{63} 粒小麦。可以确定，$S_n=\Omega(2^n)$，因为 2^n 是和的最后一项。那么 S_n 到底是多少？

我们已经解决了这个问题；答案就是第 3 章的式 (3-6)。让我们回顾一下得到答案的过程：先计算几个例子，做出一个猜想，然后应用归纳法来证明猜想。前几个值是：

$$S_0 = 1$$
$$S_1 = 3$$
$$S_2 = 7$$
$$S_3 = 15$$

由此得出下列猜想：

$$\sum_{i=0}^{n} 2^i = 2^{n+1} - 1 \tag{24-2}$$

我们来验证一下。当 $n=0$ 时，

$$2^{n+1}-1 = 2^1-1 = 2-1 = 1 = S_0$$

因此，式 (24-2) 的归纳基础是成立的。如果 $S_n=2^{n+1}-1$，那么

$$S_{n+1} = S_n + 2^{n+1} \quad (根据 S_n 的定义)$$

⊖ "指数增长"一词是普通说法"增长非常快"的同义词。存在以指数速率持续几十次迭代增长的实例（例如流行病学和摩尔定律），但是任何事物的指数增长都不能持续上百代，因为那样将耗尽整个物理宇宙。任何情况下，那些看起来像是指数增长的增长，可能实际上"恰好"是以某些低阶多项式的速率增长的。

$$= 2^{n+1} - 1 + 2^{n+1} \quad \text{(根据归纳假设)}$$
$$= 2^{n+2} - 1 \quad \text{(因为 } 2^{n+1} + 2^{n+1} = 2^{n+2})$$

因此式（24-2）对于下一个更大的 n 值也是成立的，进而对于所有的 n 都成立。

这个方法没有任何错误，但是存在一个更直接的推导式（24-2）的技巧，无须计算示例并做猜想。

注意：
$$1 + 2 + 4 + \cdots + 2^{n+1} = 1 + 2 \cdot (1 + 2 + \cdots + 2^n)$$

所以我们可以得到：
$$S_{n+1} = \sum_{i=0}^{n+1} 2^i$$
$$= 1 + 2 \sum_{i=0}^{n} 2^i$$
$$= 1 + 2 S_n$$

另一方面，我们可以分离和 S_{n+1} 中的最大项，得到 $S_{n+1} = 2^{n+1} + S_n$。将两种方法得到的 S_{n+1} 合在一起，就是

$$1 + 2 S_n = 2^{n+1} + S_n$$

求解这个 S_n 的简单线性方程，直接得到 $S_n = 2^{n+1} - 1$。 ∎

一旦掌握了将整个级数乘以某个因子并分配该因子给级数的各个项的思想，我们就能够从式（24-2）推导出更多有用的结果。例如，我们假设要求 2 的负幂次和：

$$1 + \frac{1}{2} + \frac{1}{4} + \frac{1}{8} + \cdots + \frac{1}{2^n} = \sum_{i=0}^{n} 2^{-i} \tag{24-3}$$

只需将式（24-2）除以 2^n 即可。

$$\sum_{i=0}^{n} 2^i = 2^{n+1} - 1 \quad \text{(除以 } 2^n)$$

$$\sum_{i=0}^{n} 2^{i-n} = 2 - 2^{-n}$$

左端的和就是简单 $\sum_{i=0}^{n} 2^{-i}$ 中的各项以相反顺序相加，因此得到

$$\sum_{i=0}^{n} 2^{-i} = 2 - 2^{-n} \tag{24-4}$$

也就是说，加上更多的项会使和 $\sum_{i=0}^{n} 2^{-i}$ 更接近于 2，并且和的极限正好是 2⊖。

$$\sum_{i=0}^{\infty} 2^{-i} = 2 \tag{24-5}$$

用于推导式（24-2）、式（24-4）和式（24-5）的方法可以推广到处理类似的求和问题，其中，连续项的比率是任何不等于 1 的确定数。（如果比率为 1，那么所有项都是相等的，称其值为 t，n 项和就是 nt。）这样的级数称为几何级数（geometric series），也就是

⊖ 这个等式也有一段历史传说。Zeno 想象有人不断地剖分要行走的距离，比如说两米，每走一步乘以 2，并认为旅程永远不可能完成，因为人必须走无穷多步。这个假设的悖论使用收敛求和得以解决：如果人以稳定的速度移动，例如每秒钟移动一米，那么每一步所需的时间是前一步的一半，移动两米的时间正好是两秒钟。

说，它具有以下形式

$$\sum_{i=0}^{n} q^i \text{ 或 } \sum_{i=0}^{\infty} q^i \tag{24-6}$$

因此 q 就是两项之间的比率。设 $q \in \mathbb{R}$ 是 1 以外的任意实数。要计算 $S_{q,n} = \sum_{i=0}^{n} q^i$，注意到：

$$\begin{aligned} q\, S_{q,n} = q \sum_{i=0}^{n} q^i &= \sum_{i=1}^{n+1} q^i \\ &= \big(\sum_{i=0}^{n} q^i\big) + q^{n+1} - 1 \\ &= S_{q,n} + q^{n+1} - 1 \end{aligned}$$

解 $S_{q,n}$，得到

$$\sum_{i=0}^{n} q^i = \frac{q^{n+1} - 1}{q - 1} \tag{24-7}$$

如果 $|q| < 1$，则当 $n \to \infty$ 时，$q^{n+1} \to 0$，所以

$$\sum_{i=0}^{\infty} q^i = \lim_{n \to \infty} \frac{q^{n+1} - 1}{q - 1} = \frac{1}{1 - q} \tag{24-8}$$

式（24-5）就是 $q = \frac{1}{2}$ 时的式（24-8）。

用有限个运算表达的一个无穷项求和公式，如式（24-8）的右端，被称为级数的闭式（closed form）。

当 $n \to \infty$ 时，收敛到有穷值的级数，如 $|q| < 1$ 时的式 24-7，被称为收敛级数（convergent series）；而当 $n \to \infty$ 时，超过所有确定的有穷值的级数，如 $|q| > 1$ 时的式（24-7），被称为发散级数（divergent series）。

❈

像式（24-8）中的求和通常产生于分析类课程中，如同泰勒级数（Taylor series）的诸多示例，泰勒级数是各种函数的级数展开式。基于微积分的知识，我们可以得到大量类似求和的实用闭式表达式。

我们以式（24-8）开始，现将其表达一个变量 x 的函数：

$$\frac{1}{1 - x} = \sum_{i=0}^{\infty} x^i \tag{24-9}$$

我们知道，当代入 $x = \frac{1}{2}$ 时，结果为 2。但是，假设我们想要的不是式（24-5）的和，而是

$$1 + \frac{1}{2^2} + \frac{1}{2^4} + \cdots = \sum_{i=0}^{\infty} 2^{-2i} \tag{24-10}$$

像上一节那样我们可以进行一些移项、乘法和重排顺序等操作，则式（24-9）有了另一种意思。当我们用 x^2 替换式（24-9）中的 x 时，则得到

$$\frac{1}{1 - x^2} = \sum_{i=0}^{\infty} x^{2i} \tag{24-11}$$

设上式中的 $x=\frac{1}{2}$，便可得到式（24-10）的值为 $\frac{4}{3}$。

再大胆一些，假设我们需要计算：

$$\frac{0}{2^0}+\frac{1}{2^1}+\frac{2}{2^2}+\frac{3}{2^3}+\cdots=\sum_{i=0}^{\infty} i \cdot 2^{-i} \tag{24-12}$$

这个级数的收敛性一点也不明显。

首先我们将 2 的负次幂替换为变量 x 的幂，并命名级数的值如下：

$$F(x)=\sum_{i=0}^{\infty} i \cdot x^i \tag{24-13}$$

现在有一个技巧：当我们将式（24-9）（和为 $\frac{1}{1-x}$ 的级数）加到式（24-13）上时，我们再次得到了更像式（24-13）的形式，指数刚好差 1：

$$F(x)+\frac{1}{1-x}=\sum_{i=0}^{\infty}(i+1) \cdot x^i$$

$$=\frac{1}{x} \cdot \sum_{i=0}^{\infty}(i+1) \cdot x^{i+1} \quad \left(\text{因为 } x^i=\frac{x^{i+1}}{x}\right)$$

$$=\frac{1}{x} \cdot \sum_{i=1}^{\infty} i \cdot x^i \quad (\text{索引 } i \text{ 增 } 1)$$

$$=\frac{1}{x} \cdot \sum_{i=0}^{\infty} i \cdot x^i \quad (\text{因为 } 0 \cdot x^0=0)$$

$$=\frac{1}{x} \cdot F(x)$$

那么对表达式 $F(x)$ 求解，我们得到

$$F(x)=\frac{x}{(1-x)^2} \tag{24-14}$$

所以 $F\left(\frac{1}{2}\right)$ 等于 2，正是我们想要的结果。

形如式（24-13）的函数被称为生成函数（generating function）或形式幂级数（formal power series）。它的思想是只代入一个特殊的 x 值，避免对所有 x（实际上对每个 x 都是成立的）进行代数验证的问题。学过微积分的学生都知道，泰勒级数收敛值的范围是严格的，运用生成函数会有种"违规"的感觉。然而，我们将很愉快地采用它们，因为它们能够产生非常有用的结果。

收敛的几何级数很容易通过系数的分母是一个确定参数的连续幂形式来识别。另一个收敛的级数是指数级数（exponential series）：

$$e^x=\sum_{i=0}^{\infty} \frac{x^i}{i!}=1+\frac{x^1}{1!}+\frac{x^2}{2!}+\frac{x^3}{3!}+\cdots \tag{24-15}$$

让我们看看级数中的每一项，将 x 视为确定值，i 视为变量。两个连续项比率的绝对值为

$$\left|\frac{x^{i+1}}{(i+1)!} \bigg/ \frac{x^i}{i!}\right|=\left|\frac{x}{i+1}\right|$$

随着 i 的增加，上式的值趋近于 0。作为一个结果，式（24-15）提供了一种实用的计算 e^x 到任意精度的方法，因此，它近似于 c^x（任意的常量 c），因为 $c^x=e^{x \ln c}$。只要级数的项

足够多，就可以达到需要的精度。（准确地说，如何最好地做这种计算是计算应用数学中的一个重要课题，超出了本书的范围。）

作为一个生成函数，级数［式（24-15）］可以做如下求和计算：

$$\sum_{i=0}^{\infty} \frac{1}{i!} = e^1 = e$$

$$\sum_{i=0}^{\infty} \frac{2^i}{i!} = e^2$$

$$\sum_{i=0}^{\infty} \frac{1}{2^i \cdot i!} = e^{1/2} = \sqrt{e}$$

❋

如前面的例子所示，生成函数可用于求等于收敛级数和的闭式。有时，换个方向也是可行的。已知序列 $a_0, a_1, \cdots$，求无穷和的生成函数

$$\sum_{i=0}^{\infty} a_i x^i$$

在前面我们将这种和称为"形式幂级数"，因为它的目的不是用代入一个特定的 x 值来计算无穷和，而是通过操作生成函数本身来帮助计算系数。

例如，考虑一个整数的划分数，这是我们在第 23 章中介绍的一个问题，我们将 $p_k(n)$ 定义为将 n 划分为 k 个块的划分数。设

$$p(n) = n \text{ 的划分数} = \sum_{k=1}^{n} p_k(n)$$

$p(n)$ 的前几项值如图 24.1 所示。$p(n)$ 虽然没有简单的公式，但是存在以 $p(n)$ 值作为系数的简单生成函数。

定理 24.16 整数划分的生成函数。

$$\sum_{n=0}^{\infty} p(n) x^n = \prod_{i=1}^{\infty} \frac{1}{1-x^i}$$

证明：为了得到 x^n 项的系数 $p(n)$，我们将 x^n 表示为 x^{ij} 项的乘积，其中 i 是 n 的一个划分中的 1 个块，j 是它在该划分中出现的次数，那么级数中 x^n 的系数就是划分 n 的方法数。

n	$p(n)$
1	1
2	2
3	3
4	5
5	7
6	11
7	15
8	22
9	30
10	42

图 24.1 $p(n)$ 的值，$n(1 \leqslant n \leqslant 10)$ 的划分数

考虑无穷和的无穷乘积：

$$(x^0 + x^1 + x^2 + x^3 + \cdots) \cdot (x^0 + x^2 + x^4 + x^6 + \cdots) \cdot (x^0 + x^3 + x^6 + x^9 + \cdots) \cdots$$

$$= \prod_{i=1}^{\infty} \left(\sum_{j=0}^{\infty} x^{ij} \right)$$

$$= \prod_{i=1}^{\infty} \frac{1}{1-x^i} \tag{24-17}$$

最后的等式是式（24-9）的形式，即 $\sum_{j=0}^{\infty} z^j = \frac{1}{1-z}$。用 x^i 替换 z，则得到 $\sum_{j=0}^{\infty} x^{ij} = \frac{1}{1-x^i}$。

当乘积 $\prod_{i=1}^{\infty} \dfrac{1}{1-x^i}$ 展开时，x^n 项的系数就是从每个因子中选择一项的方法数

$$(x^0 + x^i + x^{2i} + x^{3i} + \cdots)$$

因此，所有选择项的指数加起来等于 n。为了使项的乘积具有指数 n，那么，有穷多个项必定是 x^0。因此，乘积为 x^n 的项的任意选择可以记为有限个项的乘积——通过删除所有 x^0 项最后得到的非零指数项。例如，使得指数相加等于 34 的一种选择项的方法是：

$$x^{34} = x^{1\cdot 0} \cdot x^{2\cdot 2} \cdot x^{3\cdot 1} \cdot x^{4\cdot 2} \cdot x^{5\cdot 1} \cdot x^{6\cdot 0} \cdot x^{7\cdot 2} \cdot x^{8\cdot 0} \cdot x^{9\cdot 0} \cdots$$
$$= x^0 \cdot x^4 \cdot x^3 \cdot x^8 \cdot x^5 \cdot x^0 \cdot x^{14} \tag{24-18}$$

项的每一种选择对应着 n 的一个划分：如果第 j 项选自第 i 个因子，那么整数 i 在对应的划分中有 j 次出现。上式对应着划分 $34 = 2+2+3+4+4+5+7+7$。因此式（24-17）是将 n 划分为任意块的划分数的生成函数。 ∎

当然，将无穷和的无穷乘积展开运算，得不到任何结果。习题 24.13 将讨论如何将式（24-17）转化为 $p(n)$ 的有穷计算过程。

应用基本规则（定理 23.18）"n 划分为 k 块的划分数等于最大块为 k 的 n 的划分数"，我们将变换式（24-17）中的生成函数。

定理 24.19 对于任意确定的 k，有

$$\sum_{n=0}^{\infty} p(n) x^n = x^k \prod_{i=1}^{k} \dfrac{1}{1-x^i}$$

证明： 由于选自式（24-17）的第 i 个因子中的项是 i 在对应划分中的副本数，仅取乘积到第 k 个因子，

$$\prod_{i=1}^{k} \dfrac{1}{1-x^i} \tag{24-20}$$

是最大块为 k 的 n 的划分数的生成函数。但是，这与我们想要的稍有不同，因为计数中包含了 0 块等于 k 的划分。

为了确保有一个块确实等于 k，我们代之以计算最大块最多为 k 的 $n-k$ 的划分数。$n-k$ 的每一个划分对应于一个且仅一个最大块等于 k 的 n 的划分。由式（24-20）得到的 x^{n-k} 的系数恰好是所求的值。因此，对于给出的最大块等于 k 的 n 的划分数的生成函数来说，我们需要一个表示该生成函数的级数，x^n 的系数等于由式（24-20）得到的 x^{n-k} 的系数。用 x^k 乘以整个函数（24-20），相当于将每个系数向右移动了 k 位。所以

$$x^k \prod_{i=1}^{k} \dfrac{1}{1-x^i} \tag{24-21}$$

正是最大块等于 k 的 n 的划分数的生成函数，因此（根据定理 23.18）正好等于 n 划分为 k 个块的划分数。 ∎

※

在算法分析中通常会遇到的级数是

$$F_k(n) = \sum_{i=1}^{n} i^k \tag{24-22}$$

这里的 k 是一个确定的整数。例如，$F_1(n)$ 是前 n 个正整数的和，它可以度量如执行双重嵌套循环所需的时间：

1. for $i \leftarrow 1, \cdots, n$
   (a) for $j \leftarrow 1, \cdots, i$
   (i) (代码花费时间为常数 t)

这样的循环会发生在排序算法中,如第 21 章所述的插入排序。外层循环执行 n 次,在第 i 次迭代中内层循环执行 i 次,代码每次执行需要时间 t,因此程序的总时间为

$$\sum_{i=0}^{n}(i \cdot t) = \left(\sum_{i=1}^{n} i\right) \cdot t$$

因为 t 是一个不随 n 变化的常量,因此该嵌套循环所花费的时间与 $F_1(n)$ 成比例,t "消失" 在比例常量中了。

$F_1(n)$ 有一个熟悉的表达式:

$$F_1(n) = \sum_{i=1}^{n} i = \frac{n \cdot (n+1)}{2}$$

如果您忘记了这个公式,可以通过级数自身的相加(一个按递增顺序,另一个按递减顺序)重新构造这个公式:

$$\begin{aligned} 2 F_1(n) &= \sum_{i=1}^{n} i + \sum_{i=1}^{n}(n+1-i) \\ &= \sum_{i=1}^{n}(i+n+1-i) \\ &= \sum_{i=1}^{n}(n+1) \\ &= n \cdot (n+1) \end{aligned}$$

所以 $F_1(n)$ 是这个值的一半。

类似地,对于一个三层嵌套循环,最内层的常量循环体的运行时间与 $F_2(n)$ 成比例,以此类推。当 $k>1$ 时,$F_k(n)$ 也有精确的表达式,但是为了算法分析的目的,通常只要知道当 $k \geqslant 0$ 时,

$$F_k(n) = \Theta(n^{k+1}) \tag{24-23}$$

即可。除了乘法常量的精确值和隐含在式(24-23)中的低阶项外,算法的运行时间还受许多其他常量和加法因子的影响,因此我们只关注于证明指数是正确的这一结论。我们可以通过分别确立上界和下界来证明式(24-23):

- $F_k(n) = O(n^{k+1})$,对于每个 i,$1 \leqslant i \leqslant n$,因为 $i^k \leqslant n^k$,因此

$$\sum_{i=1}^{n} i^k \leqslant n \cdot n^k = n^{k+1}$$

- 观察 $F_k(n) = \Omega(n^{k+1})$,注意到其中的项都是严格递增的,即 $i^k < (i+1)^k$,对于每个 i,$1 \leqslant i < n$。现在讨论一下中间项:当 n 是偶数时,为 $\left(\frac{n}{2}\right)^k$;或者,当 n 是奇数时,为 $\left(\frac{n+1}{2}\right)^k$。该项的值至少为 $2^{-k} \cdot n^k$,并且至少存在 $\frac{n}{2}$ 个项大于或等于该值,因此所有项的总和为 $\Omega(n \cdot n^k)$,即 $\Omega(n^{k+1})$。

✱

当 k 为负时,式(24-22)的总和是什么?例如,什么是

$$F_{-2}(n) = \sum_{i=1}^{n} i^{-2} = 1 + \frac{1}{4} + \frac{1}{9} + \cdots + \frac{1}{n^2}$$

这样的求和在数学上有着辉煌的历史。对于我们来说，只要证明对于每个 $k \leq -2$，该求和在 $n \to \infty$ 时，收敛于 1 和 2 之间的值就足够了[⊖]。显然每个和至少为 1，并且当 $k < \ell$ 时，有 $F_{-k}(n) > F_{-\ell}(n)$，因此足以说明 $F_{-2}(n)$ 收敛的值最大为 2。要得到这个结果，考虑下式：

$$\frac{1}{i^2} < \frac{1}{i \cdot (i-1)} = \frac{1}{i-1} - \frac{1}{i}$$

当 $i > 1$ 时，有

$$F_{-2}(n) = \sum_{i=1}^{n} \frac{1}{i^2} = 1 + \sum_{i=2}^{n} \frac{1}{i^2}$$

$$< \sum_{i=2}^{n} \left(\frac{1}{i-1} - \frac{1}{i} \right) = 2 - \frac{1}{n}$$

因为除了最后一项的每一个负项都被下一个正项抵消掉了。

✻

对于每个 $k \geq 0$［当然，$F_0(n)$ 就是 n］，我们已经确定了 $F_k(n)$ 是发散的。对于每个 $k \leq -2$，$F_k(n)$ 收敛于 1 到 2 之间的一个数，精确值取决于 k。现在就剩下了 $F_{-1}(n)$ 的问题，常被称为 H_n，第 n 项调和数（harmonic number）：

$$H_n = \sum_{i=1}^{n} \frac{1}{i} = 1 + \frac{1}{2} + \frac{1}{3} + \frac{1}{4} + \cdots + \frac{1}{n} \tag{24-24}$$

这是著名的调和级数（harmonic series）。它是发散的吗？

答案是肯定的：当 $n \to \infty$ 时，$H_n \to \infty$。一种直观的方法是考虑由 $\frac{1}{2^\ell + 1}$ 和 $\frac{1}{2^{\ell+1}}$（每个整数 $\ell \geq 0$）之间各项的分组而产生的不相交集合。这样的项集合有 2^ℓ 个元素，并且集合中的每一项都大于或等于 $\frac{1}{2^{\ell+1}}$，因此当所有的项相加到一起时，它们的总和至少是 $\frac{2^\ell}{2^{\ell+1}} = \frac{1}{2}$。

$$1 + \overbrace{\frac{1}{2}}^{=\frac{1}{2}} + \overbrace{\frac{1}{3} + \frac{1}{4}}^{>\frac{1}{2}} + \overbrace{\frac{1}{5} + \frac{1}{6} + \frac{1}{7} + \frac{1}{8}}^{>\frac{1}{2}} + \cdots \tag{24-25}$$

我们可以得出，直到 $\frac{1}{2^\ell}$（包括 $\frac{1}{2^\ell}$）的项之和至少是 $1 + \frac{\ell}{2}$，即

$$H_{2^\ell} \geq 1 + \frac{\ell}{2}$$

因此，当 $n \to \infty$ 时，H_n 的值会超过任何的界限。

然而，调和级数的部分和增长非常缓慢。因为

$$\frac{d}{dx} \ln n = \frac{1}{x}$$

可以用自然对数近似 H_n 的值。因为

[⊖] 我们称之为 $\lim\limits_{n \to \infty} F_{-k}(n)$ 的值，在数学上被称为 $\xi(k)$，即黎曼 zeta 函数。1734 年，欧拉发现了 $\xi(2)$ 的闭式，这是近一个世纪以来数学家们一直试图回答的一个问题。令人惊叹的是，它的值是 $\frac{\pi^2}{6}$，约为 1.644934。

$$\ln n \leqslant H_n \leqslant \ln(n+1) \tag{24-26}$$

调和级数发散性的一个引人注目的应用是，证明一摞相同的书（原则上）可以延伸出桌子边缘任意距离（最下面的书全部在桌子上）。设这些书有 2 个单位长，那么，单独的一本书，有小于 1 个单位长探出桌子边缘时，可以保持平衡。（见图 24.2）。

在第一本书下面放入第二本书，且第一本书在其一半（1 个单位长）长度超出第二本书的边缘时平衡，恰如它之前在桌子上平衡一样。那么两本书在桌子上平衡了——底下的书有半个单位伸出边缘。一本书的质心在桌子上面，另一本书的质心是悬空的（见图 24.3）。

图 24.2 一本 2 个单位长的书，重心刚好放在桌子的边缘

图 24.3 第二本书在第一本书下面放入，第一本书放在第二本书上，如同它曾放在桌子上一样。当第二本书伸出桌子 $\frac{1}{2}$ 个单位长时，这两本书一起刚好平衡

因此，对于 $n=1$ 或 $n=2$ 本书的情况，它们达到最大悬空的完美平衡时，顶层书的最右边缘恰好距离桌子的右边缘 H_n。

我们继续证明这个模式[⊖]。

如果我们将第 $(n+1)$ 本书贴放在前 n 本书的下面，且它的右边缘恰好位于前 n 本书的重心位置，那么这摞书的右端距离所有 $n+1$ 本书的重心有多远？假设单独一本书的质量是 1。前 n 本书可以看作质量为 n 的单独个体，距离这摞书的右端 H_n。新书的质量为 1，它的重心距离这摞书右边缘 $1+H_n$，因为它是 2 个单位长。所以，这摞书的重心距离这摞书右边缘的长度为

$$\frac{1}{n+1}(nH_n+1+H_n)=H_n+\frac{1}{n+1}=H_{n+1}$$

正如我们所证。例如，第三本书伸出 $\frac{1}{3}$ 单位长，就可以使这摞书完美地平衡（见图 24.4）。

由于调和级数是发散的，堆砌一摞书伸展出桌子边缘任意长度是可能的（原则上说，不考虑微风、大地颤抖或书籍中的不规则性）。用 31 本书能伸出桌子的边缘 2 本书的长度（即 4 个单位）（见图 24.5）。

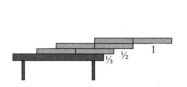
图 24.4 第三本书能延伸出桌子 $\frac{1}{3}$ 单位长

图 24.5 用 31 本书，能悬空超过 2 本书的长度

⊖ 它假设这些书必须一本摞在另一本上面。如果允许在同一层面上有两本书，且上下书之间夹有空隙，就超出了这个限制。

在第 23 章中，$\binom{n}{k}$ 定义为 n 元素集合中选择 k 元素子集的方法数，即

$$\binom{n}{k} = \frac{n!}{k!(n-k)!}$$

因为下述定理，$\binom{n}{k}$ 也被称为二项式系数（binomial coefficient）。

定理 24.27 二项式定理。对于任意的整数 $n \geqslant 0$，以及任意的 $x, y \in \mathbb{R}$，有

$$(x+y)^n = \sum_{i=0}^{n} \binom{n}{i} x^i y^{n-i} \tag{24-28}$$

考察式（24-28）成立的依据，注意 $x+y$ 项 n 次自身的乘积，将所有乘法对加法全部分配会产生 2^n 个项，因为 n 个因子中的每一个都提供了 2 种选择：x 或者 y。那么等于 $x^i y^{n-i}$ 的 2^n 个项的数量，即求和式中 $x^i y^{n-i}$ 的系数，就是从 i 个因子中选择 x，以及从剩余 $n-i$ 个因子中选择 y 的方法数，即 $\binom{n}{i}$。

等式（24-28）提供了有关二项式系数级数的求和方法。例如，简单地代入 $x=y=1$，会得到：

$$\sum_{i=0}^{n} \binom{n}{i} = 2^n \tag{24-29}$$

下面的例子表示什么：

$$\sum_{i=0}^{n} 2^i \binom{n}{i}$$

要计算和，只需在式（24-28）中设 $x=2$ 和 $y=1$ 即可：

$$\sum_{i=0}^{n} \binom{n}{i} 2^i 1^{n-i} = (2+1)^n = 3^n$$

本章小结

- 级数是代数相似项（或因子）的和（或积）。
- 几何级数是任意两个连续项的比率为确定数（1 除外）的级数。
- 有穷几何级数 $\sum_{i=0}^{n} q^i$ 等于 $\frac{q^{n+1}-1}{q-1}$，对于任意的 $q \neq 1$。
- 无穷几何级数 $\sum_{i=0}^{\infty} q^i$ 收敛，且等于 $\frac{1}{q-1}$，对于任意的 $|q| < 1$。
- 如果当 $n \to \infty$ 时，级数收敛到有穷值，则我们称之为收敛级数；如果不是，则我们称之为发散级数。
- 生成函数或形式幂级数表示多项式系数的序列。这种函数可以通过代数运算求得序列的闭式。
- 对于 $p(n)$（整数 n 的划分数）和 $p_k(n)$（整数 n 分为 k 块的划分数），都存在简单的生成函数。
- 指数级数 $\sum_{i=0}^{\infty} \frac{x^i}{i!}$ 收敛，且等于 e^x。

- 级数 $F_k(n) = \sum_{i=1}^{n} i^k$ 经常出现在算法分析中。例如，它是 k 层嵌套循环体的迭代次数，即 $\Theta(n^{k+1})$，其中 $k \geqslant 0$。
- 调和级数 $H_n = \sum_{i=1}^{n} \frac{1}{i}$ 发散，可以近似于自然对数 $\ln n$。
- $\binom{n}{k}$ 的值表示从 n 个元素的集合中选择 k 个元素的方法数，作为系数出现在二项式 $(x+y)^n$ 的展开级数中。由于这个应用，它们也被称为二项式系数。

习题

24.1 (a) Paul 提议玩一个游戏：他会抛掷一枚均匀的硬币，直到掷出反面，然后付给你 k 美元，其中 k 是他掷出的正面数。例如，序列 HHHT 表示你将赚取 3 美元，而第一次就掷出反面将不会给你任何报酬。如果玩这个游戏一次，你期望赢多少钱？或者换句话说，你愿意付给 Paul 多少钱玩一次这个游戏？

(b) 如果在 k 次抛掷后第一次掷出反面，Paul 想付给你 2^k 美元，那么你的回答会是多少钱？

24.2 化简 $\frac{1}{1 \cdot 2} + \frac{1}{2 \cdot 3} + \frac{1}{3 \cdot 4} + \cdots + \frac{1}{(n-1) \cdot n}$。

24.3 化简 $\left(1+\frac{1}{a}\right)\left(1+\frac{1}{a^2}\right)\left(1+\frac{1}{a^4}\right)\cdots\left(1+\frac{1}{a^{2^{100}}}\right)$。

提示："平方差"公式会有帮助。

24.4 （应用微积分）写出对式（24-9）的两端求一阶导数来推导式（24-14）的另一种方法。

24.5 $\sum_{i=0}^{n} 3^{-3i}$ 表示什么？

24.6 （用微积分）对式（24-15）中的级数逐项差分，证明 $\frac{d}{dx} e^x = e^x$。

24.7 $\sum_{i=0}^{\infty} \frac{x^{2i}}{i!}$ 表示什么？

24.8 用式 24-16 计算 $\sum_{i=0}^{\infty} \frac{1}{2i}$ 和 $\sum_{i=0}^{\infty} \frac{1}{2i+1}$。

24.9 (a) 推广式（24-29）以证明：对于任意的 $n \geqslant 0$ 和 $k \geqslant 0$，有
$$\sum_{i=0}^{n} k^i \binom{n}{i} = (k+1)^n$$
(b) 求下式的值。
$$\sum_{i=0}^{n} 2^{-i} \binom{n}{i}$$

24.10 即使 n 不是整数，二项式定理的一个版本也是成立的。如果 $|x|<1$，那么，对于任意的实数 α，有
$$(1+x)^{\alpha} = \sum_{i=0}^{\infty} \binom{\alpha}{i} x^i$$

其中

$$\binom{\alpha}{i} = \frac{\alpha \cdot (\alpha-1) \cdot \cdots \cdot (\alpha-i+1)}{i!}$$

当 α 是一个非负整数，且求和在 $i=n$ 项之后被截断时，二项式定理就转换为上式。上式被称作麦克劳林级数（Maclaurin series）。

用 $\alpha = -\frac{1}{2}$ 和 $x = -\frac{1}{2}$ 展开下列级数，并求值

$$\sum_{i=0}^{\infty} \left(\frac{1}{4^n n!} \prod_{i=0}^{n-1} (2i+1) \right)$$

24.11 设 S 为集合 $\{1,2,3,\cdots,9,11,\cdots,19,21,\cdots\}$，它由所有自然数构成（当采用十进制表示时，不包含数字 0）。S 中元素的倒数之和是收敛的还是发散的？验证你的答案。

24.12 设 $q(n)$ 是 n 划分为奇数块的划分数。例如，$q(4)=2$，因为 4 的 5 个划分（4,1+3,1+1+2,1+1+1+1,2+2）中只有 1+3 和 1+1+1+1 两个划分仅由奇数块构成。给出 $q(n)$ 的生成函数。

24.13 (a) 假设 n 是确定的。证明：如何通过计算式（24-17）的一个版本（有限和的有限乘积展开）求得 $p(n)$。

(b) 用上述方法计算 $p(6)$。

第 25 章

递 归 关 系

设 $a_0, a_1, \cdots$ 是任意无穷序列（可以是数字，也可以是字符串或者其他类型的数学对象）。一个递归关系（recurrence relation）是一个方程或方程的集合，这些方程使得根据 $a_i (i<n)$ 的值求得 a_n 的值成为可能。递归关系中还伴有一个或多个基本情况：对于一个或多个确定的较小 i 值，提供 a_i 的值。

如第 3 章和第 4 章中的归纳证明中就包含递归关系。例如，第 3 章中式（3-3）的证明依赖于以下证明：

$$a_n = \sum_{i=0}^{n} 2^i = 2^{n+1} - 1$$

利用了下列的递归关系及其基本情况：

$$a_{n+1} = a_n + 2^{n+1}$$
$$a_0 = 1$$

在定理 23.17 中，我们也使用了递归关系来帮助计算整数 n 划分为 k 块的划分数。

递归关系自然产生于算法分析中。让我们从回顾式（3-12）开始，前 n 项非负整数求和公式如下：

$$\sum_{i=0}^{n} i = \frac{n(n+1)}{2} \tag{25-1}$$

该公式出现于下列简单排序算法的分析中。此选择排序算法是将一个数字列表按增序排列，方法是：在表的未处理部分，反复查找最大数，然后将其移到表的前端。（名称"选择排序"是指任意的排序算法，其操作方法是反复选出表中下一项并加以处理。）我们假设将列表保存为链表数据结构，从而项的删除与插入操作是常量时间。符号 $A \cdot B$ 表示一个包含列表 A 的元素，后跟列表 B 的元素的列表。

用算法 $S(L)$ 对列表 L 进行排序：

1. Set $M \leftarrow \lambda$
2. While $L \neq \lambda$
   (a) Find the greatest element of L, call it x
   (b) Let A and B be sublists such that $L = A \cdot x \cdot B$
   (c) $L \leftarrow A \cdot B$; that is, the result of removing x
   (d) $M \leftarrow x \cdot M$
3. Return M

例如，若列表 L 开始时是 4 2 7 3，则在循环体连续的迭代过程中，M 和 L 的状态如下所示：

M	L
λ	4 2 7 3
7	4 2 3
4 7	2 3

$$\overbrace{3\ 4\ 7}^{M}\ \overbrace{2}^{L}$$
$$\underbrace{2\ 3\ 4\ 7}_{M}\ \underbrace{\lambda}_{L}$$

如果 L 开始时长度为 n，M 的长度为 0，则主循环体执行 n 次，每次迭代开始时，L 的长度为 $n,n-1,\cdots,1$，M 的长度为 $0,1,\cdots,n-1$。在最后一次迭代后，L 的长度为 0，M 的长度为 n。在长度为 k 的列表中用简单搜索查找最大项所需的时间与 k 成比例，并且这些搜索操作占用主要的运行时，因此整个算法的运行时间与前 n 个整数的求和，即式（25-1）成比例，等于 $\Theta(n^2)$。

递归（recursive）算法是一种调用自身的算法，但是调用时的参数与原始参数不同（通常更小或更简单）。让我们来考虑一下递归版的排序算法，该算法查找并删除 L 的最小元素，对 L 余下部分进行递归排序，并在结果中插入最小元素。

用算法 $S_R(L)$ 对列表 L 进行排序：

1. If $L=\lambda$ then return λ
2. Else
    (a) Find the smallese element of L, call it x
    (b) Let A and B be sublists such that $L=A\cdot x\cdot B$
    (c) Return $x\cdot S_R(A\cdot B)$

在上面的例子中，连续调用可以描述如下。

$$S_R(4\cdot 2\cdot 7\cdot 3)$$
$$2\cdot S_R(4\cdot 7\cdot 3)$$
$$2\cdot 3\cdot S_R(4\cdot 7)$$
$$2\cdot 3\cdot 4\cdot S_R(7)$$
$$2\cdot 3\cdot 4\cdot 7\cdot S_R(\lambda)$$
$$2\cdot 3\cdot 4\cdot 7$$

每次调用 S_R 都导致前插入一个元素到参数列表少一个元素的 S_R 的调用中。因此，如果初次调用 S_R 时参数长度为 n，那么运行时间与下列递归关系的解成比例：

$$a_n=a_{n-1}+n \tag{25-2}$$

基本情况为：$a_0=0$

式（25-2）中的 $+n$ 项是查找最小元素的时间。该递归关系的解是二次的，如同式（25-1）的解一样。

∗

这两个例子本质上是同样的算法，区别在于一个是迭代控制结构，另一个是递归控制结构。相应地，它们具有同样的时间复杂度，并没有因为变换为递归公式而有什么获益。但是通常来说，递归算法比迭代算法有更显著的效率，递归算法是均匀划分参数的，与 S_R 的不平衡划分（S_R 在用参数 $n-1$ 递归调用自身之前，只切掉了参数 n 的一个元素）不同并且递归关系更令人感兴趣。一个经典的例子就是合并排序（merge sort）。

用算法 MergeSort(L) 对列表 L 进行排序：

1. If $|L|\leqslant 1$, then return L
2. Else
    (a) Divide $L=A\cdot B$ into two sublists A and B of nearly equal length

(b) $A' \leftarrow$ MergeSort(A)

(c) $B' \leftarrow$ MergeSort(B)

(d) Return Merge(A', B')

在这里，Merge(L_1, L_2) 是一个线性时间算法，它将两个有序列表 L_1 和 L_2 合并成一个包含全部元素的有序列表。它简单地将参数交织合并在一起，形成单个有序列表。

图 25.1 描绘算法 MergeSort 的执行情况，使用上述同一个示例作为输入。

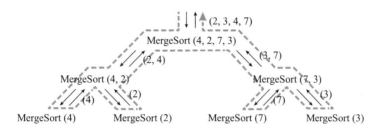

图 25.1 MergeSort 算法关于输入列表为 4 · 2 · 7 · 3 的执行情况。按箭头指定的顺序执行递归调用，上下遍历该树

设 $t(n)$ 是 MergeSort 算法用于长度为 n 的列表排序的步数。为了简化分析中的计算公式，假设 n 是 2 的幂，因此每一次列表被分为两半，得到两个等长的子列表。那么，这些步骤需要的时间如下：

1. $\Theta(1)$

2. (a) $\Theta(n)$

(b) $t\left(\dfrac{n}{2}\right)$

(c) $t\left(\dfrac{n}{2}\right)$

(d) $\Theta(n)$

因此，算法 MergeSort 的时间复杂度由下列递归关系确定

$$t(n) = 2t\left(\dfrac{n}{2}\right) + \Theta(n) \tag{25-3}$$

$$\text{基本情况为：} t(1) = \Theta(1) \tag{25-4}$$

注意：在式（25-3）中，我们使用 $\Theta(n)$ 来表示一个未完全定义的特定函数，但已知它是 $\Theta(n)$ 的成员。

递归关系式（25-3）至式（25-4）符合一个重复的模式。首先我们来研究这个特定示例的运行时间，然后陈述从这个具体情况推导出的一般性定理。

因为我们假设 n 是 2 的幂，也就是说，$n = 2^m$。那么，$m = \lg n$。由于列表的长度在每层递归后减半，因此递归的深度是 $m = \lg n$。如果我们称顶层为 1，底层为 m，那么，在第 i 层上有 2^i 个调用，且每个调用的列表长度为 2^{m-i}。在每个调用中花费的时间（不包括对下一层的递归调用）与参数长度成比例，即 $\Theta(2^{m-i})$。因此，在第 i 层的所有递归调用花费的总时间是 $\Theta(2^i \cdot 2^{m-i}) = \Theta(2^m) = \Theta(n)$，与 i 无关。因此，包括所有 m 个递归层的总时间 $t(n)$ 由下式给出：

$$t(n) = \Theta(m \cdot n) = \Theta(n \lg n) \tag{25-5}$$

与选择排序所需的 $\Theta(n^2)$ 时间相比，这是一个很大的进步。但是我们在这里的关注点更多的是分析算法复杂性的方法，而非算法的效率。下面，表述递归关系式（25-3）至

(25-4) 及其解的更一般形式。

定理 25.6 Master 定理。考虑下列的递归关系

$$T(n) = aT\left(\frac{n}{b}\right) + \Theta(n^d) \tag{25-7}$$

$$T(1) = \Theta(1)$$

假设 $b > 1$，因此该递归关系给出的是：用 T 关于参数小于 n 的值来确定 T 关于参数 n 的值的方法。设 $e = \log_b a$，则

1. $T(n) = \Theta(n^d)$，如果 $e < d$；
2. $T(n) = \Theta(n^d \log n)$，如果 $e = d$；
3. $T(n) = \Theta(n^e)$，如果 $e > d$。

即

$$T(n) = \Theta(n^{\max(d,e)}), \quad \text{如果 } d \neq e$$

$$T(n) = \Theta(n^d \log n) = \Theta(n^e \log n), \quad \text{如果 } d = e$$

对于 MergeSort 算法的分析，遵循定理 25.6 中表述的模式。式（25-3）就是 Master 定理中参数 $a = 2$、$b = 2$ 和 $d = 1$ 的情况。从而 $e = \log_2 2 = 1$，$e = d$，适用于第二种情况。根据 Master 定理，$T(n) = \Theta(n^1 \log n)$，恰好是式（25-5）中推导出的递归关系。

证明：为了简化计算，我们假设 n 是 b 的幂，即 $n = b^m$，因此反复除以 b 总会得到一个整数值，并且在 $m-1$ 次递归之后，该值减少至 1。此外，我们用 $f \cdot n^d$ 来替换 $\Theta(n^d)$，固定其中隐含的乘法常量。（证明完全通用的定理在技术上会更复杂，但在本质上没有不同。）那么

$$T(n) = aT\left(\frac{n}{b}\right) + f \cdot n^d$$

$$= a^2 T\left(\frac{n}{b^2}\right) + a \cdot f \cdot \left(\frac{n}{b}\right)^d + f \cdot n^d$$

$$= a^3 T\left(\frac{n}{b^3}\right) + a^2 \cdot f \cdot \left(\frac{n}{b^2}\right)^d + a \cdot f \cdot \left(\frac{n}{b}\right)^d + f \cdot n^d$$

$$= \cdots$$

$$= a^m T(1) + f \cdot n^d \cdot \sum_{i=0}^{m-1} a^i b^{-id} \tag{25-8}$$

现在 $m = \log_b n$，因为 $n = b^m$，因此

$$a^m = a^{\log_b n} = a^{\log_b a \cdot \log_a n} = n^{\log_b a} = n^e$$

所以式（25-8）化简为

$$T(n) = \Theta(n^e) + \Theta\left(n^d \cdot \sum_{i=0}^{m-1} a^i b^{-id}\right) \tag{25-9}$$

在第二种情况中，$e = d$，即 $\log_b a = d$，那么 $a = b^d$。因此，对于任意的 i，有 $a^i b^{-id} = 1$，并且式（25-9）简化为

$$\Theta(n^e) + \Theta(n^d \cdot m) = \Theta(n^e) + \Theta(n^d \cdot \log n) = \Theta(n^d \cdot \log n) \quad (\text{因为 } e = d)$$

在第一种情况中，$e < d$，因此，对于任意的 i，有 $a < b^d$ 和 $a^i b^{-id} < 1$。那么式（25-9）中的求和就是一个收敛的几何级数的初始片段，它的值通过一个常量限定，并且式（25-9）化简为 $\Theta(n^e) + \Theta(n^d)$，等于 $\Theta(n^d)$，因为 $e < d$。

在第三种情况中，$e > d$，因此 $a > b^d$。那么求和中的每一项都由最高次项决定，因此

$$n^d \cdot \sum_{i=0}^{m-1} a^i b^{-id} = \Theta(n^d \cdot a^{m-1} b^{-(m-1)d}) = \Theta(n^d \cdot (ab^{-d})^{m-1})$$
$$= \Theta(n^d \cdot (ab^{-d})^m)（由于 ab^{-d} 是一个常数）= \Theta(n^d \cdot (ab^{-d})^{\log_b n})$$
$$= \Theta(n^d \cdot n^{\log_b(ab^{-d})}) = \Theta(n^d \cdot n^{\log_b a - \log_b(b^d)})$$
$$= \Theta(n^d \cdot n^{e-d}) = \Theta(n^e)$$

因此，式（25-9）是两项 $\Theta(n^e)$ 的总和，也就是 $\Theta(n^e)$。 ∎

❋

合并排序是分治（divide and conquer）算法的一个例子，其中的参数被拆分成连续的小块，算法对每块进行递归运算。实际上我们已经在第 21 章中看到了分治算法的一个例子——折半查找。根据 Master 定理，分析折半查找的递归关系为：

$$T(n) = T\left(\frac{n}{2}\right) + \Theta(1)$$
$$T(1) = \Theta(1)$$

因此，$a=1$，$b=2$，$d=0$。因为 $\log_b a = 0 = d$，适用于第二种情况，且 $T(n) = \Theta(n^0 \log n) = \Theta(\log n)$，正如我们所发现的一样。再考察几个例子，观察分治算法产生的惊人的改进，以及 Master 定理给出的即刻复杂性分析。

例 25.10 整数算术。

考虑两个整数按位（二进制或十进制）相乘的问题。两个 n 位数相乘的结果通常会产生一个 $2n$ 位数。grade-school 算法（grade-school algorithm）是二次的，因为它产生 n 个部分积，每个长度为 $\Theta(n)$，在最后相加到一起。$\Theta(n)$ 个加法每个需要的时间为 $\Theta(n)$。确实，需要时间 $\Theta(n^2)$ 去记录部分积的所有位。例如，图 25.2 展示了两个 5 位数的 grade-school 乘法。

```
      10110
    × 11011
    ───────
      10110
     10110
    00000
   10110
  10110
  ──────────
  1001010010
```

图 25.2　两个 5 位数的 grade-school 乘法，产生一个 10 位的结果，中间计算需要记录 25 位

这个算法存在一个递归分治的版本。假设 n 是 2 的幂，例如 $n=2^m$，任务是将两个 n 位数 a 和 b 相乘，那么 a 和 b 可以表示为

$$a = a_1 \cdot 2^{n/2} + a_0$$
$$b = b_1 \cdot 2^{n/2} + b_0$$

其中 a_0、a_1、b_0 和 b_1 都是 $n/2$ 位的数，因此

$$a \cdot b = a_1 b_1 \cdot 2^n + (a_1 b_0 + a_0 b_1) \cdot 2^{n/2} + a_0 b_0 \quad (25\text{-}11)$$

举一个具体的例子，设 $a=1001$ 和 $b=1110$，那么根据上式可得

$$1001 = 10 \cdot 100 + 01$$
$$1110 = 11 \cdot 100 + 10$$

那么

$$1001 \cdot 1110 = (10 \cdot 11) \cdot 10000 + (10 \cdot 10 + 01 \cdot 11) \cdot 100 + 01 \cdot 10$$

乘以 2 的幂实际上是移位，而不是真正的乘法——这只是意味着在数字后面增加 0。因此式（25-11）展示了如何相乘四次 $n/2$ 位数（$a_1 b_1$、$a_1 b_0$、$a_0 b_1$ 和 $a_0 b_0$），再加上一些线性时间的运算（移位和加法），得到两个 n 位数的乘积。因此，该递归整数乘法算法的

时间复杂度由下列递归关系给出：

$$T(n) = 4T\left(\frac{n}{2}\right) + \Theta(n) \tag{25-12}$$

代入参数 $a=4$、$b=2$、$d=1$，应用 Master 定理，求得 $e=\log_b a=2>d=1$，因此适用于第三种情况，并且 $T(n)=\Theta(n^e)=\Theta(n^2)$，与 grade-school 算法相同。分治算法的递归效果似乎没有什么提高。

除此之外，式（25-11）还可以变换成另外一种形式，即只涉及三次 $n/2$ 位数的乘法，再加上一些移位和加法操作：

$$a \cdot b = a_1 b_1 \cdot 2^n + (a_1 b_0 + a_0 b_1) \cdot 2^{n/2} + a_0 b_0$$
$$= a_1 b_1 \cdot (2^n + 2^{n/2}) + (a_1 - a_0)(b_0 - b_1) \cdot 2^{n/2} + a_0 b_0 \cdot (2^{n/2} + 1) \tag{25-13}$$

首先，去验证一下产生等式右端的结果要消掉的那些项，然后得出只有三个"真实的"乘法运算的结论。例如，用 $2^{n/2}+1$ 乘以一个 n 位数，仅涉及复制位并移位到正确的位置，这些操作需要的是线性时间。而时间复杂度的递归关系是

$$T(n) = 3T\left(\frac{n}{2}\right) + \Theta(n)$$

它满足 Master 定理中 $a=3$（而不是 4）、$b=2$ 和 $d=1$ 的情况。现在有 $e=\log_2 3 \approx 1.58$。这个数大于 $d=1$，因此仍然适用于第三种情况，但是最终结果是 $T(n)=\Theta(n^{1.58\cdots})$ —— 在 $\Theta(n^2)$ 的 grade-school 算法之上有一个可观的提高。

这种方法被称为 Karatsuba 算法，以发明者 Anatoly Karatsuba 的名字命名。当年 Karatsuba 是莫斯科国立大学一名 23 岁的学生，正面临着寻找更好算法的挑战。当时，他的导师——杰出的数学家 Andrey Kolmogorov 宣称，grade-school 算法是趋近最优的。Karatsuba 只花了几天的时间就发明了改进算法。进一步的研究确定存在一种时间复杂度为 $\Theta(n \cdot \log n \cdot \log\log n)$ 的 n 位数乘积算法，即不完全线性但要比 $n^{1+\varepsilon}$（对于任意的 $\varepsilon>0$）更好的算法。

例 25.14 矩阵乘法。

用标准方法乘以两个 $n \times n$ 阶矩阵产生 $n \times n$ 阶积矩阵，需要进行 $\Theta(n^3)$ 次运算，积矩阵的每个元素是两个 n 维向量的点乘（内积）。因此，每一元素需要的计算时间为 $\Theta(n)$（n 次乘积，然后通过 $n-1$ 次加法组合起来），n^2 个元素总计 $\Theta(n^3)$ 次运算⊖。

我们再次假设 n 是 2 的幂。我们可以将做乘法的两个矩阵划分为四块，并对这些分块递归地做乘法，如图 25.3 所示。

$$\begin{pmatrix} A & B \\ C & D \end{pmatrix} \times \begin{pmatrix} E & F \\ G & H \end{pmatrix}$$
$$= \begin{pmatrix} AE+BG & AF+BH \\ CE+DG & CF+DH \end{pmatrix}$$

图 25.3 两个 $n \times n$ 阶矩阵（每个分解为四个 $\frac{n}{2} \times \frac{n}{2}$ 阶矩阵）的乘积由四个子矩阵的递归乘积构成

这样做的结果是正确的，但不幸的是，它并不能改善迭代算法的时间复杂度。两个 $n \times n$ 阶矩阵的乘法要执行 8 个 $\frac{n}{2} \times \frac{n}{2}$ 阶矩阵的乘积，其递归关系如下：

⊖ 在本例中，我们将元素视为常量，因此整数乘法和加法都是 $\Theta(1)$。正如我们在例 25.5 中所看到的，乘法和加法会随着输入的大小而增长，但在这里我们将运行时视为矩阵阶数的函数，而不是其中元素大小的函数。

$$T(n) = 8T\left(\frac{n}{2}\right) + \Theta(n^2)$$

因为对 $\frac{n}{2} \times \frac{n}{2}$ 阶矩阵的线性时间运算需要做 $\Theta(n^2)$ 次运算。在 Master 定理中，$a=8$、$b=2$ 和 $d=2$，因此 $e = \log_2 8 = 3 > d = 2$。相应地，适用于第三种情况，且 $T(n) = \Theta(n^3)$，与标准方法完全相同。

1970 年，德国数学家 Volker Strassen 注意到要计算出图 25.3 中的四个分块，只需要进行 7 次 $\frac{n}{2} \times \frac{n}{2}$ 阶矩阵乘法，并在乘法前后辅以额外的加减法，这使计算界大为震撼。

设

$$P_1 = A(F-H)$$
$$P_2 = (A+B)H$$
$$P_3 = (C+D)E$$
$$P_4 = D(G-E)$$
$$P_5 = (A+D)(E+H)$$
$$P_6 = (B-D)(G+H)$$
$$P_7 = (A-C)(E+F)$$

便可以神奇地得到

$$AE + BG = P_5 + P_4 - P_2 + P_6$$
$$AF + BH = P_1 + P_2$$
$$CE + DG = P_3 + P_4$$
$$CF + DH = P_5 + P_1 - P_3 - P_7$$

为 7 次乘法。对于 Strassen 算法（Strassen's algorithm），描述时间复杂度的递归关系为

$$T(n) = 7T\left(\frac{n}{2}\right) + \Theta(n^3)$$

它的解为 $T(n) = \Theta(n^{\log_2 7}) = \Theta(n^{2.81\cdots})$。

我们无论怎样夸赞 Strassen 算法结果的迷人之处都不过分。世界上最伟大的数学大家们对矩阵乘法（以及如高斯消去的相等变换）的研究已有上百年甚至上千年的历史。然而，直到 1970 年，才有人注意到一种可以在少于立方时间内完成这种基本运算的方法。任何一个高中生，被要求在草稿纸上做求和和乘积运算时，都可能会注意到完全相同的事情。

Strassen 的发现引发了寻找指数小于 $\log_2 7$ 的类似算法的激烈竞赛。截至本文撰写时，已知最快的渐近算法的时间复杂度为 $\Theta(n^{2.3728639\cdots})$，尽管 $\Theta(\cdot)$ 符号中隐含的常量因子是如此巨大，以至于使该算法在实践中变得毫无用处[⊖]。但是，没有人认为这个怪异的指数就是这个问题的最终答案。

例 25.15 欧几里得算法。

用欧几里得算法（第 15 章）求 m 和 n 的最大公约数需要多长时间？要计算 while 循环体的迭代次数，回想在第一次迭代之后，p 确定是大于 q 的。在两次迭代后，p 已被 $p \bmod q$ 所取代。如果 $p > q$，那么 $p \bmod q < p/2$。（如果 $q \leqslant p/2$，那么 $p \bmod q < p/2$，

⊖ François Le Gall, "Powers of Tensors and Fast Matrix Multiplication," Proceedings of the 39th International Symposium on Symbolic and Algebraic Computation (ISSAC 2014).

因为 $p \bmod q$ 总是小于 q 的数。如果 $q > p/2$，那么 $\lfloor p/q \rfloor = 1$ 并且 $p \bmod q = p - q < p/2$）。因此，除了第一次和最后一次迭代，p 的值在每两次迭代后至少减半，且 q 的值总是小于 p 的值。

在不失一般性的情况下，假设 $n \geq m$，那么二分之一循环迭代次数的上界（渐近等价于算法的总运行时间），满足以下递归关系：

$$T(n) = T(n/2) + \Theta(1)$$

根据 Master 定理，该方程解的形式为 $T(n) = \Theta(\log n)$，即欧几里得算法的运行时间与其参数长度（m 和 n 的位数）成比例。

例 25.16 格雷码（Gray code）。

作为分治算法的最后一个例子，我们考虑下列实际问题，找到一种方法，将 0 到 $2^n - 1$ 之间的整数与长度为 n 的位串［称之为码字（codeword）］相关联，使得表示连续两个整数的码字之间仅有一位不相同。例如，和二进制数一样，整数的普通表示明显不能满足这个条件。当 $n = 3$ 时，3 的码字是 011，而 4 的码字是 100，它与 3 的码字在全部三位上都不相同。我们用编码（code）一词表示从整数到该整数的码字的映射。一种满足要求的编码如下所示：

$$G_3 = \langle 000, 001, 011, 010, 110, 111, 101, 100 \rangle$$

事实上，G_3 比要求的还要多一个条件，即最后一个码字与第一个码字仅有一位不相同。这意味着这些码字可以排列成一个圈，从任意位置开始，沿任一方向绕圈前行，将连续的整数分配以连续的码字（见图 25.4）。

下面是一个组合谜题，也是一个具有实际意义的问题。例如，想象一台计算机，它带有类网格输入设备以及可在该网格上移动的触控笔，随着触控笔从一个位置滑动到另一个位置，位置的编码表示也将平滑地变化。然而，在物理设备中，当编码有多于一位不相同时，这些位不应该全部同时发生改变，它会引起不同编码值之间的来回跳动。用格雷码解决这个问题，如图 25.5 所示。此外，触控笔在两条网格线之间的精确位置的任何不确定性，都可能细微地影响位置的报告。

图 25.4　3 位格雷码 G_3，排列成一个圈。从 0 到 7 的数字可以从任意位置开始，按顺时针或逆时针顺序对应这些码字

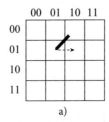
a)

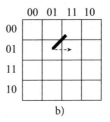
b)

图 25.5　网格上移动的触控笔。在 a 中，网格单元按照通常的数字顺序标记。当触控笔从 (01,01) 移动到相邻的 (10,01) 时，有两位发生了变化。如果这些位不同时发生变化（01 变为 11，然后变为 10，看上去就像触控笔从 (01,01) 跳到 (11,01) 再到达 (10,01)）。在 b 中，网格单元按照 G_2 进行标记，因此，同样的移动表示为从 (01,01) 到 (11,01) 的变化。仅有一位发生变化，消除了明显的回跳的可能性

n 位格雷码①是串联两个 $(n-1)$ 位格雷码副本的结果：在第一个副本的所有码字之前插入 0；将第二个副本逆序，并在所有码字之前插入 1。因此，要构造 4 位格雷码，从上式中的 G_3 开始，在最前面插入 0，记为 $0 \cdot G_3$：

$$0 \cdot G_3 = \langle 0000, 0001, 0011, 0010, 0110, 0111, 0101, 0100 \rangle$$

接下来，将 G_3 逆序（反转序列的顺序，不是逆序位串本身），并在每个码字之前插入 1：

$$1 \cdot G_3^R = \langle 1100, 1101, 1111, 1110, 1010, 1011, 1001, 1000 \rangle$$

最后，G_4 将这两个序列串联起来。我们使用 $\circ$ 来表示两个位串序列的串联：

$(0 \cdot G_3) \circ (1 \cdot G_3^R)$

$= \langle 0000, 0001, 0011, 0010, 0110, 0111, 0101, 0100, 1100, 1101, 1111, 1110, 1010, 1011, 1001, 1000 \rangle$

$= G_4$

通常，格雷码由下列递归关系定义：

$$G_0 = \{\lambda\}$$

对于每个 $n \geq 0$，

$$G_{n+1} = (0 \cdot G_n) \circ (1 \cdot G_n^R) \tag{25-20}$$

定理 25.21 n 位格雷码包含每个 n 位串仅一次，并且连续的码字之间仅有一位不相同，且最后一个码字和第一个码字之间也仅有一位不相同。

证明： 对 n 进行归纳。当 $n = 0$ 时，只有一个 n 位串，定义为 λ，因此，定理对平凡情况是成立的。

现在，假设 G_n 成立，考虑 $G_{n+1} = (0 \cdot G_n) \circ (1 \cdot G_n^R)$，$G_n$ 包含所有 n 位序列，因此，G_n 的长度为 2^n。G_{n+1} 是 G_n 的两倍长，因此 G_{n+1} 的长度为 2^{n+1}。G_{n+1} 中前 2^n 个位串彼此不相同，因为它们在 G_n 中就是彼此不相同的。同样，G_{n+1} 中后 2^n 个位串也是彼此不相同的。前后两部分中不存在相同的位串，因为前半部分中所有位串都以 0 开头，后半部分的所有位串均以 1 开头。所以，每一个 $n+1$ 位的位串仅出现一次。

同理，G_{n+1} 的前半部分中连续两个位串之间仅有一位互不相同，是因为 G_n 中具有同样性质的缘故，并且它们具有相同的首位 0。这对于 G_{n+1} 后半部分中的位串同样成立。前半部分的最后一个位串与后半部分的第一个位串是相同的，除了首位是 0 与 1 的区别外。因此，整个序列的连续码字之间仅有一位是不相同的。

最后，G_{n+1} 中的最后一个位串是 1 后面接着 G_n 中的第一个位串，而 G_{n+1} 的第一个位串 0 后面接着 G_n 中同样的位串——G_n 中的第一个位串。因此，G_{n+1} 中的第一和最后一个位串仅有一位是不相同的。 ∎

生成 n 位格雷码需要多少时间②呢？设 $m = 2^n$ 是 n 位格雷码中的元素数。如果我们照搬式（25-20），那么可以得到递归关系：

$$T(m) = 2T\left(\frac{m}{2}\right) + \Theta(m)$$

$$T(1) = \Theta(1)$$

---

① 以 Frank Gray 的名字命名。Frank Gray 是贝尔实验室的工程师，于 1947 年发现了这些编码。严格地说，这里所描述的是 n 位二进制反射格雷码（binary reflected Gray code），由于还存在其他的格雷码（不是格雷发明的）。一个令人高兴的意外发现是，这个名字也寓意着从黑到白的连续变化。

② 下面的分析假设对单个码字的操作在 $\Theta(1)$ 时间内完成。单个码字的长度为 n，因此，复制或插入一个符号似乎需要 $\Theta(n)$ 的时间。然而，计算机不是复制原码字，而是对现有码字简单地分配一个新的引用（一个 $\Theta(1)$ 操作），需要的时候可以随时引用同样的对象，而不是多次复制。

它满足 $a=b=2$ 的 Master 定理，所以 $\log_b a=1=d$。因此适用于第二种情况以及 $T(m)=\Theta(m\log m)=\Theta(n2^n)$。

我们可以去掉对数因子吗？确实如此。没有必要为生成 G_{n+1} 而两次生成 G_n。我们只需要生成一次并保存，在第二次需要时复制即可。最后，对于每个 i，只有一个 G_i 的副本。那么，时间复杂性的递归关系为

$$T(m) = T\left(\frac{m}{2}\right) + \Theta(m)$$
$$T(1) = \Theta(1)$$

那么，有 $a=1$、$b=2$ 和 $\log_b a=0<d=1$，它适用于第一种情况。结果是 $T(m)=\Theta(m)=\Theta(2^n)$。格雷码的生成时间与代码本身长度成比例㊀。

✻

虽然 Master 定理极其实用，但并不能解决所有的递归关系问题。斐波那契数（Fibonacci number）提供了一个不同方法的示例：用生成函数求解递归关系。

例 25.22 你需要爬一段 n 级台阶，每一步可以爬一级或两级。有多少种不同的方法可以爬完整个 n 级台阶？

解：为了与斐波那契数的标准索引保持一致，我们将 f_{n+1} 定义为（$n \geqslant 0$）爬 n 级台阶的方法数，并设 $f_0=0$。则 $f_1=1$（爬零级台阶的唯一方法是止步不前）和 $f_2=1$（爬一级台阶只有一种方法）。当爬两级以上的台阶时，第一步有两个选择：爬一级台阶，留下的台阶少一级；爬两级台阶，留下的台阶少两级（见图 25.6）。因此，当 $n \geqslant 2$ 时，递归关系为：

$$f_n = f_{n-1} + f_{n-2} \tag{25-23}$$

基本情况为：

$$f_0 = 0 \tag{25-24}$$
$$f_1 = 1 \tag{25-25}$$

那么，$f_2=1$ 就是递归关系式（25-23）在 $n=2$ 的情况下的结果。图 25.7 中展示了前几个斐波那契数。

n	f_n
0	0
1	1
2	1
3	2
4	3
5	5
6	8
7	13
8	21
9	34
10	55

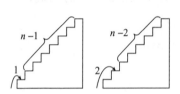

图 25.6 要爬 n 级台阶，既可以先爬 1 级然后爬 $n-1$ 级，也可以先爬 2 级然后爬 $n-2$ 级

图 25.7 斐波那契数的值

㊀ Andrew T. Phillips and Michael R. Wick, "A Dynamic Programming Approach to Generating a Binary Reflected Gray Code Sequence" 2005.

而对于任意的 n，递归关系式（25-23）的解是什么呢？Master 定理不再适用，而生成函数（第 24 章）可以做到。

设

$$F(x) = \sum_{n=0}^{\infty} f_n x^n$$

然后乘以 x 和 x^2，并移动索引以便更容易地表示这些项的和，我们得到以下等式：

$$F(x) = \sum_{n=0}^{\infty} f_n x^n$$

$$xF(x) = \sum_{n=1}^{\infty} f_{n-1} x^n$$

$$x^2 F(x) = \sum_{n=2}^{\infty} f_{n-2} x^n$$

从第一个等式中减去第二个和第三个等式，有：

$$(1-x-x^2)F(x) = f_0 + (f_1 - f_0)x + \sum_{n=2}^{\infty}(f_n - f_{n-1} - f_{n-2})x^n$$

$$= 0 + (1-0)x + \sum_{n=2}^{\infty} 0 x^n$$

$$= x$$

根据式（25-23）、式（25-24）和式（25-25）可得

$$F(x) = \frac{x}{1-x-x^2} \tag{25-26}$$

二次多项式 $1-x-x^2$ 可以因式分解为：

$$1-x-x^2 = -(\phi + x) \cdot (\psi + x) \tag{25-27}$$

这里 ϕ 和 ψ 是方程 $x^2 - x - 1 = 0$ 的根，容易验证 $-\phi$ 和 $-\psi$ 是下列方程的根

$$1 - x - x^2 = 0 \tag{25-28}$$

用二次公式求解 ϕ 和 ψ 的值：

$$\phi = \frac{1+\sqrt{5}}{2} \approx 1.618$$

$$\psi = \frac{1-\sqrt{5}}{2} \approx -0.618 \tag{25-29}$$

因此，将式（25-27）代入式（25-26）的分母中，有

$$F(x) = \frac{-x}{(x+\phi)(x+\psi)} \tag{25-30}$$

自古以来，数 ϕ 被称为黄金比率（golden ratio）。它是一种矩形的比例（即长维度与短维度的比），从该矩形上截掉一个正方形后留下的矩形仍然具有同样的比例（见图 25.8）。

如果我们可以将式（25-30）表示为形如 $\dfrac{1}{1-cx}$ 的分数之和，其中 c 是一个常量，就能应用式（24-9）求出 x^n 的系数 f_n 的值。

我们求满足下式的 a 和 b 的值[⊖]：

[⊖] 它被称为部分分式分解（partial fraction decomposition）。这种通用方法用于将形如 $P(x)/Q(x)$ 的分式（其中，P 和 Q 都是 x 的多项式）表示为形如 $P'(x)/Q'(x)$ 的多项之和，其中 P' 和 Q' 都是多项式，并且多项式 Q' 的次数低于多项式 Q 的次数。

$$F(x) = \frac{-x}{(x+\phi)(x+\psi)} = \frac{a}{x+\phi} + \frac{b}{x+\psi}$$

乘以 $(x+\phi)(x+\psi)$，然后将 $x=-\phi$ 和 $(x=-\psi)$ 代入，得到：

$$-x = a(x+\psi) + b(x+\phi)$$
$$\phi = a(\psi - \phi)$$
$$\psi = b(\phi - \psi)$$

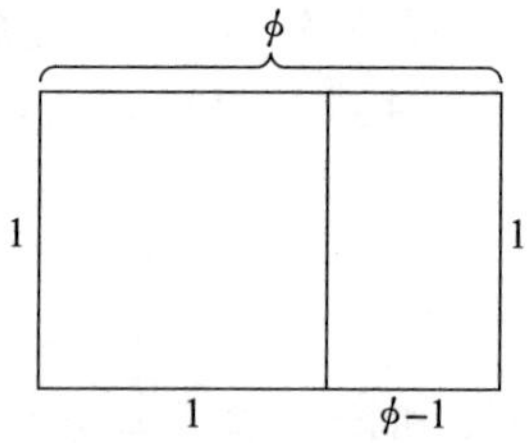

于是

$$a = \frac{\phi}{\psi - \phi} = \frac{-\phi}{\sqrt{5}}$$

$$b = \frac{\psi}{\phi - \psi} = \frac{\psi}{\sqrt{5}}$$

$$F(x) = \frac{1}{\sqrt{5}}\left(\frac{-\phi}{x+\phi} + \frac{\psi}{x+\psi}\right) \qquad (25\text{-}32)$$

图 25.8 黄金比率 ϕ 是矩形长维度的长，该矩形短维度的长为 1，它具有这样的性质：截掉单位个正方形后，剩下同样比例的矩形，即 $\frac{\phi}{1} = \frac{1}{\phi - 1}$。因此，$\phi^2 - \phi - 1 = 0$

更进一步，我们需要有关 ϕ 和 ψ 的简单恒等式。

$$\phi \cdot \psi = \frac{1+\sqrt{5}}{2} \cdot \frac{1-\sqrt{5}}{2} = \frac{1^2 - \sqrt{5}^2}{2^2} = -1$$

所以

$$\psi = \frac{-1}{\phi}$$

$$\phi = \frac{-1}{\psi}$$

因此

$$F(x) = \frac{1}{\sqrt{5}}\left(\frac{-\phi}{x+\phi} + \frac{\psi}{x+\psi}\right)$$

$$= \frac{1}{\sqrt{5}}\left(\frac{-1}{(x/\phi)+1} + \frac{1}{(x/\psi)+1}\right)$$

$$= \frac{1}{\sqrt{5}}\left(\frac{1}{1-\phi x} - \frac{1}{1-\psi x}\right)$$

$$= \frac{1}{\sqrt{5}}\left(\sum_{n=0}^{\infty} \phi^n x^n - \sum_{n=0}^{\infty} \psi^n x^n\right) \qquad [\text{应用式}(24\text{-}9)]$$

第 n 个斐波那契数 f_n 是 x^n 的系数，有

$$f_n = \frac{1}{\sqrt{5}}(\phi^n - \psi^n) \qquad (25\text{-}33)$$

值得注意的是，上式中的两项都是无理数，而 f_n 却是一个整数。因为当 $|\psi| < 1$ 时，$\phi > 1$，因此

$$f_n \sim \frac{1}{\sqrt{5}} \phi^n$$

所以，斐波那契级数呈指数增长，指数的底约为 1.6。∎

✳

我们用递归关系的最后一个例子作为结束：平衡括号串（第 8 章）。

例 25.34 卡特兰数。有多少种完全平衡的括号串（具有 n 个左括号和 n 个配对的右括号）？

解：有两种方法来排列一个左括号和一个右括号——"()"和")(",但其中只有一种是平衡的。n 个左括号与 n 个右括号完全平衡的字符串数量称为第 n 个卡特兰数（Catalan number）C_n（除了平衡括号串外，卡特兰数还可用于许多问题的计数。习题 25.6 中将讨论进一步的应用）⊖。从 C_1 开始的前几个卡特兰数是：$1, 2, 5, 14, 42, 132, 429, \cdots$。它们似乎增长得相当迅速，但是没有明显的规律。因为空字符串是由 0 对括号组成的唯一平衡串，所以设 $C_0 = 1$ 是有意义的。

表示 C_n 的递归关系很容易，但是求解很复杂。为了用 C_i 来表示 $C_n (i<n)$，考虑 $n(n \geqslant 1)$ 对括号的任意平衡串 w。串 w 以左括号开头，后面某处存在一个匹配的右括号。于是得到
$$w = (u)v$$
其中 u 和 v 是括号平衡串，u 由某些 $i<n$ 对括号组成，那么 v 有 $n-i-1$ 对括号。将 u 和 v 的可能数相乘，并对所有可能的 i 求和，得到

$$C_n = \sum_{i=0}^{n-1} C_i C_{n-i-1}$$
$$C_0 = 1$$
(25-35)

例如，$C_2 = C_0 C_1 + C_1 C_0 = 1 \cdot 1 + 1 \cdot 1 = 2$，相应的两种可能串是"(())"，其中 $u=()$ 和 $v=\lambda$，以及"()()"，其中 $u=\lambda$ 和 $v=()$。

Master 定理对式（25-35）没有帮助。存在诸多通用方法可应用于该问题，我们将从不同的角度来解决原始问题。

不考虑 n 对括号平衡串，而是考虑 $n+1$ 个左括号和 n 个右括号的任意环形排列（circular arrangement）（见图 25.9）。其中一个左括号是特殊的，即它是唯一一个后面没有相匹配右括号的左括号，此处"后面"指的是沿顺时针方向前进。我们可以从任意左括号开始，至少存在一个这样的左括号，因为 $n+1 \geqslant 1$。如果 $n+1 = 1$，那么我们已经找到了不匹配的左括号。如果 $n+1 > 1$，则 $n \geqslant 1$，并且至少存在一个右括号，从而我们沿顺时针方向前进，直到遇到一个右括号。该右括号和前面最近的左括号是匹配对，删除它们并重复该过程，现在有 n 个左括号和 $n-1$ 个右括号。最后，我们将进入 $n=1$ 的情况，并标识出不匹配的左括号。现在从不匹配的左括号开始，顺时针地产生括号平衡串，且任何括号平衡串都对应于唯一的 $n+1$ 个左括号和 n 个右括号的环形排列，而不匹配的左括号位于字符串的开头。

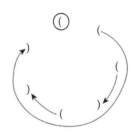

图 25.9　$n+1=4$ 个左括号和 $n=3$ 个右括号排列成一个环形。每个左括号（有一个除外），沿顺时针方向前进，都有唯一一个右括号与之匹配，如图中所示，在浅灰色箭头的另一端开始。无匹配的左括号是唯一确定的，并用灰色圈出。这种环形排列对应于平衡的字符串（()()）

我们已经成功地将括号的平衡串问题转换为 $n+1$ 个左括号和 n 个右括号的任意环形排列问题。有多少种这样的环形排列呢？它等同于在环形排列中，从 $2n+1$ 个位置中选择 $n+1$ 个位置放置左括号的方法数，即

$$C_n = \frac{1}{2n+1} \binom{2n+1}{n+1}$$
(25-36)

⊖　Eugene Charles Catalan（1814—1894）是比利时数学家。

其中，除以 $2n+1$ 是因为将环形旋转一个位置的所有 $2n+1$ 种方式都是等价的（参见第 22 章）。通过展开"选择"运算的计算公式，式（25-36）可以化简为：

$$C_n = \frac{1}{2n+1}\binom{2n+1}{n+1}$$
$$= \frac{1}{2n+1} \cdot \frac{(2n+1)!}{n!(n+1)!}$$
$$= \frac{1}{n+1} \cdot \frac{(2n)!}{n!n!}$$
$$= \frac{1}{n+1}\binom{2n}{n}$$

本章小结

- 递归关系从基本情况开始，用序列中较小的值定义无穷序列的值。
- 递归关系出现在递归算法的分析中。
- 合并排序和折半查找都是分治算法——一种常见的递归算法。这样的算法将问题分解为连续的更小的子问题，对每个子问题进行递归操作，然后将子问题的答案组合为原始问题的答案。
- 分治算法的运行时间常常被描述为递归的形式：

$$T(n) = aT\left(\frac{n}{b}\right) + \Theta(n^d)$$

  其中，a 是子问题数，b 是相对于子问题而言的原始问题的大小，组合子问题答案的算法具有 d 次多项式运行时间。基于 a、b 与 d 之间的关系，Master 定理给出了这种形式的递归关系的闭式。
- 分治算法可以对著名算法产生惊人的改进，例如，对整数算术（Karatsuba 算法）、矩阵乘法（Strassen 算法）以及求最大公约数（Euclid 算法）等算法。
- 长度为 n 的格雷码 $\{0, 1\}^n$ 排列的方式是使每个码字与下一个码字仅有一位不相同。
- 斐波那契数满足递归关系 $f_n = f_{n-1} + f_{n-2}$，其中 $f_0 = 0$ 和 $f_1 = 1$。f_n 的值随 n 呈指数增长，指数的底约为 1.6。
- 卡特兰数是 n 个左括号和 n 个右括号的平衡串数。

习题

25.1 汉诺塔（Towers of Hanoi）谜题（见图 25.10）是将柱 1 上的一摞圆盘移动到柱 2 上，要遵守以下约束：一次只能移动一个圆盘，并且不允许将大圆盘放在小圆盘上。

图 25.10 汉诺塔。我们需要将一摞圆盘移动到第二个柱上，每次只能在柱子之间移动一个圆盘，并且不允许将大圆盘放在小圆盘之上

(a) 描述求解该谜题的递归算法。如果有 n 个圆盘，它需要用多少步？

(b) 证明：n 位格雷码也可以解决这个问题。简单地按顺序遍历编码，移动圆盘的每一步对应于变化的某位（其中圆盘 0 是最小的，位 0 在最右端）。如果移动任何一个不是最小的圆盘，则存在唯一一个柱子可以合法地移动它。最小的圆盘循环地移动，当 n 是奇数时，可以为 $2 \to 3 \to 1 \to 2 \to \cdots$；当 n 是偶数时，可以为 3→2→1→3→⋯。

25.2 哈密顿回路（Hamiltonian circuit）是一条遍历图中每个顶点仅一次的回路。解释用 n 位格雷码描述 n 维超立方体上的哈密顿回路的意义。

25.3 有多少长度为 n 且不出现连续个 1 的二进制串？给出具有两个基本条件（基于该串是以 0 还是 1 开头）的递归关系并求解。

25.4 求 n 位三元序列数（该序列中不出现子序列 012）的递归关系（三元序列是由 0、1 和 2 组成的序列）。

25.5 假设有无穷个面值为 5 美分、10 美分和 25 美分的硬币，求为 n 美分找零的不同方法数的递归关系。求当 $n=25$、30 和 35 时的具体值。

25.6 卡特兰数的更多应用。
(a) 在一个 $n \times n$ 网格上的一条单调路径（momogonic path）（在习题 23.6 中也提到过）是一条从左下角开始、到右上角结束并且仅包括向上和向右移动的路径（见图 25.11）。证明：不与对角线（从左下延伸到右上）交叉的单调路径数是 C_n。
(b) 证明：在凸 n 边形中绘出不相交对角线使其划分为三角形的方法数是 C_{n-2}，即第 $n-2$ 个卡特兰数。例如（见图 25.12），在五边形中有五种方法这样做，且 $C_{5-2}=5$。提示：证明这样的三角划分数与卡特兰数满足相同的递归关系。

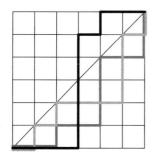

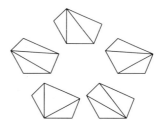

图 25.11　6×6 网格上的三条不同单调路径。灰色和浅灰色的路径不与对角线交叉，而黑色路径则与对角线相交叉

图 25.12　有五种方法将凸五边形分成具有不相交对角线的三角形

25.7 应用生成函数，求解下列递归关系。
(a) $a_0 = 0$
$a_1 = 1$
$a_n = a_{n-1} + 2a_{n-2}$ 对于 $n \geqslant 2$
(b) $a_0 = 1$
$a_1 = 1$
$a_n = a_{n-1} + 6a_{n-2}$ 对于 $n \geqslant 2$

25.8 银行的年利率为 2%。根据以下假设，求解 n 年之后拥有金额数的递归关系。
(a) 把 1000 美元一次性存入银行。
(b) 首先存入 100 美元，然后在每年年底得到利息之后，再增存 100 美元。

25.9 证明：
$$\psi = -(\phi - 1)$$
该式解释了式（25-29）中 ϕ 和 ψ 数字之间的相似性。

第 26 章
Essential Discrete Mathematics for Computer Science

概　　率

　　计数是达到目标的一种手段。第 22 章和第 23 章为应用研发的数学技巧，它包含在计算机科学的课程中，有助于科学家们对系统的行为过程做预测。

　　如果我们多次重复某个过程，那么我们期待的结果或者是其他的结果出现的频率会是怎样的呢？我们所说的过程可以指从一个罐子中抽取弹珠，弹珠和罐子可以用于比喻任何东西。这个过程可能是抛掷一对标准的骰子，所得到的总和介于 2 和 12 之间的数。或者，也可能是任何其他的随机现象，其可能的结果是离散的和特定的。预期一个结果发生的频率被称为事件的概率（probability）。

　　首先，我们定义相关的术语。试验（trial）是指一个可重复的过程，它会产生已定义的结果（outcome）集合的元素之一。例如，一个试验可以是从一个罐子里抽出一个弹珠，可能的结果就是不同的弹珠；或者是抛掷一枚硬币，可能的结果就是正面和反面；又或者掷一对骰子，此时，可能的结果就是一对整数，其每个分量在 1 和 6 之间，包括 1 和 6。

　　就我们的目的而言，可能结果的集合总是有限的（如果结果集合是无限的，则需要其他方法）。这意味着，例如，桌面上骰子的实际物理坐标值——一对实数——不能成为一个结果。

　　实验（experiment）是多个独立试验的一个序列。实验是可重复的，并且也是不固定的，例如，4 枚硬币抛掷的序列可以视为具有 16 种可能结果的单个试验，也可以视为由 4 次试验构成的一个实验，每次试验有两种可能的结果。

　　一个试验的样本空间（sample space）是指所有可能结果的集合。因此，抛掷一个标准骰子的样本空间是 $\{1,2,3,4,5,6\}$，抛掷一对骰子的样本空间是 $\{1,2,3,4,5,6\}^2$。事件（event）是任意的结果集合，即样本空间的子集。例如，当样本空间是抛掷一对骰子的可能结果时，掷出的数字之和为 4 就是事件 $\{\langle 1,3\rangle,\langle 2,2\rangle,\langle 3,1\rangle\}$。

　　试验的可能事件集合是样本空间的幂集合——结果集合的所有子集的集合。因此（根据习题 5.3）基数为 n 的样本空间中有 2^n 个可能的事件。

　　考虑有限样本空间 S 上的一个试验。概率函数（probability function）定义为 $\Pr$：$\mathcal{P}(S) \rightarrow \mathbb{R}$，用来确定事件的概率（是一个实数）。任意概率函数必须满足以下条件，称之为有限概率公理（axioms of finit probability）：

　　公理 1. 对于任意的事件 A，$0 \leqslant \Pr(A) \leqslant 1$，即 $\Pr(A) \in [0,1]$，$[0,1]$ 指 0 和 1 之间的实数集合（包括 0 和 1）。

　　公理 2. $\Pr(\varnothing)=0$ 和 $\Pr(S)=1$。这两个条件表明，在任何试验中，必然出现 S 中的一个结果。对于有限样本空间，概率 0 可以表示"不可能的"，概率 1 表示"必然的"⊖。

　　公理 3. 如果 $A,B \subseteq S$，并且 $A \cap B = \varnothing$，那么 $\Pr(A \cup B) = \Pr(A) + \Pr(B)$。即两个不相交事件的并集概率是它们概率的和（见图 26.1）。

　　⊖　对于无穷的情况，它是不成立的。反复抛掷一枚均匀的硬币直至永久，都是正面的概率为 0，但从技术上讲并非是不可能的。在无穷情况下，一个事件即样本空间的子集，概率也可以为 1，称之为"几乎肯定会发生的"。

由这些公理，可以推导出以下几个实用的基本性质。

定理 26.1 一个事件不发生的概率为 $\Pr(\overline{A})=1-\Pr(A)$。

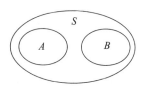

图 26.1 A 和 B 是不相交的，因此可以将它们的概率相加，得到它们并集的概率

证明：因为 S 穷举了所有可能的结果，如果事件 A 没有发生，那么可以确定事件 $S-A=\overline{A}$ 发生了。事件 A 和 $\overline{A}$ 是不相交的（见图 26.2）。因此，根据公理 2 和公理 3，得到
$$1=\Pr(S)=\Pr(A\cup\overline{A})=\Pr(A)+\Pr(\overline{A})$$
因此，重新排列各项，有 $\Pr(\overline{A})=1-\Pr(A)$。∎

事件 $\overline{A}$ 称为事件 A 的补（complement）或为事件 A 的否定（negation）。

定理 26.2 如果一个事件是另一个事件的子集，那么第一个事件的概率不大于第二个事件的概率。即：如果 $A,B\subseteq S$，且 $A\subseteq B$，则 $\Pr(A)\leqslant\Pr(B)$。

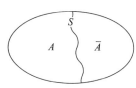

图 26.2 A 和 $\overline{A}$ 一起构成整个样本空间

证明：考虑集合 A 和 $B-A$。它们是不相交的，由于 $A\subseteq B$，所以
$$\Pr(B)=\Pr(A\cup(B-A))=\Pr(A)+\Pr(B-A)$$
整理一下，得到：
$$\Pr(A)=\Pr(B)-\Pr(B-A)$$
根据公理 1，有 $\Pr(B-A)\geqslant0$，因此，$\Pr(A)\leqslant\Pr(B)$。∎

定理 26.3 一个由不相交事件构成的集合，发生的概率等于每一个事件发生的概率总和。假设 $A_1,A_2,\cdots,A_n\subseteq S$ 且彼此是不相交的（当 $i\neq j$ 时，$A_i\cap A_j=\varnothing$），那么
$$\Pr\left(\bigcup_{i=1}^{n}A_i\right)=\sum_{i=1}^{n}\Pr(A_i)$$

证明：对 n 进行归纳。基本情况是，当 $n=2$ 时，由公理 3 可得
$$\Pr(A_1\cup A_2)=\Pr(A_1)+\Pr(A_2)$$
假设 $n\geqslant2$ 时，下式成立
$$\Pr\left(\bigcup_{i=1}^{n}A_i\right)=\sum_{i=1}^{n}\Pr(A_i)$$
并集 $\bigcup_{i=1}^{n}A_i$ 与 A_{n+1} 不相交，因为它的每一个分量集合与 A_{n+1} 都不相交，因此再次应用公理 3，得到
$$\Pr\left(\left(\bigcup_{i=1}^{n}A_i\right)\cup A_{n+1}\right)=\Pr\left(\bigcup_{i=1}^{n}A_i\right)+\Pr(A_{n+1})$$
根据归纳假设，等于 $\sum_{i=1}^{n+1}\Pr(A_i)$。∎

定理 26.4 包含排斥原理（inclusion-exclusion principle）。如果 A 和 B 是两个任意事件（不一定是不相交的），那么 A 或 B 发生的概率是它们的概率之和减去它们交集的概率：
$$\Pr(A\cup B)=\Pr(A)+\Pr(B)-\Pr(A\cap B)$$

证明：考虑三个不相交事件 $A-B$、$B-A$ 和 $A\cap B$。这三个事件的并集是 $A\cup B$（见图 26.3）。根据定理 26.3，有
$$\Pr(A\cup B)=\Pr(A-B)+\Pr(B-A)+\Pr(A\cap B) \tag{26-5}$$
因为 $A=(A-B)\cup(A\cap B)$ 和 $B=(B-A)\cup(A\cap B)$，根据公理 3，有
$$\Pr(A-B)=\Pr(A)-\Pr(A\cap B)$$
$$\Pr(B-A)=\Pr(B)-\Pr(A\cap B)$$
代入式（26-5），有
$$\Pr(A\cup B)=\Pr(A)-\Pr(A\cap B)+\Pr(B)-$$
$$\Pr(A\cap B)+\Pr(A\cap B)$$
$$=\Pr(A)+\Pr(B)-\Pr(A\cap B)$$

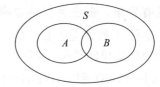

图 26.3 当 A 和 B 有重叠时，计算它们并集的概率时不能两次计算它们的交集

✱

对于有 n 个可能结果的试验来说，一个简单的概率函数是为每个结果分配相等的概率 $\frac{1}{n}$。等可能结果是适合许多现象的模型，例如，一枚均匀的硬币（两个结果）、一个正立方体骰子模具（六个结果）或者一罐大小和重量相等的弹珠。

定理 26.6 等可能结果的概率函数。考虑有限样本空间 S 上的一个实验，S 中的每个结果都是等可能的。定义对于任意事件 $E\subseteq S$，有
$$\Pr(E)=\frac{|E|}{|S|} \tag{26-7}$$
那么 Pr 是一个概率函数。

证明：我们需要验证式（26-7）满足有限概率公理：

1. $\Pr(A)=\frac{|A|}{|S|}$，分子和分母都是非负的，由于 $A\subseteq S$，因此 $0\leq |A|\leq |S|$，$0\leq\frac{|A|}{|S|}\leq 1$。

2. $\Pr(\varnothing)=\frac{|\varnothing|}{|S|}=0$，并且 $\Pr(S)=\frac{|S|}{|S|}=1$。

3. 如果 A 和 B 是不相交的，那么 $|A\cup B|=|A|+|B|$。因此，
$$\Pr(A\cup B)=\frac{|A\cup B|}{|S|}=\frac{|A|+|B|}{|S|}=\frac{|A|}{|S|}+\frac{|B|}{|S|}=\Pr(A)+\Pr(B)$$
∎

例 26.8 如果一枚均匀的硬币被抛掷了 4 次，那么正好有 2 次正面朝上的概率是多少？

解：考虑抛掷一枚硬币 4 次而不是 1 次的试验。那么，一个结果就是任意长度为 4 的正反面序列。设事件 E 是正好包含 2 个正面的序列集合。那么样本空间和关注的事件就是
$$S=\{H,T\}^4$$
$$E=\{x_1 x_2 x_3 x_4\in\{H,T\}^4:|\{i:x_i=H\}|=2\}$$
E 包含 16 个可能结果中的 $\binom{4}{2}=6$ 个（见图 26.4）。因此，恰好获得 2 个正面的概率为
$$\Pr(E)=\frac{|E|}{|S|}=\frac{\binom{4}{2}}{2^4}=\frac{6}{16}=\frac{3}{8}$$
∎

下面是一个稍微复杂的概率计算示例。根据鸽笼原理，由 366 人组成的人群中（没有人在闰年出生），必然存在两个人有相同的生日。在 365 或更少的人群中，有相同生日的

情况是可能的，但不是必然的，人群越小，相同的可能性就越小。那么，人群的规模与至少有一个生日是重复的可能性之间的数学关系是什么呢？

例 26.9 在随机选择的 $n \leqslant 365$ 人的集合中，存在两个人生日相同的可能性是多少？（假设所有 365 个生日（非闰年）的可能性是相等的，即没有人生于 2 月 29 日，并且彼此之间是相互独立的，没有双胞胎。）

解： 计算补（所有生日都是唯一的）的概率会更容易一些，然后从 1 中减去该概率。

首先，想象只有两个人的人群。第一个人可以在任何一天出生，第二个人可以在除了第一个人生日之外的任何一天出生，有 364 个可能的日期。因此第二个人的生日不同于第一个人的生日的概率是 $\frac{364}{365}$。

HHHH
HHHT
HHTH
HHTT
HTHH
HTHT
HTTH
HTTT
THHH
THHT
THTH
THTT
TTHH
TTHT
TTTH
TTTT

图 26.4 S 的 16 个元素，其中 E 的 6 个元素为灰色

现在假设前两个人的生日是不同的，添加第三个人。他或她的生日与前两个人不同的概率是 $\frac{363}{365}$，因此三个人的生日彼此不同的概率为

$$\frac{364}{365} \times \frac{363}{365}$$

一般来说，假设在添加了 i 个人之后，他们所有人的生日都是不同的，此时，i 个生日已占用，$365-i$ 个生日还未选，那么下一个人的生日不同于之前所有人生日的概率为 $\frac{365-i}{365}$。要得到全部 n 个生日都是不相同的概率，可以将这些概率乘起来，i 从 0 到 $n-1$：

$$\prod_{i=0}^{n-1} \frac{365-i}{365} = \frac{365!}{(365-n)! \, 365^n} \tag{26-10}$$

两个人有相同生日的概率是 1 减去这个数。∎

当 $n=23$ 时，式（26-10）的值约为 0.49，这是使式（26-10）小于 $\frac{1}{2}$ 的最小 n 值。也就是说，在随机选择的 23 人或更多人的人群（没有人出生在 2 月 29 日）中，存在两个人有相同生日的可能性更大。

❋

例 26.8 和例 26.9 都假设所有结果（掷硬币或生日）的可能性相等。值得关注的是例 26.8 的抛硬币的例子，因为它展示了一个重要的事实，即当成功和失败是等可能的时候，连续的成功或者连续的失败并不比相同长度的其他任何事件序列发生的可能性低。具体来说，抛掷四个硬币的所有 16 种结果是等可能的假设，依赖于两个基本条件：硬币和概率。首先，硬币在物理上是均匀的，即不会以某种方式加权，使得某一面出现的可能性大于另一面。第二，一次抛掷的结果不会影响其他任何次抛掷的结果，例如，HHHH 和 HHHT 是等可能的。另一种陈述方式是，硬币没有记忆（the coin has no memory）。这是一个客观事实，然而，人们却会认为某个结果如果近来一直没发生，那么该结果"应该"马上发生了。

例 26.11 赌徒的谬论。设 n 是一个很大的数。如果一枚硬币被抛掷了 n 次，并且前 $n-1$ 次都是正面朝上，那么第 n 次抛掷正面朝上的概率是多少？

解：尽管直觉认为硬币"应该"出现反面了，但是概率仍然为 $\frac{1}{2}$。这种错误的直觉，因其潜在地误导赌徒下注而得名，它没有任何数学依据。∎

当事件 A 是否发生不能提供另一事件 B 是否发生的信息时，称 A 和 B 是独立的。数学表示为：事件 A 和 B 是独立的（independent）当且仅当

$$\Pr(A \cap B) = \Pr(A) \cdot \Pr(B) \tag{26-12}$$

我们可以使用独立性的定义，来验证例 26.11 在 $n=4$ 情况下的数值，定义样本空间 S，事件 A 和 B 如下：

$$S = \{H, T\}^4 \quad |S| = 2^4 = 16$$
$$A = H^3\{H, T\} \quad |A| = 2$$
$$B = \{H, T\}^3 H \quad |B| = 2^3 = 8$$

首先，计算每个事件的概率：

$$\Pr(A) = \frac{|A|}{|S|} = \frac{2}{16} = \frac{1}{8}$$

$$\Pr(B) = \frac{|B|}{|S|} = \frac{8}{16} = \frac{1}{2}$$

由于 $A \cap B = \{HHHH\}$，$|A \cap B| = 1$，则

$$\Pr(A \cap B) = \frac{|A \cap B|}{|S|} = \frac{1}{16} = \frac{1}{8} \cdot \frac{1}{2} = \Pr(A) \cdot \Pr(B)$$

所以式（26-12）成立，即 A 和 B 是独立的。与前三次抛掷都是正面无关，第四次抛掷为正面的概率仍然为 $\frac{1}{2}$。图 26.5 是此例子的可视化表示。

"应该"出现反面的感觉，是之前出现连续的正面所引起的一种错觉，而抛掷的其他任何一串翻转也都是等不可能的，即 n 次抛掷的任何特定结果的概率正好为 2^{-n}。如果一连串正面会让人质疑前面宣称的硬币的均匀性，那么硬币是有偏差的，再次出现正面的可能性会更大，而不会减少。

非独立事件看上去会是什么样的呢？如果事件不是独立的，则我们称其为依赖的（dependent）。在例 26.9 中，规定不存在双胞胎，事实上双胞胎的生日是无法通过独立性测试的。例如，如果 A 代表事件 Amir 出生于 1 月 1 日，B 代表事件 Barbara 出生于 1 月 1 日，那么，$\Pr(A) = \Pr(B) = \frac{1}{365}$，并且 $\Pr(A) \cdot \Pr(B) = \frac{1}{365^2}$。但是，如果 Amir 和 Barbara 是双胞胎，那么 $\Pr(A \cap B) = \frac{1}{365}$，因为我们知道两者必然出生于同一

```
HHHH HHHT
HHTH HHTT
HTHH HTHT
HTTH HTTT
THHH THHT
THTH THTT
TTHH TTHT
TTTH TTTT
```

图 26.5 A 中的结果在矩形框中，B 中的结果用灰色表示。如果我们用空间来表示概率，那么当两个事件独立时，每个事件在另一个事件中占据的空间百分比与它在整个空间中占据的百分比是相同的。这里 A 占 B 的 $\frac{1}{8}$，占整个空间也是 $\frac{1}{8}$；B 占 A 的 $\frac{1}{2}$，占整个空间也是 $\frac{1}{2}$

天⊖，结果完全不同于 $\Pr(A) \cdot \Pr(B)$。

例 26.13 假设一枚硬币被抛掷 4 次，考虑"至少 2 次抛掷的结果是正面"的事件（事件 A）和"至少 2 次抛掷的结果是反面"的事件（事件 B）。A 和 B 是独立的吗？

解：直觉上 A 和 B 不是独立的，当我们知道 A 发生了，就会怀疑 B 发生的可能性会变小，因为出现 3 次或 4 次出现反面的可能性已经被排除了。这种直觉是正确的，因为可以通过数学证明展示出来。

当掷出 2、3、4 个正面时，事件 A 发生了。将每种情况的发生数相加，得到
$$|A| = \binom{4}{2} + \binom{4}{3} + \binom{4}{4} = 6 + 4 + 1 = 11$$

当掷出 2、3、4 个反面时，事件 B 发生了，因此由对称性，有 $|B| = 11$。事件 $A \cap B$ 表示的场景是恰好有两个正面和两个反面的情况：
$$|A \cap B| = \binom{4}{2} = 6$$

如前所述，$|S| = 16$。所以
$$\Pr(A \cap B) = \frac{6}{16} = \frac{3}{8}$$

同时
$$\Pr(A) \cdot \Pr(B) = \frac{11}{16} \cdot \frac{11}{16} = \frac{121}{256}$$

这两项的概率是不相等的（事实上 $\frac{3}{8} = \frac{96}{256} < \frac{121}{256}$），因此事件 A 和事件 B 是依赖的。■

有时很难发现两个事件之间的依赖关系，确定它们是否独立的唯一方法就是计算。

例 26.14 假设从一个装有 6 个红色和 4 个蓝色弹珠的罐子中取出 3 个弹珠（无放回）。考虑下列事件：

A：这 3 个弹珠不是同样的颜色。
B：取出的第一个弹珠是红色的。

那么 A 和 B 是独立事件吗？

解：不是。

取出 3 个同样颜色弹珠的方法数为 $\binom{6}{3} + \binom{4}{3}$，即取出 3 个红色或 3 个蓝色弹珠的方法数为 24，因此取出 3 个弹珠不是同样颜色的方法数是 $\binom{10}{3} - 24 = 120 - 24 = 96$。取出 3 个弹珠不是同样颜色的概率是 $p_A = \frac{96}{120} = \frac{4}{5}$。

第一个取出的弹珠是红色的概率是红色弹珠的占比，即 $p_B = \frac{6}{10} = \frac{3}{5}$。

用 $p_{A \cap B}$ 表示 $A \cap B$ 的概率，即首先取出 1 个红色弹珠，然后另外两次取出的弹珠至少一个是蓝色的。在取出一个弹珠之后，剩下 5 个红色弹珠和 4 个蓝色弹珠。有 $\binom{5}{2}$ 种方

⊖ 忽略双胞胎出生间隔的几分钟跨两天的可能性。

法可以得到 2 个以上的红色弹珠，因此，有 $\binom{9}{2}-\binom{5}{2}=36-10=26$ 种方法取出至少 1 个蓝色弹珠。所以

$$p_{A\cap B}=\frac{6}{10}\cdot\frac{26}{36}=\frac{13}{30}\neq\frac{12}{25}=\frac{4}{5}\cdot\frac{3}{5}=p_A\cdot p_B$$

所以 A 和 B 不是独立的事件。 ∎

✻

独立性的概念还可用于两个以上的事件。多个事件被称为两两独立的（pairwise independent），其中每两个事件都是彼此独立的，即：如果 X 是事件的集合，那么对于任意的 $A, B \in X$，都有 A 和 B 是独立的。

事件集合上更强的条件是相互独立性（mutual independence），指如果每个事件对于其余若干个事件的交集是独立的，则多个事件是相互独立的。换言之，如果 X 是事件的集合，那么对于任意的 $A \in X$ 和 $Y \subseteq X - \{A\}$，A 与 $\bigcap_{B \in Y} B$ 是独立的：

$$\Pr(A \cap \bigcap_{B \in Y} B) = \Pr(A) \cdot \Pr(\bigcap_{B \in Y} B) \tag{26-15}$$

直观地说，这意味着不存在事件的子集会提供其他任何事件的任何信息。

不是相互独立的事件的集合可以是两两独立的，如下例所示。

例 26.16 一枚均匀的硬币被抛掷两次。定义事件如下：
$A=$ 第 1 次抛掷 H 在上
$B=$ 第 2 次抛掷 H 在上
$C=$ 两次抛掷结果相同
A、B 和 C 是否两两独立？它们是相互独立的吗？

解：我们来描述一下样本空间 S、事件及其每对事件的交集：
$$S = \{HH, HT, TH, TT\}$$
$$A = \{HH, HT\}$$
$$B = \{HH, TH\}$$
$$C = \{HH, TT\}$$
$$A \cap B = \{HH\}$$
$$A \cap C = \{HH\}$$
$$B \cap C = \{HH\}$$

它们的概率是

$$\Pr(A) = \Pr(B) = \Pr(C) = \frac{1}{2}$$

$$\Pr(A \cap B) = \Pr(A \cap C) = \Pr(B \cap C) = \frac{1}{4}$$

则

$$\Pr(A \cap B) = \frac{1}{4} = \frac{1}{2} \cdot \frac{1}{2} = \Pr(A) \bigcap \Pr(B)$$

$$\Pr(A \cap C) = \frac{1}{4} = \frac{1}{2} \cdot \frac{1}{2} = \Pr(A) \bigcap \Pr(C)$$

$$\Pr(B \cap C) = \frac{1}{4} = \frac{1}{2} \cdot \frac{1}{2} = \Pr(B) \bigcap \Pr(C)$$

因此，事件是两两独立的。任何一个事件的发生都不会影响其他任何事件发生的概率。

但是这3个事件并不是相互独立的。直觉上来说，如果我们知道 B 和 C 发生了，那么我们就知道 A 也发生了，因为 B 和 C 合起来意味着结果是 HH。因此，A 与 B 和 C 的组合是不独立的。这样的推理在这个特定的情况下是有帮助的，但是在一般情况，判断是否独立的唯一方法是数学运算。因此，设 Y 是事件的集合 $\{B,C\}$。则 $A \cap (B \cap C) = \{HH\}$，并且 $\Pr(A \cap (B \cap C)) = \frac{1}{4}$，所以

$$\Pr(A \cap (B \cap C)) = \frac{1}{4}$$
$$\neq \frac{1}{2} \cdot \frac{1}{4}$$
$$= \Pr(A) \cdot \Pr(B \cap C)$$

由此可知，B 和 C 中任何一个事件是否发生都会提供 A 是否发生的信息（它实际上是确定的）。因此，这3个事件不是相互独立的。∎

注意，为了证明 X 中的事件不是相互独立的，我们只需要找到一个事件 $A \in X$ 和对应的 $Y \subseteq X - \{A\}$ 使式（26-15）不成立。为了证明一个事件集合是相互独立的，就必须证明对于每一个 A 和 Y 该等式都成立。

本章小结

- 如果一个过程可以重复多次，则任意结果的概率就是该结果发生的频率。
- 试验是一系列可重复的过程，产生样本空间中有限多个结果之一。实验是一系列试验。事件是结果的集合。
- 概率函数为每个事件分配一个概率，它遵循有限概率公理，即：每个事件的概率是在0和1之间，恰好样本空间中有一个结果发生，两个不相交事件的概率和是它们并集的概率。
- 事件 A 的补记为 $\overline{A}$，其概率为 $\Pr(\overline{A}) = 1 - \Pr(A)$。
- 一个事件任意子集的概率不大于事件本身的概率，即：对于 $A \subseteq B$，有 $\Pr(A) \leqslant \Pr(B)$。
- 不相交事件并集的概率是这些事件的概率之和，对于不相交事件 A_i，有：

$$\Pr\left(\bigcup_{i=1}^{n} A_i\right) = \sum_{i=1}^{n} \Pr(A_i)$$

- 应用包含排斥原理可以计算两个非不相交事件并集的概率，即"包含"每个事件的概率，然后"排斥"重叠部分的概率：

$$\Pr(A \cup B) = \Pr(A) + \Pr(B) - \Pr(A \cap B)$$

- 在所有的结果都是等可能的试验中，任意事件的概率正好是所包含的所有结果数除以样本空间的基数：$\Pr(E) = \frac{|E|}{|S|}$。
- 如果一个事件是否发生不能提供另一个事件的任何信息，则两个事件是独立的。即：对于事件 A 和 B，$\Pr(A \cap B) = \Pr(A) \cdot \Pr(B)$。如果事件不是独立的，则它们是依赖的。
- 如果单个事件不能为其他事件提供任何信息，多个事件是两两独立的。即：对于任意的 $A, B \in X$，A 和 B 是独立的。

- 如果事件的子集不能为其他事件提供信息，多个事件是相互独立的（比两两独立更强的条件）。即：对于任意的 $A \in X$, $Y \subseteq X-\{A\}$, A 与 $\bigcap_{B \in Y} B$ 是独立的。

习题

26.1 一个罐子里有 5 个弹珠，分别为蓝色、绿色、紫色、红色和黄色。
(a) 如果从罐中可放回地取出 3 个弹珠，那么两次取出紫色弹珠和一次取出红色弹珠的概率是多少？
(b) 如果从罐中无放回地取出 3 个弹珠，那么第一个弹珠是蓝色的，第三个弹珠是绿色的概率是多少？

26.2 从一套标准扑克牌中抽取一张牌（如第 22 章习题 22.8 所述）。判断下面哪种情况可能性更大：它是黑卡或人物卡（J、Q 或 K）；它既不是红心也不是人物卡。

26.3 在这个问题中，我们将根据有偏差的硬币推导均匀硬币的抛掷情况。已知硬币出现正面和反面的概率不相等，我们的问题是，构造一个实验，该实验存在两个概率相等的不相交事件，我们称之为"正面"和"反面"。

(a) 已知两枚硬币 c_1 和 c_2，其中，c_1 正面朝上的概率是 $\frac{2}{3}$，c_2 正面朝上的概率是 $\frac{1}{4}$，构造一个"均匀硬币抛掷"实验。

(b) 已知仅有一枚硬币，正面朝上的概率 $p(0<p<1)$ 是未知的，构造一个"均匀硬币抛掷"实验。（注意：样本空间可能会包含非事件成员结果。如果这种结果发生，我们将忽略不计，并进行此实验中新的试验）。

(c) 在上一问的解中，实验的单次试验会产生正面或反面结果的机会是多大？

26.4 一位教授想评估课堂上有多少名学生没有做阅读作业。由于她知道学生们会羞于回答他们没有做阅读，因此，她没有直接问。取而代之的是，教授要求学生们每人掷一枚硬币，不向任何人展示结果。如果学生的硬币是正面朝上，或者学生没有做阅读作业，则举手。她认为学生们会诚实作答，因为任意一个学生可能由于掷硬币的结果而举手。如果有 $\frac{3}{4}$ 的学生举手，那么没有做阅读作业的学生占比是多少？

26.5 在例 26.8 的假设下，单独的一个日期恰好有两个人出生（其他人的生日都是唯一的）的概率（人数为 n）是多少？当 $n=23$ 时，概率又是多少？

26.6 二项分布。假设一条消息有 n 位长，对于每一位，被破坏的概率是 p。恰好有 k ($0 \leq k \leq n$) 位被破坏的概率是多少？

26.7 纠错码（error-correcting code）是一项技术，用于在不可靠通信信道上发送消息时标识和纠正错误。一个简单的例子就是重复码，其中消息被重复一个确定的次数。如果任意位在重复之间是不同的，那么该位被损坏了（假设真实的值是出现频繁最高的值）。

假设对于给定的通信信道，已知任意一位损坏的概率为 0.05，并且每位的结果是独立的。作为一种纠错码，消息被重复 4 次。

(a) 假设发送一条长度为 20 的消息（重复后总长为 80），至少一位被损坏的概率是多少？

(b) 可以发送消息的最大长度是多少？其中至少一位被损坏的概率小于 0.5。

(c) 重复码的缺点在于，如果某一位在每次重复中都被损坏，则不存在错误信号。

再次考虑一条长度为 20 的消息。某一位在全部 4 次的重复中都被损坏的概率是多少（对于某个 k，$0<k<20$，位置 k、$20+k$、$40+k$、$60+k$ 都被损坏了）？

26.8 布隆过滤器（Bloom filter）是一种用于表示集合的数据结构，具有一定的误报概率，但不存在漏报[⊖]。即：该数据结构用于回答形为"$x\in S$?"的问题，当事实为 $x\notin S$ 时，答案是 $x\in S$ 是有可能的；而当事实是 $x\in S$ 时，答案是 $x\notin S$ 是不可能的。作为降低误报率的代价，布隆过滤器可能会比原它所表示的集合小得多。

布隆过滤器由长度为 m 的一个位数组和 k 个哈希函数（hash function）$h_1,\cdots,h_k$ 构成。（习题 1.13 中对哈希函数进行了介绍）。每个哈希函数 h_j 将一个集合元素（或者是字符串）映射到数组中的一个位置，被称为元素的哈希值。函数 h_j 以这种方式为元素分配相应的位置，使得（1）每个元素被映射到 m 个位置中的任何一个都是等概率的；（2）对于不同的元素，任何哈希函数的哈希值是彼此独立的；（3）哈希函数本身也是彼此独立的。最初，位数组中全部 m 个位置的值都是 0。为了插入一个元素 e，计算 $h_1(e),\cdots,h_k(e)$ 的哈希值，将这些位置的值设为 1。然后验证元素 e 是否在集合中，计算 $h_1(e),\cdots,h_k(e)$；如果至少有一个位置 $h_j(e)$ 的值是 0，则 e 不在集合中；如果所有 $h_j(e)$ 位置的值都为 1，则 e 可能是存在的。布隆过滤器的存储效率源于这样一个事实：元素用位置（哈希函数的哈希值）的分布来表示，而元素本身并不存储。

假设已将 n 个元素插入到布隆过滤器中，我们想要验证一个尚未插入的元素 e' 的存在性。用 m、k 和 n 计算误报概率。当 $m=1000$、$k=10$ 和 $n=100$ 时，概率是多少？

26.9 证明如果事件 A 和 B 是不相交的，并且两者都具有非零概率，那么它们是依赖的。

26.10 许多电子邮件提供商都提供垃圾邮件过滤器，它将一些电子邮件分类为不想要的邮件直接发送到垃圾邮件文件夹。一种可能的垃圾邮件标识器是发件人的邮件地址是否在收件人的联系人列表中。假设邮件的 30% 是垃圾邮件（事件 S_p）；邮件的 20% 来自未知发件人，即不在收件人的联系人列表中（事件 U）；邮件的 15% 是来自未知发件人的垃圾邮件。那么，U 和 S_p 是独立的吗？

26.11 抛掷两个骰子。定义下列事件：

$A=$ 第一个掷出 1、2 或 3

$B=$ 第二个掷出 4、5 或 6

$C=$ 两个掷出和为 7

(a) A、B 和 C 是否是两两独立的？

(b) A、B 和 C 是否是相互独立的？

[⊖] 1970 年由计算机科学家 Burton Bloom 设计。

第 27 章

条件概率

更多的信息有助于获得更好的预测。例如，用两个骰子掷出两个 1 的概率是 $\frac{1}{36}$，因为用任一骰子掷出 1 的概率是 $\frac{1}{6}$，并且抛掷两个骰子是相互独立的事件。如果我们知道至少有一个骰子会掷出奇数，那么掷出两个 1 的可能性会有所增加，但是如果其中一个掷出了 2、4 或 6，那么掷出两个 1 是不可能的（见图 27.1）。如果我们知道其中一个骰子掷出偶数，那么掷出两个 1 的概率会降至 0。

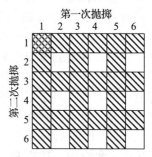

图 27.1 抛掷一对骰子有 36 种可能，其构成的集合为 $\{1,2,3,4,5,6\}^2$。两个 1 的结果用灰色表示，至少一个掷出奇数的结果用黑色表示。可以看出在黑色区域中的结果会增加结果为两个 1 的概率

条件概率（conditional probability）是指一个事件以其他事件发生为条件而发生的概率。诸如有两个骰子，以其中一个骰子掷出奇数为条件，掷出两个骰子的和为 2 的事件的概率。我们将事件之间的这种内在联系直接公式化表达为：假设 A 和 B 是样本空间 S 中的事件，且 $\Pr(B)>0$。A 关于 B 的条件概率为

$$\Pr(A|B)=\frac{\Pr(A\cap B)}{\Pr(B)} \tag{27-1}$$

当 $\Pr(B)=1$ 时，B 的发生不提供任何信息，即 $\Pr(A|B)$ 就是 $\Pr(A)$。如果 $\Pr(B)<1$，那么 B 的发生增加了 A 和 B 两者发生的概率，增加因子为 $\Pr(B)$ 的倒数。

在所有结果都是等可能产生的特殊情况下，上式可以化简为：

$$\Pr(A|B)=\frac{\Pr(A\cap B)}{\Pr(B)}=\frac{|A\cap B|/|S|}{|B|/|S|}=\frac{|A\cap B|}{|B|} \tag{27-2}$$

在抛掷两个 1 的例子中，S 是集合 $\{1,\cdots,6\}\times\{1,\cdots,6\}$，$A=\{\langle 1,1\rangle\}$。如果 B 表示抛掷对的集合，并且其中一个是奇数值，那么

$$B=\{1,3,5\}\times\{1,2,3,4,5,6\}\cup\{1,2,3,4,5,6\}\times\{1,3,5\}$$

应用容斥原理避免重复计数，$|B|=18+18-9=27$。事件 $A\cap B$ 与 A 相同，因此式（27-2）表示为

$$\Pr(A|B)=\frac{1}{27}>\frac{1}{36}$$

图 27.2 展示了多个事件以及它们的条件概率。样本空间包括 16 个等可能的结果（网格中的方块），4 个事件中每个事件的概率正是总面积除以 16：

$$\Pr(O)=\frac{1}{16}$$

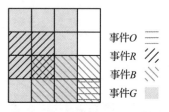

图 27.2 样本空间以及 4 个事件

$$\Pr(R) = \frac{4}{16}$$
$$\Pr(B) = \frac{6}{16}$$
$$\Pr(G) = \frac{12}{16}$$

那么，$\Pr(R|G) = \frac{4}{12}$，而 $\Pr(G|R) = 1$，因为每个事件 R 的方块也是事件 G 的方块。$\Pr(B|G) = \frac{4}{12}$，而 $\Pr(G|B) = \frac{4}{6}$，$\Pr(R|O) = \Pr(O|R) = 0$，因为事件 R 和事件 O 的方块根本不重叠。

我们再尝试一个更复杂的例子。

例 27.3 一个骰子抛掷两次，掷出的总和至少为 9 的概率是多少？如果第一次掷出 4，概率是增加、减少还是保持不变？

解：设 $S = \{1,2,3,4,5,6\}^2$ 是样本空间，设 N 是掷出的总和至少为 9 的事件，设 F 是第一次掷出 4 的事件（见图 27.3）。由于 S 中的所有结果都是等可能的，因此我们可以使用式（27-2）计算各个事件集合的基数。

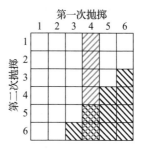

图 27.3 抛掷一对骰子的样本空间。第四列中的方块表示第一次掷出 4 的结果，右下三角形区域的方块代表总和至少为 9 的结果

首先，计算 $|N|$。总共有 $6 \times 6 = 36$ 个结果，N 的元素为：

$$N = \{\langle 3,6 \rangle, \langle 4,5 \rangle, \langle 4,6 \rangle, \langle 5,4 \rangle, \langle 5,5 \rangle, \langle 5,6 \rangle, \langle 6,3 \rangle, \langle 6,4 \rangle, \langle 6,5 \rangle, \langle 6,6 \rangle\}$$

所以 $|N| = 10$，$\Pr(N) = \frac{10}{36} = \frac{5}{18}$。

集合 $N \cap F$ 仅包含两个元素 $\langle 4,5 \rangle$ 和 $\langle 4,6 \rangle$，因为如果 $k < 5$，则 $4 + k < 9$。最后 $|F| = 6$，因为第一次掷出的值是 4，而第二次掷出的值可以是 6 种可能中的任意一个。所以

$$\Pr(N|F) = \frac{|N \cap F|}{|F|}$$
$$= \frac{2}{6} = \frac{1}{3}$$
$$> \frac{5}{18} = \Pr(N)$$

因此，第一次抛出 4 会略微提高总和至少为 9 的机会。∎

注意，对于两个事件 A 和 B，$\Pr(A|B)$ 和 $\Pr(B|A)$ 通常是不相同的：它们具有相同的分子 $\Pr(A \cap B)$，但是分母不同。在极端的情况下，其中一个条件概率可以是 1，同时另一个任意小。例如，已知两个人都是 9 月 16 日出生的，那么两个人生日相同的概率是 1。而已知他们有相同的生日，则这两个人都是 9 月 16 日出生的概率为 $\frac{1}{365}$，见图 27.4（假设所有的出生日期都是等可能的，且不为 2 月 29 日）。

下例是现实世界中概率应用混乱的常见现象，检验你能否在下面的例子中发现错误，

此例被称为检察官谬论（prosecutor's fallacy）。

例 27.4 一个司机被指控超速行驶。检察官指出，被告有一个雷达探测器［一种检测警方雷达（用于识别超速者）的工具］。检察官引用 80% 的超速者有雷达探测器的数据，认定该司机有 80% 的可能有罪。

这个逻辑中的缺陷是什么？

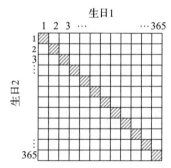

图 27.4 每个方块表示一个生日对：水平位置表示一个生日，垂直位置表示另一个生日。对角线上的方块表示相同生日对的结果。只有一个方块表示两个人都是 9 月 16 日生日的结果

解：检察官引用的 80% 这一数字代表的是 $\Pr(\text{Det}|\text{Spd})$，即在被告是超速者的情况下拥有雷达探测器的概率。有了它，就可以不用算被告是拥有雷达探测器的超速者的概率，即 $\Pr(\text{Spd}|\text{Det})$。已知的信息不足以计算出该值，因为我们对于 Spd 和 Det 的占比（即 |Spd| 和 |Det| 的值）情况一无所知。例如，可能有 80% 的驾驶员拥有雷达探测器，却几乎没有人超速，而那些超速的驾驶员拥有雷达探测器的比例与未超速的驾驶员拥有的比例相同。在这种情况下，以拥有雷达探测器作为超速的证据将导致对大量未超速者的起诉。∎

※

在例 27.3 中，条件概率用于分析样本空间的一个约束子空间。条件概率也可用于涉及整个样本空间的问题，但是，最好将问题分解为多个情况来分析。在第 14 章中，我们定义集合的划分为互不相交非空子集的集合，而且它们的并集是整个集合。全概率定律（law of total probability）是计算概率的一种技术，用事件在划分中每个块上的条件概率的加权平均来计算概率。

定理 27.5 全概率定律。设 A 为样本空间 S 中的事件，设事件 $S_1, \cdots, S_n$ 构成 S 的划分，那么

$$\Pr(A) = \sum_{i=1}^{n} \Pr(A|S_i) \cdot \Pr(S_i) \tag{27-6}$$

证明：首先，我们用另一种方式表示 A：

$$A = A \cap S \text{（因为 } A \text{ 是 } S \text{ 的子集）}$$

$$= A \cap \left(\bigcup_{i=1}^{n} S_i \right)$$

$$= \bigcup_{i=1}^{n} (A \cap S_i) \text{（交运算对并运算的分配）}$$

因此，

$$\Pr(A) = \Pr\left(\bigcup_{i=1}^{n} (A \cap S_i) \right)$$

$$= \sum_{i=1}^{n} \Pr(A \cap S_i) \quad \text{（由于 } S_i \text{ 是不相交的）}$$

$$= \sum_{i=1}^{n} \Pr(A|S_i) \cdot \Pr(S_i) \quad \text{(由条件概率的定义得到)}$$

A 的总概率本质上是概率 $\Pr(A|S_i)$ 的加权平均值，权值取决于 S_i 的概率。

下面的例子是将全概率定律应用于简单划分的情况，即事件及其补。

例 27.7 有两罐弹珠。第一个罐子里有 40 个黑色弹珠和 60 个灰色弹珠，第二个罐子里有 15 个黑色弹珠和 35 个灰色弹珠。从两个罐子中各取出一个弹珠。两个弹珠颜色相同的概率是多少？（见图 27.5。）

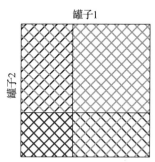

图 27.5 例 27.7 中的样本空间划分。水平轴表示罐 1，垂直轴表示罐 2。/方向的线段表示从罐 1 取出的弹珠颜色，那么从罐 1 取出的弹珠就是图中左侧有黑色/线段的部分，及右侧有灰色/线段的部分。方向\的线段表示从罐 2 取出的弹珠颜色，那么罐 2 取出的弹珠就是图中底部有黑色\线段，及顶部有灰色\线段的部分。两个弹珠颜色相同的事件是两个矩形（左下和右上）的并集，这两个矩形中两个对角线方向的线段颜色相同。这两个矩形的组合面积，与整个正方形面积的百分比，就是取出两个具有相同颜色弹珠的概率

解：最简单的方法是将问题分为两种情况，即从第一个罐子中取出的弹珠是黑色的（事件 R，概率是 $\frac{40}{100} = \frac{2}{5}$），或者不是黑色的（事件 $\overline{R}$，概率是 $\frac{60}{100} = \frac{3}{5}$）（见图 27.6）。设 M 是两个弹珠颜色相同的事件，则 $\Pr(M|R)$ 是当从第一个罐子中取出的弹珠为深灰色时 M 发生的概率，即第二个罐子的弹珠也为深灰色的概率，为 $\frac{15}{50} = \frac{3}{10}$。$\Pr(M|\overline{R})$ 是当从第一个罐子中取出的弹珠为浅灰色时 M 发生的概率，

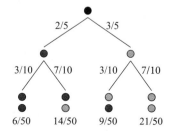

图 27.6 此概率树是对例 27.7 计算过程的可视化。该树的分支表示了过程中每个步骤的概率。"叶子"（最底行）的概率是沿途每个分支概率的乘积，给定事件的概率是属于该事件的所有叶子的概率之和

即从第二个罐子取出的弹珠为浅灰色的概率，为 $\frac{35}{50} = \frac{7}{10}$。应用定理 27.5，得

$$\Pr(M) = \Pr(M|R) \cdot \Pr(R) + \Pr(M|\overline{R}) \cdot \Pr(\overline{R})$$
$$= \frac{3}{10} \cdot \frac{2}{5} + \frac{7}{10} \cdot \frac{3}{5}$$
$$= 0.54$$

全概率定律的一个著名应用案例是游戏节目《让我们做一笔交易》（*Let's Make A*

Deal）中的策略问题。主持人 Monty Hall 为参赛选手提供了在三扇门之间选择一扇的机会：其中一扇门后藏着汽车，另外两扇门后藏着山羊。在选手给出选择后，Monty（知道汽车在哪里的人）便打开另外两扇门中的一扇（他知道该门后藏着一只山羊）。然后，他给选手一个在已选择的门与未打开的门之间交换的机会，选手将拥有所选择的门后面的东西。

例 27.8 选手应该坚持原有的选择还是交换呢？（假设选手更希望赢得汽车。）

解： 样本空间可以划分为三个事件：汽车在 1 号门后（事件 C_1）、汽车在 2 号门后（事件 C_2），汽车在 3 号门后（事件 C_3）。每个事件具有相等的概率 $\frac{1}{3}$。在不失一般性的情况下（因为我们可以按意愿标记每个门），假设选手最初选择了 1 号门，见图 27.7。

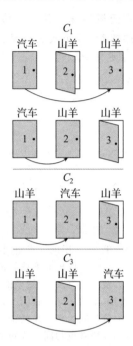

如果选手保持原有的 1 号门选择，则赢得汽车的机会恰好是 $\Pr(C_1) = \frac{1}{3}$。

如果选手选择交换，那么我们可以应用全概率定律来计算赢得汽车的概率（事件 W），将样本空间划分为事件 C_1、C_2 和 C_3，则：

$$\Pr(W) = \Pr(W|C_1)\Pr(C_1) + \Pr(W|C_2)\Pr(C_2) + \Pr(W|C_3)\Pr(C_3)$$

在事件 C_1 的情况下，交换无疑会失去汽车：选手开始选择了汽车，那么无论 Monty 打开的是 2 号门还是 3 号门，选手选择交换都会打开藏有山羊的门。因此，$\Pr(W|C_1) = 0$。

图 27.7 交换策略分析。在 C_1 的情况下，无论 Monty 打开哪扇门，选手都是输的；在 C_2 和 C_3 的情况下，Monty 只有一个选择，且选手都是赢的

在事件 C_2 的情况下，交换可以确保赢得汽车：选手开始选择了 1 号门（后面是山羊），那么 Monty 只有一个选择，即打开 3 号门，留给选手 2 号门去交换，从而获得汽车。因此，$\Pr(W|C_2) = 1$。

对于事件 C_3，类似的逻辑成立：在选手选择了 1 号门后，Monty 被迫打开 2 号门，选手交换获胜的 3 号门。因此，$\Pr(W|C_3) = 1$。

将这些值代入式 (27-6) 的公式，得到：

$$\Pr(W) = 0 \times \frac{1}{3} + 1 \times \frac{1}{3} + 1 \times \frac{1}{3} = \frac{2}{3}$$

通过交换，选手以 $\frac{2}{3}$ 的概率赢得汽车。坚持最初选择的选手获胜的概率只有 $\frac{1}{3}$。这个反逻辑的且备受争议的结果被称为 Monty Hall 悖论（Monty Hall Paradox）⊖。

我们设想游戏的一个极端情况，即用一百扇门来代替三扇门（还是只有一扇门后面有

⊖ 确实，Monty Hall 本人似乎并不理解这一悖论。在 1990 年 9 月 10 日的一封信中，为回应以此悖论作为 Harry Lewis 教材中的习题一事，Hall 先生写道："我对算法不是很精通，但是在我看来，它没有什么区别。选手选择了 1 号门，且 3 号门被打开时，他为什么要交换得到 2 号门呢？……奖项在 1 号门后面的机会并没有改变。他仍然要选择余下的两扇门之一，是什么使 2 号门如此吸引人呢？"

汽车),那么选择交换是正确策略的理由就变得更加清晰了。选手做了一个初始选择,然后 Monty 打开一扇门,出现一只山羊,并请选手做交换选择。我们已经计算过交换略有优势,但是随着一扇扇门被打开,优势会增加。假设选手没有交换,则 Monty 会打开另一扇门,并在每一次选手都拒绝交换时继续打开。直到只有两扇门没有打开,其余的门都打开了,而奖品仍然没有出现,Monty 停下来给选手最后一次做交换的机会。此时,已经打开了 98 扇门,没有打开的两扇门就是选手最初选择的那扇门,以及 Monty 似乎一直在回避打开的另一扇门。此时,还不做交换就损失太大了。(习题 27.9 是在这种情况下有关交换获胜的概率问题。) ∎

全概率中另一个令人惊讶的现象是辛普森悖论(Simpson's pardox),即当比较两个事件的全概率时,一个事件整体的可能性更大,而另一个事件在划分块中的可能性更大。考虑下列示例。

例 27.9 Alexis 和 Bogdan 是学生,都需要完成总共 100 道习题,这些习题涉及两个不同的专题,他们可以选择每个专题下的做题数。图 27.8 展示了他们在每个专题下完成的习题数,以及答对的习题数。

谁更好一些呢?

解:按照总体表现和按照每个专题的表现来衡量,答案是不同的。

	Alexis	Bogdan
专题1	3/8	40/90
专题2	60/92	7/10
总计	63%	47%

图 27.8 Alexis 和 Bogdan 分别完成了 100 道题,它们涉及两个专题。Alexis 在第二个专题下做得更多些,Bogdan 在第一个专题下做得更多些。总体来说,Alexis 得到的正确答案更多

两者都完成了两个专题相关的 100 道题。Alexis 的正确答案占 63%,而 Bogdan 的正确答案只占 47%,因此看起来 Alexis 是赢家。但是,我们也可以比较学生在每个专题下的正确率(见图 27.9)。尽管 Alexis 的总体得分更高,但是 Bogdan 在这两个专题下的正确率都比 Alexis 高。怎么会有这样的事情发生呢?

答案就是,学生们在每个专题下所做习题的数量不同。在这样的情况下,对于某个专题,学生们做较少数量的习题,表现非常好(如 Bogdan 在专题 2 中的表现)或非常差(如 Alexis 在专题 1 中的表现)对该专题的得分都有显著的影响,但对整体得分却影响不大。

或许 Alexis 在专题 1 中的糟糕表现和 Bogdan 在专题 2 中的良好表现并不能作为衡量他们能力的准确指标,因为这反映的

	Alexis	Bogdan
专题1	38%	44%
专题2	65%	70%

图 27.9 如果按每个专题计算分数,那么 Bogdan 看上去似乎是更好的学生。两个人在第二个专题上都表现得更好,第二个专题的得分占 Alexis 总分的大部分,而在 Bogdan 的总分中占比甚微

是完成很少习题的情况。在这种情况下,更公平的衡量标准应该是判断学生在所有 100 道题上的表现。

也许专题 1 很难,而专题 2 很容易。这将不利于 Bogdan 的总得分,因为他在专题 1 中做了更多的习题,而这有利于 Alexis,因为她获得的大部分分数是有关专题 2 的。在这种情况下,分别比较每个专题会更有意义,这样 Alexis 就不会因为尝试更容易的习题而获得奖励,而 Bogdan 也不会因为尝试更多困难的习题而受到惩罚。 ∎

强调一下，像图 27.9 中的表不应该只看表面的数值，同样的数据我们可以给出另外的解释。下面考虑一个新的问题：两种饮食，哪一种更长寿。我们调查了两个地方（Oz 和 Xanadu）存活到 75 岁的居民，并将每个地方的居民细分为与饮食 1 有关和与饮食 2 有关的人群。

如果公布的唯一结果如图 27.10 所示，表面上看，对于 Oz 和 Xanadu 两地的居民饮食 2 似乎更好，尽管对于 Xanadu 的居民来说每一种饮食都很好。但是更详细的数据却说明了一个不同的情况（见图 27.11）。尽管很难直观得到，但是饮食 1 似乎更好。与饮食 1 有关的 Oz 人很少，同样，与饮食 2 有关的 Xanadu 人也很少。或许，饮食 1 似乎更好的原因只是它的大多数追随者是 Xanadu 的长寿居民。又或许，Xanadu 居民长寿的原因是他们大多数人偏好饮食 1。在归因之前，最重要的是弄清楚是否存在饮食之外使 Oz 人不能长寿的其他原因。

	饮食1	饮食2
Oz	38%	44%
Xanadu	65%	70%

图 27.10　存活到 75 岁的两地居民，按相关饮食分组

	饮食1	饮食2
Oz	3/8	40/90
Xanadu	60/92	7/10
Total	63%	47%

图 27.11　从更详细的数据中无法得出与饮食相关的结论，因为 Oz 和 Xanadu 的居民可能在其他某些重要的方面存在差异

※

独立事件的概念（见第 26 章）与条件概率密切相关。A 和 B 是独立的，要满足如下条件：
$$\Pr(A \cap B) = \Pr(A)\Pr(B)$$
独立性也可以用条件概率来定义。

定理 27.10　对于概率非零的事件 A 和 B，A 和 B 是独立的当且仅当
$$\Pr(A|B) = \Pr(A) \tag{27-11}$$
（如果 A 或 B 的概率为 0，则根据原始定义，A 和 B 是独立的。）

直观的意义就是：如果知道 B 的发生不会改变 A 发生的可能性（见图 27.12），则 A 和 B 是独立的。

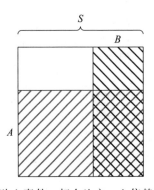

图 27.12　A 和 B 是样本空间 S 的独立事件。打个比方：A 依赖于垂直维度，B 依赖于水平维度。它们是独立的，因为两个维度是不相关的。用数学的方式可以解释为：A 占 S 的比例与 $A \cap B$ 占 B 的比例是相同的，B 占 S 的比例与 $B \cap A$ 占 A 的比例是相同的。因此，了解一个结果是否属于一个事件并不能为它属于其他事件的概率提供信息

证明：根据条件概率的定义，有

$$\Pr(A|B) = \frac{\Pr(A \cap B)}{\Pr(B)}$$

前提是 $\Pr(B) > 0$。但是，如果 A 和 B 是独立的，那么，我们可以用 $\Pr(A) \cdot \Pr(B)$ 来替换 $\Pr(A \cap B)$，得到：

$$\Pr(A|B) = \frac{\Pr(A) \cdot \Pr(B)}{\Pr(B)} = \Pr(A)$$ ∎

尽管式（27-11）是不对称的，但独立性是对称关系。在式（27-11）中交换 A 和 B 的位置，有 $\Pr(B|A) = \Pr(B)$，即第三种表示独立性条件的方法。当确定了两个事件是否独立之后，便要确定我们是使用式（27-11）的形式还是使用式（26-12）的形式，即选择哪个更便利。下面的示例将展示所有的三种方法。

例 27.12 假设一家有 100 名员工的公司：60 名女性，40 名男性。有 15 名经理，其中 10 名是女性。员工是随机挑选的。员工是女性的事件（W_{MN}）是否独立于员工是经理（M_{GR}）的事件？

解：应用定理 27.10，我们比较：

$$\Pr(W_{MN} | M_{GR}) = \frac{\Pr(W_{MN} \cap M_{GR})}{\Pr(M_{GR})} = \frac{10/100}{15/100}$$

$$= \frac{2}{3} \neq \frac{60}{100} = \Pr(W_{MN})$$

它们不相等，因此事件不是独立的。或者，我们可以通过比较 $\Pr(M_{GR} | W_{MN})$ 和 $\Pr(M_{GR})$ 得出相同的结论。

$$\Pr(M_{GR} | W_{MN}) = \frac{\Pr(M_{GR} \cap W_{MN})}{\Pr(W_{MN})}$$

$$= \frac{10/100}{60/100}$$

$$= \frac{1}{6}$$

$$\neq \frac{15}{100} = \Pr(M_{GR})$$

作为最后的验证，式（26-12）给出了相同的结果，即它们不是独立的：

$$\Pr(W_{MN} \cap M_{GR}) = \frac{10}{100}$$

$$\neq \frac{60}{100} \cdot \frac{15}{100} = \Pr(W_{MN}) \cdot \Pr(M_{GR})$$ ∎

两个事件是否独立只能通过计算来确定——不经过验证就做判断是不可行的。例如，考虑此示例的另一个版本。

例 27.13 假设问题如例 27.12 所示，但 15 名经理中有 9 名是女性，而不是 10 名。W_{MN} 和 M_{GR} 是否独立的？

解：现在有

$$\Pr(W_{MN} | M_{GR}) = \frac{\Pr(W_{MN} \cap M_{GR})}{\Pr(M_{GR})} = \frac{9/100}{15/100}$$

$$= \frac{3}{5} = \frac{60}{100} = \Pr(W_{MN})$$

所以在这种情况下，事件是独立的。 ■

本章小结

- 条件概率是指一个事件的发生与其他事件的发生相关的概率。假设 $\Pr(B)>0$，对于给定的 B，A 的条件概率为

$$\Pr(A|B) = \frac{\Pr(A \cap B)}{\Pr(B)}$$

- 通常 $\Pr(A|B) \neq \Pr(B|A)$。将 $\Pr(A|B)$ 混淆为 $\Pr(B|A)$ 的错误称为检察官谬论。

- 全概率定律指出，计算一个事件的概率时可以将样本空间划分为不相交的块，并使得这些块的并集为整个样本空间，然后加权平均每个块上事件的条件概率。设构成样本空间划分的块为 S_i，则

$$\Pr(A) = \sum_{i=1}^{n} \Pr(A|S_i) \cdot \Pr(S_i)$$

- 对于两个事件 A 和 B，在 B 对于给定划分的每个块上具有更高的条件概率的情况下，A 具有更高的总概率是有可能的。这种令人惊讶的现象称为辛普森悖论。

- 可以用条件概率来定义独立性：如果事件 A 和 B 都是非零概率的，则它们在 $\Pr(A|B)=\Pr(A)$ 的情况下是独立的，或者等同地，在 $\Pr(B|A)=\Pr(B)$ 的情况下。

习题

27.1 在图 27.2 中，求下列各项 $\Pr(O|G)$、$\Pr(G|O)$、$\Pr(B|R)$、$\Pr(R|B)$。

27.2 设一个家庭有两个孩子。假设每个孩子是男孩或女孩是等可能的，并且他们的性别是独立的（没有同性别双胞胎）。
(a) 两个孩子都是女孩的概率是多少？
(b) 如果大的是女孩，那么两个孩子都是女孩的概率是多少？
(c) 如果至少有一个是女孩，那么两个都是女孩的概率是多少？

27.3 在什么情况下 $\Pr(A|B)=\Pr(B|A)$？

27.4 假设有 50 个黑色弹珠、50 个白色弹珠和 2 个罐子。我们可以以任意方式在 2 个罐子之间分配弹珠，只要两个罐子都不是空的即可。然后，将随机选择一个罐子，并从该罐子中随机选择一个弹珠。问应该如何分配弹珠，使得选到黑色弹珠的概率最大？

27.5 一个人被指控抢劫了银行。目击者作证说，劫匪身高约 1.83m，红头发，绿眼睛。犯罪嫌疑人符合这一描述。假设镇上 10 万人中只有 100 人是约 1.83m 高、红头发、绿眼睛的男人，并假设其中有一人抢劫了银行。
(a) 假设嫌疑人与描述相符，那么他无辜的概率是多少？
(b) 假设嫌疑人是无辜的，那么他与描述相符的概率是多少？
(c) 假设警方在调查此案时审查了 1000 名可能的嫌疑人的照片，10 万居民中的每一个人出现在这一审查中是等可能的。1000 中至少有一个人匹配描述的概率是多少？

27.6 在习题 26.4 中，我们讨论了一位教授想知道她的学生是否完成了阅读作业。教授

未直接询问，而是让学生每人掷一枚硬币，如果他们的硬币正面朝上或者他们没有做作业，则举手。如同习题 26.4，假设班上有 $\frac{3}{4}$ 的人举手。那么，一个举手的学生没做阅读作业的概率是多少？

27.7 再次讨论习题 26.10 中的垃圾邮件分类器。现在假设所有电子邮件中的 80% 来自接收方未知的电子邮件地址（事件 U），10% 的电子邮件包含金钱请求（事件 M），以及 90% 包含金钱请求的电子邮件是从未知电子邮件地址发送的。那么，U 和 M 是独立的吗？

27.8 一位教授怀疑一名学生考试作弊，因为该名学生在考试中得了满分。以下哪项是相关证据？有多个正确答案。
- 在他作弊的情况下，得到满分的概率。
- 在他没有作弊的情况下获得满分的概率。
- 在他作弊的情况下，没有得到满分的概率。
- 在他没有作弊的情况下，没有得到满分的概率。
- 在他得到满分的情况下，他作弊的概率。
- 在他没有得到满分的情况下，他作弊的概率。
- 在他得到满分的情况下，他没有作弊的概率。
- 在他没有得到满分的情况下，他没有作弊的概率。

27.9 Monty Hall 问题（例 27.8）的 100 扇门版本中，下列情况获胜的概率分别是多少？
(a) 如果选手不做交换。
(b) 如果选手在 Monty 打开 1 扇门后做交换。
(c) 如果选手在 Monty 打开 98 扇门后做交换。

第 28 章

Essential Discrete Mathematics for Computer Science

贝叶斯定理

检察官在超速审判中（第 27 章）滥用了统计数据 Pr(Det|Spd)，似乎应该用 Pr(Spd|Det)。检察官声称，80% 的超速者拥有雷达探测器，并错误地推断司机有罪的可能是 80%。这个 80% 实际上是嫌疑人在他或她有罪的情况下拥有雷达探测器的概率，而不是他或她拥有雷达探测器后有罪的概率。

这两个条件概率是不相同的，却是相关的，即任意一个都可以基于另外一个并借助于两个附加信息计算得到。这两个附加信息是：所有超速司机的百分比 Pr(Spd)，以及所有拥有雷达探测器司机的百分比 Pr(Det)。超速司机越多，嫌疑人是超速司机的可能性越大；但是拥有雷达探测器的司机越多，嫌疑人是超速司机的嫌疑越小。根据贝叶斯定理（Bayes' theorem）⊖，由 Pr(Spd)、Pr(Det) 和 Pr(Det|Spd)，可以计算出 Pr(Spd|Det)。

定理 28.1 贝叶斯定理。假设 Pr(A) 和 Pr(B) 都不为零，有

$$\Pr(A|B) = \frac{\Pr(B|A)\Pr(A)}{\Pr(B)}$$

证明：根据条件概率的定义（第 27 章），

$$\Pr(A \cap B) = \Pr(A|B)\Pr(B)$$

对称地有

$$\Pr(B \cap A) = \Pr(B|A)\Pr(A)$$

将这些等式组合起来，得到

$$\Pr(A|B)\Pr(B) = \Pr(A \cap B) = \Pr(B \cap A) = \Pr(B|A)\Pr(A)$$

将上式除以 Pr(B)，就得到了结果。∎

因此，Pr(A|B) 和 Pr(B|A) 的不同之处是相差了一个因子：$\frac{\Pr(A)}{\Pr(B)}$。

我们借助一些数据来更正超速案的论断，即假设人群中超速者和雷达探测器拥有者的概率是不相同的。

例 28.2 当 80% 的超速司机拥有雷达探测器时，计算在下列情况中拥有雷达探测器司机的超速概率（见图 28.1）：

- 5% 的司机超速，40% 的司机拥有雷达探测器；
- 20% 的司机超速，20% 的司机拥有雷达探测器；
- 20% 的司机超速，16% 的司机拥有雷达探测器。

解：

- 在第一种情况下：

$$\Pr(\text{Spd}|\text{Det}) = \frac{\Pr(\text{Det}|\text{Spd})\Pr(\text{Spd})}{\Pr(\text{Det})}$$

$$= \frac{0.8 \cdot 0.05}{0.4} = 0.1 = 10\%$$

⊖ Thomas Bayes (1701—1761) 是英国数学家和神学家。注释中的内容是在他去世后才编辑出版的。他开创了严谨的定理，现在以他的名字命名。

超速的司机不是很多，这使得嫌疑人超速的可能性较小。此外，许多司机，包括许多不超速的司机，都有雷达探测器。因此，司机拥有雷达探测器的事实并不构成令人信服的超速证据。

- 在第二种情况下：
$$\Pr(\text{Spd}|\text{Det}) = \frac{\Pr(\text{Det}|\text{Spd})\Pr(\text{Spd})}{\Pr(\text{Det})}$$
$$= \frac{0.8 \cdot 0.2}{0.2} = 0.8 = 80\%$$

在这种情况下，检察官的数据实际上是碰巧正确的。由于超速司机和拥有雷达探测器的司机占比是等量的，因此他们的交集在两类人群中具有相同的占比。

- 在第三种情况下：
$$\Pr(\text{Spd}|\text{Det}) = \frac{\Pr(\text{Det}|\text{Spd})\Pr(\text{Spd})}{\Pr(\text{Det})}$$
$$= \frac{0.8 \cdot 0.2}{0.16} = 1.0 = 100\%$$

这里计算出的结果表明，每个超速司机都拥有一个雷达探测器，而每个不超速的司机都没有雷达探测器，所以嫌疑人拥有雷达探测器的事实是有罪的确凿证据。（在离散数学的世界里至少是这样的。而在现实中，概率的数值永远不会是精准的。）

因此，最初的数字 80% 本身并不能提供足够的信息——$\Pr(\text{Det}|\text{Spd})$ 是个常量，而差异很大的有罪概率是源于其他参数的不同值。∎

从数学的形式来看，贝叶斯定理是 $\Pr(A|B)$ 和 $\Pr(B|A)$ 之间的转换公式。而从更实用的角度来看，可以视贝叶斯定理提供了一种根据新证据（evidence）对假设（hypothesis）概率修正的机制。

例 28.3 根据选举前的民意调查，某个特定候选人在选举中有 40% 的机会获胜。在选举之夜，早期的报道显示，该候选人已经赢得了一个摇摆区，即被认为是决定她"取胜"的区。如果没有这个区，她肯定会输掉选举。最初估计，她有 50% 的机会赢得摇摆区。那么她赢得选举的最新概率是多少？

解：设 E_L 是候选人赢得选举的事件（假设），S_w 是她赢得摇摆区的事件（证据）。候选人只有在赢得摇摆区的情况下才能赢得选举。因此，$\Pr(S_w|E_L)=1$。目标是计算概率 $\Pr(E_L|S_w)$，即在得到她赢得摇摆区的新信息之后，她赢得选举的概率。

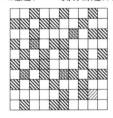

5%超速，40%拥有雷达探测器

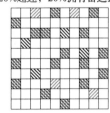

20%超速，20%拥有雷达探测器

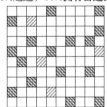

20%超速，16%拥有雷达探测器

图 28.1 超速者用"左斜杠"标识，拥有雷达探测器者用"右斜杠"标识。在每一种情况中，80%的超速者都拥有雷达探测器，而拥有雷达探测器者中超速的比例不同

$$\Pr(E_L \mid S_w) = \frac{\Pr(S_w \mid E_L)\Pr(E_L)}{\Pr(S_w)}$$

$$= \frac{1 \cdot 0.4}{0.5} = 0.8$$

候选人现在有 80% 的机会，有望赢得选举。∎

由于贝叶斯定理可以用于根据 B 发生的新信息将 $\Pr(A)$ "修正" 为 $\Pr(A|B)$，因此有时它也被称为贝叶斯修正（Bayesian updating）。

贝叶斯定理为某些机器学习（machine learning）方法提供了基础，其中算法修正自身的学习行为是基于经验，而非纯粹依赖于预先编程的指令。机器学习普遍用于解决分类问题，即将输入分为确定的类别。光学字符识别、图像识别以及垃圾邮件过滤都是典型的例子。

例 28.4 根据提供的一些垃圾邮件和非垃圾邮件的示例，如何将电子邮件自动分类为垃圾邮件或非垃圾邮件？

解： 我们将给出一组非常简单的标准，可以用于这种自动决策。第一步是识别可能与垃圾邮件相关的特征，例如

- 是否是未知发件人的邮件（事件 U）；
- 邮件中是否包含对金钱的请求（事件 M）；
- 邮件中是否在单词中使用了 @ 和 \$ 特殊字符来代替字母（事件 C）。

下一步是创建训练数据集，其中某些电子邮件被手动标记为垃圾邮件或非垃圾邮件，并根据这些特征的每一项进行分类。例如，假设一个训练集包括 100 封邮件，其中 60 封是垃圾邮件，40 封是非垃圾邮件，并且具有以下特点。

	未知	金钱	特征
垃圾邮件	50/60	20/60	35/60
非垃圾邮件	10/40	5/40	15/40

现在，基于这些数据考虑预测新邮件的正确标签的问题。假设新邮件来自未知发件人，并使用了特殊字符，但是不包含金钱请求。我们想知道该邮件是否是垃圾邮件（事件 S_p），以事件 $U \cap \overline{M} \cap C$ 为条件。根据贝叶斯定理，有

$$\Pr(S_p \mid (U \cap \overline{M} \cap C)) = \frac{\Pr((U \cap \overline{M} \cap C) \mid S_p)\Pr(S_p)}{\Pr(U \cap \overline{M} \cap C)}$$

$$= \frac{\Pr(U \cap \overline{M} \cap C \cap S_p)}{\Pr(U \cap \overline{M} \cap C)} \quad (28\text{-}5)$$

再次使用条件概率的定义，以另外的形式表示 $\Pr(U \cap \overline{M} \cap C \cap S_p)$ 为：

$$\Pr(U \cap \overline{M} \cap C \cap S_p) = \Pr(U \mid (\overline{M} \cap C \cap S_p))\Pr(\overline{M} \cap C \cap S_p)$$

$$= \Pr(U \mid (\overline{M} \cap C \cap S_p))\Pr(\overline{M} \mid (C \cap S_p))\Pr(C \cap S_p)$$

$$= \Pr(U \mid (\overline{M} \cap C \cap S_p))\Pr(\overline{M} \mid (C \cap S_p))\Pr(C \mid S_p)\Pr(S_p)$$

现在我们做一个重要的假设，称之为特征的条件独立性（conditional independence）。条件独立性假设是指，以 S_p 为条件，特征 U、$\overline{M}$ 和 C（或是等价的 U、M 和 C）是相互独

立的。

本例末尾将给出一般性定义，但在当前的情况下，条件独立性的具体含义是：
$$\Pr(U|(\overline{M} \cap C \cap S_p)) = \Pr(U|S_p)$$
且
$$\Pr(\overline{M}|(C \cap S_p)) = \Pr(\overline{M}|S_p)$$

特征的条件独立性表达了一种假设，即各种特征是不同事物的度量。尽管在实践中不太可能完全精确，但是可以证明，这一性质在现实世界中的许多情况下都非常有用。基于条件独立性假设，式（28-5）可以变换为

$$\Pr(S_p|(U \cap \overline{M} \cap C)) = \frac{\Pr(U \cap \overline{M} \cap C \cap S_p)}{\Pr(U \cap \overline{M} \cap C)}$$

$$\approx \frac{\Pr(U|S_p)\Pr(\overline{M}|S_p)\Pr(C|S_p)\Pr(S_p)}{\Pr(U \cap \overline{M} \cap C)}$$

$$= \frac{(50/60) \cdot (40/60) \cdot (35/60) \cdot (60/100)}{\Pr(U \cap \overline{M} \cap C)}$$

$$= \frac{7/36}{\Pr(U \cap \overline{M} \cap C)} \tag{28-6}$$

由给定的信息，我们不能直接计算出分母的值，因为 U、M 和 C 都假设为条件独立的，而不是无条件独立的。取而代之的是，我们可以计算上述事件补的概率，即 $\Pr(\overline{S_p}|(U \cap \overline{M} \cap C))$，并且使用这两个概率之和为 1 的事实。应用同样的条件独立性假设，可以得到

$$\Pr(\overline{S_p}|(U \cap \overline{M} \cap C)) \approx \frac{\Pr(U|\overline{S_p}) \cdot \Pr(\overline{M}|\overline{S_p}) \cdot \Pr(C|\overline{S_p}) \cdot \Pr(\overline{S_p})}{\Pr(U \cap \overline{M} \cap C)}$$

$$= \frac{(10/40) \cdot (35/40) \cdot (15/40) \cdot (40/100)}{\Pr(U \cap \overline{M} \cap C)}$$

$$= \frac{21/640}{\Pr(U \cap \overline{M} \cap C)} \tag{28-7}$$

式（28-6）和式（28-7）之和为 1：

$$\Pr(S_p|(U \cap \overline{M} \cap C)) + \Pr(\overline{S_p}|(U \cap \overline{M} \cap C)) = \frac{7/36}{\Pr(U \cap \overline{M} \cap C)}$$
$$+ \frac{21/640}{\Pr(U \cap \overline{M} \cap C)}$$
$$= 1$$

此时，我们可以求分母的值：
$$\Pr(U \cap \overline{M} \cap C) = \frac{7}{36} + \frac{21}{640} = \frac{1309}{5760}$$

因此，有
$$\Pr(S_p|(U \cap \overline{M} \cap C)) = \frac{7/36}{1309/5760} \approx 0.86$$
$$\Pr(\overline{S_p}|(U \cap \overline{M} \cap C)) = \frac{21/640}{1309/5760} \approx 0.14$$

所以，该邮件很可能是垃圾邮件。

诸如垃圾邮件过滤一类的应用需要做保守的估算，并且要求高阈值以避免误报——将非垃圾邮件分类为垃圾邮件比将垃圾邮件分类为合法邮件更糟糕。因此，只有当估算的概率至少为 80% 时，将邮件分类为垃圾邮件才有意义。在其他的应用中，例如，光学字符识别，可能存在许多标签，并且在任何方向上的错误都是可以接受的，所以我们简单地分配以最大可能性的标签。

回到条件独立性的定义，我们可以简单地修正之前任何用于条件概率的独立性定义。在其中任何一种情况下，必须要求事件的独立性在限定样本空间内。如前所述，这些定义只能应用于有条件的事件是非零概率的情况。

类似的定义为：A 和 B 是独立的，当
$$\Pr(A \cap B) = \Pr(A)\Pr(B)$$
引用式 (26-12)，对于给定的 E，A 和 B 是条件独立的，当
$$\Pr(A \cap B | E) = \Pr(A | E)\Pr(B | E)$$
前提是 $\Pr(E) > 0$。

或者，类似的定义为：A 和 B 是条件独立的，当
$$\Pr(A | B) = \Pr(A)$$
根据定理 27.10，对于给定的 E，A 和 B 是条件独立的，当
$$\Pr(A | B \cap E) = \Pr(A | E)$$
前提是 $\Pr(B \cap E) > 0$。

回顾相互独立性（定义见第 26 章），我们可以用最后一个公式的推广来定义条件相互独立性 (conditional mutual independence)。事件集合 X 相对于事件 E 是条件相互独立的，当且仅当对于任意的事件 $A \in X$ 和每个 $Y \subseteq X - \{A\}$，有
$$\Pr(A | (\bigcap_{B \in Y} B) \cap E) = \Pr(A | E)$$
前提是 $(\Pr(\bigcap_{B \in Y} B) \cap E) > 0$。也就是说，对于给定的 E，A 的概率并不依赖于样本空间是否限定于 X 中其他任意数量事件构成的子集，前提是限定的样本空间具有非零概率。在例 28.4 中，X 是集合 $\{U, \overline{M}, C\}$，E 是事件 S_p，首先假设 $A = U$、$Y = \{\overline{M}, C\}$，然后假设 $A = \overline{M}$ 和 $Y = \{C\}$。

朴素贝叶斯分类器 (naïve Bayes classifier)，如例 28.4 中所示，是假设所有特征都是条件相互独立的分类器。朴素贝叶斯分类器应用广泛，是因为它相对容易实现，并且在多数情况下能给出令人满意的结果。

✷

在前面的例子中，证据的概率是已知的。但是在贝叶斯定理的许多应用中，这个值是需要计算的——或许需要使用全概率定律（定理 27.5）。

例 28.8 假设两只碗里装有弹珠。第一只仅包含蓝色弹珠，第二只包含 4 颗蓝色和 12 颗红色弹珠。随机选择一只碗，并从该碗中随机选择一颗弹珠。如果选择的弹珠是蓝色的，那么它是从第一只碗中选出的概率是多少？

解：设 F 是弹珠来自第一只碗的事件，B 是所选弹珠是蓝色的事件。

根据贝叶斯定理，有
$$\Pr(F | B) = \frac{\Pr(B | F)\Pr(F)}{\Pr(B)}$$

应用全概率定律（可见图 28.2），分母可以展开为 F 和 $\overline{F}$ 的子情况：

$$\Pr(F|B) = \frac{\Pr(B|F)\Pr(F)}{\Pr(B|F)\Pr(F) + \Pr(B|\overline{F})\Pr(\overline{F})}$$

$$= \frac{1 \cdot \frac{1}{2}}{1 \cdot \frac{1}{2} + \frac{1}{4} \cdot \frac{1}{2}}$$

$$= \frac{4}{5}$$

拥有了这样的技术，我们再次回到上一章中的 Monty Hall 悖论（例 27.6）。这个问题最适合应用贝叶斯定理：我们从事件的初始概率开始，然后结合新了解到的信息找到修正的概率。

例 28.9 再次设置舞台：选手必须在三个门之间进行选择。一扇门后面是一辆汽车，另外两扇门后面各是一只山羊。选手首先做出初步选择，然后主持人 Monty Hall 打开另外两扇门之一，露出一只山羊并问选手是否想与剩余关闭的门做交换。选手是否应该做交换呢？

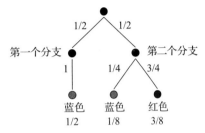

图 28.2 树图展示了分支概率，即一片"叶子"的概率（最底行）是从根开始的路径上所有概率相乘的值。已知弹珠是蓝色的，用第一只碗/蓝色弹珠分支的概率，除以所有蓝色弹珠分支的概率总和即可得到

解： 如前所述，在不失一般性的情况下，我们可以假设选手从选择 1 号门开始。如果选手坚持选择 1 号门，则赢得汽车的可能就是汽车在该门后的概率：$\Pr(C_1) = \frac{1}{3}$。

同样，在不失一般性的情况下，假设 Monty 打开了 2 号门（因为，当我们互换 2 号门和 3 号门的角色时，分析是相同的）。我们要找出选手做交换时获胜的概率，即汽车在 3 号门后面的概率（事件 C_3），已知 Monty 打开了 2 号门（事件 M_2）。应用贝叶斯定理，有

$$\Pr(C_3 \mid M_2) = \frac{\Pr(M_2 \mid C_3)\Pr(C_3)}{\Pr(M_2)}$$

应用全概率定律对分母进行替换，条件是汽车位于哪扇门后面，即

$$\Pr(C_3 \mid M_2) = \frac{\Pr(M_2 \mid C_3)\Pr(C_3)}{\Pr(M_2 \mid C_1)\Pr(C_1) + \Pr(M_2 \mid C_2)\Pr(C_2) + \Pr(M_2 \mid C_3)\Pr(C_3)}$$

选手选了 1 号门。如果汽车在 1 号门后面，Monty 可以选择 2 号门或 3 号门，即 $\Pr(M_2|C_1) = \frac{1}{2}$；如果汽车在 2 号门后面，Monty 就不能打开 2 号门，即 $\Pr(M_2|C_2) = 0$；如果汽车在 3 号门后面，Monty 必须打开 2 号门，即 $\Pr(M_2|C_3) = 1$。将这些值代入得到：

$$\Pr(C_3 \mid M_2) = \frac{1 \cdot \frac{1}{3}}{\frac{1}{2} \cdot \frac{1}{3} + 0 \cdot \frac{1}{3} + 1 \cdot \frac{1}{3}} = \frac{2}{3}$$

本章小结

- 条件概率 $\Pr(A|B)$ 和 $\Pr(B|A)$ 是相关的：如果 $\Pr(A)$ 和 $\Pr(B)$ 都是已知的，则可以应用贝叶斯定理从其中之一计算出另一个的条件概率，即

$$\Pr(A|B) = \frac{\Pr(B|A)\Pr(A)}{\Pr(B)}$$

- 贝叶斯修正是指贝叶斯定理在下述条件下的应用：根据 B 发生的证据，将假设 $\Pr(A)$ 的无条件概率修正为条件概率 $\Pr(A|B)$。
- 两个事件 A 和 B 关于第三个事件 E 是条件独立的，即当它们对于给定的 E 都是独立的，可以等价地表示为：

$$\Pr(A \cap B|E) = \Pr(A|E)\Pr(B|E)$$
$$\Pr(A|B \cap E) = \Pr(A|E)$$

- 事件集合 X 相对于事件 E 是条件相互独立的，即对于给定的 E，如果它们彼此是相互独立的，则对于每个 $A \in X$ 和 $Y \subseteq X - \{A\}$，有

$$\Pr(A|(\bigcap_{B \in Y} B) \cap E) = \Pr(A|E)$$

前提是分母不为零。
- 朴素贝叶斯分类器是一种简单类型的机器学习算法，是假设所有特征都是条件相互独立的贝叶斯定理的应用。
- 如果 $\{A_1, \cdots, A_n\}$ 是事件 A 的划分，则可以应用全概率定律将贝叶斯定理表示如下：

$$\Pr(A|B) = \frac{\Pr(B|A)\Pr(A)}{\Pr(B|A_1)\Pr(A_1) + \cdots + \Pr(B|A_n)\Pr(A_n)}$$

该公式更适用于 $\Pr(B)$ 未直接给出的情况。

习题

28.1 假设从两个骰子中随机选择一个，其中一个是均匀的，即所有值都是等可能的；而另一个是带权的，即 6 的可能性是其他任何值的两倍。抛掷所选的骰子，得到 6，那么它是不均匀带权骰子的概率是多少？

28.2 此问题探讨的是：对一个事件的概率持有不同初始信念的两个人，如何在给定充分证据的情况下，通过贝叶斯修正达成一致的修正概率。

Adam 收集了 10 枚硬币，Betriz 收集了 3 枚硬币。每个人的收集中都包含 1 枚有偏差的硬币，即该硬币正面朝上的概率是 $\frac{9}{10}$。其余硬币都是均匀的。

(a) Adam 和 Beatriz 各自从自己的收集中随机挑选出一枚硬币，则每个人都选出有偏差硬币的概率是多少？

(b) 如果 Adam 和 Beatriz 分别将他们选出的硬币抛掷一次，且正面朝上，那么每人为自己有偏差硬币事件分配的修正概率是多少？

(c) 如果 Adam 和 Beatriz 分别将他们选出的硬币抛掷 10 次，且这 10 次都是正面朝上，那么每人为自己有偏差硬币事件分配的修正概率是多少？

28.3 假设一个罐子里有 100 枚硬币。其中一些硬币是正品，即有正反各一面；而另一些是赝品，即两面都是正面。

(a) 假设 99 枚硬币是正品，1 枚是赝品（有两个正面）。随机选择一枚硬币，抛掷两次，都是正面朝上。该硬币是赝品的可能性有多大？

(b) 有数量不详的赝品硬币（有两个正面）。随机选择一枚硬币，并将其抛掷两次，都是正面朝上。100 枚硬币中必须有多少枚赝品才能使所选硬币至少有 50% 的可能是赝品？

28.4 假设两个罐子里装满了红色和白色的弹珠，其中一个有 $\frac{2}{3}$ 红色和 $\frac{1}{3}$ 白色，而另一个罐子有 $\frac{2}{3}$ 白色和 $\frac{1}{3}$ 红色。Ann 选择了其中一个罐子，有放回地取出 5 个弹珠，所有的都是红色的；Betty 从同一个罐中有放回地取出 20 个弹珠，得到 15 个红色的和 5 个白色的。谁的实验为所选的罐子是 "$\frac{2}{3}$ 红色，而不是 $\frac{2}{3}$ 白色"，提供了更有力的证据？

28.5 一项药物试验误报率为 2%（2% 不使用该药物的人误报为有效），漏报率为 5%（5% 使用该药物的人误报为无效）。如果有 1% 的人使用了该药物，上报有效的某个人确实使用了该药物的概率是多少？（见图 28.3。）

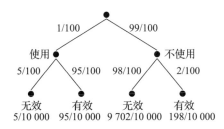

图 28.3 树形图展示了药物试验有效的用户和非用户的数量

28.6 假设一个算法应用朴素贝叶斯分类器来预报有雨的可能性。训练数据如下，它描述了给定地区前一年同一月份，30 天中有 7 天下雨的天气情况。

	多云	潮湿	低气压
有雨	7/7	5/7	6/7
无雨	16/23	12/23	8/23

对于以下天气条件，算法预测下雨的可能性是多少？
(a) 多云且潮湿，但气压不低。
(b) 多云且气压低，但不潮湿。
(c) 潮湿且气压低，但不是多云。

28.7 俄罗斯 Tsar Nicholas 二世的独子 Alexei Romanov 患有血友病。血友病是通过 X 染色体遗传的：女性有两个版本的等位基因，从父母那里各遗传一个；而男人只有一个，遗传自母亲。至少具有一个版本的显性等位基因 H 的人，不会患血友病；而只有隐性等位基因 h 的人会患病。也就是说，女性可能具有等位基因 HH（无血友病）、Hh（血友病携带者）或 hh（血友病患者）；男性可能具有 H（无血友病）或 h（血友病患者）。遗传关系图见图 28.4。
Tsar Nicholas 和他的妻子 Tsarina Alexandra 都没有血友病。

(a) 已知 Alexei 患有血友病，他的妹妹 Anastasia 是携带者的概率是多少？

(b) 在布尔什维克革命期间，整个 Romanov 家族被革命者暗杀。然而，谣传有些女性逃跑了。多年之后，一个名叫 Anna Anderson 的女人浮出水面，宣称自己是 Anastasia。根据她的故事，Anna 逃离俄罗斯后，已婚并育有一子，她把儿子留在了孤儿院。

假设最初认为 Anna 真的是 Anastasia 的可能性只有 5%，并且假设当时有 1% 的男性患有血友病。如果发现 Anna 的儿子患有血友病，那么 Anna 是 Anastasia 的可能性会如何改变？

(c) 相反，如果发现 Anna 的儿子没有血友病，那么 Anna 是 Anastasia 的修正概率是多少？

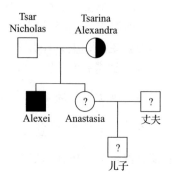

图 28.4 展示了习题中 Romanov 家族成员的遗传关系图。男人用方块表示，女人用圆形表示。内部是白色的指示没有血友病，内部是黑色的指示有血友病。半白/半黑色指示血友病携带者。问号表示血友病状态未知

第 29 章

随机变量与期望

我们来研究一下结果是数值的随机事件的实验问题。例如，考虑将一个骰子抛掷一次产生的数值，或者，多次抛掷一个骰子直到出现 6 为止。在多轮实验过程中，会产生不同的数值，每个数值都以某个概率出现。随机变量（random variable）就是描述这种数值的一种方法，即随机变量的值是不确定的，但是该变量可能值的范围以及每个值的概率是可知的。

形式上来说，一个随机变量就是一个函数，它将结果映射为数值。该函数的定义域是一个实验的样本空间，共域是数值的集合，诸如：$\{0,1\}$、$\mathbb{N}$ 或 $\mathbb{R}$。随机变量通常用大写字母表示，如 X。样本空间特指为 S，数值的集合用 T 表示，于是有 $X: S \to T$。

例如，在抛掷硬币的实验中，如果 s 是样本空间 $S=\{正面, 反面\}$ 中的一个结果，那么我们可以定义

$$X(s) = \begin{cases} 1, & \text{如果 } s = 正面 \\ 0, & \text{如果 } s = 反面 \end{cases}$$

像这样取值只有 0 和 1 的随机变量被称为伯努利变量（Bernoulli variable）⊖，并且仅用一个参数来描述，即变量取值为 1 时的概率 p。这种随机变量也被称为指示器变量（indicator variable），因为它指示着事件发生〔值为 1，有时也称为成功（success）了〕，或没有发生〔值为 0，有时称之为失败（failure）了〕。

随机变量不仅仅能指示成功或失败。假设我们进行抛掷一枚硬币 10 次的实验，那么我们可以定义 $X(s)$ 表示结果 s 中出现正面的次数。即 $X: \{正面, 反面\}^{10} \to \{0, \cdots, 10\}$，其中 $X(s)$ 是 s 序列中正面的次数。

随机变量的共域可以是无穷的⊖。假设我们进行"抛掷一枚硬币直到它出现正面为止"的实验，设 X 是需要抛掷硬币的次数。X 的值可以是任何正整数，尽管较大的值比较小的值发生的可能性更小。

这个随机变量的概率分布是什么呢？均匀的硬币出现正面的概率为 $\frac{1}{2}$，因此

$$\Pr(\{s \in S : X(s) = 1\}) = \frac{1}{2}$$

任何给定的抛掷是第一次出现正面的概率等于所有之前抛掷都是出现反面的概率，以及最后一次抛掷出现正面的概率，即

$$\Pr(\{s \in S : X(s) = n\}) \left(\frac{1}{2}\right)^{n-1} \cdot \frac{1}{2} = \frac{1}{2^n} \tag{29-1}$$

到目前为止，我们考虑的是出现正面的概率与出现反面的概率相等的情况。现在我们来考虑概率不等的情况。假设硬币是加权的，此时，只有 $\frac{1}{3}$ 的可能会抛出正面朝上的结

⊖ 以瑞士数学家雅各布·伯努利（Jacob Bernoulli，1654—1705）的名字命名。
⊖ 本书仅讨论离散（discrete）随机变量，离散随机变量仅有可数个可能值（包括有穷和无穷多个）。连续随机变量可以取无穷不可数个值，例如，实数。

果。再次设 X 是直到获得正面的抛掷次数,那么,$n-1$ 个反面跟着一个正面的概率为

$$\Pr(\{s \in S : X(s) = n\}) = \left(\frac{2}{3}\right)^{n-1} \cdot \frac{1}{3} \tag{29-2}$$

前面两个硬币实验中的每一个都可以被看作一系列试验,其中每个试验的结果由同样的伯努利变量表示,即每个试验具有同样的成功概率。这样的试验称为伯努利试验(Bernoulli trial)。通常,对于伯努利试验序列来说,每个试验的成功概率为 p,那么第一次成功发生在 n 次试验后的概率为 $(1-p)^{n-1} \cdot p$。具有该形式分布的随机变量被称为几何随机变量(geometric random variable)。我们之所以这样命名是因为连续的概率值形成了几何序列(geometric sequence),其中任意两个连续项之间的比率为常数(类似于我们在第 24 章中定义的几何级数)。

我们定义一个形如式(29-1)或式(29-2)的函数,它不仅适用于几何随机变量,而且适用于任何随机变量。随机变量 X 的概率质量函数(probability mass function)将每个可能的值 x 映射到 X 关于 x 的概率。概率质量函数表示为 $\mathrm{PMF}_X(x)$,以明确它是随机变量 X 关于 x 的函数,更方便的缩写形式为 $\Pr(X=x)$,即 X 关于 x 的概率:

$$\mathrm{PMF}_X(x) = \Pr(X = x) = \Pr(\{s \in S : X(s) = x\}) \tag{29-3}$$

由于随机变量的值是实数,因此可以对这些值进行数值排序。累积分布函数(cumulative distribution function)描述了随机变量的值低于指定数值的概率:

$$\mathrm{CDF}_X(x) = \Pr(\{s \in S : X(s) \leqslant x\})$$

通常将其缩写为:

$$\mathrm{CDF}_X(x) = \Pr(X \leqslant x)$$

累积分布函数之所以如此命名,是因为它用概率质量函数来描述对于最高达到 x 值的分布的累积:

$$\mathrm{CDF}_X(x) = \sum_{y \leqslant x} \mathrm{PMF}_X(y)$$

累积分布函数可以回答这样的问题诸如:不超过 3 次抛掷就能出现硬币正面朝上的结果的可能性有多大?对于均匀的硬币来说,它将是

$$\mathrm{CDF}_X(3) = \sum_{y=1}^{3} \mathrm{PMF}_X(y) = \sum_{y=1}^{3} \frac{1}{2^y}$$
$$= \frac{1}{2} + \frac{1}{4} + \frac{1}{8} = \frac{7}{8}$$

✱

随机变量 X 的期望值(expected value)也被称为(数学)期望(expectation)或均值(mean),用 $E(X)$ 来表示。它是对 X 可能值的加权平均,权重视其概率而定。如果 X 是具有共域 T 的随机变量,那么它的期望值为

$$E(X) = \sum_{x \in T} \Pr(X = x) \cdot x \tag{29-4}$$

下面让我们在几个简单的实验中试用一下这个定义。

例 29.5 抛掷一个标准六面骰子的期望值是多少?

解:该实验的结果可能的值是具有等概率的整数 1 到 6,因此

$$E(X) = \sum_{i=1}^{6} \left(\frac{1}{6} \cdot i\right) = \frac{1}{6} \cdot \frac{6 \cdot 7}{2} = 3.5 \,[\text{利用式}(3\text{-}12)]$$

注意，随机变量的期望值不一定是其可能值之一。

例 29.6 如果将一个均匀的六面骰子抛掷三次，预计会出现多少个不同的值？

解：该实验存在 6^3 个实验结果。每个结果可以具有 3 个不同的值（例如 5、1 和 6），或者 2 个不同的值（例如 3、4 和 3），或者 1 个不同的值（例如 2、2 和 2）。设 X 是不同值的数量，则 $\Pr(X=1)$ 和 $\Pr(X=3)$ 的计算相对直接，而 $\Pr(X=2)$ 用其他两个结果来表示：

$$\Pr(X=1) = \frac{6}{6^3} = \frac{1}{36}$$

$$\Pr(X=3) = \frac{6!/3!}{6^3} = \frac{20}{36}$$

$$\Pr(X=2) = 1 - \Pr(X=1) - \Pr(X=3) = \frac{15}{36}$$

应用期望值的概念，得到

$$E(X) = \Pr(X=1) \cdot 1 + \Pr(X=2) \cdot 2 + \Pr(X=3) \cdot 3$$

$$= \frac{1 \cdot 1}{36} + \frac{15 \cdot 2}{36} + \frac{20 \cdot 3}{36} \approx 2.53$$

例 29.7 假设将一枚均匀的硬币抛掷 10 次，设 X 是抛掷序列中出现的正面数，求 $E(X)$。

解：X 可以是 0 到 10 之间的任何整数值，在 10 次抛掷序列中，对于任意整数 i，出现 i 个正面的可能为 $\binom{10}{i}$ 种，并且每种序列发生的概率为 $\left(\frac{1}{2}\right)^{10}$，所以

$$E(X) = \sum_{i=0}^{10} \Pr(X=i) \cdot i$$

$$= \sum_{i=1}^{10} \Pr(X=i) \cdot i \quad (由于当 i=0 时,该项的值为 0)$$

$$= \sum_{i=1}^{10} \binom{10}{i} \left(\frac{1}{2}\right)^{10} \cdot i$$

$$= \left(\frac{1}{2}\right)^{10} \cdot 10 \cdot 2^9 \quad (参见习题 23.8)$$

$$= 5$$

这个结果很直观，即具有 4 个正面的序列数量等于具有 6 个正面的序列数量，并且所有这些序列的正面平均数量都是 5。对于 3 和 7、2 和 8、1 和 9，以及 0 和 10，结果都是类似的。

存在简单而实用的公式来计算伯努利和几何随机变量的期望值。

定理 29.8 对于 $0 \leqslant p \leqslant 1$，
- 具有成功概率 p 的伯努利变量的期望值为 p；
- 每次试验具有成功概率 p 的几何随机变量的期望值为 $\frac{1}{p}$。

证明：设 B_p 为伯努利变量。那么

$$E(B_p) = \sum_{x \in \{0,1\}} \Pr(B_p = x) \cdot x$$

$$= (1-p) \cdot 0 + p \cdot 1 = p$$

设 G_p 为几何随机变量。那么

$$E(G_p) = \sum_{i=1}^{\infty} \Pr(G_p = i) \cdot i$$

$$= \sum_{i=1}^{\infty} (1-p)^{i-1} \cdot p \cdot i$$

$$= \frac{p}{1-p} \cdot \sum_{i=1}^{\infty} i \cdot (1-p)^i$$

$$= \frac{p}{1-p} \cdot \frac{1-p}{p^2} \quad [\text{由式}(24\text{-}9)]$$

$$= \frac{1}{p}$$

期望的概念对于计算机科学领域来说很重要,因为它提供了一种计算算法的平均运行时间(average runtime)的方法,相对于第 21 章中讨论的最坏情况运行时间。最坏情况分析给出的是上限,而平均情况分析可以更真实地估算出算法对于典型输入的运行时间。

作为一个例子,我们来考虑一下在已排序列表中查找元素的折半查找(binary search)算法,如第 21 章所述和分析过的。该算法的运行时间为 $\Theta(\log n)$,但它是最坏情况的极限。搜索也可能会在探查了一两个元素之后就成功了。那么,折半查找平均需要多少步?形式化该问题如下。

例 29.9 假设 s 是已排序列表 L 中的一个元素,设 $X(s)$ 是折半查找算法在 L 中找到 s 所必须检测的元素数,求 $E(X)$。

解: 首先,为了简化计算,我们假设 L 是一个长度为 2^k-1 的列表,k 为某个整数。这将确保在算法的每个阶段,所需处理的子列表的长度为奇数,从而我们可以检测到正中间的元素,然后将其删除,剩下长度相同的左右两个子列表,它们的长度也是奇数。

最小步数为 1,即当 s 是 L 的正中间元素时,则发生这种情况;最大步数为 k,即在到达大小为 1 的子列表之前没有找到 s 的情况。期望值将介于这两者之间。

我们需要求得 $\Pr(X=i)$,$1 \leqslant i \leqslant k$。设 L_i 是由 L 中 i 个被检测元素构成的集合,其中的任意一个元素是 s 都是等可能的,那么

$$\Pr(X = i) = \frac{|L_i|}{|L|}$$

L_1 只包含 L 中的正中间元素,因此 $|L_1|=1$。L_2 包含左子列表和右子列表的正中间元素,因此 $|L_2|=2$。在后续的步骤中,L_i 包含的是在 L_{i-1} 检测了一个元素后产生的左右子列表的正中间元素。也就是说,从 $|L_1|=1$ 开始,$|L_i|$ 在每个步骤中都是翻倍的,所以 $|L_i|=2^{i-1}$。(图 29.1 中展示了 $k=4$ 的情况,即列表 L 的长度为 15。在行 $i=1,\cdots,4$ 中,加粗黑框中的元素组成了 L_i)。所以

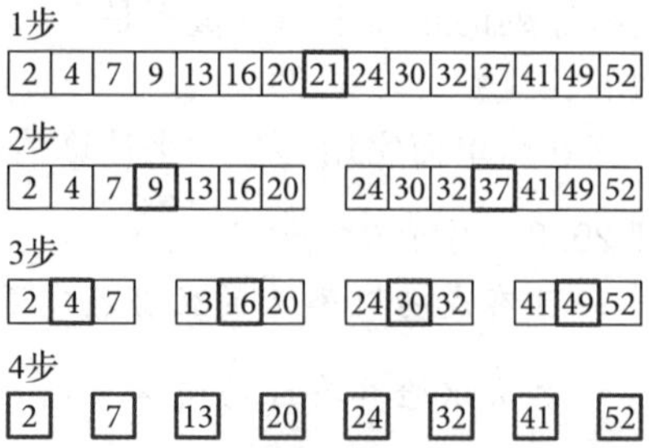

$$E(X) = \sum_{i=1}^{k} \Pr(X = i) \cdot i$$

图 29.1 一个长度为 15 的排序列表,用折半查找找到某个值所需要的步数

$$= \sum_{i=1}^{k} \frac{|L_i|}{|L|} \cdot i$$

$$= \sum_{i=1}^{k} \frac{2^{i-1}}{2^k - 1} \cdot i$$

$$= \left(\frac{1}{2^k - 1}\right) \sum_{i=1}^{k} 2^{i-1} \cdot i$$

$$= \left(\frac{1}{2^k - 1}\right) \cdot (2^k \cdot (k-1) + 1) \quad \text{(参见习题 3.8)}$$

因此，对于折半查找算法来说，平均情况的运行时间并不比最坏情况的运行时间好多少。对于长度为 $2^k - 1$ 的列表来说，如上所述，最坏情况是 k。当 $k \to \infty$ 时，期望值的极限为：

$$\lim_{k \to \infty} E(X) = \lim_{k \to \infty} \frac{2^k \cdot k - 2^k + 1}{2^k - 1}$$

$$= k - 1$$

也就是说，它只比最坏情况少 1 步。虽然步数可以是 1 到 k 之间的任意整数，但是需要步数多的元素还是占大部分，步数少的元素相对较少，因此对于均衡折半查找来说，预估步数会接近最大值。

注意，这只是对在 L 中实际能找到元素的预估运行时的分析，而对于搜索元素不在 L 中的情况来说，折半查找算法会对列表进行 k 次探查后徒劳而返。为了分析项 s 无论是否在列表中的情况的折半查找，我们需要知道搜索项与列表项的比例。如果大多数搜索是针对不在列表中的项，那么算法的平均运行时间将非常接近最坏情况下的运行时间。

一个算法的平均情况运行时间取决于算法及其输入分布的假设两个方面。在对折半查找算法的分析中，我们假设搜索项等可能的位于列表中的任何位置。由于某种原因，当列表的正中间元素是搜索目标的情况高于其他元素时，则平均情况的搜索时间将会减少。对于某些算法来说，平均情况的运行时间远远小于最坏情况的运行时间。快速排序（quick-sort）就是具有这种性质的排序算法——它对排序的列表做了合理的假设。最坏情况的运行时间是 $\Omega(n^2)$，而平均情况的运行时间为 $\Theta(n \log n)$。

随机变量的方差（variance）是对可能值如何分布的一种度量。它定义为变量与均值差的平方的数学期望：

$$\text{Var}(X) = E((X - E(X))^2)$$

$$= \sum_x \Pr(X = x) \cdot (x - E(X))^2$$

因此，如果假设一个随机变量仅有单个值，那么其方差为 0。此外，随机变量的方差从不为负。极值（即远离均值的值）出现得越频繁，方差就越大，如下例所示。

例 29.10 计算下列随机变量的方差，每个随机变量的期望值为 $\frac{1}{2}$。

- X：其值始终为 $\frac{1}{2}$；
- Y：其值为 0 或 1，它们是等概率的；
- Z：其值为 0、$\frac{1}{4}$、$\frac{1}{2}$、$\frac{3}{4}$ 或 1，它们是等概率的。

解：

$$\text{Var}(X) = \left(\frac{1}{2} - \frac{1}{2}\right)^2 = 0$$

$$\text{Var}(Y) = \frac{\left(0 - \frac{1}{2}\right)^2 + \left(1 - \frac{1}{2}\right)^2}{2} = \frac{1}{4}$$

$$\text{Var}(Z) = \frac{\left(0 - \frac{1}{2}\right)^2 + \left(\frac{1}{4} - \frac{1}{2}\right)^2 + \left(\frac{1}{2} - \frac{1}{2}\right)^2 + \left(\frac{3}{4} - \frac{1}{2}\right)^2 + \left(1 - \frac{1}{2}\right)^2}{5} = \frac{1}{8} \quad \blacksquare$$

如果硬币是均匀的，则抛掷该硬币的方差（反面数为 0、正面数为 1）是最大的。更确切的表述如下。

例 29.11 具有成功概率 p 的伯努利变量，其方差是多少？

解： 设变量为 B_p，回顾定理 29.8 可知 $E(B_p) = p$，那么

$$\text{Var}(B_p) = \sum_x \Pr(B_p = x) \cdot (x - E(B_p))^2$$
$$= (1-p) \cdot (0-p)^2 + p \cdot (1-p)^2$$
$$= p \cdot (1-p) \quad \blacksquare$$

因此，对于一枚均匀的硬币，有 $\text{Var}(B_{0.5}) = 0.25$，而对于一枚具有 90% 反面概率的硬币，有 $\text{Var}(B_{0.1}) = 0.09$。它反映的事实是：均值靠近于频繁发生的可能值，而远离很少发生的可能值。

用折半查找算法在有序列表中查找数据项所需探查次数的方差是多少呢？正如我们在例 29.9 中所提到的，如果 X 表示折半查找中所需的步数，则 X 的范围值是从 1 到 k 的（k 约等于以 2 为底列表长度的对数），并且权重更趋于 k，而不是趋向 1 的（见图 29.2）。由于这些值都聚集在均值附近，因此 $\text{Var}(X)$ 应该相对较小。例如，它小于取 1 到 k 等可能的随机变量 Y 的值，而它们具有相同的概率。习题 29.8 验证了这一点。

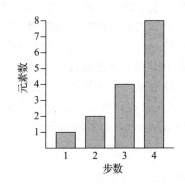

图 29.2 在长度为 15 的列表上，折半查找算法所需步数的 PMF 的直方图

一个随机变量的数学期望和方差可以有令人惊讶的相互作用。进化生物学家 Stephen Jay Gould 提出了一个惊人的理论来解释棒球中 .400 击球手消失的原因[○]。对于不熟悉棒球运动的读者来说，一个球员的平均击球率（batting average）可用来衡量他的进攻能力，它的数值越高越好，算法是用球员的击中次数除以击打次数，它是介于 .000 和 .000 之间的小数。虽然 .400 的击球手在棒球的早期并不少见，但是，最后一个 .400 击球手是 Ted Williams，他在 1941 年击出了 .406 的成绩。从那时起，再没有一个击球手打破 .400 的记录。

例 29.12 为什么不再有 .400 的击球手了？

○ 最初以 *Entropic Homogeneity Isn't Why No One Hits .400 Any More* 为标题发表在 Discover 杂志上，Gould 的理论是他的著作 *Full House：The Spread Of Excellence From Plato To Darwin* 中的一章（Harmony Books，1996）。

解：当然，这不是一个纯粹的数学问题，但是根据Gould理论，它包含了一个重要的数学因素。Gould自相矛盾地认为：.400 击球手的消失是该项运动质量普遍提高的结果。对于大联盟级别（Major League Level）的普通球员，打球曾经是很容易的，当时的竞争压力相对较低，其结果就是，球员击中率的方差很大；最好的球员在今天也还是好的球员，而差的球员在今天不会再出现在任何球队中了。天才选手的集中并没有带来击中率的普遍提高，正是因为规则的制定者调整了规则，使得击中率的均值（或期望）大致保持为一个常量，约为.260。（例如，规则委员会可以升高投球丘或扩大击球区域，从而不利于击打，因此降低击中率）。由于击中率的期望值已大致保持为一个常量，同时它的方差值减小，远离均值的击中率（.400以上，包括.400在内），已经变得很罕见或完全不存在了。∎

※

数学期望与方差的应用常常会涉及一个随机变量函数，或多个随机变量函数的加法与乘法的组合。

有些简单的数学规则可用于期望和方差在组合时的代数操作。

定理 29.13 数学期望的基本性质。设 c 是一个常量，X 是一个随机变量。那么

(a) $E(c)=c$；

(b) $E(E(X))=E(X)$；

(c) $E(cX)=cE(X)$。

证明：(a) c 只有唯一的取值就是 c，概率为 1，因此根据期望的定义可得

$$E(c) = \sum_c \Pr(c=c) \cdot c = 1 \cdot c = c$$

(b) $E(X)$ 是一个数值，不是随机变量，因此，根据（a），有 $E(E(X))=E(X)$。

(c) 设 T 是 X 的共域，则：

$$E(cX) = \sum_{x \in T} \Pr(X=x) \cdot cx$$
$$= c \sum_{x \in T} \Pr(X=x) \cdot x = cE(X)$$

∎

例如，假设 X 是一个随机变量，它表示抛掷一个六面骰子得到的某个面的数值。例 29.5 中显示 $E(X)=3.5$。那么，加倍抛掷次数的期望值应该是

$$E(2X) = 2E(X) = 2 \cdot 3.5 = 7$$

"对一个骰子加倍抛掷次数"的值可以视为两个随机变量 X 和 Y 之和，其中两个变量同样都取单次抛掷的数值。更一般地说，对于任意两个随机变量 X 和 Y，无论它们是否相等、完全无关，或者它们之间存在某种联系，我们都可以简单地将它们的期望值相加。

定理 29.14 两个随机变量之和的数学期望等于它们数学期望的和，即 $E(X+Y)=E(X)+E(Y)$。

上述规则"随机变量和的期望是随机变量期望的和"，是有关用复杂表达式中的随机变量的期望来求复杂表达式的期望的众多规则之一。它有助于从数学期望定义出发的证明，以及用各种结果的概率而不是用随机变量各种值的概率来重新定义它。公式（29-4）定义了一个随机变量 X 的期望为 $x \in T$ 的所有值之和，其中 T 是随机变量的共域：

$$E(X) = \sum_{x \in T} \Pr(X=x) \cdot x$$

下述引理则是对所有可能的结果 $s \in S$ 求和。

引理 29.15 如果 X 是一个随机变量，其定义域是样本空间 S，那么它的期望值 $E(X)$ 等于 X 对 S 中每个结果取值的加权平均，权重依赖于每个结果的概率，即

$$E(X) = \sum_{s \in S} \Pr(s) \cdot X(s)$$

该引理的证明留作习题 29.6。本质上说，我们可以改变双重求和的顺序，即对 X 的全部可能值求和以及对产生这些值的全部结果求和。因此，可以用只对全部可能结果的求和来替代。

这个替换公式使定理 29.14 的证明变简单了。

定理 29.14 的证明。 设样本空间 S 为 X 和 Y 的定义域⊖，应用引理 29.15，得到

$$E(X+Y) = \sum_{s \in S}(\Pr(s) \cdot (X(s)+Y(s)))$$

$$= \sum_{s \in S}(\Pr(s) \cdot X(s)) + \sum_{s \in S}(\Pr(s) \cdot Y(s))$$

$$= E(X) + E(Y) \quad \text{（根据期望的定义）} \qquad \blacksquare$$

应用归纳法，定理 29.14 可以扩展到任意有穷个变量的和。将该扩展与定理 29.13 (c) 相结合，我们可以证明一条更一般的规则——数学期望的线性性（linearity of expectation）。

定理 29.16 对于随机变量 X_i 和常量 c_i，有

$$E\left(\sum_i c_i X_i\right) = \sum_i c_i E(X_i)$$

证明留作习题 29.1。

数学期望的线性性使得在给定 X 和 X^2 期望的情况下，X 方差的计算变得更容易了。

定理 29.17 $\mathrm{Var}(X) = E(X^2) - E(X)^2$。

证明： 从定义出发，有

$$\mathrm{Var}(X) = E((X-E(X))^2)$$
$$= E(X^2 - 2XE(X) + E(X)^2)$$
$$= E(X^2) - E(2XE(X)) + E(E(X)^2) \qquad (29\text{-}18)$$

其中，最后一步就是根据定理 29.16 所得。式 (29-18) 的中间项可以化简，因为 2 和 $E(X)$ 都是常量，所以 $E(2XE(X)) = 2E(X)^2$。同样，$E(E(X)^2) = E(X)^2$。那么式 (29-18) 化简为 $E(X^2) - E(X)^2$，得证。 $\blacksquare$

现在考虑计算几何随机变量的方差。

定理 29.19 每次试验成功概率为 p 的几何随机变量的方差为 $\dfrac{1-p}{p^2}$。

例如，抛掷硬币直到出现正面的计数问题。这是一个几何随机变量。对于一枚均匀的硬币，$p=0.5$；对于一枚正面概率仅为 0.1 的硬币，$p=0.1$。在第一种情况下，方差为 2，在第二种情况下方差为 90。

证明： 从定理 29.17 的方差公式开始，应用期望的线性性技巧进行变换：

⊖ 我们可以说 X 和 Y 共享同一个样本空间 S，即使 X 和 Y 指的是不同的实验。例如，X 是关于抛掷硬币结果的函数，Y 是关于掷骰子结果的函数。在这种情况下，S 是它们样本空间的叉乘。

$$\text{Var}(X) = E(X^2) - E(X)^2$$
$$= E(X(X-1)) + E(X) - E(X)^2 \tag{29-20}$$

现在,将项 $E(X(X-1))$ 转换为前面使用过的级数形式:

$$E(X(X-1)) = \sum_{i=1}^{\infty} \Pr(X=i) \cdot i(i-1)$$
$$= \sum_{i=1}^{\infty} (1-p)^{i-1} p \cdot i(i-1)$$
$$= \sum_{i=2}^{\infty} (1-p)^{i-1} p \cdot i(i-1) \quad (\text{当 } i=1 \text{ 时,项的值为 } 0)$$
$$= (1-p)p \sum_{i=2}^{\infty} i(i-1)(1-p)^{i-2} \tag{29-21}$$

现在需要应用微积分知识,因为这个和是几何级数的二阶导数:

$$\sum_{i=2}^{\infty} i(i-1)(1-p)^{i-2} = \frac{d^2}{dp^2} \left(\sum_{i=0}^{\infty} (1-p)^i \right)$$
$$= \frac{d^2}{dp^2} \left(\frac{1}{1-(1-p)} \right) \quad [\text{根据公式}(24\text{-}8)]$$
$$= \frac{2}{p^3} \tag{29-22}$$

将式 (29-22) 代回到式 (29-21),得到

$$E(X(X-1)) = (1-p)p \cdot \frac{2}{p^3} = \frac{2(1-p)}{p^2} \tag{29-23}$$

最后,将式 (29-23) 代回到式 (29-20),并使用规则 $E(X) = \frac{1}{p}$ (定理 29.8),得到

$$\text{Var}(X) = E(X(X-1)) + E(X) - E(X)^2$$
$$= \frac{2(1-p)p}{p^3} + \frac{1}{p} - \frac{1}{p^2} = \frac{1-p}{p^2} \qquad \blacksquare$$

❋

定理 29.14 表达的思想是:和的期望等于期望的和。它提出了进一步的问题:对于其他运算,是否也具有相似的关系?例如,乘积的期望是否是期望的乘积?倒数的期望是否是期望的倒数?结合这两个问题,那么,商的期望又是什么呢?

对于倒数的情况,答案是否定的。因此关于商的情况,答案也是否定的。关于乘积的答案是:只有当两个随机变量是独立的,它们乘积的期望才是它们期望的乘积。稍后我们将对此进行定义。下面的示例将说明对于倒数和乘积,这些关系通常是不成立的。

例 29.24 假设赌场中的一项游戏提供 50% 的获胜机会。一个赌徒决定重复地玩这项游戏,直到获胜为止。设 G 是在此策略下玩游戏的次数,那么 G 的期望值是多少?获胜占比的期望值是多少?失败占比的期望值又是多少?

解:G 是一个几何随机变量,其中,每次试验获胜的概率为 $\frac{1}{2}$,因此根据定理 29.8,有

$$E(G) = \frac{1}{\left(\frac{1}{2}\right)} = 2$$

如果 L 是获胜之前的失败次数,那么
$$E(L) = E(G-1) = E(G) - 1 = 1$$
由于游戏 G 只有最后一次是获胜的,因此获胜占比的期望为
$$E\left(\frac{1}{G}\right) = \sum_{i=1}^{\infty} \Pr(G=i) \cdot \frac{1}{i}$$
$$= \sum_{i=1}^{\infty} \frac{1}{2^i} \cdot \frac{1}{i} \tag{29-25}$$

如果我们将式(29-25)一般化,即用变量 x 代替值 $\frac{1}{2}$,那么计算会更容易:
$$\sum_{i=1}^{\infty} \frac{1}{i} x^i \tag{29-26}$$

我们现在可以用一点微积分知识来解决这个问题。级数的和就是对下式的积分:
$$\sum_{i=1}^{\infty} x^{i-1} = \sum_{i=0}^{\infty} x^i = \frac{1}{1-x} [根据公式(24-8)] \tag{29-27}$$

但是对 $\frac{1}{1-x}$ 的积分结果是 $-\ln(1-x)$,因此代入 $x=\frac{1}{2}$,得到公式(29-25)的值是
$$\sum_{i=1}^{\infty} \frac{1}{2^i} \cdot \frac{1}{i} = -\ln\left(1 - \frac{1}{2}\right)$$
$$= \ln 2 \approx 0.69$$

现在我们得到了 $E\left(\frac{1}{G}\right)$。注意到,$G$ 的倒数的期望不是 G 的期望的倒数:
$$\ln 2 = E\left(\frac{1}{G}\right) \neq \frac{1}{E(G)} = \frac{1}{2}$$

现在,我们来求 $E\left(\frac{L}{G}\right)$。因为 L 依赖于 G,所以我们不能简单地用 $E(L)$ 乘以 $E\left(\frac{1}{G}\right)$,即由 $E(L)=1$ 得出 $E\left(\frac{L}{G}\right) = E\left(\frac{1}{G}\right) = \ln 2$ 是不对的。因为失败的占比加上获胜的占比将高于 1。

转而使用期望的线性性质,可以得到:
$$E\left(\frac{L}{G}\right) = E\left(\frac{G-1}{G}\right) = 1 - E\left(\frac{1}{G}\right)$$

即 $1-\ln 2 \approx 0.31$。 ∎

❋

我们何时可以用期望值的乘积来求变量乘积的期望值呢?像事件一样,随机变量可以是独立的(independent)。事实上,随机变量独立性的定义是基于每个事件取值的独立性。也就是说,X 与 Y 是独立的,如果事件 $X=x$ 和 $Y=y$ 对所有 x 和 y 都是独立的。

回顾式(26-12)中关于独立事件的定义,我们可以给出随机变量独立性的形式化定义。假设 X 和 Y 分别具有共域 T_X 和 T_Y,则 X 和 Y 是独立的当且仅当对于每个 $x \in T_X$ 和 $y \in T_Y$,都有
$$\Pr((X=x) \cap (Y=y)) = \Pr(X=x) \cdot \Pr(Y=y)$$

当两个变量相互独立时,它们乘积的期望就是它们期望的乘积。

定理 29.28 如果 X 和 Y 是独立的,那么

$$E(X \cdot Y) = E(X) \cdot E(Y)$$

证明：设 T_X 和 T_Y 分别为 X 和 Y 的共域。从期望的定义出发，再应用独立性定义，则 $E(X \cdot Y)$ 就等于下面的和：

$$E(X \cdot Y) = \sum_{x \in T_X, y \in T_Y} (\Pr((X = x) \cap (Y = y)) \cdot xy)$$

$$= \sum_{x \in T_X} \sum_{y \in T_Y} (\Pr(X = x) \cdot \Pr(Y = y) \cdot xy)$$

从内部求和的角度来看，其中的 y 是变量，任何用 x 定义的量都是常量。因此，我们可以从内部求和提出因子 $\Pr(X=x)$ 和 x：

$$E(XY) = \sum_{x \in T_X} \Big(\Pr(X = x) \cdot x \cdot \Big(\sum_{y \in T_Y} \Pr(Y = y) \cdot y \Big) \Big)$$

类似地，只涉及 y 的求和是关于 x 的常量，因此最后一个表达式可以变换为

$$E(XY) = \Big(\sum_{x \in T_X} \Pr(X = x) \cdot x \Big) \Big(\sum_{y \in T_Y} \Pr(Y = y) \cdot y \Big)$$

恰好是 $E(X)E(Y)$，得证。∎

独立随机变量具有多项普通随机变量不具备的性质。例如，两个独立变量和的方差是它们方差的和。而对于任意随机变量是不满足这个性质的，如下例所示。

例 29.29 设 X 是随机变量。$\mathrm{Var}(X+X)$ 等于什么？

解：首先，注意通常 X 与自身不是独立的，因为

$$\Pr(X = x \cap X = x) = \Pr(X = x)$$

不等于

$$\Pr(X = x) \cdot \Pr(X = x) = \Pr(X = x)^2$$

除非 $\Pr(X=x)$ 等于 0 或 1。

再考虑 $\mathrm{Var}(X+X)$，有

$$\mathrm{Var}(X + X) = \mathrm{Var}(2X)$$
$$= E((2X)^2) - E(2X)^2$$
$$= E(4X^2) - (2(E(X))^2$$
$$= 4E(X^2) - 4E(X)^2$$
$$= 4\mathrm{Var}(X)$$

它不等于 $\mathrm{Var}(X)\mathrm{Var}(X)$，除非 $\mathrm{Var}(X)=0$。∎

另一方面，当两个变量相互独立时，它们和的方差是它们方差的和。

定理 29.30 如果 X 和 Y 是独立的，那么 $\mathrm{Var}(X+Y) = \mathrm{Var}(X) + \mathrm{Var}(Y)$。

证明：从定理 29.17 给出的方差公式出发，有

$$\mathrm{Var}(X+Y) = E((X+Y)^2) - E(X+Y)^2$$
$$= E(X^2 + 2XY + Y^2) - (E(X) + E(Y))^2$$

然后对第一项应用线性性，再将第二项的平方展开，我们可以得到

$$\mathrm{Var}(X+Y) = E(X^2) + E(2XY) + E(Y^2) - (E(X)^2 + 2E(X)E(Y) + E(Y)^2)$$

根据线性性质以及 X 和 Y 的独立性，可得 $E(2XY)=2E(X)E(Y)$，因此得到

$$\mathrm{Var}(X+Y) = E(X^2) + E(Y^2) - (E(X)^2 + E(Y)^2)$$
$$= E(X^2) - E(X)^2 + E(Y^2) - E(Y)^2$$
$$= \mathrm{Var}(X) + \mathrm{Var}(Y)$$

∎

※

下面我们以这些技术在计算机科学问题中的应用来结束本章。特别指出，期望的线性性是非常强大的工具，可以简化其他方法中非常棘手的计算。我们考虑下面的一个应用，其中我们需要计算事件序列中的"成功"数，且每一个"成功"都将影响到另一个"成功"的概率。

例 29.31 雇佣问题。一家公司正在招聘一个空缺职位。在 n 天中，该公司每天面试一名候选人。当面试的候选人比现有的某雇员更好时，则该候选人立即被雇佣（且解雇现有的某雇员）；当面试的候选人比现有的雇员差时，则雇员保留职位。面试结束后，公司平均会雇佣多少人？

解：首先，我们用算法语言来重述这个问题。假设候选人标号为 1 到 n，并按照随机顺序进行面试，那么面试过程就是重复遍历由 n 个不同数字组成的随机排序表，且始终跟踪当前的最大值，目标是找到最大值更新的期望次数。

假设 I_j 是指示器变量，在列表中，当第 j 个元素是前 j 个元素中的最大值时，I_j 为 1。则 $\Pr(I_j=1)=\dfrac{1}{j}$，因此 $E(I_j)=\dfrac{1}{j}$。

我们的目的是求指示器变量总和的期望值，即

$$E(\sum_{j=1}^{n} I_j)$$

如果不用线性性来解决，这个问题看上去就会很棘手，因为 I_j 不是独立的，即：如果元素 j 大于前面所有的元素，那么元素 $j+1$ 也大于它之前所有元素的可能性就比较小，因为元素 j 已经很大了。但是由于期望具有线性性，这将不再是问题。为了求和 $E(\sum_{j=1}^{n} I_j)$，我们可以将求和化简为

$$\sum_{j=1}^{n} E(I_j) = \sum_{j=1}^{n} \frac{1}{j}$$

这正是调和级数 H_n，我们在第 24 章中曾遇到过。根据式（24-26），它能用自然对数来近似：

$$\ln n \leqslant H_n \leqslant \ln(n+1)$$

因此，雇佣的期望数介于 $\ln n$ 和 $\ln(n+1)$ 之间。∎

注意，最小雇佣人数为 1（在第一个候选人是最好的情况下），最大雇佣人数为 n（在以升序面试候选人的情况下），因此平均雇佣人数明显小于最坏情况数。

最后，我们来分析一个计算机程序员熟悉的例子。哈希表（hash table）是一种数据结构，用于存储由主键（key）和关联值（value）构成的键值对（key-value pair）。键值对的存储结构能够在已知键值时快速检索到相应的关联值。一个键值对也被称为记录（record），由哈希函数（hash function）（在习题 1.13 中首次提到）按照主键与桶的映射关系将其存储在一个"桶"中。常见的哈希表设计是所用的桶能够存储多个记录，例如链表。如果不存在将两个不同记录的键值映射到同一个桶的情况，则可以通过哈希函数对键值的计算，从相应的桶中存取记录。如果发生多个记录的键值映射到同一个桶的情况，则称发生了冲突（collision），此时桶内也需要用键值搜索记录。为了保证较低的检索时间，哈希函数应该最小化冲突，并均匀分布键值于桶上。（见图 29.3。）

例 26.9 中关于一群人中有相同生日的问题，可视为对哈希表冲突可能性的分析，即：

具有 365 个桶存储 $n \leqslant 365$ 个记录，哈希函数将映射每个人到他们的生日上。

在设计哈希表时，我们更多注重哈希冲突的概率（它比较费时，因为桶内还要再搜索）而非可能的空桶数（空桶的代价在另一方面：浪费空间）。因此，我们自然会问：假设我们在长度为 k 的哈希表中存储了 n 条记录，那么 k 个桶中空桶的期望值是多少？它依赖于 n 和 k 之间的关系，可以是 0（如果记录数远远大于桶数）到 $k-1$（如果只有一条记录）之间的任意数。

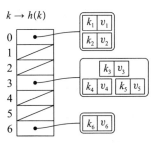

图 29.3 哈希表的架构表示。哈希函数 h 用于将键值映射到桶上，该桶存入相应的键值对。这个特定的哈希表有七个桶，其中四个是空的，另外三个桶分别存有两个、三个和一个键值对。因为 k_1 和 k_2 的哈希值冲突了：$h(k_1) = h(k_2) = 0$，所以键 k_1 和 k_2 关联的记录都在桶 0 中

例 29.32 假设一个哈希表用 k 个桶来存储 n 条记录，并且

- 哈希函数随机地分布记录于各个桶，每个桶具有相等的概率；
- 每个记录的位置独立于其他所有记录的位置。

（关于哈希函数的这些假设构成了"简单均匀哈希假设"）。空桶数的期望值是多少呢？

解： 同样，乍一看，这个问题似乎很难，有一个桶是空的会使得下一个桶为空的可能性更小，因为记录一定会在某处结束。换句话说，指示每个桶是否为空的事件不是相互独立的。

而期望的线性性使得我们对问题的分析更容易。将桶标记为 0 到 $k-1$，并定义 I_j 为事件"桶 j 为空"的指示器随机变量。j 为空的概率就是所有 n 个记录落入其他 $k-1$ 个桶中的概率，即

$$\left(\frac{k-1}{k}\right)^n$$

因此，I_j 是 1 的概率为 $\left(\frac{k-1}{k}\right)^n$，是其余的可能为 0。每个桶 $j(0 \leqslant j \leqslant k-1)$ 的计算是相同的。

那么，空桶的期望数就是指示器变量和的期望值，即

$$E\left(\sum_{j=0}^{k-1} I_j\right) = \sum_{j=0}^{k-1} E(I_j) = k \cdot \left(\frac{k-1}{k}\right)^n$$

对我们提到的两种极端情况，该公式给出了正确的结果（当 $n=1$ 时，期望值为 $k-1$。而随着 n 的无限增长结果接近于 0）。取中间值的情况，如果 1000 条记录要放在 1000 个桶的哈希表中，期望大约为 368 个桶为空，记录分布在其余的 632 个桶上，因为

$$k \cdot \left(\frac{k-1}{k}\right)^n = 1000 \cdot \left(\frac{999}{1000}\right)^{1000} \approx 367.70$$

当我们增加桶数到 10 000 时，桶中会出现更多的单独记录，尽管仍然存在冲突：

$$k \cdot \left(\frac{k-1}{k}\right)^n = 10000 \cdot \left(\frac{9999}{10000}\right)^{1000} \approx 9048.33$$

因此，1000 条记录的期望分布在 952 个桶中，其余 9048 个桶是空的。 ∎

如果将所有的元素以列表结构存储在一个桶中以解决冲突，那么可通过计算哈希函数来读取记录，然后线性地遍历桶中列表以搜索键值。每个桶中记录的期望值恰好为 $\frac{n}{k}$。假

设计算哈希函数的时间为 $O(1)$，那么平均情况的查找时间是 $\Theta\left(1+\dfrac{n}{k}\right)$。当所有记录都落在同一个桶中，最坏的情况发生，因此，查找一个元素需要线性遍历长度为 n 的列表，所需时间为 $\Theta(n)$。

如果哈希表大于记录数，则平均查找时间由 $\Theta\left(1+\dfrac{n}{k}\right)$ 减少到 $\Theta(1)$，也就是说，平均查找时间是个常量。在分析过程中，我们将 k 视为变量而不是常量，即：哈希表的实现通常是动态的，表的长度将随着记录的增加而调整，于是总会有 k 大于 n。如果哈希表不能调整长度，那么 k 被视为常量，运行时间是 $\Theta(n)$，查找时间会随着表中存储的记录数接近表的长度而降低。

本章小结

- 随机变量描述了一个不确定的值，但具有一个可能值的范围，每个值都有确定的概率。
- 伯努利变量或指示器变量是一个随机变量，它用于指示一个事件是否发生，仅有两个值 1（成功）和 0（失败）。
- 几何随机变量表示构成伯努利试验序列（在首次成功后结束）的试验次数。
- 随机变量 X 的概率质量函数描述了 X 等于给定值的概率，记为 $\mathrm{PMF}_X(x)$ 或 $\Pr(X=x)$。
- 随机变量 X 的累积分布函数描述 X 小于等于某个给定值的概率，记为 $\mathrm{CDF}_X(x)$ 或 $\Pr(X \leqslant x)$。
- 随机变量 X 的期望值或数学期望记为 $E(X)$，是 X 可能取值的加权均值：
$$E(X) = \sum_{x \in T} \Pr(X=x) \cdot x$$
- 算法的平均运行时间是一个描述运行时间期望值的函数，它依赖于算法本身以及算法的输入分布。
- 随机变量的方差是对可能值分布程度的度量，具有下列两个等价定义：
$$\mathrm{Var}(X) = E((X-E(X))^2) = E(X^2) - E(X)^2$$
- 期望是线性的：$E\left(\sum_i c_i x_i\right) = \sum_i c_i E(x_i)$。
- 成功概率为 p 的伯努利变量的期望值是 p，方差为 $p(1-p)$。
- 成功概率为 p 的几何随机变量，对于每次试验，有 $\Pr(X=n)=(1-p)^{n-1}p$，期望值为 $\dfrac{1}{p}$，方差为 $\dfrac{(1-p)}{p^2}$。
- 两个变量 X 和 Y 是独立的意味着事件 $X=x$ 和 $Y=y$，对于 x 和 y 的所有值都是独立的，即
$$\Pr((X=x) \cap (Y=y)) = \Pr(X=x) \cdot \Pr(Y=y)$$
- 如果两个变量 X 和 Y 是独立的，则
$$E(X \cdot Y) = E(X) \cdot E(Y)$$
$$\mathrm{Var}(X+Y) = \mathrm{Var}(X) + \mathrm{Var}(Y)$$

习题

29.1 证明期望是线性的（定理 29.16），即对于随机变量 X_i 和常量 c_i，有

$$E(\sum_i c_i X_i) = \sum_i c_i E(X_i)$$

应用定理 29.13 和定理 29.14。

29.2 设 X 表示抛掷数，其值至少为 5，在一个均匀 6 面骰子抛掷 10 次的序列中，求 $E(X)$。

29.3 考虑下列骰子游戏：

(a) 掷一次骰子，然后决定是将其值作为得分，还是再掷一次骰子。如果是再掷骰子一次，那么得分就是第二次掷骰子的值。怎样的策略可以使得分的期望最大化，得分的期望是多少？

(b) 重复掷骰子，当掷出 1 时停止。得分是所有掷出的骰子值的总和。得分的期望是多少？

29.4 求下列各项的方差：

(a) 掷一个均匀的 6 面骰子一次。

(b) 掷一个均匀的 6 面骰子一次并将得到的值加倍。

29.5 考虑下列在 2~12 之间产生随机数的方法。它们的期望和方差分别是什么？与抛掷一个骰子并加倍结果的期望和方差相比较，会得到怎样的结果呢？（见习题 29.4。）

(a) 抛掷一个均匀的 6 面骰子两次，将结果相加。

(b) 抛掷一个均匀的 11 面骰子，每个面的值介于 2~12 之间。

29.6 证明引理 29.15。提示：从式（29-4）出发。然后用式（29-3）替换 $\Pr(X=x)$ 的定义得到一个双层求和，即对 $x \in T$ 的所有可能值和对 $s \in S$ 的所有可能结果——$X(s)=x$ 分别进行求和。然后变换求和顺序，从而得到需要的等式。

29.7 数字 n 可以用 $\lg n$ 的二进制数字来表示，如在第 21 章中我们所看到的那样。当一个数非常大，我们需要更紧凑的表达方式时，相比于精确值，可接受的估算值是什么？例如，对频繁发生事件的计数。下面的近似计数算法（approximate counting algorithm）提供了具有正确期望的估算值，并且只需要 $\lg\lg n$ 位[⊖]，计数器的初始值设置为 $c=0$。在事件每次发生时，c 以概率 $\frac{1}{2^c}$ 递增。最后，输出值为 2^c-1。

例如，当 c 的当前值为 0 时，以概率 1 递增；当 c 为 3 时，则以概率 $\frac{1}{8}$ 递增。设 X_n 为 n 次事件后计数器的值。

(a) 用 $\Pr(X_n=i)$ 和 $\Pr(X_n=i-1)$ 来表示 $\Pr(X_{n+1}=i)$。

(b) 应用上一问中的关系，用归纳法证明 $E(2^{X_n}-1)=n$。

29.8 设 X 表示在长度为 2^k-1 的列表中用折半查找查找一个元素所需的步数，已知要查找的元素在列表中，设 Y 等可能地取 1 到 n 之间任意一个整数，求 $\text{Var}(X)$ 和 $\text{Var}(Y)$。提示：应用下列来自习题 3.8 的等式计算 $E(X^2)$。

$$\sum_{i=1}^{k} 2^{i-1} \cdot i^2 = 2^k(k^2-2k+3)-3$$

29.9 假设一个哈希表包含 k 个桶并保存了 n 条记录（$k,n \geqslant 2$），并假设哈希函数满足简单均匀哈希假设。

(a) 求恰好包含 1 条记录的桶数期望值。提示：定义 $E_{j,m}$ 为桶 j 包含第 m 条记录而不包含其他条记录的事件。定义 E_j 为桶 j 刚好包含一条记录的事件。求 $\Pr(E_j)$，

⊖ 该算法由密码学家 Robert Morris 于 1977 年设计出。

应用E_j是不相交事件$E_{j,m}$的并集这一事实。最后，为每个事件E_j定义指示器变量I_j，应用期望的线性性求解。

(b) 求包含 2 条或更多记录的桶数期望值。提示：应用前面算得的值以及例 29.32 中的结果取代直接计算。

29.10 在例 29.32 中，一个桶大小的期望值是多少（桶大小是指它包含的记录数）？一个非空桶大小的期望值是多少？比较在 $n=k$、$n=2k$ 和 $n=\dfrac{k}{2}$ 的情况下它们的数值。

第 30 章

模 运 算

模运算就像是大白话,你可能没有意识到你一生都在使用它。例如,当你需要每 6 小时吃一片药,并且在晚上 10 点吃了当天的最后一片药时,那么你就需要在次日凌晨 4 点吃下一片。数学上,我们记作:

$$10+6\equiv 4(\bmod 12) \tag{30-1}$$

因为时钟(至少是旧式模拟时钟)每 12 小时重复一次(见图 30.1)。在军事领域中,代之以 24 小时制,这时我们会说,当你的最后一片药是在 22 点服下时,那么,下一片将在 4 点服下。也就是说

$$22+6\equiv 4(\bmod 24) \tag{30-2}$$

当然,我们忽略了诸多细节,像要明确是"第二天",等等。

图 30.1 在时钟盘面上加入了 $10+6\equiv 4$ (模 12)的表示。按照惯例,传统模拟时钟上的零点标记为 12 而不是 0,即 $12\equiv 0(\bmod 12)$

式(30-1)和式(30-2)中使用的表示方法并不是很理想,但这已经成为我们文化传承中不可改变的一部分。(mod 12)应解释为等价符号的一部分。即式(30-1)表示的是 $10+6$ 和 4 关于某种特定的等价关系是等价的,因此,将其表示为 $\equiv_{12}$ 更确切。那么这个特定的等价关系是什么呢?它将两个整数除以 12 会得到相同的余数。回顾第 15 章,对于正整数 p 和 q,当用 p 除以 q 时,我们用符号 $p \bmod q$ 来表示余数,它在 0 到 $q-1$ 之间(包含两端)。于是,我们用三种等价方式来定义 $x\equiv y \pmod m$。

对于任意的整数 $m>0$,以及任意的 $x,y\in\mathbb{Z}$,

$$x\equiv y(\bmod m)$$

1. 当且仅当

$$x \bmod m = y \bmod m \tag{30-3}$$

2. 当且仅当存在 r,其中 $0\leqslant r<m$,并且存在整数 i 和 j 使得

$$x=i\cdot m+r$$

和

$$y=j\cdot m+r \tag{30-4}$$

3. 当且仅当

$$x-y \text{ 能被 } m \text{ 整除} \tag{30-5}$$

我们将这三个定义的等价性留作练习(习题 30.1)去详细证明。对于任意确定的 m,$x\equiv y(\bmod m)$ 在 $\mathbb{Z}$ 上是等价关系吗?从式(30-3)中很容易看出来:当除以 m 的余数相等时,这个关系是自反、对称和传递的。

对于确定的 m,$x\equiv y(\bmod m)$ 的等价类被称为模 m 的同余类(congruence class modulo m)。对于每个非负整数 $r<m$,同余类是除以 m 所得余数为 r 的整数集合。因此,正好有 m 个这样的等价类或同余类。将等价类集合记为

$$\mathbb{Z}_m=\{\{x\in\mathbb{Z}: x \bmod m = r\}: 0\leqslant r<m\} \tag{30-6}$$

此外，我们将包含整数 x 的等价类记为 $[x]$（没有声明 m 的值，可从上下文中理解其含义）。因此，当 $m=12$ 时，我们可以用 $[10+6]=[4]$ 来表示，当然，用 $[10+6]=[-20]$（示例之一）来表示也是成立的。回顾第 9 章，我们实际看到了隐藏的 $\mathbb{Z}_2$，即异或操作就是 $\mathbb{Z}_2$ 中的加法。

我们可以对同余类进行某些算术运算，如加法和减法，产生的结果仍为同余类。例如，我们可以定义 $[x]+[y]$ 为 $[x+y]$，作为示例，即 $[10]+[6]$ 等同于同余类 $[16]$，也就是 $[4]$。这并不混乱，只需要 $[10]$ 与 $[6]$ 中的两个元素相加即可——每一个集合都有无穷多个成员。相等的同余类中无论哪一个元素都可以选作代表元素。也就是说，我们需要确信以下定理。

定理 30.7 如果 $x' \in [x]$ 且 $y' \in [y]$，则 $x'+y' \in [x+y]$。

证明： 假设 x 和 x' 除以 m 的余数都为 r，y 和 y' 除以 m 的余数都是 s。那么 $[x+y]=[r+s]=[x'+y']$。∎

对于减法也是如此，$[x]-[y]$ 可以同样地定义为 $[x-y]$；这也适用于乘法，$[x]\cdot[y]$ 可以定义为 $[x\cdot y]$。由于 $[x]$ 和 $[y]$ 中的任一元素选做代表都可以，故从 $[x]$ 和 $[y]$ 中分别选取 x' 和 y'，将它们相乘，并取模 m 的余数，其结果等同于将 x 和 y 相乘后再取模 m 的余数。

这些不起眼的同余类运算乍看起来很像是普通算术运算，只不过系统中只有 m 个"数"。很容易看出，对于任意的 $x \in \mathbb{Z}$，还有加法和乘法的幺元，即

$$[0]+[x]=[x]+[0]=[x] \tag{30-8}$$

和

$$[1]\cdot[x]=[x]\cdot[1]=[x] \tag{30-9}$$

✳

在讨论 $\mathbb{Z}_m$ 的除法之前，我们先讨论一下更为复杂的指数运算。

首先，由已有的乘法定义，直接可以得出 $\mathbb{Z}_m$ 元素的整数幂运算的定义：

$$[x]^n=[x^n] \tag{30-10}$$

它只是简单地重申下述规则，即

$$\overbrace{[x\cdot x\cdots\cdot x]}^{n\uparrow}=\overbrace{[x]\cdot[x]\cdots\cdot[x]}^{n\uparrow} \tag{30-11}$$

例 30.12 设 $m=7$，求 $[10^3]$。

解： 我们可以用两种方法来求解。如果我们先计算 10^3 然后除以 7，可以得到 $1000=142\cdot 7+6$，所以 $[1000]=[6]$。另一种方法是：如果我们先计算 $[10]=[3]$，那么 $[10]^3=[3]^3=[27]=[6]$，因为 $27=3\cdot 7+6$。∎

特别提醒： $[x^y]=[x]^{[y]}$ 是不成立的，即使表达式 $[x]^{[y]}$ 具有很明确的含义。为了简化运算，我们设 $m=10$，那么 $[2^{11}]=[2048]=[8]$。但是，如果基于 $[11]=[1]$ 来计算 $[2^1]$，结果为 $[2]$，而不是 $[8]$。

为此，我们给出模运算的基本规则（cardinal rule of modular arithmetic）：当我们对 $\mathbb{Z}_m$ 的元素进行加法、减法或乘法运算时，可以在任何地方用 $x \bmod m$ 替换 x。当计算 x^n 时，也可以用 $x \bmod m$ 替换 x，但是不能对指数 n 做类似的替换。

基本规则很大程度地加快了计算的速度。当 $m=10$ 时，我们要计算 $[12345\cdot 54321]$，可以按照指定的顺序费力地进行。首先做乘法，得到的结果为：

$$[12345\cdot 54321]=[670592745]$$

然后化简结果，做模 10 运算，得到答案[5]。但是如果我们先对模 10 运算进行化简，那么一切都将变得容易多了。

$$[12345 \cdot 54321] = [12345] \cdot [54321] = [5] \cdot [1] = [5]$$

有关模指数运算的第二项观察是，通过反复平方可以加速运算。无论中间结果是否被模 m 化简，当指数 n 很大时，计算$[x^n]$都需要很长的时间，即实际需要做 $n-1$ 次乘法运算，如式（30-11）中所示。通过计算 x 一半的指数然后再平方，可以显著缩短时间，即只增加一次乘法，如果指数是奇数，那么增加两次乘法得到：

$$x^n = (x^{\frac{n}{2}})^2, \quad \text{当 } n \text{ 为偶数}$$

$$x^n = (x^{\frac{n-1}{2}})^2 \cdot x, \quad \text{当 } n \text{ 为奇数}$$

反复平方将计算 x^n 的乘法次数由 $n-1$ 减少到$[\lg n]$与 $2[\lg n]$之间的某个数（见习题 30.6）。再与模运算基本规则相结合，反复平方可以使计算变得非常快。例如，计算 3^{25} mod 7 的过程如下：

$$\begin{aligned} 3^{25} &= (3^{12})^2 \cdot 3 \\ &= ((3^6)^2)^2 \cdot 3 \\ &= (((3^3)^2)^2)^2 \cdot 3 \\ &= (((3^2 \cdot 3)^2)^2)^2 \cdot 3 \\ &\equiv (((2 \cdot 3)^2)^2)^2 \cdot 3 \pmod 7 \\ &\equiv ((6^2)^2)^2 \cdot 3 \pmod 7 \\ &\equiv (1^2)^2 \cdot 3 \pmod 7 \\ &\equiv 3 \pmod 7 \end{aligned} \tag{30-13}$$

❋

我们说，y 是 x 在$\mathbb{Z}_m$ 中的乘法逆元（multiplicative inverse），当它们的乘积等于乘法幺元[1]时，即

$$x \cdot y \equiv 1 \pmod m$$

$\mathbb{Z}_m$ 中的有些元素具有乘法逆元，且有些元素不具有乘法逆元，这取决于 m 的值。下面我们来考察一下$\mathbb{Z}_4$ 和$\mathbb{Z}_5$ 的乘法表（见图 30.2）。

我们看到$\mathbb{Z}_5$ 中的每个非零元素都有一个乘法逆元：[2]和[3]互为逆元，[1]和[4]每一个都是自己的逆元。然而在$\mathbb{Z}_4$ 中，[2]没有乘法逆元。差别在于 5 是质数，而 4 不是质数。

定理 30.14 如果 p 是质数，那么$\mathbb{Z}_p$ 中的每个非零元素都有一个乘法逆元。

证明：首先注意到，当 p 是质数，且 $0 \leqslant a < p$ 时，有

$$[0 \cdot a], [1 \cdot a], \cdots, [(p-1) \cdot a] \tag{30-15}$$

是彼此不同的。假设 $0 \leqslant i < j \leqslant p-1$，且$[i \cdot a] = [j \cdot a]$，即 $i \cdot a \equiv j \cdot a \pmod p$。如果我们可以证明"消去"两边的因子 a 依然成立，那么就有 $i \equiv j \pmod p$，即证明了 $i = j$，因为两者都小于 p。这就产生了矛盾，因为我们假设 $i < j$。

在这种情况下，允许我们消去的规则是下面的引理。

$\mathbb{Z}_4$	0	1	2	3
0	0	0	0	0
1	0	1	2	3
2	0	2	0	2
3	0	3	2	1

$\mathbb{Z}_5$	0	1	2	3	4
0	0	0	0	0	0
1	0	1	2	3	4
2	0	2	4	1	3
3	0	3	1	4	2
4	0	4	3	2	1

图 30.2 $\mathbb{Z}_4$ 和$\mathbb{Z}_5$ 的乘法表

引理 30.16 如果 $i \cdot a \equiv j \cdot a \pmod{p}$，其中 p 是质数，且 a 不能被 p 整除，则 $i \equiv j \pmod{p}$。

当然，目前的情况是，a 不能被 p 整除，因为 a 是小于 p 的非负整数。

我们来证明这个引理。如果 $i \cdot a \equiv j \cdot a \pmod{p}$，则 $a \cdot (j-i) \equiv 0 \pmod{p}$。也就是说，$a \cdot (j-i)$ 是 p 的倍数，即 p 是 $a \cdot (j-i)$ 的因子。已知 p 不是 a 的因子，所以它必定是 $j-i$ 的因子，即 $i \equiv j \pmod{p}$。（根据定理 1.7，当一个质数是两个数乘积的因子时，它必定是其中一个的因子。p 是质数是引理成立的主要原因，即如若 p 是合数，则结论不成立）。

引理得到证明。因此，式（30-15）中列出的同余类恰好是 $[0], [1], \cdots, [p-1]$ 的一个排列（在图 30.2 的 $\mathbb{Z}_5$ 中可以看到，除去第一个元素，每一行都是 $\{0, \cdots, 4\}$ 的一个排列）。因而，其中之一必定有 $[1]$，即存在一个 $i < p$，使得 $i \cdot a \equiv 1 \pmod{p}$。

我们已经证明了当 p 是质数时，每个非零元素 x 都有一个乘法逆元，称之为 x^{-1}。因此，除法 $[x]/[y]=[z]$ 是有意义的，即 $[z]=[x] \cdot [y]^{-1}$。例如，在 $\mathbb{Z}_5$ 中，有

$$[2]/[3] = [2] \cdot [3]^{-1}$$
$$= [2] \cdot [2]$$
$$= [4]$$

因此，当 p 是质数时，同余类满足加法、减法、乘法和除法运算的所有基本规则。在一种数学结构中，存在如同 $\mathbb{R}$（实数集合）中的上述四种运算，则该数学结构被称为域（field）。那么，我们已经证明了 $\mathbb{Z}_p$ 是一个域。

> 在群论中，普遍更严谨的使用名称是 $\mathbb{Z}_n$，它表示模 n 的同余类，其上的运算为加法和减法。与之相关的群 $\mathbb{Z}_n^*$ 仅包含那些与 n 互质元素的同余类，其上的运算为乘法和除法。模 n 同余类的域（当 n 是质数时，存在这样的域）称作 F_n，其上的运算为上述四种。本书中简化为 $\mathbb{Z}_n$，其含义为所有模 n 的同余类集合以及其上的四种运算，尽管没有对每个元素定义除法。

※

我们能确实找到 $[x]^{-1}$ 吗？它是 x 在 $\mathbb{Z}_p$ 中的乘法逆元，在完整乘法表之外能找到其他的方法吗？答案是肯定的。欧几里得算法（见第 15 章）可以帮助我们。

重申欧几里得算法，我们需要明确每一次迭代中发生的除法。然后，用一个示例来展示这个过程。

求 m 和 n 最大公约数的欧几里得算法：

1. $\langle r, r' \rangle \leftarrow \langle m, n \rangle$
2. while $r' \neq 0$
   (a) $q \leftarrow \left\lfloor \dfrac{r}{r'} \right\rfloor$
   (b) $\langle r, r' \rangle \leftarrow \langle r', r \bmod r' \rangle$
3. 返回 r，它是 m 和 n 的最大公约数。

假设 r_i 是 while 循环的第 i 次迭代开始之前 r 的值（计数从 0 开始）。因此 $r_0 = m$，因为对于任意的 $i > 0$，第 i 次迭代时 r 的值与前一次迭代中 r' 的值相同，所以 $r_1 = n$。对于 $i \geq 0$，有

$$q_{i+1}=\lfloor r_i/r_{i+1}\rfloor \tag{30-17}$$

那么，q_{i+1} 就是在第 i 次迭代期间计算的 q 值。假设 while 循环的最后一次迭代是第 k 次。那么 r_{k+1} 就是 m 和 n 的最大公约数，也是所有 r_i 的除数（$0 \leqslant i \leqslant k$）。

引入变量 q 以及多个 q_i（$1 \leqslant i \leqslant k+1$）的原因，是可以用明显的方式表示每个 r_i 与其前面元素的关系，即

$$r_{i+1}=r_{i-1}-q_i r_i \tag{30-18}$$
$$r_0=m$$
$$r_1=n$$

现在，我们来关注这样的问题：在 $\mathbb{Z}_p$ 中求 a 的逆元（$1 \leqslant a < p$），p 是质数。已知 a 和 p 的最大公约数是 1，当用输入 $m=a$ 和 $n=p$ 来运行欧几里得算法时，我们会得到一些很有用的结果，而 q_i 和 r_i 是产生的副产品。

首先，我们知道 $r_{k+1}=1$，因为 1 是 a 和 p 的唯一公约数，所以从下列等式

$$r_{k+1}=r_{k-1}-q_k r_k$$

开始，向后操作。对于当前的左端，依据式（30-18）反复替换右端。当右端只剩下 r_0 和 r_1 的倍数时，完成全部替换，且左端仍然是 r_{k+1}。而我们知道 $r_{k+1}=1$，所以推导出一个方程：

对于某些系数 c 和 d，有

$$r_{k+1}=1=c \cdot r_0 + d \cdot r_1 = c \cdot a + d \cdot p$$

我们并不在意 d 的值，而只关心 c 的同余类（mod p）。若我们设 $b=c \bmod p$，那么最后一行就是 $a \cdot b \equiv 1 (\bmod\ p)$，即 $[b]=[a]^{-1}$。

以这种方式用欧几里得算法来求乘法逆元比遍历所有可能的搜索要快得多（速度呈指数级增长），因为算法所需时间与参数的位数成比例，而不是与参数的数量成比例（见第 25 章）。此外，同样的方法可用于求整系数 c 和 d——对于 m、n 和 s 的其他整数值满足 $c \cdot m + d \cdot n = s$。或者，确定 c 和 d 是不存在的，结果表明，当且仅当 s 是 m 和 n 的最大公约数的倍数时，存在这样的系数。（在习题 30.8 中将得到证明。）

i	q_i	r_i	r_{i+1}
0		2	5
1	0	5	2
2	2	2	1
3	2	1	0

图 30.3　从 $a=2$ 和 $p=5$ 开始的算法过程

我们再次用这个方法来求 $\mathbb{Z}_5$ 中 $[2]$ 的乘法逆元——已知它是 $[3]$。表（见图 30.3）中展示了该算法计算的值，从 $r_0=a=2$ 和 $r_1=p=5$ 开始。

例如，$q_2=2$，因为它等于 $\lfloor r_1/r_2 \rfloor=\lfloor 5/2 \rfloor=2$。现在用式（30-18），从 $i+1=k+1=3$ 开始：

$$\begin{aligned} r_3 &= r_1 - q_2 r_2 \\ &= r_1 - q_2(r_0 - q_1 r_1) \\ &= -q_2 r_0 + (1+q_1 q_2)r_1 \\ &= -2 \cdot r_0 + 1 \cdot r_1 \end{aligned}$$

由于 $r_3=1$，合在一起就是 $1=-2 \cdot r_0 + 1 \cdot r_1$，同时做模 p 化简，消去 r_1 项，得到

$$-2 \cdot a \equiv 3 \cdot a \equiv 1 （模为 p）$$

因此，$[3]$ 是 $[a]=[2]$ 的乘法逆元。

※

我们已经看到了如何通过反复平方来快速做指数运算。也就是说，我们已经了解如何用 k 的对数次乘法来计算 n^k（模为 m），而不需要处理大于 m 的数。那么对于对数问题呢？是否可以快速计算模对数是一个很有趣和神秘的问题。重要的是：在下一章介绍公钥密码学时，离散对数（discrete logarithm）将发挥关键的作用。

设 b 和 m 是正整数，我们可以暂时认为它们是确定的。考虑下列方程：

$$y = b^x \text{（模为 } m\text{）} \tag{30-19}$$

我们用反复平方求解的问题是对于给定的 x 快速计算 y，这是一个模指数运算。那么，它的逆问题是什么呢？给定 y，求解使式（30-19）成立的 x。这样的 x 被称为以 b 为底 y 的离散对数（模为 m）。例如，在式（30-13）所示的

$$3^{25} \equiv 3 \text{（模为 7）}$$

中，25 就是以 3 为底 3 的离散对数（模为 7）。它的意义在于对标准对数概念的扩展：25 是一个指数，3 具有了这个指数，从而得到结果 3（模为 7）。不幸的是，这种类比无助于离散对数的计算。不存在积分、级数展开式、标准数学工具包，或是其他有帮助的数学方法。当然，我们可以一个接一个地代入 x 的值，然后一次一个地快速计算 b^x（模为 m），并与 y 进行比较。但是，当 b、m 和 y 很大时，如果 x 确实存在，我们可能需要很长的时间才能碰到满足方程的 x。

让我们对连续对数和离散对数做一个比较。假设我们要计算

$$\log_{123} 2\ 675\ 703\ 636\ 059\ 316\ 998\ 473\ 870\ 115\ 684\ 948\ 492\ 796\ 490\ 598\ 096\ 370\ 147$$

在无限精度数学工具包的帮助下⊖，再根据 $\log_b a = \dfrac{\log a}{\log b}$，这个计算会变得很容易，答案是 27。（在分式中，用什么做对数的底并不重要，只要分子和分母取相同的对数底即可。）

另一方面，以 54321 为离散底，18789（模为 70707）的对数是多少？我们可以尝试将 $n = 1, 2, 3, 4, \cdots$ 代入到表达式 54321^n 中，计算结果，然后用模 70707 化简，得到 54321，26517, 57660, 40881, $\cdots$，（模为 70707）。规律似乎并不明显，也没有显而易见的方法告诉我们什么时候已经尝试了足够的可能性可以结束。已证明 $n = 43210$ 是答案。但是目前还没有比逐一尝试指数更快速的求值方法，尽管也没有证据证明这是一个本质上就极其耗时的问题。毕竟与当今计算机的计算能力相比，这些数字还是相对较小。

大多数情况下，找不到解决问题的快速算法才是令我们沮丧和失望的根源。但是有热衷于这样明显不可能解决的难题的专业人士：密码学家。他们利用这样的难题来创建难以破解的代码。因此，我们将转向 20 世纪数学中最惊人的进展之一：公钥密码学。

本章小结

- 模 m 运算将除以 m 后余数相同的所有整数视为等价的。
- $(\bmod\ m)$ 等价性是有关整数的等价关系，表示为 $\equiv$。等价类被称为模 m 的同余类。n 的同余类记作 $[n]$，m 的等价类集合称为 $\mathbb{Z}_m$。
- $(\bmod\ m)$ 同余类的加法、减法和乘法运算已经有明确的定义。指数运算的定义是：当底是同余类且指数是整数时，可进行指数运算；如果指数是同余类，则不能进行指数运算。当 m 是质数时，可以定义除法运算，其他的情况下不成立。
- 通过反复平方，模指数运算的运行时间与指数的对数函数成比例，而不是与指数

⊖ 例如，Wolfram Alpha。

的值成比例。
- 当 m 是质数时,欧几里得算法可用于求解乘法逆元,时间为 m 的对数函数。
- 求离散对数,即求满足方程 $y=b^x \pmod{m}$ 的 x 值(已知 b、m 和 y),在直觉上看来似乎很困难,但尚未得到证明。

习题

30.1 证明式(30-3)~式(30-5)的等价性。

30.2 在 $\mathbb{Z}_7$ 中计算下列各式。
(a) $[5]+[6]$
(b) $[5] \cdot [6]$
(c) $[5]$ 的加法逆元
(d) $[5]$ 的乘法逆元
(e) $[2]/[5]$

30.3 给出 $\mathbb{Z}_6$ 和 $\mathbb{Z}_7$ 的完整乘法表。

30.4 费马小定理指出,若 p 是质数,a 是不能被 p 整除的正整数,则 $a^{p-1} \equiv 1 \pmod{p}$。
(a) 证明费马小定理如下:
- 首先,对 a 进行归纳,证明 $a^p \equiv a \pmod{p}$,对于 $0 < a < p$。从 $a=1$ 开始,然后将 $(a+1)^p$ 展开。沿着这个思路,需要证明 $\binom{p}{i}$ 可以被 p 整除 ($0 < i < p$)。
- 然后,将结果推广到所有不能被 p 整除的正整数 a。
- 最后,为了得到 $a^{p-1} \equiv 1 \pmod{p}$,证明从等价式 $a^p \equiv a \pmod{p}$ 两端"消去" a 是成立的。

(b) 证明推论:若 p 是质数,a 不能被 p 整除,则 a^{p-2} 是 a 模 p 的乘法逆元。
(c) 仅用笔和纸来计算 $6^{80} \pmod 7$ 和 $4^{35} \pmod{11}$。

30.5 (a) 用欧几里得算法求方程 $13x+19y=1$ 在 $\mathbb{Z}$ 上的解。
(b) 上一问中的解关于 $13 \pmod{19}$ 和 $19 \pmod{13}$ 的乘法逆元可以说明什么?

30.6 $(m+1)$ 位二进制数的最小和最大值分别是 2^m 和 $2^{m+1}-1$。
(a) 证明:当 $n=2^m$ 时,应用反复平方来计算 a^n,则需要做 m 次乘法。
(b) 证明:当 $n=2^{m+1}-1$ 时,应用反复平方来计算 a^n,则需要做 $2m$ 次乘法。
(c) 结论:计算 a^n 所需的最多乘法数是 $2m = 2[\lg n]$,其中 n 的二进制数为 $m+1$ 比特位。

30.7 设 n 是一个正整数,$[n]$ 表示 n 关于模 m(确定的某个数)的同余类。通过确定 n 关于模 m 的同余类,能计算出 $[n!]$ 吗?若 $[n]=[a]$,$0 \leq a < m$,那么 $[a!]$ 的计算会更容易吗?

30.8 考虑一个形如 $c \cdot m + d \cdot n = s$ 的方程(m、n 和 s 是确定的整数),求系数 c 和 d 的整数解。[只有整数解的多项式方程称为丢番图方程(Diophantine equation),以研究该问题的 3 世纪的希腊数学家 Diophantus of Alexandria 的名字命名。]
(a) 证明:若存在满足 $c \cdot m + d \cdot n = s$ 的整数 c 和 d,那么 s 是 $\gcd(m,n)$ 的倍数。
(b) 证明:若 s 是 $\gcd(m,n)$ 的倍数,则存在整数 c 和 d,满足 $c \cdot m + d \cdot n = s$,证明过程如下所示。
- 首先,证明当 $s=\gcd(m,n)$ 时,存在这样的解。

- 然后，展示如何用 $s=\gcd(m,n)$ 的解来求 $s=k\cdot\gcd(m,n)$ 的解，其中 k 是任意整数。

(c) 证明：若 $c\cdot m+d\cdot n=s$ 有一个解系（integral solution），则它会有无穷多个解系。提示：证明如果 $c=c_0$、$d=d_0$ 是一个解，那么对于每个整数 i，都有

$$c_i=c_0+\frac{n}{\gcd(m,n)}\cdot i$$

$$d_i=d_0+\frac{m}{\gcd(m,n)}\cdot i$$

它们也是一个解。

第 31 章

公钥密码学

几乎没有出版物能具有像 Diffie 和 Hellman 于 1976 年发表的论文 *New Directions in Cryptography* 一样的影响力[⊖]。几乎在一夜之间，它使彼此并不熟知的普通人之间进行秘密通信成为可能。不再需要武装卫兵将有价值的信息从一个地方传送到另一个地方。甚至世界上最强大的政府也无法破译他们拦截到的通信信息。大规模的安全互联网商务成为了可能。所有这一切都归功于离散数学中某些简单内容的创造性应用。

密码学（cryptography）是一种通信的艺术——只有发送者和接收者知道他们所说的是什么。数千年来，国王和将军们一直传递的是加密信息，信息包括部队的调动、条令和秘密计划。加密信息传递的途径通常是充满危险的，因此，如果加密信息落入敌手，使敌手无法破译它是关键。

通俗地讲，加密（encryption）是在文本串（被称为密钥，key）的辅助下，将未加密的信息（被称为明文，plaintext）转换为加密的信息（被称为密文，ciphertext）。密文的接收者也知道密钥和加密方法，因此能够破译密文并还原成原始信息。

自古以来一直使用的是简单加密方法。罗马历史学家 Suetonius 描述了尤利乌斯·凯撒（Julius Caesar）加密信息的方式：如果凯撒确定要说什么，就用密码记下来，即改变字母表中字母的顺序，这样就看不出其中的用词了。如果有人想破译它得到其中的含义，他必须用字母表中第四个字母 D 替换 A，以此类推（前面我们遇到过这些密码，在习题 22.1 中）。在这种情况下的密钥是数字 3——字母表的移位数。自然地，若敌手知道凯撒在用密码，那么，不需要很长时间就可以破解它——只要尝试 25 种可能的移位即可。如果密码很容易被破解，就说它很弱（weak）。

在过去的几个世纪中，许多更复杂的加密方法被开发，其中密钥可以是一个秘密单词或其他的字符序列。代换密码（substitution cipher）（见习题 22.1）比凯撒密码略微强一点，即更难破解一点。代换密码依赖的密钥是由字母 A~Z 组成的一个排列。加密信息时，对明文中的每个字母都用该排列中对应位置上的字母来替换。破解代换密码通常并不是很难，因为明文语言中出现最频繁的字母会对应于密文中出现最频繁的字母（见习题 31.1）。

需要开发更复杂的加密方法，以应对敌手开发的复杂分析方法。几乎在每一种情况下，开发的加密方法都是探索从密文推断明文的模式。一种更强的密码是一次性密码本（one-time pad），其中密钥长度与信息长度相同，且通过对明文中的每个字符与密钥中对应字符进行组合（或许是对它们的二进制码进行异或运算）来将明文打乱。如果发送方和接收方使用同一个一次性密码本，加密是牢不可破的，因为密文没有模式[⊖]。

然而，对于所有这些方法，即使是一次性密码本，也存在相同的问题。发送方和接收

⊖ Whitfield Diffie and Martin E. Hellman, "New Directions in Cryptography", *IEEE Transactions on Information Theory* IT-22, no. 6 (November 1976): 644—54.

⊖ "密码本"是一组页面，每一页有一个密钥。发送方和接收方具有相同的密码本，当它们被（发送方）用于加密或被（接收方）用于解密一条信息后，就不再被使用了。

方两者必须具有相同的密钥并保守秘密，如果密钥被泄露，编码就无用了。如何能使两者拥有相同且未泄露的密钥呢？

他们可以聚在一起，协商密钥，然后各奔东西。如果他们计划远距离通信，那么会带来明显的问题。如果双方不亲自前往，那么就没有办法提供新密钥；如果他们在分手前写下密钥，那么密钥可能会在旅途中被泄露。

或许可以使用邮差或是其他的通信载体将密钥从一方传送给另一方。但是秘密传递密钥需要解决同样的问题。如果可以安全地传递密钥，或许明文信息本身也可以使用同一信道传递。密钥可能更短，从而更容易隐藏，但是传递密钥和传递信息本身本质上没有差别。

图 31.1 总结了这个问题。Alice 想发送一条秘密信息给 Bob，例如消息是"黎明撤退"。加密算法可能非常巧妙，但是如果密钥被泄露，也会失败。Eve 是个窃听者——她可以听到 Alice 和 Bob 之间的所有对话。但是由于没有密钥，她无法理解她所听到的内容。Alice 和 Bob 如何做能达成一致的密钥，且能避免被 Eve 或其他人知道的风险呢？

在互联网世界中，"Alice"和"Bob"代表计算机，运行的程序设定为通过开放网络实现秘密通信。"Alice"或许是用户，而"Bob"是亚马逊或者其他在线零售商，用户正在试图传递密码给他们。

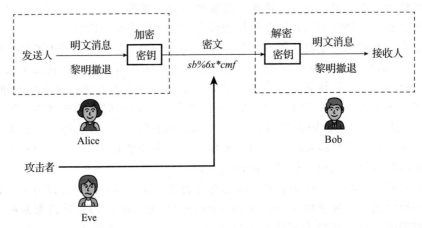

图 31.1　密码系统的场景。Alice 使用加密密钥加密明文，然后发送密文给 Bob。Bob 使用相同的密钥破译信息并恢复明文。窃听者 Eve，偷听或截获了密文，但是没有密钥，因此对密文没有办法

"Alice"和"Bob"没有可能聚到一起协商一个加密密钥，他们只能使用互联网本身进行通信。在"Alice"和"Bob"之间有数百个互联网路由器、电缆和无线电链路，它们的控制方是未知和不可信任的。"Eve"代表任何可能的"窃听"者：在 Alice 与 WiFi 热点之间、在她的建筑物与 ISP 之间，或者是互联网可到达的任何未知的地方，国境内或国境外。"Alice"和"Bob"如何使用开放的互联网来商定密钥，使得他们的网络通信是安全的呢？

✻

Diffie 和 Hellman 所提出的方法实现了以下过程。
1. Alice 选择了一个只有 Alice 知道的秘密数字 a。（用黑色表示秘密信息。）
2. Bob 选择了一个只有 Bob 知道的秘密数字 b。

3. Alice 对她的秘密数字 a 进行计算，并产生一个新的数字，称其为公共数字 A。（通过公共信道共享的信息用灰色表示。）

4. Bob 对他的秘密数字 b 进行计算，并产生一个新的数字，称其为公共数字 B。

5. Alice 和 Bob 交换公共数字——Alice 把她的 A 发给 Bob，Bob 把他的 B 发给 Alice。Eve 以及世界上其他的窃听者都在倾听并得到了这些数字——这就是称它们为"公共的"原因。

6. Alice 对她的秘密数字 a 和从 Bob 那里得到的公共数字 B 进行计算。计算结果是一个新的数字，保留给自己。

7. Bob 对他的秘密数字 b 和从 Alice 那里得到的公共数字 A 进行计算。计算结果是一个新的数字，保留给自己。

8. 事情是这样设计的：Alice 对她的秘密数字 a 和从 Bob 那里得到的公共数字 B 进行计算，得到的结果数字与 Bob 对他的秘密数字 b 和从 Alice 那里得到的公共数字 A 进行计算，得到的结果数字是相同的。我们称这个数字 K 为共享密钥。

9. Eve 无法从 Alice 和 Bob 的公共数字或其他窃听到的信息中计算出 K 的值。

10. Alice 和 Bob 使用传统的加密系统和密钥 K，对信息进行加密。

图 31.2 展示了时间线。时间向下流动，箭头显示什么信息是从其他信息中推导出来的。例如，Alice 从 a 和 B 推导出 K。

令人好奇的是在步骤 8 和 9 中，Alice 和 Bob 是如何得到最终相同的密钥的呢？为什么 Eve 做不到呢？她也得到了 Alice 和 Bob 彼此共享的公共数字，也可以用这些数字研究出相应的秘密数字，从而计算出相同的密钥，为什么不行呢？

使该方案可行的中心思想是单向函数（one way function）的概念——非正式地说，这是一个很容易计算、但却很难"反计算"的函数，即很难由函数值反推出自变量来。我们已经遇到过单向函数——模指数运算。在第 30 章中，我们看到，可以通过反复平方来快速计算 $g^n \bmod p$——乘法次数以 $\log n$ 的速度增加，即 n 的二进制数的位数。而我们也知道，已知 g、p 和 x 的一个值，没有有效的方法求得满足 $g^n \equiv x \bmod p$ 的 n（建议命名为模 p，因为对于 Diffie-Hellman 过程，我们通常选择质数）。

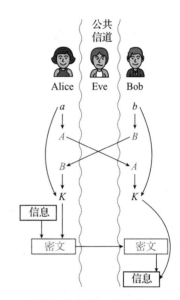

图 31.2　密钥交换协议。秘密信息为黑色，公共信息为灰色。只有灰色的信息通过公共信道，窃听者 Eve 才可以获得

我们清楚地知道，求离散对数用模指数运算比穷举搜索方法要快很多。如果 n 是 500 位的十进制数字，则它的二进制数长度约为 1700 位，因此该指数相应地需要做两千到三千次乘法运算。而搜索所有指数为 500 位的数字以便从中找到答案，需要 10^{500} 次模乘法来进行逐个计算。这是一个深不可测的巨大数字——自宇宙诞生以来，纳秒（nanosecond）数不到 10^{27}。（穷举搜索不是最快的方法，但是还不知道比它足够好的算法）。

假设离散对数函数很难计算，那么，下面考虑 Alice 和 Bob 是如何做的。

首先，不只是 Alice 和 Bob，我们都同意以 g 为底，以 p 为模。注意这些参数不仅仅是确定的而且是故意发布的。当然，Alice 和 Bob 本人可能不知道 g 和 p 的值，但是他们的计算机知道，即编写系统软件的程序员已将这些数字结合进计算机的算法之中。Alice 和 Bob 在创建共享密钥过程中交换的所有信息以及密钥本身，都将是 $\mathbb{Z}_p$ 的元素，即范围在 0 到 $p-1$ 之间的数字。

现在，我们按照相应的步骤编号，将细节填入前面的概要中。

1. Alice 随机地选取一个秘密数字 a($1 \leqslant a < p-1$)。这个数字是随机选取的这一规定很重要，因此 Alice 调用她计算机中的随机数生成器来完成这项工作。

2. Bob 也随机地选取一个秘密数字 b($1 \leqslant b < p-1$)。

3. Alice 用反复平方模指数运算快速完成 $A = g^a \bmod p$ 的计算。这就是 Alice 的公钥 (public key)。

4. Bob 计算他的公钥 $B = g^b \bmod p$。

5. Alice 发送她的公钥 A 给 Bob，Bob 发送他的公钥 B 给 Alice。Eve 正在监听，并得到了 A 和 B 的值。但是她和其他任何人都无法在不能解决离散对数问题的情况下从 A 计算出 a，因为 a 是以 g 为底 A 模 p 的离散对数。类似地，在不能解决离散对数问题的情况下，仅知道 B 的值也不容易得到 b。

6. Alice 用她的密钥和 Bob 的公钥计算 $B^a \bmod p$。

7. Bob 使用他的密钥和 Alice 的公钥计算 $A^b \bmod p$。

8. Alice 和 Bob 计算出同样的值，我们称之为 K：

$$\begin{aligned} K &\equiv B^a \equiv (g^b)^a \\ &\equiv g^{ab} \\ &\equiv (g^a)^b \\ &\equiv A^b \pmod{p} \end{aligned} \tag{31-1}$$

9. 密钥 K 是秘密的，Alice 和 Bob 都不曾相互传递或给其他任何人。没有人能够在不知道秘密数字 a 和 b 的情况下计算出 K。

10. Alice 和 Bob 使用某个标准加密算法对他们的通信加密。每一方都以 K 做加密密钥，并用同样的密钥解密从对方那里接收的信息。

上述等式看上去像魔术一样，但并非是这样。模运算基本规则的意义在于，在运算的任何时候都可以做模 p 化简。因此，即使 Bob 发送给 Alice 的信息只有 B，模 p 化简 g^b 的结果就是 Alice 需要计算的结果，它与 Bob 从 Alice 接收到 A 并计算 A^b 得到的结果相同。a 和 b 的 g 指数运算可以按任意顺序，随时做模 p 化简。Alice 和 Bob 实际上已经找到了同样的值，但是从未进行相互通信。

现在考虑防御穷举搜索攻击的安全性，p 应该是一个至少有 2048 位的质数，g 应该满足下列定义：

$$G = \{g^i \in \mathbb{Z}_p : 1 \leqslant i \leqslant p-1\}$$

$|G|$ 应该是一个大质数，或者至少含有一个大质因子。如果 $|G|$ 是一个合数，如具有质分解式 $\prod_i r_i$，则 Eve 可以将从 A 计算 a 的问题分解为一组更小的问题：对每个因子 r_i 求 $a \bmod r_i$。只要一个因子 r_i 是一个大质数，那么这仍然是很棘手的问题。注意，g 本身不需要很大，只要它能生成一个大的 G 即可。

关于公钥密码学，有很多值得探讨的内容。其他单向函数也被使用在其他算法中。1977 年，罗恩·里维斯特（Ron Rivest）、阿迪·沙米尔（Adi Shamir）和莱恩·阿德勒曼（Len Adleman）发布了一个密码系统，该系统在以两个大质数的乘积开始并且很难求得那些因子的前提下是安全的[○]。由此产生的 RSA 密码系统（cryptosystem）得到了广泛采用，并且在使双方公开地商定加密密钥之外，还有其他重要的用途。

然而，模指数运算、大质数的乘法以及其他任何备选的单向函数都还没有被证明是很难求逆的，或者这些逆是不存在的。事实上，单向函数是有可能不存在的。即使有可能某些窃听者知道如何在现代密码学的支持下对函数求逆，且已经读取了我们的所有交易，但没有人考虑这种可能性。更可能的是，防御动机强烈的攻击者的暴力攻击需要比当前使用的更长的密钥。

最后一个说明是，我们可能存在一种担忧：加密密钥中 a 和 b 是随机选取的，我们依据的是存在巨量可能的密钥，使得 Eve 无法猜测到它们。但是她也可能很幸运地猜中。那为什么我们不担心这种可能性呢？

这是因为我们在解决一个实际问题的实践中，这种方法足以降低 Eve 幸运猜测的概率，使其低于其他失败形式的概率，如 Bob 因故未曾收到信息或者小行星撞击摧毁了地球，使得 Alice 和 Bob 之间的通信毫无安全性。这些意料之外的事情不是不可能的，通过使 p 足够大，我们就可以降低 Eve 幸运猜测的概率使其远远小于上述失败形式的概率。为此，我们使 p 足够大，从而幸运猜测的概率会随着 p 的位数增加而呈指数级下降。这样一来，幸运猜测的概率成为毫无意义的担忧。

公钥密码系统中更直接的风险并非不可想象。由于程序员的错误，完成密码算法的代码可能会不正确；敌手可能会利用意想不到的方式［边信道（sidechannel）］侵入到 Alice 和 Bob 的"私人"空间（如图 31.2 中左端和右端部分）；用抛物线麦克风监听 Alice 的敲键声；使用敏感的天线来检测由 Alice 的处理器芯片在执行密码算法的运算时发出的微弱的电磁辐射；敌手不使用公共信道也可以窃取 Alice 的私人信息。

本章小结

- 密码学是传递秘密信息的艺术，因此只有发送方和接收方明白含义，即使它们落入他人之手。
- 原始信息被称为明文。通过使用密钥进行加密后可以产生密文。
- 经典的加密方法是代换密码，其中密钥是字母表中字母的一个排列，用于将明文字母映射到密文字母。用频率分析很容易破解代换密码。
- 一次性密码本是无法被破解的，但使用起来却很笨拙，因为每条信息都需要一个新的密钥，并且密钥的长度与信息的长度相同。
- Diffie 和 Hellman 方法使发送方和接收方能够通过公共信道（如互联网）的通信来协商加密密钥。
- 公钥密码学依赖于单向函数，它很容易计算，但是很难求逆函数。
- Diffie-Hellman 算法的核心是模运算使指数计算变得很容易，而离散对数的计算很难。
- 在公钥密码学中使用的函数还没有被数学上证明是真正的单向函数，即本质上是很难求逆的。

○ 这是英国数学家克利福德·考克斯（Clifford Cocks）于 1973 年在为英国情报局工作时发现的方法。这一发现直到 1997 年才被公开。

习题

31.1 频率分析是通过探索规律而攻破代换密码的一种方法。例如，e 是英文文本中出现频率最高的字母。因此，用代换密码加密的密文中频繁最高的字母很大可能是 e 的代码。英文文本中的字母出现频率递减顺序为[①]：

$$\text{ETAOINSRHDLUCMFYWGPBVKXQJZ}$$

尽管在任意给定的文本中，频率不可能完全遵循这种模式，但是，从它们近似于这种顺序的假设出发，常常会得到足够的重建明文的线索。用这种方法猜测用代换密码生成的下列密文的明文。空格和标点符号与明文中相同。

STSIJODUHK G PUS. STSIJODUHK JXF DSGI, STSIJODUHK JXF ASS. AX RFYD OX ALSC XFO. ODSJ VFAO BSSL YXRUHK, XHS GQOSI GHXODSI.

31.2 破解凯撒密码比破解代换密码容易得多。当然，我们几乎没有充分地尝试过穷举搜索的可行性，但是频率分析提供了一种可能更快的方法。这是为什么？

31.3 一次性密码本是一种完美的编码，除了两个问题之外。第一个是前面已经提到过的问题：很难像传送明文一样地传送密钥。第二个问题是，多次使用一次性密码本是不安全的——用户很想这样做，因为分发密钥比较困难。如果有多份用同样的一次性密码本加密的密文，要如何破解编码？

31.4 令 $p=17$ 和 $g=13$，假设 $a=3$ 和 $b=9$。

(a) 用仅做加法、减法、乘法和除法的计算器，计算 $A=g^a \bmod p$。

(b) 计算 $B=g^b \bmod p$。

(c) 证明 $B^a \bmod p = A^b \bmod p$。

31.5 (a) 假设 Eve 试图用穷举搜索去破解 Diffie-Hellman 编码，那么她需要验证 2048 位长度的所有密钥。如果她每纳秒可以验证一个密钥，将需要多长时间？

(b) 如果可能的密钥只有 1024 位长度，又需要多长时间？

31.6 与另一位同学一起来解决这个问题。你们将推导一个共享密钥，使用由大写字母的短 ASCII 串表示的数字（ASCII 串转换为数字的方法是：对于每个字母，用它的 ASCII 码的二进制表示来替换，并串联所有的结果，最后的值为二进制数）。模 p 取 HVG 的编码，g 的值取 R 的编码。单向函数为 $f(n)=g^n \bmod p$。

(a) 求 p 和 g 的十进制表示，确认 p 是质数。

(b) 选择一个秘密的 2 个字母组成的单词 n，用反复平方计算 $x=f(n)$。使用手动计算器有助于模 p 化简。

(c) 告知另一位同学 x 的值，而不告知 n 的值。等待接收另一位同学的数字 y。

(d) 计算 $k=y^n \bmod p$ 并将得到的结果做比较。

31.7 在了解用频率分析很容易破解代换密码后，我们开始使用更精巧的系统——弗吉尼亚密码（Vigenère cypher）[②]。弗吉尼亚密码是以循环顺序使用的凯撒密码序列。例如，假设一条信息要使用 12 个凯撒密码加密，我们称它们为 $C_0, \cdots, C_{11}$。对明文

[①] 由于某些字母对出现的频率几乎相同（例如，H 和 R、U 和 C），因此不同的来源对这个列表的排列稍微不同，它取决于待分析文本产生的频率计数。短语 "ETAOIN SHRDLU" 具有特殊的意义。老式打字机的按键是按字母出现频率的顺序排列的。如果排字工沿着一行键移动手指，就会产生 "ETAIONSHRDLU" 的结果。这个字母序列偶尔会错误地出现在报纸上，但随着电子排版的出现，它已经消失了。

[②] 它以 Blaise de Vigenère (1523—1996) 的名字命名，尽管实际上是由另一位 16 世纪的密码学家 Giovan Battista Bellaso 发现的。

进行加密：用 C_0 对 0、12、24 等位置的字母进行编码，用 C_1 对 1、13、25 等位置的明文字母编码，以此类推。密钥是 12 个移位序列，习惯上表示为 12 个字母的序列，在 12 个凯撒密码中每一个字母代表对明文字母 a 的加密形式。图 31.3 展示了实际的弗吉尼亚加密表，最左栏从上向下的序列“thomasbbryan”就是密钥。为了加密一条信息，发送方将循环经过这 12 行对明文的连续字母编码，找到以该明文字符为标题的列。加密字符将位于所选定的行与列的交汇处。

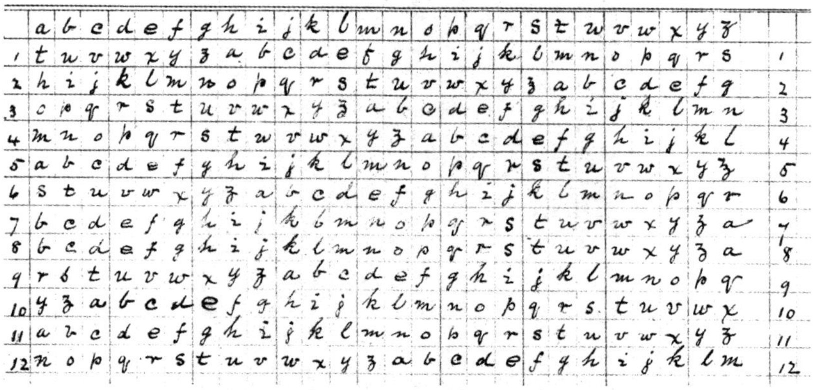

	a	b	c	d	e	f	g	h	i	j	k	l	m	n	o	p	q	r	s	t	u	v	w	x	y	z	
1	t	u	v	w	x	y	z	a	b	c	d	e	f	g	h	i	j	k	l	m	n	o	p	q	r	s	1
2	h	i	j	k	l	m	n	o	p	q	r	s	t	u	v	w	x	y	z	a	b	c	d	e	f	g	2
3	o	p	q	r	s	t	u	v	w	x	y	z	a	b	c	d	e	f	g	h	i	j	k	l	m	n	3
4	m	n	o	p	q	r	s	t	u	v	w	x	y	z	a	b	c	d	e	f	g	h	i	j	k	l	4
5	a	b	c	d	e	f	g	h	i	j	k	l	m	n	o	p	q	r	s	t	u	v	w	x	y	z	5
6	s	t	u	v	w	x	y	z	a	b	c	d	e	f	g	h	i	j	k	l	m	n	o	p	q	r	6
7	b	c	d	e	f	g	h	i	j	k	l	m	n	o	p	q	r	s	t	u	v	w	x	y	z	a	7
8	b	c	d	e	f	g	h	i	j	k	l	m	n	o	p	q	r	s	t	u	v	w	x	y	z	a	8
9	r	s	t	u	v	w	x	y	z	a	b	c	d	e	f	g	h	i	j	k	l	m	n	o	p	q	9
10	y	z	a	b	c	d	e	f	g	h	i	j	k	l	m	n	o	p	q	r	s	t	u	v	w	x	10
11	a	b	c	d	e	f	g	h	i	j	k	l	m	n	o	p	q	r	s	t	u	v	w	x	y	z	11
12	n	o	p	q	r	s	t	u	v	w	x	y	z	a	b	c	d	e	f	g	h	i	j	k	l	m	12

图 31.3 工业家 Gordon McKay 使用弗吉尼亚加密表对 1894 年写给他的律师 Thomas B. Bryan 的一封信进行加密，他的名字是加密密钥（在最左列）。此表由哈佛大学档案馆提供

弗吉尼亚密码一度被认为是无法破解的，但实际上它相当容易被破解。解释当密钥足够短且可以手动完成加密时，如何用频率分析破解弗吉尼亚密码。

推荐阅读

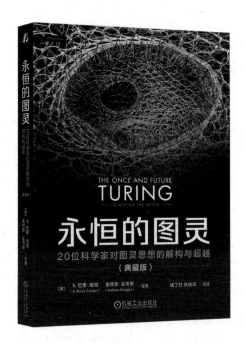

永恒的图灵：20位科学家对图灵思想的解构与超越（典藏版）

作者：[英] S. 巴里·库珀（S. Barry Cooper） 安德鲁·霍奇斯（Andrew Hodges） 等　译者：堵丁柱 高晓沨 等

书号：978-7-111-74880-9　定价：119.00元

内容简介：

图灵诞辰百年至今，伟大思想的光芒恒久闪耀。本书云集20位不同方向的顶尖科学家，共同探讨图灵计算思想的滥觞，特别是其对未来的重要影响。这些内容不仅涵盖我们熟知的计算机科学和人工智能领域，还涉及理论生物学等并非广为人知的图灵研究领域，最终形成各具学术锋芒的15章。如果你想追上甚至超越这位谜一般的天才，欢迎阅读本书，重温历史，开启未来。

精彩导读：

◎ 罗宾·甘地是图灵唯一的学生，他们是站在数学金字塔尖的一对师徒。然而在功成名就前，甘地受图灵的影响之深几乎被人遗忘，特别是关于逻辑学和类型论。翻开第2章，重新发现一段科学与传承的历史。

◎ 写就奇书《哥德尔、艾舍尔、巴赫——集异璧之大成》的侯世达，继续着高超的思维博弈。当迟钝呆板的人类遇见顶级机器翻译家，"模仿游戏"究竟是头脑的骗局还是真正的智能？翻开第8章，进入一场十四行诗的文字交锋。

◎ 万物皆计算，生命的算法尤其令人着迷。在计算技术起步之初，图灵就富有预见性地展开了关于生物理论的研究，他提出的"逆向工程"仍然挑战着当代的研究者。翻开第10章，一窥图灵是如何计算生命的。

◎ 量子力学、时间箭头、奇点主义、自由意志、不可克隆定理、奈特不确定性、玻尔兹曼大脑……这些统统融于最神秘的一章中，延续着图灵未竟的思考。翻开第12章，准备好捕捉量子图灵机中的幽灵。

◎ 罗杰·彭罗斯，他的《皇帝新脑》，他的宇宙法则，他的神奇阶梯，他与霍金的时空大辩论，他屡屡拷问现代科学的语出惊人……翻开第15章，看他如何回应图灵，尝试为人类的数学思维建模。